化学工业出版社"十四五"普通高等教育规划教材

食品添加剂及应用

望运滔　张春兰　主编

化学工业出版社

·北京·

内容简介

《食品添加剂及应用》根据教育部本科课程建设和教材编写最新要求，针对我国食品企业食品添加剂使用中易出现的问题，以最新的 GB 2760—2024《食品安全国家标准　食品添加剂使用标准》等一系列标准、规定为基础，结合食品添加剂使用规定的新变化，参考最新的研究成果及国际动态，在现有相关教材内容的基础上进行大幅度修改补充，以保证内容的新颖性、科学性、实效性和实用性，另外还特别注重培养学生正确使用食品添加剂的能力。全书共 13 章，包括绪论，食品防腐剂，食品抗氧化剂，食品着色剂，食品护色剂与漂白剂，食品增稠剂，食品乳化剂，食品调味剂，食品营养强化剂，食品膨松剂、稳定剂和凝固剂、抗结剂、水分保持剂，食品加工助剂，食品添加剂其他知识点，以及各类食品中使用的食品添加剂，分别介绍了各类食品添加剂的基本性质、化学结构、作用原理、在食品体系中的作用、使用方法及注意事项，以及国内外食品添加剂的管理办法、标准等不同层次的内容。

本书可作为食品科学与工程、食品质量与安全、食品营养与健康及相关专业师生教材，也可供相关专业研究生和技术人员参考。

图书在版编目（CIP）数据

食品添加剂及应用 / 望运滔，张春兰主编. -- 北京：化学工业出版社，2024. 12. --（化学工业出版社"十四五"普通高等教育规划教材）. -- ISBN 978-7-122 -47115-4

Ⅰ. TS202.3

中国国家版本馆 CIP 数据核字第 2024CW5881 号

责任编辑：尤彩霞　　　　　文字编辑：李宁馨　刘洋洋
责任校对：杜杏然　　　　　装帧设计：韩　飞

出版发行：化学工业出版社
　　　　　（北京市东城区青年湖南街 13 号　邮政编码 100011）
印　　装：三河市君旺印务有限公司
787mm×1092mm　1/16　印张 19½　字数 501 千字
2025 年 7 月北京第 1 版第 1 次印刷

购书咨询：010-64518888　　　售后服务：010-64518899
网　　址：http://www.cip.com.cn
凡购买本书，如有缺损质量问题，本社销售中心负责调换。

定　　价：59.00 元　　　　　　　版权所有　违者必究

《食品添加剂及应用》
编写人员名单

主　编： 望运滔（郑州轻工业大学）

张春兰（塔里木大学）

副主编： 乔　鑫（武汉商学院）

马丽萍（河南科技大学）

毛晓英（石河子大学）

王宏伟（郑州轻工业大学）

杜曼婷（郑州轻工业大学）

参编人员： 吴庆智（石河子大学）

陈　博（郑州轻工业大学）

李　颖（广东石油化工学院）

许　威（信阳师范大学）

→ 前 言

"民以食为天，食以安为先"，食品工业是人类的朝阳产业。改革开放以来，我国食品工业蓬勃发展，食品工业产值稳居工业总产值之首。随着我国人民生活水平的不断提高，人们对食品的口感、风味、质量、营养、安全等有了更新、更高的要求，食品添加剂在食品工业发展过程中的作用越来越重要。

食品添加剂课程是食品类专业的重要核心课程，一本好的教材在教学中具有不可替代的作用。近年来国家加强了对食品中食品添加剂的监管，标准的更新频率和颁布速度也大大加快，促使人们及时、全面地了解食品添加剂使用的现状，也促使高等院校加强食品添加剂课程教学的改革，以跟上行业发展变化，满足社会期许。

为了保证食品添加剂课程教学质量，普及食品添加剂的相关知识，提高公众对于食品添加剂的认知水平，使食品添加剂在我国食品工业发展与保证食品安全中发挥积极的作用，我们组织具有丰富食品添加剂课程教学经验的教师，结合我国食品企业食品添加剂使用中易出现的问题，最新版《食品安全国家标准　食品添加剂使用标准》（GB 2760—2024）、《食品安全国家标准　食品营养强化剂使用标准》（GB 14880—2012）等法规标准，食品添加剂使用规定的新变化，食品工业、食品添加剂工业的发展及国内外研究成果与发展动态，组织编写了本教材，确保了教材内容的科学性和实效性。

《食品添加剂及应用》在编写过程中，恰逢教育部对本科课程建设提出"提升课程的高阶性、创新性和挑战度"的标准，同时期教育部印发了《高等学校课程思政建设指导纲要》，为了引导学生开阔思路、积极思考、主动参与教学与讨论，培养创新型人才，本教材在组织过程中融入了以下特色内容：

① 本教材进一步规范了食品添加剂的定义，较为详细地介绍了食品添加剂的作用机理、性状、性能与安全性，按照新的标准明确阐述了食品添加剂的使用范围、使用剂量、使用方法，提出了食品添加剂的使用注意事项，介绍了食品添加剂的国内外发展动态，增加了对食品添加剂相关国家标准的解读。

② 本书针对性设置了概念检查和案例教学，以帮助检测学生对知识的理解程度；提炼了知识点，增加了课后练习，调动学生思考的同时进一步提高其对知识的理解。

本书由望运滔、张春兰共同担任主编，编写分工如下：第1章、第2章由张春兰编写，第3章由乔鑫编写，第4章由杜曼婷编写，第5章由毛晓英编写，第6章、第12章由望运滔编写，第7章由陈博编写，第8章、第9章由马丽萍编写，第10章由吴庆智编写，第11章由李颖编写，第13章由杜曼婷、望运滔、马丽萍、毛晓英共同编写。王宏伟对本教材内容提供了修改建议，在此一并感谢。

食品添加剂涉及化学、化工、生物工程、食品科学、营养科学、食品安全等诸多学科，相关研究不断发展，由于作者知识面和专业水平有限，书中疏漏与不妥之处在所难免，敬请读者批评指正。

编者

2025 年 4 月

目录

第1章

绪　论

导言

　　"民以食为天，食以安为先"，随着人民生活水平的日益提高，人们更加关注食品安全。近些年涉及食品添加剂的食品安全事件频发，部分是由不能规范、正确、有效使用食品添加剂导致的。因此，学生应加强对食品添加剂的学习，对食品添加剂有一个正确的理解和认识，并据此分析产生食品安全问题的原因，具备基本的科学素养，真正意识到没有食品添加剂，就没有现代食品，就没有人们的美好生活。

1.1　食品添加剂在食品工业中的地位和作用

　　食品是人类赖以生存和发展的物质基础，食品工业是国民经济的支柱产业和保障民生的基础产业。食品工业在近 20 年发展速度很快，与之配套的食品添加剂制造业也保持较快的增长态势。食品添加剂在改善食品的色、香、味、形，调整食品营养结构，提高食品品质和质量，改善食品加工条件，延长食品的保存期等方面发挥着极其重要的作用。食品工业取得的这些成就与食品添加剂工业是密不可分的。食品添加剂在食品工业的发展中起着十分重要的作用，可以说，"没有食品添加剂，就没有现代食品工业""食品添加剂是现代食品工业的催化剂和基础"。

　　道德与诚信的缺失、非法添加物的使用，使得食品安全事件频频发生，加之公众对于食品添加剂的认知存在误区，使得食品添加剂成了非法添加物的"替罪羊"。因此，我们要提高公众对于食品添加剂的认知水平，加强食品添加剂的监管力度，严格按照《中华人民共和国食品安全法》《食品安全国家标准　食品添加剂使用标准》等相应的法律、法规来规范食品生产和食品添加剂的使用，使食品添加剂在我国食品工业发展与保证食品安全中发挥其积极的作用。

1.1.1　食品添加剂的定义

　　联合国粮农组织/世界卫生组织（FAO/WHO）食品添加剂法典委员会（CCFA）对食品添加剂的定义为：有意识地加入食品中，以改善食品的外观、风味、组织结构和储藏性能的非营养物质。食品添加剂不以食用为目的，也不作为食品的主要原料，并不一定有营养价值，而是为了在食品的制造、加工、准备、处理、包装、储藏和运输时，因工艺技术方面

（包括感官方面）的需要，直接或间接加入食品中以达到预期目的，其衍生物可成为食品的一部分，也可对食品的特性产生影响。食品添加剂不包括"污染物质"，也不包括为保持或改进食品营养价值而加入的物质。

食品污染物：指不是有意加入食品中，而是在生产（包括谷物栽培、动物饲养和兽药使用）、制造、加工、调制、处理、充填、包装、运输和保藏等过程中，或是由于环境污染而带入食品中的任何物质。但不包括昆虫碎体、动物毛发和其他外来物质。残留农药和残留兽药均是污染物。

《中华人民共和国食品安全法》中对食品、食品添加剂的定义：食品指"各种供人食用或者饮用的成品和原料以及按照传统既是食品又是中药材的物品，但是不包括以治疗为目的的物品"。食品添加剂指"为改善食品品质和色、香、味以及为防腐、保鲜和加工工艺的需要而加入食品中的人工合成或者天然物质，包括营养强化剂"。

《食品安全国家标准　食品添加剂使用标准》（GB 2760—2024）中对食品添加剂的定义：食品添加剂指"为改善食品品质和色、香、味，以及为防腐、保鲜和加工工艺的需要而加入食品中的人工合成或者天然物质。食品用香料、胶基糖果中基础剂物质、食品工业用加工助剂、营养强化剂也包括在内"。

美国食品与营养委员会规定"食品添加剂是由于生产、加工、储存或包装而存在于食品中的物质或物质的混合物，而不是食品的成分"。其将食品添加剂分为直接添加剂、间接添加剂。直接添加剂：有意向食品中添加，以达到某种作用的食品添加剂，又称有意食品添加剂。间接添加剂：在食品生产、加工、储存或包装中少量存在于食品中的物质（如残留农药、微量包装溶出物、来自设备等的物质），又称无意食品添加剂。

日本在《食品卫生法》中规定食品添加剂是指"在食品制造过程，即食品加工中为了保存的目的加入食品，使之混合、浸润及其他目的所使用的物质"。按此定义，食品营养强化剂也属于食品添加剂的范畴。另外，日本将食品添加剂分为天然物和非天然物两大类，后者对质量指标、使用限量等均有严格规定，而前者则均以"按正常需要为限"，不作明确的各种限制性规定。

1.1.2　食品添加剂的发展史

食品添加剂这一名词始于西方工业革命，但食品添加剂的使用历史可追溯到1万年以前。我国在周朝时即已开始使用肉桂增香；在公元25—220年的东汉时期就有使用凝固剂盐卤制豆腐的应用，并一直流传使用至今；从南宋开始就有"一矾二碱三盐"的炸油条配方记载；公元6世纪时北魏末年农业科学家贾思勰所著的《齐民要术》中就曾记载从植物中提取天然色素予以应用的方法；作为肉制品防腐和护色用的亚硝酸盐，大约在800年前的南宋时期就用于腊肉生产，并于公元13世纪传入欧洲。在国外，公元前1500年埃及墓碑上就描绘有糖果的着色。葡萄酒也已在公元前4世纪进行了人工着色。这些大都是天然物的应用。

19世纪工业革命以来，食品工业向工业化、机械化和规模化方向发展，人们对食品的种类和质量有了更高的要求，其中包括对食品色、香、味等的要求。科学技术的发展，以及化学工业特别是合成化学工业的发展，促进了人们对食品添加剂的认知，使食品添加剂进入一个新的快速发展阶段，使许多人工合成的化学品如着色剂、防腐剂、抗氧化剂等广泛应用于食品加工。

也正是由于人工化学合成食品添加剂在食品中的大量应用，有的甚至滥用，人们很快意识到它可能会给人类健康带来危害，再加上毒理学和化学分析技术的发展，到20世纪初相继发现不少食品添加剂对人体有害。随后还发现有的食品添加剂甚至可使动物致癌，20世纪50～60年代发现了不少食品添加剂，如某些食用合成色素等具有致癌、致畸作用。在某些国家和地区也曾出现"食品安全化运动"和"消费者运动"等，提出禁止使用食品添加剂，恢复天然食品和使用天然食品添加剂等情况。与此同时，一些国家加强对食品添加剂的管理，国际上则于1956年和1963年先后组织成立了"FAO/WHO食品添加剂联合专家委员会"（JECFA）和"国际食品添加剂法典委员会"（CCFA），集中研究食品添加剂的有关问题，特别是食品添加剂的安全性问题，并向各有关国家和组织提出推荐意见，从而使食品添加剂逐步走向健康发展的轨道。

我国食品添加剂工业起步相对较晚，对食品添加剂进行全面、系统的研究和管理起步也较晚。中华人民共和国成立后不久便对食品添加剂采取了管理措施。如1953年卫生部颁布了《清凉冷饮食物管理暂行办法》，1954年颁布了《关于食品中使用糖精剂量的规定》，1957年发布了《关于酱油中使用防腐剂问题》的通知，1960年颁布了《食用合成染料管理暂行办法》，1967年由化工部、卫生部、商业部、轻工部联合颁布了《八种食品用化工产品标准和检验方法》（试行），但是直到1973年成立"全国食品添加剂卫生原则科研协作组"，才开始全面研究食品添加剂有关问题。1977年由国家颁布《食品添加剂使用卫生标准（试行）》及《食品添加剂卫生管理办法》，开始对食品添加剂进行全面管理。1980年组织成立"全国食品添加剂标准化技术委员会"，1981年国家颁布了《食品添加剂使用卫生标准》（GB 2760—1981），以后分别于1986年、1996年、2007年经修订由卫生部颁布了新的卫生标准GB 2760—1986、GB 2760—1996、GB 2760—2007，2011年修订为《食品安全国家标准 食品添加剂使用标准》（GB 2760—2011），1986年国家颁布了《食品营养强化剂使用卫生标准》（试行），1994年颁布了《食品营养强化剂使用卫生标准》（GB 14880—1994），2012年修订为《食品安全国家标准 食品营养强化剂使用标准》（GB 14880—2012）。1995年颁布了《中华人民共和国食品卫生法》。2009年颁布了《中华人民共和国食品安全法》。

近几年，为了适应新形势的发展，更好地保证食品安全，2015年4月新的《中华人民共和国食品安全法》修订通过，2015年10月1日施行，现行《中华人民共和国食品安全法》于2021年4月修正；2014年12月国家卫生和计划生育委员会（2018年改为国家卫生健康委员会）发布了新修订的《食品安全国家标准 食品添加剂使用标准》（GB 2760—2014）。2024年2月国家卫生健康委发布了新修订的《食品安全国家标准 食品添加剂使用标准》（GB 2760—2024），食品添加剂需要依法按照标准规定的使用范围、使用剂量使用。

1.1.3 食品添加剂在食品工业中的作用

（1）防止食品败坏变质，提高食品的稳定性、耐藏性及安全性

食品是由采收之后的谷物、果蔬及屠宰后的畜禽等营养丰富的原料加工而成的，而这些生鲜食物原料若在采收或屠宰后不能及时加工、加工不当或保存不当，就会造成败坏变质，给食品工业带来很大损失。食品防腐剂可以防止由微生物引起的食品腐败变质、延长食品的保存期，防止由微生物污染引起的食物中毒；食品抗氧化剂可以阻止或推迟食品的氧化变质，防止食品的酶促褐变与非酶褐变，抑制油脂的自动氧化反应及油脂氧化过程中有害物质形成，以提高食品的稳定性、耐藏性及安全性。

（2）提高和改善食品的感官性状

食品的色、香、味、形、口感质地等感官性状是人们判断和衡量食品质量的重要指标。食品在储运、加工过程或产品保存过程中经常会出现褪色、变色以及风味和质地等的变化，

或者口感质地不能够满足消费者的需求。因此，在食品加工中适当使用食品着色剂、食品护色剂、食品漂白剂、食品用香料、食品乳化剂、食品增稠剂、食品水分保持剂等食品添加剂，可明显提高和改善食品的感官品质和商品价值。感官品质良好的食品会刺激人的食欲，也就提高了人对食品营养的消化利用率，间接地提高了食品的营养价值。

（3）保持或提高食品的营养价值

食品及食物从本质上讲是一类为人类提供维持人的生命活动、维持人体生长发育、调节基本生理功能的富含营养的物质。食品防腐剂和抗氧化剂的应用，在防止食品败坏变质的同时，对保持食品的营养价值具有重要作用。单一的食品营养素不均衡，以及在食品加工、储运过程中，往往会造成一些营养素损失，所以，在食品加工时适当地添加某些食品营养强化剂，对于提高食品的营养价值，防止营养不良和营养缺乏，促进营养平衡，提高人们的健康水平具有重要意义。另外，在食品加工中我们还可以使用一些食品酶制剂，通过对食物原料成分的改善来提高食品的消化利用率，提高食品的营养价值。

（4）增加食品的品种，提高食品的方便性

随着消费水平的提高，人们对于食品品种及方便性的需求也大幅度增加。由于食品工业的发展，新的食品加工技术、加工工艺及产品配方的应用使得目前市场上食品种类众多、琳琅满目。食品添加剂通过在食品配方中的科学合理使用，在增加食品花色品种方面发挥着积极的作用。在方便食品与即食食品中，食品添加剂不仅在防腐、抗氧化、乳化、增稠、着色、增香、调味等方面发挥着作用，而且在改进速煮、速溶等食用的方便性方面发挥着重要作用。

（5）有利于食品的加工处理，适应生产的机械化和自动化

21世纪我国食品工业进一步向着机械化、自动化、规格化、规模化的方向发展，食品添加剂中的消泡剂、稳定剂和凝固剂、食品工业用加工助剂等的应用更有利于食品的加工操作。例如，葡萄糖酸-δ-内酯作为豆腐凝固剂的利用，使得豆腐生产实现了机械化、自动化、规格化、规模化。

（6）有利于满足不同人群的特殊营养需要和开发新的食品资源

在针对不同生长阶段、不同职业岗位以及一些常见病、多发病等特定人群食用的保健食品的开发中，很多时候需要借助或依靠食品添加剂。例如，糖尿病患者不能吃蔗糖，则可用低热能甜味剂，如三氯蔗糖、天门冬酰苯丙氨酸甲酯、甜菊糖苷等生产无糖的甜味食品，满足糖尿病患者的需求；为了防止龋齿，利用木糖醇等来代替糖类物质生产口香糖等。食品营养强化则可以在现代营养科学的指导下，根据不同地区、不同人群的营养缺乏状况和营养需要，以及为弥补食品在正常加工、储存时造成的营养素损失，在食品中选择性地加入一种或者多种微量营养素或其他营养物质，以增加人群对某些营养素的摄入量，从而达到纠正或预防人群微量营养素缺乏的目的。如对缺碘人群供给碘强化食盐预防缺碘性地方性甲状腺肿；钙、铁、维生素等营养强化剂添加入食品可以制造出适合不同人群需要的如老年食品、婴幼儿食品等保健食品。

1.1.4　我国食品添加剂工业的发展现状

食品添加剂工业已成为我国食品工业的重要组成部分，是食品工业新的增长点。我国有一些食品添加剂品种的产量，处于国际领先的地位。如味精生产量占世界的70%左右，柠檬酸占60%，木糖醇占50%，山梨醇占40%，甜蜜素占65%，乙基麦芽酚占80%左右，分子蒸馏单甘酯占50%，山梨酸钾占40%左右；另外，营养强化剂中的牛磺酸占65%左右。这些品种不仅产能和产量快速增长，产品在国际市场上占据主导地位，而且部分企业的生产工艺与装置也居于世界领先地位。我国的部分产品质量好，生产成本低，国际竞争力较强。

许多原来依靠进口的高效、高档食品添加剂中部分品种在国内开发与生产发展的速度也较快，如高效甜味剂阿斯巴甜、三氯蔗糖、卵磷脂、新型糖醇、β-胡萝卜素、番茄红素、叶酸、烟酸等产品，新型生物酶制剂国内已有多家企业生产。近年来，我国食品添加剂行业的技术水平和管理水平，也有很大程度的提升，很多产品均能达到 FCC（《食品用化学品法典》）标准和 FAO/WHO 标准。

与发达国家相比，我国食品添加剂工业仍存在较大差距，主要表现在：①企业规模普遍较小，布点分散，企业抗风险能力不强；②生产技术相对落后，尤其是环保压力较大，可持续发展能力薄弱；③部分产品存在产能严重过剩，有恶性竞争、价格走低的现象；④品种少、产品结构不合理；⑤部分企业管理不到位导致产品质量低下或者不稳定，容易被国外市场采取安全等非关税贸易壁垒拒之门外；⑥产品研发能力弱，高新技术和生物化工技术在食品添加剂行业应用较少。我们还有较多产品依赖进口。因此，我国的食品添加剂工业还需要在生产应用技术水平、产品质量、生产成本、品种及管理等方面向先进国家学习，使我国食品添加剂工业良性、可持续地发展。

食品添加剂的发展趋势可从以下几个方面展开分析。

（1）重视开发天然功能性的食品添加剂

天然提取物，相对化学合成品而言安全性高，且很多天然提取物具有一定的生理活性和健康功能。近年来，我国这类功能性食品添加剂和配料的品种和产量逐渐上升。如天然着色剂中，姜黄有抗癌作用，红花黄有降压作用，辣椒红有抗氧化作用，菊花黄有抗氧化作用，红曲有降血脂作用，紫草红有抗炎症作用，茶绿色素有调血脂作用，金盏花黄色素对眼睛退行性疾病有预防作用等。

加强对天然抗氧化剂的研究，以天然抗氧化剂逐步取代合成抗氧化剂也是今后的发展趋势。如从迷迭香中提取的迷迭香酚是一种天然、高效、无毒的抗氧化剂，抗氧化性能比 BHA（丁基羟基茴香醚）、BHT（二丁基羟基甲苯）、PG（没食子酸丙酯）、TBHQ（特丁基对苯二酚）强 4 倍以上。我国有上千年药食同源和食疗的历史，开发功能性食品添加剂有充分的文化和物质基础。我国一些具有生理活性的功能性食品添加剂及配料也具有走向国际市场的潜力。国际上一些著名的食品添加剂公司近年来对天然抗氧剂、膳食纤维、脂肪代用品、氨基酸、肽类、磷脂、低聚糖、维生素和矿物质、异黄酮类等功能性产品的开发力度也较大。

（2）采用高新技术开发生产食品添加剂

很多传统的食品添加剂本身有很好的使用效果，但由于在制造过程中，采用传统的脱色、过滤、交换、蒸发、蒸馏、结晶等净化精制技术，已经不能满足现代食品工业及安全要求，从而造成产品成本高，价格昂贵，使应用受到了限制。因此，迫切需要采用一些高效节能的高新技术应用于生产。

新型分离技术的应用能提高食品添加剂纯度和得率。如辣椒红采用超临界萃取技术、香精油采用分子蒸馏技术、木糖醇采用膜分离技术、柠檬酸采用色谱分离技术等，均能提高产品纯度和得率，起到提高产品品质、降低产品成本、改善生产环境等作用。

微胶囊技术的应用使食品添加剂更加方便、有效利用。如利用微胶囊技术开发天然红曲色素微胶囊产品可以增强其氧化稳定性，延长色素的保存期。最早使用微胶囊技术制备食品用香料与香精，可延缓香料挥发性物质的挥发，其产品已用于口香糖、汤粉食品、膨化食品、烟草制品等食品的加工生产中。

纳米技术的应用可以提高食品添加剂的使用效果与利用率。纳米材料是指在三维空间中至少有一维处于纳米尺度范围（1~100nm）或由它们作为基本单元构成的材料。纳米材料具有良好的吸收性、超微性和分散性，可以提高食品的活性和生物利用度。纳米技术在食品添加剂中的应用，一方面可以减少添加剂的用量，提高添加剂的利用率；另一方面利用纳米粒子所具有的缓释作用可以使食品添加剂长时间保持有效，同时能提高食品的稳定性及安全性。

（3）加强食品添加剂的应用技术研究，研制开发天然、营养、多功能的食品添加剂

加强食品添加剂的应用研究和推广工作，提高应用效果，建设先进的食品添加剂研究中心和现代化生产线，可以为用户提供应用技术服务。帮助食品加工企业解决如何科学、合理使用食品添加剂的问题。

为了适应食品工业迅猛发展的形势，我国食品添加剂行业，应该根据市场发展需求做大做强优势产业，提高管理水平，保证产品质量稳定；紧密围绕食品工业的发展方向和国际市场，在食品添加剂的制备和使用方面，采用先进的科学技术，降低生产成本，节能减排，提高产品档次，大力研制开发天然、营养、多功能的食品添加剂以丰富食品添加剂的品种。

1.2 食品添加剂的分类、编码与选用

1.2.1 食品添加剂的分类

食品添加剂在现代食品工业中起着越来越重要的作用，各国允许使用的食品添加剂种类也越来越多。据统计，目前全球开发的食品添加剂总数已达 1.4 万余种，其中直接使用的品种有 3000 余种，常用的有 680 余种。食品添加剂有多种分类方法，如可按其来源、功能、安全性评价的不同进行分类。

按食品添加剂的来源分类，食品添加剂可分为天然食品添加剂和化学合成食品添加剂。前者指利用动、植物或微生物的代谢产物以及矿物等为原料，经提取所获得的天然物质。后者指利用化学反应得到的物质，其中又可分为一般化学合成物与人工合成天然等同物。如目前使用的 β-胡萝卜素、叶绿素铜钠就是通过化学方法得到的天然等同物。

按食品添加剂的功能分类，我国《食品安全国家标准　食品添加剂使用标准》（GB 2760—2024）将食品添加剂分为 23 类，分别为：酸度调节剂、抗结剂、消泡剂、抗氧化剂、漂白剂、膨松剂、胶基糖果中基础剂物质、着色剂、护色剂、乳化剂、酶制剂、增味剂、面粉处理剂、被膜剂、水分保持剂、营养强化剂、防腐剂、稳定剂和凝固剂、甜味剂、增稠剂、食品用香料、食品工业用加工助剂、其他。

按安全性评价分类，联合国粮农组织与世界卫生组织（FAO/WHO）、国际食品添加剂法典委员会（CCFA），曾在食品添加剂专家委员会（JECFA）讨论的基础上，将食品添加剂分为 A、B、C 三类，每类再细分为两类。

A 类——JECFA 已制定人体每日允许摄入量（ADI）和暂定 ADI 值者。其中，A1 类为经 JECFA 评价认为毒理学资料清楚，已制定出 ADI 值或者认为毒性有限无须规定 ADI 值者；A2 类为 JECFA 已制定暂定 ADI 值，但毒理学资料不够完善，暂时许可用于食品者。

B 类——JECFA 曾进行过安全性评价，但未建立 ADI 值，或者未进行过安全性评价者。其中，B1 类为 JECFA 曾进行过评价，因毒理学资料不足未制定 ADI 者；B2 类为 JECFA 未进行过评价者。

C 类——JECFA 认为在食品中使用不安全或应该严格限制作为某些食品的特殊用途者。其中，C1 类为 JECFA 根据毒理学资料认为在食品中使用不安全者；C2 类为 JECFA 认为应严格限制在某些食品中作特殊应用者。

1.2.2 食品添加剂的编码

食品添加剂的统一编号有利于迅速检索，尤其是对于电子计算机检索来说尤为重要，统一编号也可弥补分类之不足和因名称不统一等所致的不必要重复和差错。

（1）国际编码系统

食品添加剂品种繁多，学名、俗名、地方名、商品名等名称众多，难以统一，因此需要一种在全球范围内统一的编码系统，以实现技术资料、生产、质量标准以及商品流通等领域中快速、准确无误地确认、传递、储存和检索食品添加剂的需求，使之科学化、国际化、标准化和规范化。

最早采用编码系统的是欧洲经济共同体（EEC）。为适应信息时代的需要，FAO/WHO曾两次制定食品添加剂的国际编号系统。第一次是1984年，当时建议采用一种5位数字的编号系统，按食品添加剂英文名称的字母顺序排列。但这一方案未能被许多国家所接受，尤其是遭到EEC各国的反对。因为由EEC所制定的食品添加剂编号系统（EEC No.）已使用多年，并在1986年1月1日实施的《中华人民共和国商标法》中规定，在商标的配料一栏中可以不用食品添加剂的名称，而代之以EEC No.，因此，原方案放弃。第二次FAO/WHO在1989年7月国际食品法典委员会（CAC）第18次会议上通过了以EEC No. 为基础的国际编码系统（international numbering system，INS）。凡有EEC No. 者，INS编码绝大部分均与EEC No. 相同，但对EEC No. 未细分的同类物作了补充。INS的收取原则是"包括至少一个CAC成员正式允许使用的添加剂的名单，无论是否已由JECFA作过评价"，并规定以后每隔2年增补一次，最新一次增补是在2019年3月25日至29日召开的第51届国际食品添加剂法典委员会（CCFA）会议上。

现在INS不单为EEC各国所接受，在美国食品与药物管理局（FDA）的法定出版物（FCC Ⅳ，1996）中也采用，已成为国际上通用的一种编码系统。由于INS是在EEC No. 基础上发展起来的，因此，INS的编码绝大部分均与EEC No. 相同，但对EEC No. 中未细分的同类物，INS做了补充。同时INS是各方妥协的结果，因此凡EEC No. 中不包括的香料、营养强化剂等，INS中也不包括。

（2）中国的编码系统

我国根据食品添加剂的类别拥有自己的编码系统，即中国编码系统（CNS）。我国食品添加剂的编码，由食品添加剂的主要功能类别代码和在本功能类别中的顺序号组成，采用5位数字表示，前2位数字为类别标识，小数点后的3位数字表示该类别中的顺序号，中间以"."作为分隔符分隔。CNS系统未将食用香料、食品工业用加工助剂、食品营养强化剂和胶姆糖基础剂包括在内。

《食品安全国家标准　食品添加剂使用标准》（GB 2760—2024）中所包含的食品添加剂，如果禁止使用，则其相应的代码废止，新增的食品添加剂品种在相应的类别内顺序往后排。在GB 2760—2024食品添加剂的分类中增加了营养强化剂这一类别。目前，GB 2760—2024采用CNS和INS系统相结合的方法，列出了每一种食品添加剂的CNS号和INS号。

1.2.3 食品添加剂的选用原则

1.2.3.1 FAO/WHO对食品添加剂的使用原则

FAO/WHO在食品添加剂通用法典标准（CODEX STAN 192—1995，2019年修订）中对食品添加剂使用的一般原则和带入原则规定如下。

（1）食品添加剂的安全性

① 只有那些根据 FAO/WHO 食品添加剂联合专家委员会（JECFA）现有证据，在拟定的用量范围不会对消费者健康产生危险的食品添加剂方可批准并列入本标准。

② 将某食品添加剂列入本标准时需考虑该添加剂的 ADI，或者 JECFA 确立的等同的安全评估，以及每日所有膳食来源的可能摄入量。在食品添加剂用于特定消费群体（如糖尿病患者，需要特殊医用膳食的人群，需要配方流质膳食的患者）食用的食品时，应该考虑消费者每日可能摄入的食品添加剂的量。

③ 加入食品中添加剂的量应等于或低于最大使用量，并且应是达到预期工艺效果的最低量。最大使用量可根据该标准附件 A 的申请程序、法典成员的摄入量评估或是由 CCFA 请求 JECFA 对某国摄入评估资料进行独立的评价。

（2）食品添加剂使用的合理性

只有在下列情况下方能使用食品添加剂，即其使用是有益的，不会对消费者产生明显的健康危害，不会误导消费者，符合 CAC 所规定的一个或数个工艺作用以及下列从①到④所阐述的要求，而且这些目的不能通过经济和技术方面可行的其他手段实现。

① 保持食品的营养质量；在②所表述的情况下，以及食品不是日常饮食中的主要食物时，才允许有意降低食品的营养质量。

② 为了给特殊膳食消费群体加工食品提供必要的配料或成分。

③ 为了提高食品的质量或稳定性，或者改进其感官特性，但不得以此改变食品的性质、成分或者质量而欺骗消费者。

④ 为了便于食品的生产、加工、制作、处理、包装、运输或者储藏，但不得借助食品添加剂以掩饰因使用有问题的原料而产生的结果，或者掩饰在上述过程中因不合乎要求（包括不卫生）的操作或工艺而产生的结果。

（3）良好生产规范（GMP）

所有食品添加剂均需在良好生产规范的条件下使用，具体如下。

① 加入食品中添加剂的量应尽可能最低，以达到其预期效果为限。

② 在食品生产加工或包装中，使用食品添加剂而使其成为食品的组成部分，但食品本身并不受到任何物理或其他技术的影响，添加剂的用量须尽可能减少至最合理的水平。

③ 添加剂应符合食品级质量，并按食品配料进行加工处理。

（4）食品添加剂的特性和纯度的规格标准

按照本标准使用的食品添加剂应当具有相应的食品级质量，而且应始终依照国际食品法典委员会所推荐的相关性质和纯度规格标准，若无此规格标准，则应遵循国家或国际权威机构所制定的相应标准。就安全而言，添加剂要达到食品等级质量，应符合整体规格标准（而不是仅符合个别指标），并按 GMP 生产、贮存、运输和处理。

1.2.3.2 我国食品添加剂的使用原则

按照我国《食品安全国家标准　食品添加剂使用标准》（GB 2760—2024），食品添加剂的使用原则如下。

（1）食品添加剂使用时应符合以下基本要求

① 不应对人体产生任何健康危害。

② 不应掩盖食品腐败变质。

③ 不应掩盖食品本身或加工过程中的质量缺陷或以掺杂、掺假、伪造为目的而使用食品添加剂。

④ 不应降低食品本身的营养价值。

⑤ 在达到预期效果的前提下尽可能降低在食品中的使用量。

（2）在下列情况下可使用食品添加剂

① 保持或提高食品本身的营养价值。

② 作为某些特殊膳食用食品的必要配料或成分。

③ 提高食品的质量和稳定性，改进其感官特性。

④ 便于食品的生产、加工、包装、运输或者贮藏。

（3）食品添加剂质量标准

按照本标准使用的食品添加剂应当符合相应的质量规格要求。

（4）食品用香料、香精的使用原则

① 在食品中使用食品用香料、香精的目的是使食品风味产生、改变或提高。食品用香料一般配制成食品用香精后用于食品加香，部分也可直接用于食品加香。食品用香料、香精不包括只产生甜味、酸味或咸味的物质，也不包括增味剂。

② 食品用香料、香精在各类食品中按生产需要适量使用，标准中规定没有加香的必要，不得添加食品用香料、香精，法律、法规或国家食品安全标准另有明确规定者除外。除标准中所列可加香的食品外，其他食品是否可以加香应按相关食品产品标准规定执行。

③ 用于配制食品用香精的食品用香料品种应符合本标准的规定。用物理方法、酶法或微生物法（所用酶制剂应符合本标准的有关规定）从食品（可以是未加工过的，也可以是经过了适合人类消费的传统的食品制备工艺的加工过程）制得的具有香味特性的天然香味复合物❶可用于配制食品用香精。

④ 具有其他食品添加剂功能或其他食品用途的食品用香料，应配制成食品用香精用于食品加香在食品中发挥其他食品添加剂的功能时，应符合本标准相应规定，发挥其他用途时应符合相应标准的规定。如苯甲酸、肉桂醛、瓜拉纳提取物、双乙酸钠（又名二醋酸钠）、琥珀酸二钠、磷酸三钙、氨基酸类等。

⑤ 食品用香精可以含有对其生产、储存和应用等所必需的食品用香精辅料（包括食品添加剂和食品）。食品用香精辅料应符合以下要求。

食品用香精中允许使用的辅料应符合《食品安全国家标准　食品用香精》（GB 30616—2020）的规定。在达到预期目的的前提下尽可能减少使用品种。

作为辅料添加到食品用香精中的食品添加剂不应在最终食品中发挥功能作用，在达预期目的的前提下尽可能降低在食品中的使用量。

⑥ 食品用香料、食品用香精的标签应符合《食品安全国家标准　食品添加剂标识通则》（GB 29924）的规定。

⑦ 凡添加了食品用香料、香精的预包装食品应按照《食品安全国家标准　预包装食品标签通则》（GB 7718—2011）进行标示。

⑧ 食品用香料质量规格应符合《食品安全国家标准　食品用香料通则》（GB 29938—2020）及相关香料产品标准的规定。

1.3　食品添加剂的安全性与评价

食品添加剂最重要的是安全和有效，其中安全性最为重要。食品添加剂的安全性是指食

---

❶　天然香味复合物是一类含有食用香味物质的制剂。

品添加剂在规定的使用方式和用量条件下，对人体健康不产生任何损害，既不引起急性、慢性中毒，亦不至于对接触者（包括老、弱、病、幼和孕妇）及其后代产生潜在危害。

要保证食品添加剂使用安全，必须对其进行安全性评价，这是根据国家标准、卫生要求，以及食品添加剂的生产工艺、理化性质、质量标准、使用效果、使用范围、使用量、毒理学评价及检验方法等做出的综合性的安全评价。食品添加剂的安全性评价主要包括化学评价和毒理学评价，其中最重要的是毒理学评价。化学评价关注食品添加剂的纯度、杂质及其毒性、生产工艺以及成分分析方法，并对食品添加剂在食品中发生的化学作用进行评估。毒理学评价能够确定食品添加剂在食品中无害的最大限量，并对有害的物质提出禁用或放弃的理由，以确保食品添加剂使用的安全性。

1.3.1 食品添加剂的化学结构与毒性的关系

食品添加剂的安全使用是非常重要的。理想的食品添加剂最好是有益无害的物质。食品添加剂，特别是化学合成的食品添加剂大都有一定的毒性，所以使用时要严格控制使用量和使用范围。食品添加剂的毒性是指其对机体造成损害的能力。毒性与物质本身的化学结构有着紧密的关系。

FDA 在其发布的 "Toxicological Principles for the Safety Assessment of Food Ingredient. Redbook 2000"（食品成分安全评价的毒理学原理，红皮书 2000）中以分子结构与官能团为基础对食品添加剂进行了分类。其分类概况如下：含有较高毒性官能团的物质被列入 C 类，毒性未定或中等毒性的物质被列入 B 类，那些可能有低毒性的物质被列入 A 类。例如，简单饱和脂肪醇类中的戊醇被列入 A 类。一种物质如含有 α-和 β-不饱和羰基、环氧化物、噻唑、咪唑基等则被列入 C 类。食用合成色素是引起安全性争议最多的食品添加剂。合成色素作为食品添加剂已有相当长的历史，大多是由煤焦油合成的偶氮、联苯和三苯胺。这些染料大多都曾被用作纺织染料，本身就有毒性。

国际食品添加剂法典委员会（CCFA）曾在 JECFA 讨论的基础上按照食品添加剂的毒性与安全性将其分为 A、B、C 三类。食品添加剂的安全性随着毒理学及分析技术等的发展有可能发生变化，因此其所在的安全性评价类别也可能发生变化。某些原已被 JECFA 评价过的品种，经再评价时，其安全性评价分类可能发生变化。如环己基氨基磺酸盐（钠和钙盐），曾因报告有致癌性而被列入 C2 类，后经再评价制定暂定 ADI 为 0～4mg/kg 而转入 A2 类。1982 年 JECFA 再次对其进行评价时制定 ADI 为 0～11mg/kg，从而将其列入 A1 类。又如糖精，原曾属 A1 类，后有报告指出其可使大鼠致癌，经 JECFA 评价，暂定 ADI 为 0～2.5mg/kg，而归为 A2 类。直到 1993 年再次对其进行评价时，认为对人类无害，制定 ADI 为 0～5mg/kg，又转为 A1 类。因此，关于食品添加剂安全性评价分类情况，应随时注意新的变化。

1.3.2 食品添加剂的毒理学评价

安全性评价是根据有关法规与卫生要求，以食品添加剂的理化性质、质量标准、使用效果、使用范围、使用量、毒理学评价结果等为依据而对其安全性或毒性做出的综合性评价，以确定该食品添加剂在食品中无害的最大限量，其中重要的是毒理学评价。毒理学评价是通过动物实验和对人群的观察，阐明某种物质的毒性及潜在的危害，对该物质能否投放市场做出取舍的决定，或提出人类安全的接触条件，即对人类使用这种物质的安全性做出评价的研究过程。毒理学评价包括以下主要内容。

（1）理化分析

食品添加剂的化学结构、理化性质、纯度等，决定着该食品添加剂在食品中的存在形式以及降解过程和降解产物。

（2）动力学研究

食品添加剂被机体吸收后，在机体内的分布、转运、吸收和排泄。

（3）毒性研究

食品添加剂及其代谢产物对机体可能造成的毒害作用及其机理，包括急性毒性、慢性毒性、对生育繁殖的影响、胚胎毒性、致畸性、致突变性、致癌性、致敏性等方面。

要评估食品添加剂的毒性情况，需进行一定的毒理学试验。在我国，《食品安全国家标准　食品安全性毒理学评价程序》（GB 15193.1—2014）规定了食品安全性毒理学评价的程序。本标准适用于评价食品生产、加工、保藏、运输和销售过程中所涉及的可能对健康造成危害的化学、生物和物理因素的安全性，检验对象包括食品及其原料、食品添加剂、新食品原料、辐照食品、食品相关产品（用于食品的包装材料、容器、洗涤剂、消毒剂和用于食品生产经营的工具、设备）以及食品污染物。

1.3.3　食品添加剂的毒理学试验及结果的判定

毒理学评价需要进行一定的毒理学试验，《食品安全国家标准　食品安全性毒理学评价程序》（GB 15193.1—2014）规定了食品（包括食品添加剂）安全性毒理学评价程序主要是以下几方面。

1.3.3.1　急性毒性试验

急性毒性试验主要测定 LD_{50}，了解受试物的毒性强度、性质和可能的靶器官，为进一步进行毒性试验的剂量和毒性观察指标的选择提供依据，并根据 LD_{50} 进行急性毒性剂量分级。

如 LD_{50} 剂量小于人的推荐（可能）摄入量的 100 倍，则一般应放弃该受试物用于食品，不再继续进行其他毒理学试验。

LD_{50} 也即动物的半数致死量，是指能使一群实验动物中毒死亡一半的投药剂量，单位以"mg/kg（以体重计）"表示。LD_{50} 是判断食品添加剂安全性的常用指标之一，它表明了食品添加剂急性毒性的大小。同一种被试验食品添加剂对各种动物的 LD_{50} 并不相同，有时差异甚至很大。由于投药方式不同，其 LD_{50} 也不相同。食品添加剂主要是使用经口 LD_{50}。

通常按经口 LD_{50}，将物质的急性毒性分为 6 级，见表 1-1。

表 1-1　经口 LD_{50} 与毒性分级

毒性级别	$LD_{50}/(mg/kg)$	毒性级别	$LD_{50}/(mg/kg)$
极毒	<1	低毒	501～5000
剧毒	1～50	相对无毒	5001～15000
中等毒	51～500	无毒	>15000

注：LD_{50} 数据以大鼠每千克体重为标准。

1.3.3.2 遗传毒性试验

通过遗传毒性试验了解受试物的遗传毒性以及筛查受试物的潜在致癌作用和细胞致突变性。

遗传毒性试验是对受试物的遗传毒性以及是否具有潜在致癌作用进行筛选。致畸试验是了解受试物对实验动物的胎仔是否具有致畸作用。

遗传毒性实验是要根据受试物的化学结构、理化性质以及对遗传物质作用终点的不同，并兼顾体外和体内试验以及体细胞和生殖细胞的原则，在细菌致突变试验、小鼠骨髓微核率测定或骨髓细胞染色体畸变分析、小鼠精子畸形分析和睾丸染色体畸变分析中选择 4 项试验，根据以下原则对结果进行判断。

① 如遗传毒性试验组合中两项或以上试验阳性，则表示该受试物很可能具有遗传毒性和致癌作用，一般应放弃该受试物应用于食品。

② 如遗传毒性试验组合中一项试验为阳性，则再选两项备选试验（至少一项为体内试验）。如再选的试验均为阴性，则可继续进行下一步的毒性试验；如其中有一项试验阳性，则应放弃该受试物应用于食品。

③ 如三项试验均为阴性，则可继续进行下一步的毒性试验。

1.3.3.3 28 天经口毒性试验

在急性毒性试验的基础上，进一步了解受试物毒作用性质、剂量-反应关系和可能的靶器官，得到 28 天经口未观察到有害作用剂量，初步评价受试物的安全性，并为下一步较长期毒性和慢性毒性试验剂量、观察指标、毒性终点的选择提供依据。并可初步估计最大无作用剂量（MNL），MNL 也称最大耐受量、最大安全量或最大无效量，是指动物长期摄入该受试物而无任何中毒表现的每日最大摄入量，单位为 mg/kg（以体重计）。它是食品添加剂长期（终生）摄入对本代健康无害，并对下代生长无影响的重要指标。

对只需要进行急性毒性、遗传毒性和 28 天经口毒性试验的受试物，若试验未发现有明显毒性作用，综合其他各项试验结果可做出初步评价；若试验中发现有明显毒性作用，尤其是有剂量-反应关系时，则考虑进行进一步的毒性试验。

1.3.3.4 90 天经口毒性试验

试验目的是观察受试物以不同剂量水平经较长期喂养后对实验动物的毒作用性质、剂量-反应关系和靶器官，得到 90 天经口未观察到有害作用剂量，为慢性毒性试验剂量选择和初步制定人群安全接触限量标准提供科学依据。

根据试验所得的未观察到有害作用剂量进行评价，原则是：

① 未观察到有害作用剂量小于等于人的推荐（可能）摄入量的 100 倍表示毒性较强，应放弃该受试物用于食品；

② 未观察到有害作用剂量大于 100 倍而小于 300 倍者，应进行慢性毒性试验；

③ 未观察到有害作用剂量大于等于 300 倍者则不必进行慢性毒性试验，可进行安全性评价。

1.3.3.5 致畸试验

了解受试物是否具有致畸作用和发育毒性，并可得到致畸作用和发育毒性的未观察到有害作用剂量。

根据试验结果评价受试物是不是实验动物的致畸物。若致畸试验结果阳性则不再继续进行生殖毒性试验和生殖发育毒性试验。在致畸试验中观察到的其他发育毒性，应结合 28 天和（或）90 天经口毒性试验结果进行评价。

1.3.3.6　生殖毒性试验和生殖发育毒性试验

了解受试物对实验动物繁殖及对子代的发育毒性，如性腺功能、发情周期、交配行为、妊娠、分娩、哺乳和断乳及子代的生长发育等。得到受试物的未观察到有害作用剂量水平，为初步制定人群安全接触限量标准提供科学依据。

根据试验所得的未观察到有害作用剂量进行评价，原则是：

① 未观察到有害作用剂量小于或等于人的推荐（可能）摄入量的 100 倍表示毒性较强，应放弃该受试物用于食品；

② 未观察到有害作用剂量大于 100 倍而小于 300 倍者，应进行慢性毒性试验；

③ 未观察到有害作用剂量大于或等于 300 倍者则不必进行慢性毒性试验，可进行安全性评价。

1.3.3.7　慢性毒性和致癌试验

了解经长期接触受试物后出现的毒性作用以及致癌作用；确定未观察到有害作用剂量，为受试物能否应用于食品的最终评价和制定健康指导值提供依据。

根据慢性毒性试验所得的未观察到有害作用剂量进行评价的原则是：

① 未观察到有害作用剂量小于或等于人的推荐（可能）摄入量的 50 倍者，表示毒性较强，应放弃该受试物用于食品；

② 未观察到有害作用剂量大于 50 倍而小于 100 倍者，经安全性评价后，决定该受试物可否用于食品；

③ 未观察到有害作用剂量大于或等于 100 倍者，则可考虑允许使用于食品。

根据致癌试验所得的肿瘤发生率、潜伏期和多发性等进行致癌试验结果判定的原则是（凡符合下列情况之一，可认为致癌试验结果阳性。若存在剂量-反应关系，则判断阳性更可靠）：

① 肿瘤只发生在试验组动物，对照组中无肿瘤发生；

② 试验组与对照组动物均发生肿瘤，但试验组发生率高；

③ 试验组动物中多发性肿瘤明显，对照组中无多发性肿瘤，或只是少数动物有多发性肿瘤；

④ 试验组与对照组动物肿瘤发生率虽无明显差异，但试验组中发生时间较早。

1.3.3.8　其他

若受试物掺入饲料的最大加入量（原则上最高不超过饲料的 10%）或液体受试物经浓缩后仍达不到未观察到有害作用剂量为人的推荐（可能）摄入量的规定倍数时，综合其他的毒性试验结果和实际食用或饮用量进行安全性评价。

1.3.4　食品添加剂的使用标准

食品添加剂的使用标准是提供安全使用食品添加剂的定量指标。食品添加剂使用标准是有关权威部门根据食品添加剂的毒理学试验结果与其在食品中使用情况的实际调查为依据而制定的。大多数国家食品添加剂的使用标准与质量标准相配套，法规中也大多明确规定使用符合指定质量标准的食品添加剂。食品添加剂使用标准包括允许使用的食品添加剂品种、使用目的（用途）、使用范围（对象食品）、最大使用量（或残留量），有的还需注明使用方法。最大使用量以 g/kg 为单位。对某一种或某一食品添加剂配方来说，其标准的制定一般需要结合动物最大无作用量（MNL）、人体每日允许摄入量（ADI）、人体每日允许摄入总量（A）等指标综合确定。

1.3.4.1 每日允许摄入量（ADI）

每日允许摄入量（ADI）是指以体重为基础来表示的人体每日允许摄入量，就是指能够从每日膳食中摄取的量，此量根据现有已知事实，即使终身持续摄入，也不会显示出导致值得重视的危害。每日允许摄入量以 mg/kg（以体重计）为单位。

人体每日允许摄入量可以由动物的最大无作用量推测而得。经过一系列的动物毒理学试验确定出动物的最大无作用量，把动物的最大无作用量（MNL）除以安全系数（100）即可求得人体每日允许摄入量（ADI）。

安全系数是考虑到人与动物在抵抗力和敏感度上的差异，以及人群间老弱病幼个体的差别等因素，不能将动物毒理学数据直接引用到人群，需要通过一个相对安全的转换而采用的数学系数。一般情况下安全系数定为 100，但是也要按照实际情况适当变动。例如某种物质是食品的正常成分或是正常的中间代谢产物，又如当有足够资料证明在人体内某种物质因消化或代谢而转变成食品的正常成分或某种物质不被胃肠道吸收的情况，这些情况有可能提供一个较低的安全系数。反之，在动物毒性试验观察期较短、毒理学资料不足等情况下，则要求增大安全系数，例如采用 200 甚至更高的安全系数。

因为每日允许摄入量是以人体每千克体重摄入的质量（mg）表示的，那么成人的每人每日允许摄入总量（A），就可用每日允许摄入量（ADI）乘以平均体重而求得。

1.3.4.2 食品中最高允许量

人体每日允许摄入量，严格来说应包括某种物质从外界环境进入人体的总量，它进入的途径可能有食品、饮水和空气等。如果食品中某种物质进入人体仅仅通过饮食这唯一途径，那么该物质的每日允许摄入总量（A）就应该相当于各种食品中该物质的每日摄食总量（B），大多数食品添加剂属于这种情况。如果除食品外，该物质还有其他进入人体的途径时，则需确定来源于食品的该物质占人体对该物质总摄入量的比例。有了该物质的每日允许摄入总量（A）之后，还要根据人群的膳食调查，搞清膳食中含有该物质的各种食品的每日摄食量（C），就可以分别算出其中每种食品含有该物质的最高允许量（D）。

1.3.4.3 各种食品中的使用标准

某种食品添加剂在每种食品中的最大使用量（E）是其使用标准的主要内容。最大使用量（E）是根据上述相应的食品中的最高允许量（D）制定的。在某些情况下，二者可以相同，但为了人体安全起见，原则上总是希望食品中的最大使用量标准略低于最高允许量，具体要按照其毒性及使用等实际情况确定。

以苯甲酸为例，简单计算如下。

最大无作用量（MNL）：由大鼠实验判定 MNL＝500mg/kg。

每日允许摄入量（ADI）：根据 MNL，以安全系数为 100 推定于人，则 ADI＝MNL×1/100＝500×1/100＝5mg/kg。

每日允许摄入总量（A）：以平均体重 55kg 的正常成人计算，苯甲酸的每人每日允许摄入总量为 5×55＝275 [mg/(人·d)]。

最大使用量（E）：若通过膳食调查，平均每人各种食品的每日摄食量（C）见表1-2。

表 1-2　苯甲酸摄食总量计算表

食品种类	各种食品每日的摄食量/g	各种食品中的最大使用量/(g/kg)	苯甲酸每日摄食总量/ [mg/(人·d)]
酱油	50	1	50
醋	20	1	20
汽水	250	0.2	50
果汁	100	1	100
合计			220

由于有使用调查，可简单地以反推计算。先按实际使用情况设定各种食品中的最大使用量（E）分别为：酱油1g/kg、醋1g/kg、汽水0.2g/kg、果汁1g/kg。则计算得出苯甲酸每日摄食总量（B）为220mg/(人·d)，此值低于每日允许摄入总量（A）275mg/(人·d)。所以，可以知道所设定的最大使用量（E）相应地低于最高允许量（D）。

假如上述计算结果每日摄食总量（B）高于每日允许摄入总量（A），则设定的最大使用量就有重新考虑的必要，必要时则要通盘考虑使用标准，限制使用范围等。

1.3.5　食品添加剂的质量标准

FAO/WHO、FCC、日本食品添加物公定书，在公布食品添加剂允许使用品种和最大允许使用量的同时，都公布相应品种的质量指标及分析方法等有关要求。食品添加剂的质量指标体系，一般分为三个方面：外观、含量和纯度，有的还包括微生物指标和黄曲霉毒素等卫生指标。在纯度指标中一般均有铅、砷、铬、铜、镉、汞、锌等金属元素指标。此外有干燥失重、灼烧残渣、不溶物、残存溶剂等指标。对各种质量指标的测定方法，在各国标准中均有规定。由于各种添加剂性状的不同，即使是同一指标，往往需要不同的测定方法以消除干扰，但绝大部分指标实际上是可以通用的。随着检测技术的进步和对安全性的考虑，许多产品的质量指标会不断提高。

食品添加剂的生产商必须严格控制产品的质量标准。食品添加剂的产品质量是食品添加剂能否使用和能否保证消费者健康安全的关键。国外曾发生过因食品添加剂中毒甚至死亡的事故，例如，日本的牛奶砷中毒事件，患者达12313人，死亡人数130人。引起这一事件的原因是奶粉生产中使用的稳定剂磷酸氢二钠的含砷量过高（高达30mg/kg）。因此，牛奶砷中毒事件并不是该不该使用磷酸氢二钠的问题，而是磷酸氢二钠的质量控制不严所致。国外多次对糖精等的安全性争议也同样是因杂质超标所引起。

我国食品添加剂生产分散在各个行业之中，长期以来没有制定统一的国家标准。近20年来国家标准化管理委员会做了大量的工作，但一些产品仍然执行的是生产企业所属的行业标准，如化工行业标准（HG）、轻工行业标准（QB）、医药行业标准（YY）等。

我国的食品添加剂质量标准，首选的应当是食品添加剂的国家标准或行业标准。尚未制定国家或行业标准的品种，可适当采用企业标准。对于这类尚未颁布标准的新产品必须先制定企业标准，此标准的制定多以国际或发达国家标准为依据，如FAO/WHO、FDA和FCC的相关标准等。当企业标准获得上级批准后才能正式生产。若上述标准均无时，也可适当采用某些其他标准，如《中华人民共和国药典》（简称《中国药典》）或其他有参考价值的规格标准。2010 年卫生部制定发布了 95 项食品添加剂产品标准。对于尚无产品标准的食品添加剂，根据《关于加强食品添加剂监督管理工作的通知》（卫监督发〔2009〕89 号）规定，其产品质量要求、检验方法可以参照国际组织或相关国家的标准。

标准化、国际化的发展，致使各国食品添加剂的质量标准已很接近，但由于各自认识和某些情况的不同，不同国家之间仍然存在一定差别。近年来，我国许多食品添加剂品种的质量标准已与最新出版的美国《食品用化学品法典》（FCC Ⅶ）和日本食品添加物公定书（2018 第 9 版）的标准一致。

1.4 食品添加剂的管理

1.4.1 FAO/WHO 对食品添加剂的管理

1955 年 9 月，FAO/WHO 在日内瓦联合召开第一次国际食品添加剂会议，商讨有关食品添加剂的管理和成立世界性国际机构等事宜。1956 年在罗马成立了 FAO/WHO 所属的食品添加剂联合专家委员会（JECFA），由世界权威专家组织以个人身份参加、以纯科学的立场对世界各国所用的食品添加剂进行评议，并将评议结果中的毒理学评价部分于"Food and Nutrition Paper（FNP，食品与营养文集）"报告上公布，由 FAO 出版发行。

1963 年，FAO/WHO 联合成立了国际食品法典委员会（CAC），下设有国际食品添加剂法典委员会（CCFA），后者是 10 个综合委员会中最早成立的，具体负责：规定食品添加剂的最大使用量、功能分类、规格和纯度、食品添加剂分析方法以及提出 JECFA 优先评价的食品添加剂名单等相关内容。CCFA 每年定期召开会议，对 JECFA 所通过的各种食品添加剂的标准、试验方法、安全性评价等进行审议和认可，再提交 CAC 复审后公布，以期在广泛的国际贸易中，制定统一的规格和标准，确定统一的试验方法和评价系统等，克服由于各国法规不同所造成贸易上的障碍。1988 年食品添加剂法典委员会更名为食品添加剂和污染物法典委员会（CCFAC），并于 2005 年 7 月将 CCFAC 拆分为食品添加剂法典委员会和食品污染物法典委员会。

2019 年 3 月 25 日至 29 日，第 51 届国际食品添加剂法典委员会（CCFA）会议在山东省济南市举行，来自 48 个成员国和 1 个成员组织（欧盟）及 33 个国际组织的 300 余名代表参加了本届会议。此次会议重点研究议题包括食品添加剂法典通用标准（GSFA）、统一商品标准和 GSFA 中相关食品添加剂规定、JECFA 优先评估的食品添加剂名单等相关内容。

联合国是一种松散型的组织，其所属机构通过的决议只能作为建议推荐，为制定相关法律文件提供参照或参考，而不直接对各国发挥指令性法规的作用。因此各国仍自行制定各自的相应法规标准。

迄今为止，联合国为各国所提供的主要法规或标准，包括以下几类：

① 允许用于食品的各种食品添加剂的名单，以及它们的毒理学评价结果。

② 各种允许使用的食品添加剂的质量指标等规定。

③ 各种食品添加剂在食品中的允许使用范围和建议用量。

④ 各种食品添加剂质量指标的通用测定方法。

1.4.2 国外对食品添加剂的管理

1.4.2.1 美国对食品添加剂的管理

美国是食品添加剂的主要生产国和使用国，其食品添加剂的产值和种类在世界上都位居榜首。美国规定,食品添加剂指"有意使用的,使用后会影响食品的特征或者其自身可直接或间接成为食品成分的物质"。因此,美国的食品添加剂包括食品营养强化剂,对于食品添加剂的生产、销售和使用,美国有一套完善的管理办法。

美国最早于1906年颁布联邦《纯净食品和药品法》(Pure Food and Drug Act),这是美国首部全国性的食品安全法,也是世界上首次规定食品添加剂使用的法规。现行美国食品法的基础则是1993年修订的美国联邦《食品、药品和化妆品法》(FD & C)。该法规赋予美国食品与药物管理局(FDA)管理食品及食品添加剂安全的职责,规定其直接参与食品及食品添加剂标准法规的制定与监管。1959年颁布《食品添加剂法》。1967年颁布《肉品卫生法》(肉类中允许使用的食品添加剂按该法裁定)。1968年颁布《禽类产品卫生法》。以上各法分别由美国食品与药物管理局(FDA)和美国农业部(USDA)贯彻实施。另有一部分与食品有关的熏蒸剂和杀虫剂,则归美国环境保护局管理。这些联邦法规对食品添加剂(或称食品用化学品)的主要作用是建立和定期公布"允许使用范围、最大允许使用量和食品标签标示法",并于每年出版的《美国联邦法典》(CFR)上汇总修订。其中有关USDA所辖的肉禽制品,发表于《美国联邦法规》第9篇(9CFR)上,FDA管辖的则发表于21CFR上。

对于各种食品添加剂的质量标准和各种指标的分析方法,由FDA所委任的美国药典委员会负责编写美国《食品用化学品法典》(FCC)定期出版,由FDA认可。至2014年已出版第8版,由美国国家科学院出版社出版。

美国在1959年颁布的《食品添加剂法》中规定,出售食品添加剂之前需经毒理试验,食品添加剂的使用安全和效果的责任由制造商承担,但对已列入GRAS(公认安全)者除外。新的食品添加剂在得到FDA标准之前,绝对不能生产和使用。

FDA将加入食品中的化学物质分为4类。

① 食品添加剂 需经2种以上的动物实验,证实没有毒性反应,对生育无不良影响,不会引起癌症等,用量不得超过动物实验最大无作用量的1%。

② 一般公认安全物质 如糖、盐、香辛料等,不需动物实验,列入FDA所公认的GRAS名单,但如果发现已列入而有影响的,则从GRAS名单中删除。

③ 凡需审批者,一旦有新的试验数据表明不安全时,应责令食品添加剂制造商重新进行研究,以确定其安全性。

④ 凡食品着色剂上市前,均需先经全面安全测试。

此外,对营养强化剂的标签标示,FDA在《营养标签与教育法案》(NLEA)中规定了新标示管理条件。其中要求维生素、矿物质、氨基酸及其他营养强化剂的制造商对其产品做有益健康的标示声明,其准确度达9~10级(10级制)。

1.4.2.2 欧盟对食品添加剂的管理

欧洲经济共同体(EEC)于1974年成立欧洲经济共同体食品科学委员会(Scientific Committee for Food of the Commission of the EEC),负责EEC范畴内有关食品添加剂的管理,包括对ADI的确认(对FAO/WHO所公布的ADI确认)、是否允许使用、允许使用范围及限量,据此编制各种准用食品添加剂的EEC No.,并有各种不定期的出版物出版。

欧盟有专门机构和专项法规对食品添加剂进行管理。欧委会健康和消费者保护总理事会负责欧盟食品添加剂的管理,主要负责受理食品添加剂申请列入准许使用名单的审批。欧盟食品科学委员会(SCF)主要负责食品添加剂的安全性评估,如果某类食品添加剂通过评估，则该委员会就会启动法规修正程序将其加入适当的指令中，允许其上市销售。欧盟对食品添加剂的立法采取"混合体系"，即通过科学评价和协商，制定出能为全体成员所接受的食品添加剂法规，最终以肯定的形式公布允许使用的食品添加剂名单、使用的特定条件及使用限量等。随着食品工业的发展和研究的深入，欧盟不断对食品添加剂的安全标准或管理法规进行修订和更新。2002 年 1 月 28 日，欧洲议会与理事会 178/2002 法规通过，并于 2003 年进行了修订。2015 年 12 月 11 日，欧盟发布欧洲议会及理事会第 2015/2283 号法规，于 2018 年 1 月 1 日开始实施。该法规是欧盟迄今出台的最重要的食品法，食品添加剂是其关注的重点领域之一，这一新法为欧盟保障食品添加剂的质量安全提供了重要指导原则。

欧盟为了避免各成员食品添加剂管理和使用条件的差异妨碍食品的自由流通，创建一个公平竞争环境以促进共同市场的建立和完善，通过立法实现所有成员实施一致的食品添加剂批准、使用和监管制度。必须获得许可也是欧盟食品添加剂的立法原则，其基本框架以《食品添加剂通用要求指令》（89/107/EEC）为纲领性文件，以《着色剂指令》和《着色剂纯度指令》，《甜味剂指令》和《甜味剂纯度指令》，以及《其他添加剂指令》和《其他添加剂纯度指令》3 组特定指令为基本构成。

欧盟有关食品添加剂的管理制度，具有如下实施特点。

① 以欧盟理事会《食品添加剂通用要求指令》（89/107/EEC）作为框架指令，规定适用于食品添加剂的一般要求，同时针对各种不同的食品添加剂，通过作为实施细则的相应指令进行具体规范。

② 以许可清单的方式列出食品添加剂，并且有相关的法规和规范限制其使用的范围、用量等使用条件，没有列入清单的添加剂均在禁止使用之列。

③ 食品添加剂必须是食品生产、储藏必需的，存在合理的工艺需求，具有其他物质不能实现的特定用途。

1.4.2.3 日本对食品添加剂的管理

日本作为一个资源短缺的国家，食品需要大量进口，所以其对食品原材料及食品的监管非常严格。日本厚生劳动省于 1947 年颁布了《食品卫生法》，对食品中化学品制定了认定制度，但食品添加剂方面的法规到 1957 年才公布使用。在日本，按照目前的使用习惯和管理要求，食品添加剂被划分为 4 种，即指定食品添加剂、既存食品添加剂、天然香料和一般饮食添加剂。指定食品添加剂是指对人体健康无害的合成添加剂，可分为有使用标准的食品添加剂和无使用标准的食品添加剂。食品添加剂由厚生劳动省经过食品安全委员会的风险评估和分析等一系列程序后，才可审批为指定食品添加剂。1947 年日本《食品卫生法》对添加剂实施主动列表制度，即只允许在食品中使用日本厚生劳动省指定的认为安全的食品添加剂。在 1995 年之前，主动列表系统仅适用于化学合成的添加剂。2004 年日本对《食品卫生法》进行修订，使该系统对添加剂的管理更为严格。截至 2014 年，日本共批准指定食品添加剂 440 多种，属于安全性和使用功能已经获得确认的添加剂，可以在全国范围内使用；既存食品添加剂 360 多种，属于在日本有长期使用历史和经验，被广泛认可的添加剂；天然香料约 600 种，包括植物源、动物源的香料；一般饮食添加剂约 100 种，既可以作为食品，也可以作为食品添加剂应用。

1.4.2.4 澳大利亚和新西兰对食品添加剂的管理

2002 年 7 月，经过改革后澳大利亚、新西兰的食品监管新体制开始运转。澳新食品管理委员会主要负责制定国内食品管理政策和食品标准制定的政策指南。澳新食品标准局主要负责制定澳大利亚、新西兰统一的食品法典，并保持和澳新食品管理委员会的政策一致。与其他国家不同的是，澳新食品标准局很少制定本地区的添加剂规格标准，而是大多引用国际标准或其他国家的权威标准，例如 JECFA 或者 FCC 等。如果上述标准中没有该添加剂的规定，则要求必须符合《英国药典》《美国药典》《国际药典》《美国联邦法规》、日本添加剂标准等 10 个国家或国际组织的标准规定。

1.4.3 我国对食品添加剂的管理

1.4.3.1 我国食品添加剂管理状况

目前，我国与国际食品法典委员会和其他发达国家的管理措施基本一致，建立了食品添加剂管理相关法规制度，规范食品添加剂的生产经营和使用管理。我国食品添加剂的使用原则：由各省、自治区、直辖市的主管和卫生部门，全国食品添加剂卫生标准协作组，全国食品添加剂标准化技术委员会，国家卫生健康委，国家市场监督管理总局根据有关法规与标准，对食品添加剂的生产、运输、销售、使用等各有关环节加强监督，进行严格控制与管理。列入我国国家标准的食品添加剂，均进行了安全性评价，并经过食品安全国家标准审评委员会食品添加剂分委会严格审查，公开向社会及各有关部门征求意见，确保其技术必要性和安全性。

（1）食品添加剂监管职责分工

根据 2021 年《中华人民共和国食品安全法》相关规定，我国的食品安全监管体制采取的是由多部门分段监管的模式。国家卫生健康委下属的食品安全标准与监测评估司负责拟定食品安全标准，组织开展食品安全风险监测、评估和交流，承担食品添加剂新品种的安全性审查。国家食品安全风险评估中心，直属于国家卫生健康委，负责对食品添加剂中生物性、化学性和物理性危害因素进行风险评估，并向国家卫生健康委汇报风险评估结果等信息。原国家食品药品监督管理总局负责起草食品添加剂安全、监督管理的法律法规草案，拟定政策规划，建立食品重大信息直报制度，并负责餐饮服务环节使用食品添加剂的监管。《中华人民共和国农产品质量安全法》规定，食用农产品进入批发、零售市场或生产加工企业后的质量安全监管职责由食品药品监管部门依法履行。原国家质量监督检验检疫总局负责食品添加剂生产和食品生产企业使用食品添加剂的监管，还主管进出口食品安全。原国家工商行政管理总局负责依法加强流通环节食品添加剂的质量监管。中华人民共和国工业和信息化部负责食品添加剂行业的管理，制定产业政策和指导生产企业的诚信体系建设。

（2）食品添加剂生产经营的主要监管制度

为贯彻落实《中华人民共和国食品安全法》及其实施条例，加强食品添加剂的监管，按照《关于加强食品添加剂监督管理工作的通知》（卫监督发：〔2009〕89 号）和《关于切实加强食品调味料和食品添加剂监督管理的紧急通知》（卫监督发：〔2011〕5 号）的要求，各部门积极完善食品添加剂相关监管制度。在安全性评价和标准方面，制定了《食品添加剂新品种管理办法》《食品添加剂新品种申报与受理规定》《食品安全国家标准 食品添加剂使用标准》（GB 2760—2024）、《食品安全国家标准 食品营养强化剂使用标准》（GB 14880—2012）以及食品添加剂质量标准，如《食品安全国家标准 食品添加剂 硫磺》（GB 3150—2010）等。

在管理规范方面，制定了《食品添加剂卫生管理办法》《食品安全国家标准 食品添剂生产通用卫生规范》和《食品添加剂生产许可证换（发）证实施细则》等。

在生产环节，制定了《食品添加剂生产许可审查通则》。

在流通环节，制定了《关于进一步加强整顿流通环节违法添加非食用物质和滥用食品添加剂工作的通知》和《关于对流通环节食品用香精经营者进行市场检查的紧急通知》等。

在餐饮服务环节，出台了《餐饮服务食品安全监督管理办法》《餐饮服务食品安全监督抽检工作规范》和《餐饮服务食品安全责任人约谈制度》，严格规范餐饮服务环节食品添加剂的使用行为。

1.4.3.2 食品添加剂的使用标准

2024 年 2 月由国家卫生健康委发布了《食品安全国家标准　食品添加剂使用标准》（GB 2760—2024），该标准将替代 2014 年版本并于 2025 年 2 月 8 日起实施。《食品安全国家标准　食品添加剂使用标准》（GB 2760—2024）是我国食品添加剂在使用管理方面的核心标准，规定了我国食品添加剂的定义、允许使用的食品添加剂品种、使用范围、使用量和使用原则等。此外，我国还制定了《食品安全国家标准　食品营养强化剂使用标准》（GB 14880—2012），对食品营养强化剂的定义、使用范围、用量等内容进行了规定。目前，允许使用的食品营养强化剂约 200 种。

思考题

1. 什么是食品添加剂？
2. 食品添加剂（GB 2760—2024）分为哪些种类？
3. 试述食品添加剂在食品加工中的作用。
4. 试述食品添加剂的发展趋势。
5. 什么是食品添加剂的安全性？为什么要对食品添加剂进行安全性评价？
6. 试述我国食品添加剂的使用原则。

第 1 章　思考题答案

第 2 章

食品防腐剂

导言

> 　　食品中富含蛋白质、脂肪、碳水化合物等多种营养成分，为微生物的生长繁殖提供了极佳的条件，通过学习本章内容，了解与掌握食品防腐剂的基本概念、分类及各类食品防腐剂的主要特性，掌握主要食品防腐剂使用范围及使用方法，同时了解食品防腐剂的发展趋势与最新研究进展，不断创新，积极探索，为寻找更安全、无毒、更高效的食品防腐剂贡献自己的力量，让食品防腐剂进一步推动食品工业的快速高质量发展。

2.1　防腐剂的概述

　　食品败坏的原因是多种多样的，包括物理、化学和生物因素，而且这些因素往往是同时或连续发生的。但是一般来说，自然界中微生物种类众多，在地球上广泛存在，同时其繁殖速度惊人等特点，加上食品中营养丰富，为微生物可能的生长繁殖提供了极佳的条件，因此，细菌、霉菌和酵母菌之类的微生物生长通常是食品腐败变质的最主要原因。

　　食品保藏可用各种方法来实现。如工业化以前人们普遍采用盐渍、糖渍、晒干、酒泡和发酵等方法来保藏食品；现代食品工业的发展，人们采用各种新技术如罐藏、高压杀菌、辐照杀菌、电子束杀菌结合真空包装、气调包装等多种方法来延长产品的保质期；同时还可以采用冷藏和冻藏方式达到延长产品保质期的目的。上述各种方法各具特点，如正在迅速发展中的速冻保藏，对保持食品品质具有其他保藏方式无法比拟的优越性，但却受到设备与成本等条件的限制。在一定的条件下，合理使用食品防腐剂作为一种食品保藏的辅助手段，对防止某些易腐食品的腐败和变质具有显著的效果。而且它使用简便，一般不需要特殊的设备，甚至可使食品在常温及简易包装的条件下短期储藏，从经济的角度看，较其他各种冷热保藏方法具有一定的优越性，故现阶段食品防腐剂在食品工业中仍被广泛使用。将来随着速冻和其他保藏新工艺的不断发展，以及人们对食品安全的要求越来越高，食品防腐剂的使用必将逐渐减少。

2.1.1　防腐剂定义及作用机理

　　食品防腐剂（food preservative）是防止食品腐败变质、延长食品储存期的物质，是一类以保持食品原有性质和营养价值为目的的食品添加剂。它主要用于防止食品在储存、流通过程中由微生物生长、繁殖引起的腐败变质，从而延长食品的货架期和保质期。习惯上食品防腐剂所指都局限于由微生物和昆虫所引起的腐败变质，而不包括由油脂氧化所导致的酸败作用。视其作用的不同，食品防腐剂又可分为食品杀菌剂、抗微生物剂（消毒剂）、防霉剂、杀虫熏蒸剂和保鲜剂等。

食品防腐剂抑制与杀灭微生物的机理是十分复杂的，目前使用的食品防腐剂一般被认为是通过以下几条途径或作用方式来实现对微生物的抑制与杀灭作用的。

① 破坏微生物细胞膜的结构或者改变细胞膜的通透性，使微生物体内的酶类和代谢产物逸出细胞外，导致微生物正常的生理平衡被破坏而失活。

② 食品防腐剂与微生物的酶作用　如与酶的巯基作用，破坏多种含硫蛋白酶的活性，干扰微生物体内的正常代谢，从而影响其生长和繁殖。通常防腐剂作用于微生物的呼吸酶系，如乙酰辅酶 A 缩合酶、脱氢酶、电子传递酶系等。

③ 其他作用　食品防腐剂作用于蛋白质，导致蛋白质的部分变性；与蛋白质的交联作用等而导致其正常的生理作用无法进行；等等。

相对来说，食品微生物学的发展对食品防腐剂作用机理的研究还不十分透彻，有待更深入研究。

2.1.2　防腐剂的分类

目前世界各国用于食品防腐的药剂种类很多。一般可分为酸性防腐剂、酯类防腐剂、其他化学防腐剂和生物防腐剂四类。对它们的基本要求是：符合相关国家或国际的食品卫生标准；对人体不产生任何健康危害；不与食品发生任何化学反应，不应降低食品本身的营养价值；不应掩盖食品的腐败变质；防腐效果好。此外还要求使用方便，价格便宜。

美国允许使用的食品防腐剂有 50 余种，日本有 40 余种。我国《食品安全国家标准　食品添加剂使用标准》（GB 2760—2024）公布的食品防腐剂有以下几类：苯甲酸及其钠盐、山梨酸及其钾盐、丙酸及其钠（或钙）盐、硝酸钠、硝酸钾、亚硝酸钠、亚硝酸钾、对羟基苯甲酸酯类及其钠盐、纳他霉素、乳酸链球菌素、ε-聚赖氨酸及其盐酸盐、溶菌酶、双乙酸钠、脱氢乙酸及其钠盐、乙酸钠、硫磺、SO_2、焦亚硫酸钠、2,4-二氯苯氧乙酸、单辛酸甘油酯、二甲基二碳酸盐、乙二胺四乙酸二钠等。

2.2　常见食品防腐剂的性状及使用注意事项

2.2.1　酸性防腐剂

常用的有苯甲酸及其钠盐、山梨酸及其钾盐、丙酸及其钙（或钠）盐。酸性防腐剂的抑菌效果主要取决于其未解离的酸分子，其效力随 pH 而定，酸性越强效果越好，而在碱性条件下几乎无效（表 2-1）。

表 2-1　介质 pH 与未解离酸的质量分数

pH	山梨酸/%	苯甲酸/%	丙酸/%
3	98	94	99
4	86	60	88
5	37	1.3	42
6	6	1.5	6.7
7	0.6	0.15	0.7
适用 pH	<5	<4.5	<5

酸性防腐剂主要包括以下种类。

2.2.1.1　苯甲酸及其钠盐

苯甲酸（benzoic acid）亦称安息香酸，分子式 $C_7H_6O_2$，分子量 122.12；苯甲酸钠（sodium benzoate）分子式 $C_7H_5O_2Na$，分子量 144.11。苯甲酸钠的防腐效果 1.18g 相当于 1.0g 的苯甲酸。

性状与性能：苯甲酸的相对密度 1.316，熔点 121.7℃，沸点 249.2℃，于100℃左右升华。为白色有荧光的鳞片状结晶或针状结晶，或单斜棱晶，质轻无味或微有安息香或苯甲醛的气味。在热空气中微挥发，能与水汽同时挥发。苯甲酸的化学性质稳定，有吸湿性，在常温下难溶于水，25℃条件下，溶解度 0.34g/100mL。溶于热水，90℃条件下，溶解度 4.55g/100mL，也溶于乙醇、氯仿、乙醚、丙酮、二硫化碳和挥发性及非挥发性油中，微溶于己烷。

苯甲酸钠为白色颗粒或晶体粉末，无臭或微带安息香气味，味微甜，有收敛性，在空气中稳定；易溶于水，25℃条件下，溶解度 53.0g/100mL；溶于乙醇，25℃条件下，溶解度 1.4g/100mL。其水溶液的 pH 为 8。

苯甲酸为一元芳香羧酸，酸性较弱，其 25%饱和水溶液的 pH 为 2.8，因此其杀菌、抑菌效力随介质的酸度增高而增强。在碱性介质中则失去杀菌、抑菌作用。pH 为 3.5 时，0.125%的溶液在 1h 内可杀死葡萄球菌和其他菌；当 pH 为 4.5 时，对一般菌类的抑制最小浓度约为 0.1%；pH 为 5 时，即使 5%的溶液，杀菌效果也不可靠；其防腐的最适 pH 为 2.5~4.0。苯甲酸钠的防腐作用机理与苯甲酸相同，但防腐效果弱于苯甲酸，pH 为 3.5 时，0.05%的溶液能完全防止酵母菌生长；pH 为 6.5 时，溶液的浓度需提高至 2.5%方能有此效果。这是因为苯甲酸钠只有在游离出苯甲酸的条件下才能发挥防腐作用。在较强酸性食品中，苯甲酸钠的防腐效果好。

苯甲酸亲油性大，易透过细胞膜，进入细胞体内，从而干扰了微生物细胞膜的通透性，抑制细胞膜对氨基酸的吸收。进入细胞体内的苯甲酸分子，电离酸化细胞内的碱储，并能抑制细胞呼吸酶系的活性，对乙酰辅酶 A 缩合反应有很强的阻止作用，从而起到食品防腐的作用。

毒性：ADI 为 0~5mg/kg（包括以苯甲酸计的苯甲酸及其盐类）；用添加 1%苯甲酸的饲料喂养大鼠，4 代试验表明，对成长、生殖无不良影响；添加 8%苯甲酸的饲料喂养大鼠 13d 后，有 50%左右死亡；还有试验表明，用添加 5%苯甲酸的饲料喂养大鼠，全部鼠都出现过敏、尿失禁、痉挛等症状，而后死亡。成人每日服 1g 苯甲酸，连续 3 个月，苯甲酸未被吸收进入肝脏内，在酶的催化下大部分与甘氨酸化合成马尿酸，剩余部分与葡糖醛酸化合形成葡糖苷酸而解毒，并全部进入肾脏，最后从尿排出。但其毒性较山梨酸强，故在不少国家逐步开始被山梨酸及其钾盐所取代。

使用方法：因苯甲酸的溶解度小，使用时应根据食品特点选用热水或乙醇溶解。且苯甲酸易随水蒸气挥发，加热溶解时要戴口罩，避免对操作人员身体造成损害。另外，不宜有酒味的食品不能用乙醇溶解。苯甲酸钠可直接用洁净的水配制成较浓的水溶液，然后再按标准添加到食品中去。如在清凉饮料用的浓缩果汁中常使用苯甲酸钠。1g 苯甲酸钠盐相当于苯甲酸 0.847g。因有累积中毒现象的报道，在使用上有争议，虽仍被各国容许使用，但应用范围越来越窄。因价格低廉，在中国仍作为防腐剂被广泛使用。

使用注意事项：使用范围与最大用量按照《食品安全国家标准　食品添加剂使用标准》（GB 2760—2024）规定。

2.2.1.2　山梨酸及其钾盐

山梨酸（sorbic acid）化学名为 2,4-己二烯酸，亦称为花楸酸，分子式 $C_6H_8O_2$，分子量为 112.13，结构式为：$CH_3—CH=CH—CH=CH—COOH$；山梨酸钾（potassium sorbate）分子式 $C_6H_7KO_2$，分子量为 150.22，结构式为：$CH_3—CH=CH—CH=CH—COOK$。

性状与性能：山梨酸为无色针状结晶体粉末，无臭或微带刺激性臭味，熔点 132～135℃，沸点 228℃（分解），耐光、耐热性好，在 140℃下加热 3h 无变化，长期暴露在空气中则被氧化而变色。山梨酸难溶于水，20℃下，溶解度为 0.16g/100mL；溶于乙醇，10g/100mL；乙醚，5g/100mL；丙二醇，5.5g/100mL；无水乙醇，13.9g/100mL；花生油，0.9g/100mL；甘油，0.3g/100mL；冰醋酸，11.15g/100mL；丙酮 9.7g/100mL。

山梨酸钾为白色至浅黄色鳞片状结晶、晶体颗粒或晶体粉末，无臭或微有臭味，长期暴露在空气中易吸潮、氧化分解而变色。山梨酸钾的相对密度为 1.363，熔点为 270℃（分解）。山梨酸钾易溶于水，20℃下，溶解度为 67.6g/100mL；室温下，在 5%食盐水中，溶解度为 47.5g/100mL；室温下，在 25%糖水中，溶解度为 51g/100mL。溶于丙二醇，5.5g/100mL；乙醇，0.3g/100mL。1%山梨酸钾水溶液的 pH 为 7～8。

山梨酸是使用最多的防腐剂，大多数国家和地区都使用。山梨酸为酸性防腐剂，在酸性介质中对微生物有优良的抑制作用，随 pH 增大防腐效果减小，pH 为 8 时丧失防腐作用，适用于 pH 在 5.5 以下的食品防腐。

山梨酸的抑菌作用机理在于它可与微生物酶系统的巯基相结合，从而破坏许多重要酶系统的作用；此外它还能干扰传递机能，如细胞色素 C 对氧的传递，以及细胞膜表面能量传递功能，抑制微生物增殖，达到防腐的目的。

山梨酸钾具有很强的抑制腐败菌和霉菌的作用，其毒性远低于其他防腐剂，已成为广泛使用的防腐剂。在酸性介质中山梨酸钾能充分发挥防腐作用，在中性条件下防腐作用小。山梨酸钾的抑菌作用机理与山梨酸相同。

毒性：ADI 为 0～25mg/kg（包括以山梨酸计的山梨酸及其钾盐）。以添加 4%、8%山梨酸的饲料喂养大鼠，经 90d，4%剂量组未发现病态异常现象；8%剂量组肝脏微肿大，细胞轻微变性。以添加 0.1%、0.5%和 5%山梨酸的饲料喂养大鼠 100d，对大鼠的生长、繁殖、存活率和消化均未造成不良影响。

山梨酸参与人体内新陈代谢所发生的变化和产生的热效应与同碳数的饱和及不饱和脂肪酸无差异，其分子中存在共轭双键，但无特异的代谢效果。

使用方法：山梨酸难溶于水，使用时先将其溶于乙醇或碳酸氢钠、碳酸氢钾的溶液中，溶解山梨酸需要加入碳酸氢钠或碳酸氢钾的质量如表 2-2 所示。溶解山梨酸时不得使用铜、铁容器或与铜、铁接触。为防止山梨酸挥发，在食品生产中应先加热食品，然后加山梨酸。使用山梨酸作食品防腐剂时，要特别注意食品卫生，若食品被微生物严重污染，山梨酸便成为微生物的营养基质，不仅不能抑制微生物繁殖，反而会加速食品腐败。山梨酸与其他防腐剂复配使用，可产生协同作用，提高防腐效果。在使用山梨酸或其钾盐时，要注意勿使其溅入眼内，它们能严重刺激眼睛，一旦进入眼内应立即以清水冲洗，迅速尽快就医。

山梨酸钾较山梨酸易溶于水，且溶解状态稳定，使用方便，其 1%水溶液的 pH 为 7～8，所以在使用时有可能引起食品的碱度升高，需加以注意。使用山梨酸钾时，1g 山梨酸钾相当于 0.746g 山梨酸，即 1g 山梨酸相当于 1.33g 山梨酸钾。

表 2-2　配制 100mL 不同质量浓度山梨酸所需要碳酸氢钠、碳酸氢钾的质量

项目	山梨酸溶液质量浓度/(g/100mL)								
	1	2	3	4	5	6	7	8	9
山梨酸质量/g	1.00	2.00	3.00	4.00	5.00	6.00	7.00	8.00	9.00
碳酸氢钠质量/g	0.75	1.51	2.27	3.03	3.78	45.40	52.50	60.20	68.10
碳酸氢钾质量/g	0.89	1.79	2.68	3.57	4.47	5.38	6.25	7.14	8.04

使用注意事项：使用范围与最大用量按照《食品安全国家标准　食品添加剂使用标准》（GB 2760—2024）规定。

2.2.1.3　丙酸盐

2.2.1.3.1　丙酸钠

丙酸钠（sodium propionate），分子式 CH_3CH_2COONa，分子量 96.06。

性状与性能：丙酸钠为无色透明结晶，无臭或微带特殊臭味，易溶于水，15℃条件下，溶解度为 100g/100mL；溶于乙醇，4.4g/100mL；微溶于丙酮，0.05g/100mL；在空气中易吸潮。在 10％的丙酸钠水溶液中加入等量的稀硫酸，加热后即产生丙酸臭味气体。

丙酸钠对霉菌具有良好的抑制作用，而对细菌抑制作用较小，如对枯草杆菌、八叠球菌、变形杆菌等杆菌只能延迟它们发育 5 天，对酵母菌无作用。如用于面包发酵，可抑制杂菌生长及乳酪制品防霉等。

丙酸是一元羧酸，它是以抑制微生物合成 β-丙氨酸而起抗菌作用的，故在丙酸钠中加入少量 β-丙氨酸，其抗菌作用即被抵消，然而对棒状曲菌、枯草杆菌、假单胞杆菌等却仍有抑制作用。

毒性：按 FAO/WHO（1985）规定，ADI 不作限制性规定。丙酸是人体正常代谢的中间产物，可被代谢和利用，安全无毒。

使用注意事项：按照《食品安全国家标准　食品添加剂使用标准》（GB 2760—2024）规定。

2.2.1.3.2　丙酸钙

丙酸钙（calcium propionate）的分子式为 $(CH_3CH_2COO)_2Ca$，分子量为 186.22（无水盐）。

性状与性能：丙酸钙为白色结晶或白色晶体粉末或颗粒，无臭或微带丙酸气味。用作食品添加剂的丙酸钙为一水盐，对光和热稳定，有吸湿性；易溶于水，20℃条件下，溶解度为 39.9g/100mL，不溶于乙醇、醚类。在 10％丙酸钙水溶液中加入同量的稀硫酸，加热能放出丙酸的特殊气味。丙酸钙呈碱性，其 10％水溶液的 pH 为 8～10。

防腐性能：丙酸钙的防腐性能与丙酸钠相同，在酸性介质中游离出丙酸，而发挥抑菌作用。丙酸钙抑制霉菌的有效剂量较丙酸钠小，但它能降低化学膨松剂的作用，故常用丙酸钠，然而其优点在于，在糕点、面包和乳酪中使用丙酸钙可补充食品中的钙质。丙酸钙能抑制面团发酵时枯草杆菌的繁殖，pH 为 5.0 时最小抑菌浓度为 0.01％，pH 为 5.8 时需 0.188％，最适 pH 应低于 5.5。在面包中加入 0.3％的丙酸钙可延长货架期 2～4d，在月饼中加入 0.25％的丙酸钙可延长货架期 30～40d 不长霉。

毒性：FAO/WHO（1985）规定，ADI 不作限制性规定。用添加 1％、3％和 6％丙酸

钙的饲料喂养大鼠180d，体重较对照组增加，血液、内脏无异变。

使用注意事项：按照《食品安全国家标准　食品添加剂使用标准》（GB 2760—2024）规定。

2.2.2　酯类防腐剂

酯类防腐剂系指对羟基苯甲酸酯类及其钠盐（p-hydroxy benzoate and its salts），包括对羟基苯甲酸甲酯钠，对羟基苯甲酸乙酯及其钠盐。其结构式如下。

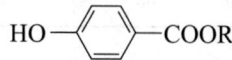

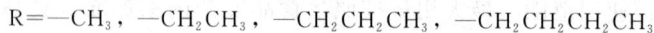

$$HO-\!\!\!\bigcirc\!\!\!-COOR$$

$$R=-CH_3，-CH_2CH_3，-CH_2CH_2CH_3，-CH_2CH_2CH_2CH_3$$

对羟基苯甲酸酯类的特点是在 pH 为 4～8 范围内均有较好的效果，不像酸性防腐剂其效果随 pH 变化而变化，故特别适用于偏中性食品的防腐。其毒性低于苯甲酸但高于山梨酸。其作用机理是通过抑制微生物细胞的呼吸酶系与电子传递酶系的活性，破坏微生物细胞膜的结构。此类酯类防腐剂对霉菌、酵母菌有较强的作用，但对细菌（特别是革兰氏阴性杆菌和乳酸菌）的作用较弱。最大缺点是其有特殊的气味，在水中溶解度差，其溶解度随酯基碳链长度的增加而下降（如甲酯为 0.25g/100g，庚酯仅为 1.5mg/100g），而毒性则相反。但乙酯和丙酯复配使用可提高溶解度，并有增效作用。在胃中能迅速完全吸收，并水解为对羟基苯甲酸而从尿中排出，不在体内蓄积。几种主要的对羟基苯甲酸酯类抑菌能力对比见表 2-3。

表 2-3　对羟基苯甲酸酯类抑菌能力（pH＝5.5 时完全抑制相应微生物生长的最小质量分数％）

被检微生物	对羟基苯甲酸酯类		
	乙酯	丙酯	丁酯
黑曲霉（Asp. niger）	0.050	0.025	0.013
苹果青霉（Pen. expansum）	0.025	0.013	0.006
黑根霉（Rhi. nigricans）	0.050	0.013	0.006
酿酒酵母（Sac. cerevisiae）	0.050	0.013	0.006
鲁氏酵母（Sac. rouxii）	0.050	0.025	0.013
异常汉逊酵母（Hansenula anomala）	0.050	0.025	0.013
膜醭毕赤酵母（Pichia membranifaciens）	0.050	0.025	0.013
乳酸链球菌（St. lactis）	0.100	0.025	0.013
嗜酸乳杆菌（Lact. acidophilus）	0.100	0.050	0.013
纹膜醋酸杆菌（Acetobacter acceti）	0.050	0.025	0.013
枯草芽孢杆菌（Bac. subtilis）	0.050	0.013	0.006
凝结芽孢杆菌（Bac. coagulans）	0.100	0.025	0.013
巨大芽孢杆菌（Bac. megatherium）	0.050	0.013	0.006
金黄色葡萄球菌（Staph. aureus）	0.050	0.025	0.013
荧光假单胞菌（Ps. fluorescens）	0.100	0.100	0.100
普通变形杆菌（Pr. vulgaris）	0.100	0.050	0.050
大肠埃希菌（E. coli）	0.100	0.050	0.050
生芽孢梭状芽孢杆菌（Cl. sporogenes）	0.100	0.100	0.025

可以看出，对羟基苯甲酸酯类中以对羟基苯甲酸丁酯的防腐作用最强。我国目前仅限于用对羟基苯甲酸甲酯钠、对羟基苯甲酸乙酯及乙酯钠。日本使用最多的是对羟基苯甲酸丁酯。

由于对羟基苯甲酸酯类都难溶于水，所以通常是将它们先溶于氢氧化钠、乙酸、乙醇中，再分散到食品中，最好是将 2 种或 2 种以上的该酯类混合使用，效果更好。

对羟基苯甲酸酯类防腐剂防腐性能随烷链长度增加而增强，对羟基苯甲酸乙酯防腐性能优于对羟基苯甲酸甲酯，故下面介绍一下对羟基苯甲酸乙酯。

对羟基苯甲酸乙酯（ethyl p-hydroxybenzoate）亦称尼泊金乙酯，分子式为 $C_9H_{10}O_3$，分子量为 166.18，结构式如下。

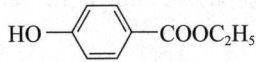

$$HO-\langle\rangle-COOC_2H_5$$

性状与性能：对羟基苯甲酸乙酯为无色细小结晶或白色晶体粉末，几乎无味，稍有麻舌感的涩味，耐光和热，熔点 116～118℃。无吸湿性。微溶于水，25℃下，水中溶解度为 0.17g/100mL，易溶于乙醇，25℃下，溶解度为 70g/100mL。室温条件下，丙二醇中溶解度为 25g/100mL；花生油中溶解度为 1g/100mL。

对羟基苯甲酸乙酯对霉菌、酵母菌有较强的抑制作用；对细菌，特别是革兰氏阴性杆菌和乳酸菌的抑制作用较弱。其抗菌作用较苯甲酸和山梨酸强。

对羟基苯甲酸酯类的抗菌能力是由其未电离的分子决定的，所以其抗菌效果不像酸性防腐剂那样易受 pH 变化的影响。因此 pH 在 4～8 的范围内有较好的抗菌效果。在有淀粉存在时，对羟基苯甲酸乙酯的抗菌力减弱。

毒性：FAO/WHO（2001）规定，ADI 为 0～10mg/kg。小鼠发生对羟基苯甲酸乙酯中毒后，呈现运动失调、麻痹等现象，但很快恢复，约 30min 即可恢复正常。对羟基苯甲酸乙酯的毒性低于苯甲酸，高于对羟基苯甲酸丙酯。

毒性：按 FAO/WHO（1984）规定，ADI 为 0～10mg/kg。

使用注意事项：按照《食品安全国家标准 食品添加剂使用标准》（GB 2760—2024）规定。

对羟基苯甲酸酯类在水中溶解度小，通常都是将其配成氢氧化钠溶液、乙醇溶液或醋酸溶液使用。该类防腐剂在酱油中应用时，在 5％的氢氧化钠溶液中加入 20％～50％对羟基苯甲酸酯类充分溶解，然后加到 80℃的酱油中，用量为 0.10g/L 即可达到酱油防霉的目的。

对羟基苯甲酸酯类较少单独使用，通常几种（2～3 种）混合使用。混合物较单一纯品熔点低，易溶于水，保存时不易析出，防腐效果增加。该类防腐剂也可与苯甲酸合用。

清凉饮料的使用量要适当小一些，因为该类食品一次性食用量大，而这类食品的杀菌条件又相对容易满足，故添加比例较小，一般清凉饮料使用量 0.16g/kg。在清凉饮料中使用该类防腐剂，可用乙醇溶液或氢氧化钠溶液溶解，也常与苯甲酸和脱氢乙酸合用。

2.2.3 天然防腐剂

天然防腐剂主要是指乳酸链球菌素，最早由 Mattick 等于 1947 年制得，1951 年成功地用于防止由肉毒梭状芽孢杆菌所引起的干酪的膨胀腐败，FAO/WHO 于 1969 年确认其为一种食品防腐剂。该品对肉毒梭状芽孢杆菌有很强的抑菌作用，但对霉菌和酵母菌的作用很弱，且需在酸性条件下方能保证其稳定性，pH 为 7 时的活性为 pH 为 5 时的 40％，故一般仅用于干酪。它在消化道中可被水解蛋白酶降解，故安全性较高。中国已于1991年研制成功，并已投产，按规定可用于罐装食品、植物蛋白食品和其他乳品、肉制品。

2.2.3.1 乳酸链球菌素

乳酸链球菌素（nisin）是一种由乳酸链球菌合成的多肽抗菌类物质，自然状态下，有A型和Z型两种，二者分子式、分子量不同，其A型分子式为$C_{143}H_{230}N_{42}O_{37}S_7$，分子量为3354。

性状与性能：乳酸链球菌素为白色易流动粉末，在室温及酸性条件下加热其活性均稳定，能耐受pH=2时121℃加热30min及pH=3时121℃加热15min，其活性不受影响。当pH>4时迅速分解，如在121℃分别加热15min，在pH为4、5、6、7时其活力分别下降29%、69%、86%和99.7%。

乳酸链球菌素其抑菌范围主要针对革兰氏阳性菌，包括芽孢杆菌和芽孢梭菌，特别能抑制肉毒梭菌的繁殖和毒素的形成，常用于干酪、奶油制品、罐头及其他高蛋白制品的防腐。

毒性：FAO/WHO（2001）规定，ADI为33000IU/kg，安全无毒。

使用注意事项：按照《食品安全国家标准　食品添加剂使用标准》（GB 2760—2024）规定，乳酸链球菌素在乳制品和熟肉制品中的最大使用量为0.5g/kg。

2.2.3.2 纳他霉素

纳他霉素（natamycin）由游链霉菌 *Streptomyces natalensis* 受控发酵制得。其分子式为$C_{33}H_{47}NO_{13}$，分子量为665.75。结构式如下。

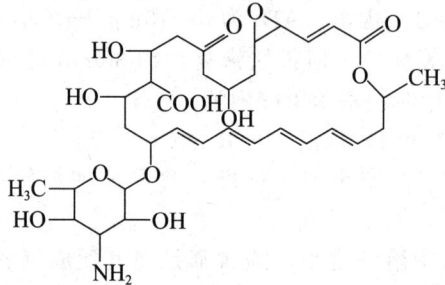

性状与性能：纳他霉素为近白色到奶油黄色粉末，几乎无臭无味，熔点280℃，几乎不溶于水，溶于冰醋酸和二甲基亚砜。该产品应密封后储于无阳光直射、环境温度小于15℃的条件下。

纳他霉素用于食品表面时，对真菌、酵母菌、某些原生动物和藻类具有一定效果，无抗细菌活性，用于发酵干酪可选择性抑制霉菌的生长而让细菌得到正常生长和代谢。

毒性：ADI为0～0.3mg/kg，可安全用于食品。

使用注意事项：严格遵循《食品安全国家标准　食品添加剂使用标准》（GB 2760—2024）规定。

2.2.3.3 ε-聚赖氨酸

ε-聚赖氨酸（ε-polylysine）由小白色链霉菌 *Streptomyces albulus* 及变异株经过液体深层有氧发酵生产，是一种含有25～30个赖氨酸残基的同型单体聚合物，称为ε-多聚赖氨酸。其分子式为$C_{180}H_{362}N_{60}O_{31}$，分子量为3600～4300。结构式为：$H-[NH-CH_2-CH_2-CH_2-CH(NH_2)-CO]_n-OH$。当分子量低于1300时，ε-聚赖氨酸失去抑菌活性。

性状与性能：ε-聚赖氨酸为淡黄色粉末、吸湿性强、略有苦味，是赖氨酸的直链状聚合物。没有固定的熔点，250℃以上开始软化分解，具有较好的溶解性和抗热性，易溶于水，微溶于乙醇，不溶于乙酸乙酯、乙醚等有机溶剂，在中性、微酸性环境中具有较强的抑菌性，对热稳定（120℃，20min），能抑制耐热菌，故加入后可热处理。但遇酸性多糖类、盐酸盐类、磷酸盐类、铜离子等可能因结合而使其活性降低。与盐酸、柠檬酸、苹果酸、甘氨酸和高级脂肪酸甘油酯等合用又有增效作用。

ε-聚赖氨酸抑菌谱广，对于酵母菌属的尖锐假丝酵母菌、膜醭毕赤酵母、玫瑰掷孢酵母；革兰氏阳性菌中的耐热脂肪芽孢杆菌、凝结芽孢杆菌、枯草芽孢杆菌；革兰氏阴性菌中的产气节杆菌、大肠埃希菌等都有明显的抑制和杀灭作用。聚赖氨酸对革兰氏阳性菌的微球菌、德氏乳杆菌保加利亚亚种、热链球菌；革兰氏阴性菌的大肠埃希菌、沙门氏菌以及酵母菌的生长有明显抑制效果，聚赖氨酸与醋酸复合对枯草芽孢杆菌有明显抑制作用。

毒性：ε-聚赖氨酸是一种营养型抑菌剂，安全性高于其他化学防腐剂，其急性口服毒性为5g/kg。小鼠毒性试验表明，日粮中添加20000mg/kg ε-聚赖氨酸对小鼠生长无毒副作用和蓄积作用。

使用注意事项：按照《食品安全国家标准 食品添加剂使用标准》（GB 2760—2024）规定，ε-聚赖氨酸可用于焙烤食品、熟肉制品、果蔬汁（浆）类饮料的防腐。

2.2.3.4 溶菌酶

溶菌酶（lysozyme）又称胞壁质酶（muramidase）或 N-乙酰胞壁质聚糖水解酶（N-acetyl-muramide glycanohydrlase），是一种能水解致病菌中糖胺聚糖的碱性酶。主要通过破坏细胞壁中的 N-乙酰胞壁酸和 N-乙酰氨基葡糖之间的 β-1,4-糖苷键，使细胞壁不溶性糖胺聚糖分解成可溶性糖肽，导致细胞壁破裂，内容物逸出而使细菌溶解。溶菌酶还可与带负电荷的病毒蛋白直接结合，与 DNA、RNA、脱辅基蛋白形成复盐，使病毒失活。因此，该酶具有抗菌、消炎、抗病毒等作用。商业用溶菌酶是采用生物工程技术进行克隆、提取而制取的一种天然酶。从鸡蛋清中提取分离的溶菌酶是由18种129个氨基酸残基构成的单一肽链。它富含碱性氨基酸，有4对二硫键维持酶构型，是一种碱性蛋白质，其N端为赖氨酸，C端为亮氨酸。分子量为14000。

性状与性能：溶菌酶为白色或微白色冻干粉，溶于水，不溶于乙醚和丙酮，pI 为11.0～11.35，最适 pH 6.5。酸性介质中可稳定存在，碱性介质中易失活；96℃，pH 为3条件下，15min 后活力保持87%。应在阴凉干燥的环境下避光保存，温度0℃以下。

溶菌酶对革兰氏阳性菌中的枯草杆菌、耐辐射微球菌有分解作用。对大肠埃希菌、普通变形菌和副溶血性弧菌等也有一定程度溶解作用，其最低有效浓度为0.05%。与植酸、聚合磷酸盐、甘氨酸等配合使用，可提高其防腐效果。

毒性：溶菌酶是一种无毒、无副作用的蛋白质，又具有一定的溶菌作用，因此可用作天然的食品防腐剂。

使用注意事项：按照《食品安全国家标准 食品添加剂使用标准》（GB 2760—2024）规定，溶菌酶可用于干酪、再制干酪干酪制品及干酪类似品和发酵酒等。

2.2.3.5 香辛料提取物

近年来，人们开始使用香辛料中的提取物作食品防腐添加剂，并取得良好的防腐效果。许多香辛料含有杀菌、抑菌成分，将它们提取出来用作天然防腐剂，既安全又有效。

大蒜具有很强的杀菌、抗菌能力。大蒜的杀菌、抗菌成分为蒜辣素和蒜氨酸，前者有令人不愉快的臭气，而后者则无味，故适合用作食品防腐剂的主要是蒜氨酸。蒜氨酸的提取法如下：大蒜在一定湿度下加热，以杀死蒜酶，使其失去催化能力，防止蒜氨酸在提取过程中转化为蒜辣素。然后用甲醇提取，在提取液中添加胶状氢氧化铁，振荡后放置24h，分离出沉淀物，除去可溶性蛋白质，再将滤液减压蒸馏，即得到白色无臭的结晶。此外，肉豆蔻中所含的肉豆蔻挥发油，肉桂中所含的挥发油以及丁香中所含的丁香油等均有良好的杀菌、抗菌作用。因多具有辛辣味道，没有广泛作为防腐剂使用。

2.2.4 其他化学防腐剂

其他化学防腐剂主要包括含硫化合物如硫磺、二氧化硫、焦亚硫酸钠、焦亚硫酸钾、亚硫酸钠、亚硫酸氢钠、低亚硫酸钠；乙酸钠；双乙酸钠；脱氢乙酸及其钠盐；硝酸钠、硝酸钾以及亚硝酸钠、亚硝酸钾等。

2.2.4.1 亚硫酸类

亚硫酸类包括：硫磺（sulfur）和二氧化硫（sulfur dioxide）、焦亚硫酸钠（sodium metabisulphite）、焦亚硫酸钾（potassium metabisulphite）、亚硫酸钠（sodium sulfite）、亚硫酸氢钠（sodium hydrogen sulfite）、低亚硫酸钠（sodium hyposulfite）。

硫磺的性状与性能：硫磺的元素符号S，原子量为32.06。块状硫磺为淡黄色块状结晶体，粉末为淡黄色粉末，有特殊臭味，能溶于二硫化碳，不溶于水。密度、熔点及其在二硫化碳中的溶解度均因晶体不同而异，沸点约为445℃，硫磺在空气中燃烧，燃烧时发生蓝色火焰，生成二氧化硫，粉末与空气或氧化剂混合易发生燃烧，甚至爆炸。

硫磺在熏蒸的过程中形成SO_2，SO_2能与半胱氨酸结合形成硫酯，因此，人们认为它能降解硫胺素和烟酰胺腺嘌呤二核苷酸（辅酶Ⅰ），从而抑制醋酸杆菌 *Acetobacter aceti* 的代谢。此外，它还能抑制某些酵母菌的代谢。但近来发现许多酵母菌属的种类对二氧化硫产生耐药性，此外许多霉菌对二氧化硫都有耐受性，在低浓度下某些霉菌仍能生长，高浓度下才能完全抑制其生长。

毒性：按FAO/WHO（2001）规定，ADI为0～0.7mg/kg。二氧化硫有毒，吸入SO_2含量多于0.2%，会使嗓子变哑、喘息，可因声门痉挛窒息而死亡。

使用：按照《食品安全国家标准 食品添加剂使用标准》（GB 2760—2024）规定，硫磺仅限于蜜饯、干制蔬菜、经表面处理的鲜食用菌和藻类、水果干类加工时的熏蒸。

其他亚硫酸盐、焦亚硫酸盐和SO_2等在《食品安全国家标准 食品添加剂使用标准》（GB 2760—2024）中在被归为防腐剂的同时还被归为漂白剂和抗氧化剂。需要指出的是：超量的SO_2，能引起严重的过敏反应，因此，一定要遵守其相关的最大使用限量标准，尤其对哮喘患者，FDA于1986年禁止其在新鲜果蔬中作为防腐剂使用。

2.2.4.2 脱氢乙酸和脱氢乙酸钠

（1）脱氢乙酸

脱氢乙酸（dehydroacetic acid）简称DHA，分子式$C_8H_8O_4$，分子量为168.15。

性状与性能：脱氢乙酸为无色至白色针状结晶，或为白色晶体粉末，无臭，几乎无味，无刺激性，熔点109～112℃。其饱和水溶液（0.1%）的pH为4，难溶于水，溶于苛性碱的水溶液，在乙醇中溶解度为2.86g/100mL，苯中溶解度为16.67g/mL。它无吸湿性，加热能随水蒸气挥发，对热稳定，在光的直射下微变黄。在脱氢乙酸的乙醇溶液中加水和醋酸铜溶液，生成带白紫色的沉淀。

脱氢乙酸有较强的抗细菌能力，而对霉菌和酵母菌的抗菌能力尤强，0.1%的浓度即可有效地抑制霉菌，而抑制细菌的有效浓度为0.4%。脱氢乙酸对热稳定，在120℃下加热20min抗菌作用无变化。

毒性：给猴每日以0.05g/kg和0.1g/kg的剂量投药，喂养1年未发现异变。在大鼠的饲料中加入0.02%、0.05%和0.1%的量，连续喂养2年，未发现大鼠有任何变化。

使用注意事项：严格遵循《食品安全国家标准 食品添加剂使用标准》（GB 2760—2024）规定。

（2）脱氢乙酸钠

脱氢乙酸钠（sodium dehydroacetate），分子式$C_8H_7NaO_4$，分子量为190.13，结构式如下。

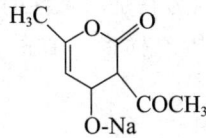

H₃C ... COCH₃ O-Na

性状与性能：脱氢乙酸钠为白色或接近白色的晶性粉末，几乎无臭，微有特殊味，易溶于水，33g/100mL；甘油，14.3g/100mL；丙二醇，50g/100mL。微溶于乙醇，1g/100mL；丙酮0.2g/100mL。对光、热比较稳定，其水溶液在120℃下加热2h不发生变化，呈中性或微碱性。

防腐性能参照脱氢乙酸。

使用注意事项：使用范围及最大添加量严格遵循《食品安全国家标准 食品添加剂使用标准》（GB 2760—2024）规定。

2.2.4.3 双乙酸钠

双乙酸钠（sodium diacetate）简称SDA，其分子式为$CH_3COONa \cdot CH_3COOH \cdot xH_2O$或$Na—H(CH_3COO)_2$，无水物分子量为142.09，它是乙酸和乙酸钠的分子化合物。由短氢键相结合。

性状与性能：双乙酸钠外观为白色吸湿性结晶粉末，晶体由24个双乙酸钠分子组成一个单晶胞的正六面透明体，边长为15.98Å❶，含有40%的游离乙酸，具有乙酸的挥发性气味。熔点96~97℃，加热至150℃以上分解。它在水中的溶解度为1000g/L。可在有光照和空气存在的条件下存放一年，游离乙酸含量下降0.34%。

研究表明，双乙酸钠主要是通过渗透进霉菌的细胞壁干扰酶的相互作用，从而达到高效防霉、防腐等效果。双乙酸钠对黑曲霉、黑根霉、黄曲霉、绿色木霉的抑制效果优于山梨酸，对耐热菌马铃薯杆菌 *Bacillus mesentericus*、枯草杆菌 *B. subtilis* 的孢子及霉菌具有很强的抑制作用。

毒性：ADI为0~15mg/kg，属低毒级，其致畸、致癌及致突变试验均为阴性，蓄积试验亦表明其无明显临床中毒症状，病理组织学检查未发现有意义的病理形态学改变，因此双乙酸钠是安全、无毒的食品添加剂。

使用注意事项：按照《食品安全国家标准 食品添加剂使用标准》（GB 2760—2024）规定。

---

❶ 1Å=10^{-10} 米。

双乙酸钠安全、无毒、无残留,被列为国际组织开发的食品防霉保鲜剂,已在各类食品中广泛应用,并逐渐代替对人体有潜在危害的山梨酸盐和苯甲酸钠,它的应用对于保证食品质量,维护人体健康具有重要意义,发展前景较为广阔。

2.2.4.4 乙酸钠

乙酸钠(sodium acetate)分子式为 CH_3COONa,分子量为 82.03。

性状与性能:乙酸钠为无色无味的结晶体,在空气中可被风化,可燃。溶于水和乙醚,微溶于乙醇。三水乙酸钠的熔点 58℃,相对密度 1.45,自燃点 607.2℃,于 123℃时脱去 3分子水。无水乙酸钠的熔点 324℃,相对密度 1.528。

该品作为调味料的缓冲剂,可缓和不良气味并防止变色,具有一定的防霉作用。可作为复合调味料及膨化食品的酸度调节剂。

毒性:无毒,但不能直接食用,因为它是弱碱性的,会影响胃、肠功能。

使用注意事项:按照《食品安全国家标准 食品添加剂使用标准》(GB 2760—2024)规定使用。

2.2.4.5 硝酸盐及亚硝酸盐

2.2.4.5.1 硝酸钠、硝酸钾

硝酸钠(sodium nitrate)、硝酸钾(potassium nitrate),其分子式分别为:$NaNO_3$、KNO_3,对应的分子量分别为 84.99 和 101.10。

性状与性能:硝酸钾为无色透明棱晶,白色颗粒或白色结晶性粉末。硝酸钠为无色柱状结晶,或白色细小结晶或粉末。硝酸钾和硝酸钠均无臭,带咸味,在潮湿的空气中易吸潮或略微吸潮。易溶于水及甘油,高热时生成相应的亚硝酸盐。在肉中经硝酸盐还原菌的作用,形成亚硝酸盐,亚硝酸钾(钠)可与肌肉中的肌红蛋白形成亚硝基肌红蛋白,使肉制品保持稳定鲜艳的红色。故在以前我国食品添加剂使用标准中均将硝酸钠、硝酸钾及亚硝酸钠、亚硝酸钾归为发色剂。而在 GB 2760—2024 版中将其同时归为护色剂和防腐剂。

硝酸钠与硝酸钾对厌气性细菌尤其是肉毒梭菌 *Clostridium botulinum* 的生长具有明显的抑制作用。

毒性:ADI 为 0~3.7mg/kg〔以 NO_3^- 计,但不适用于 3 月龄以下的婴儿,FAO/WHO(2001)规定〕。出生 6 个月内的婴儿对硝酸盐特别敏感,故不宜用于婴幼儿食品,HACSG(欧共体儿童保护集团)建议对婴幼儿食品限用。

使用注意事项:《食品安全国家标准 食品添加剂使用标准》(GB 2760—2024)规定,硝酸钠、硝酸钾在各种肉制品中的最大使用量均为 0.5g/kg;残留量小于 30mg/kg(以 NO_2^- 计)。

2.2.4.5.2 亚硝酸钠、亚硝酸钾

亚硝酸钠(sodium nitrite)、亚硝酸钾(potassium nitrite)分子式分别为 $NaNO_2$ 和 KNO_2,对应的分子量分别为 69.01 和 85.11。

性状与性能:亚硝酸钾呈白色或微黄色晶体或棒状体,略带咸味。亚硝酸钠外观和滋味颇似食盐,二者均具极强致癌性,必须注意误食导致的中毒。易吸潮,易溶于水,难溶于乙醇。

亚硝酸钠与亚硝酸钾对厌气性细菌尤其是肉毒梭菌 *Clostridium botulinum* 的生长具有明显的抑制作用。

毒性：ADI 为 $0\sim0.06mg/kg$ [以 NO_2^- 计，但不适用于 3 月龄以下的婴儿，FAO/WHO（2001）规定]。出生 6 个月内的婴儿对亚硝酸盐特别敏感，故不宜用于婴幼儿食品，HACSG（欧共体儿童保护集团）建议对婴幼儿食品限用。因亚硝酸盐能形成强致癌物亚硝胺，故用量应严格控制，并宜用抗坏血酸等发色助剂以减少亚硝酸盐的用量。

使用注意事项：《食品安全国家标准　食品添加剂使用标准》（GB 2760—2024）规定，亚硝酸钠、亚硝酸钾在各种肉制品中的最大使用量均为 $0.15g/kg$；残留量以亚硝酸钠计，西式火腿类小于等于 $70mg/kg$，肉罐头类小于等于 $50mg/kg$，其他肉类制品均应小于等于 $30mg/kg$。

2.3　食品防腐剂的合理使用及注意事项

首先，食品防腐剂的使用必须符合《食品安全国家标准　食品添加剂使用标准》（GB 2760—2024）附录 A 关于食品添加剂的使用规定：每种防腐剂均规定了允许使用的产品品种、使用范围及最大使用量或残留量；同一功能的食品防腐剂（如硝酸盐和亚硝酸盐、对羟基苯甲酸酯类的不同品种）在混合使用时，各自用量占其最大使用量的比例之和不应超过1；等等。此外在具体使用防腐剂时还应注意以下各点。

2.3.1　食品防腐剂的抑菌范围

了解所用食品防腐剂的抗菌谱、最低抑菌浓度和食品所带的腐败性菌类，做到有的放矢。每种食品防腐剂往往只对一类或某几种微生物有抑制作用，由于不同的食品染菌的情况不一样，需使用的食品防腐剂也不一样。如醋酸抗酵母菌和细菌的效果好，常用于蛋黄酱、醋泡蔬菜。苯甲酸抗酵母菌和霉菌的能力强，常用于酸性食品、各种饮料及水果制品。丙酸对酵母菌基本无效，对其他菌有一定的抑制力，所以主要用于焙烤食品（如糕点）、豆类制品、生湿面制品等。

2.3.2　食品防腐剂的作用条件

酸性防腐剂的抑菌效果主要取决于其在食品中未解离的酸分子，如常用的山梨酸及其盐、苯甲酸及其盐、丙酸及其盐等，其效力随 pH 而定，酸性越强防腐效果越好，而在碱性中则几乎无效。一般说来，苯甲酸及其盐适用的 pH 为 4.5 以下，山梨酸及其盐适用的 pH 为 $5\sim6$。酯类防腐剂如对羟基苯甲酸酯类则在 pH 为 $4\sim8$ 范围内均有效。

2.3.2.1　食品防腐剂的溶解和分散

有些情况，腐败开始只发生在食品的表面，如水果，那么只需使用较少的食品防腐剂并将其均匀地分布于食品表面即可，甚至不需要完全溶解。对于饮料、罐头、焙烤食品等就要求将食品防腐剂均匀分散其中。所以，这时要注意食品防腐剂的溶解分散特性，对于易溶于水的防腐剂，可将其水溶液加入；如果食品防腐剂不溶或难溶，就要用其他有机溶剂首先使其溶解或分散。

另外，要注意食品中不同相中食品防腐剂的分散特性，如其在油与水中的分配系数。这一点对高比例油水体系的防腐很重要，例如，微生物开始出现于水相，而使用的食品防腐剂却大量分配于油相，这样食品防腐剂很可能效果不佳。在这种情况下，应选择分配系数小的防腐剂，并采用合适的工艺从而得到最佳的防腐效果。

在选择溶剂时要注意，有的食品不能有酒味，就不能用乙醇作溶剂或者乙醇的浓度要控制在一定的浓度之下，一般超过4%就会明显感觉到酒味；有的食品不能过酸，就不能用太多的酸来溶解；另外要防止食品防腐剂局部浓度过高，这会导致防腐剂的析出，如醇溶解的对羟基苯甲酸酯类，加入水相后，如不及时均质，则会很快析出，浮于水相的表面，不光降低防腐剂的有效浓度，还影响食品的外观。苯甲酸盐和山梨酸盐加到酸性食品中，如某一局部太多，也会析出苯甲酸盐或山梨酸盐的块状物。

2.3.2.2　食品防腐剂与食品的热处理配合使用

一般情况下加热可显著增强食品防腐剂的防腐效果。例如，在实验条件下已经证实山梨酸与加热方法合用，可使酵母菌失活的时间缩短30%～80%，在56℃条件下使酵母菌数减少1/50要90min；若在加热前加入0.01%的对羟基苯甲酸丁酯，只需48min，加入0.05%的对羟基苯甲酸丁酯，只需4min；同样，山梨酸对假单胞菌也有同样的作用。但是食品防腐剂与加热方法只是协同作用，而不能代替巴氏杀菌或其他杀菌方法。它们之间的这种协同作用应注意符合食品工艺的相关要求。

2.3.3　复配防腐剂的正确使用

如前所述，每种食品防腐剂都有一定的抑菌谱，没有一种防腐剂能抑制或杀灭食品中可能存在的所有腐败性微生物，而且许多的微生物还会产生抗药性。因此生产上可将不同的食品防腐剂混合使用。在混合使用不同的防腐剂时，有三种可能的效应会使这种组合的抗菌作用发生变化：①增效和协同作用，指两种或两种以上的防腐剂混合使用时，其作用的效力远远超过其各自单独使用时同等浓度防腐剂的防腐效果；②相加效应，指两种或两种以上的防腐剂混合使用时，其作用的效力等于其各自防腐效果的简单相加；③拮抗作用，指两种或两种以上的防腐剂混合使用时，其作用的效力甚至不及各防腐剂单独使用的效果。前两种效应是我们所期望的，后一种拮抗作用是我们必须避免的。在混合防腐剂的使用中，一般是同类型的防腐剂并用，如酸性防腐剂及其盐、对羟基苯甲酸不同酯类及其钠盐等。不同类型防腐剂并用成功的例子并不太多，这方面有待进一步探索。

2.3.4　其他因素对防腐剂作用的影响

食品防腐剂的作用受食品原料和食品中各种成分的影响，食品中的某些组分如香辛料、调味剂或乳化剂等可能具有抗菌作用，或者某些组分可与防腐剂选择性地发生物理化学反应，这样会不同程度地影响防腐剂的使用效果，例如，SO_2和亚硫酸盐与食品中的醛、酮和糖类反应而降低其作用效果。

有些防腐剂如有机酸防腐剂还会被食品中的微生物分解，它甚至可能会成为其生长的碳源，如山梨酸能被乳酸菌还原成山梨酸醇。所以如使用不当，防腐剂不但无效，还可能被微生物所利用。

总之，食品中的微生物一旦开始作用，即使加入了防腐剂延缓了食品的腐败变质，但也无法使产品恢复到感官上的新鲜状态。因此，无论防腐剂如何有效，一定要加强原料、半成品在收购、加工和储藏过程中的卫生管理，尽量减少杂菌对产品可能造成的污染，这是获得良好防腐效果的重要前提条件和根本保证。

2.4 防腐剂与其他物理防腐方法的联合使用

近年来已从许多不同种类的微生物和植物中提取了一些具有抑菌和防腐作用，同时可用于食品保鲜的防腐剂。如细菌中的乳酸链球菌素、双歧杆菌素；放线菌素类的纳他霉素、ε-聚赖氨酸及其盐酸盐、泰乐菌素；霉菌素中的红曲霉素。在许多植物中尤其是香辛料植物中如辣根、芥菜、胡椒、大蒜、桂皮等及其他一些非香辛料植物如连翘、罗汉果、毛蒿中均获得了一些提取物，具有一定的防腐和抗菌作用。但目前来讲，它们还不能完全取代传统的化学防腐剂，但更安全、更有效的天然防腐剂一定会逐步取代合成的防腐剂，将成为发展的趋势。随着对天然防腐剂需求的日益增加，对天然防腐剂的研究和开发将有更广阔的前景。

生物菌素的使用能使食品的杀菌条件更温和，有效地保存了食品的营养成分，或可减少化学防腐剂的使用量。生物防腐剂的这些优点，使其已经成为当今食品防腐保藏研究的热点。特别是微生物源的天然食品防腐剂因其安全、无毒、高效、来源广、适应性广、性能稳定等优点而成为食品生物防腐剂中研究、应用和发展的一个重要方面。食品工程技术和生物技术等高新技术在微生物防腐剂的应用为研究开发新的天然食品添加剂提供了更广阔的空间。在筛选新的食品防腐剂生产菌的同时，采用基因重组技术构建高产、广谱抗性菌株，以期获得抗菌效果更好的天然防腐剂。如有学者已成功通过传统的杂交手段把酵母嗜杀特性移入普通菌，使之获得嗜杀特性，应用于低度酒的生产；利用转基因技术来改变微生物的代谢特性，使之适应环境的能力更强，产生抗菌谱更宽、抗菌效果更好的天然防腐剂；将微生物防腐剂与天然的动植物或矿物防腐剂配合使用以增强抗菌作用；高效液相色谱法、酶联免疫测定法在天然防腐剂研究领域的应用必将进一步促进该领域的进步。可以预测，随着人们食品安全意识的逐步增强，来源于微生物和动植物源的食品防腐剂必将越来越多地受到人们的关注。

思考题

1. 什么是食品防腐剂？食品防腐剂是通过哪些途径来实现对微生物的抑菌和杀灭作用的？

2. 简述食品防腐剂的类型及各自的特点。

3. 面包的防霉一般采用何种防腐剂？为什么？

4. 天然防腐剂主要有哪些？各有何特点？

5. 食品防腐剂使用时应注意哪些要点？如何合理使用？

6. 食品防腐剂合用时可能会出现哪些相互作用方式？应遵循的基本原则是什么？

第2章 思考题答案

第3章

食品抗氧化剂

导言

> 食品抗氧化剂是现代食品工业中不可或缺的一部分，它能够防止或延缓食品氧化变质，提高食品的稳定性和延长保质期。学生要掌握食品抗氧化剂的种类、作用机理和在食品中的应用，理解抗氧化剂的来源和毒理学性质。引导学生学会严格按食品添加剂国家标准使用食品抗氧化剂，从而为人类的美食享受和食品安全作出贡献。学生还需要了解抗氧化剂未来发展方向，为将来的职业发展打下坚实的基础。

3.1 食品的氧化与防护

3.1.1 食品的氧化

氧化反应不仅存在于人体内，也存在于一些食品中，不但会造成食物营养价值降低，还会导致食物变质。食用油和坚果等高脂肪食品常因氧化而产生哈喇味，这就是氧化作用的"杰作"。此外，水果、蔬菜在受到如削皮等机械性损伤时，也会因为氧化反应而发生褐变，同时还伴随着维生素、类胡萝卜素、花青素等营养物质的损失。食用油脂，特别是植物性油脂中含有大量的多不饱和脂肪酸，这些脂肪酸在有氧、高温下极易自动氧化或发生过氧化反应，脂质过氧化产物被认为是癌症促进剂，是使人衰老的因素之一。氧化除使食品中的油脂酸败之外，还会使食品外观、食用品质和营养发生各种变化。这些变化几乎都会影响食品品质，如导致食品褪色、褐变、维生素被破坏等，甚至还会产生一些有害的物质，引起食物中毒。

3.1.2 防护措施

防止食品氧化变质的方法有物理法和化学法两种方法。物理法是指对食品原料、加工环节及成品采用低温、避光、隔氧或充氮包装的方法。化学法是指在食品中添加抗氧化剂的方法。

3.1.2.1 阻氧包装

主要指包装材料本身对氧气的阻隔性能。早期的食用油通常用玻璃瓶包装，由于玻璃密度大、易碎、携带不方便等缺点，近几年逐渐被聚氯乙烯、聚苯乙烯等各种塑料容器所取代。瓶盖多采用螺旋盖，盖内衬垫一层垫片，以增强其密封性。在其他含油脂食品的包装中多采用多层复合材料，如 BOPP/VMCPP（双向拉伸聚丙烯和镀铝流延聚丙烯复合）、各种 K 涂材料的复合、铝塑复合材料等。

3.1.2.2　阻光包装

在环境温度、湿度和包装袋内氧气浓度相同的情况下，包装用材的透光性对这类食品的货架寿命有很大影响。研究发现，在透明材料包装中，相对于氧气参与的自动氧化，干酪中油脂更容易受到光的影响发生光氧化。

针对紫外线对油脂氧化的影响，国内外学者把越来越多的注意力放在阻紫外线包装的研究上。传统的紫外线的阻光包装有两种：一是采用不透光的包装材料，如铝箔、纸以及它们的复合材料；二是让塑料薄膜着色或印刷。前者完全遮光，已经不具有透明材料特性；后者则透明性下降，使商品价值下降。为了达到既截止紫外线又透明的目的，可采用紫外线吸收剂加以解决。方法为将紫外线吸收剂混合在树脂中，制成透明包装材料，或者将掺有紫外线吸收剂的黏合剂或涂料涂覆在塑料薄膜上，由此得到既有透明性又能防止紫外线照射的薄膜。

3.1.2.3　真空、充气包装

对于油炸、油炸膨化含油脂类食品，油炸工序多使用富含不饱和脂肪酸的棕榈油，且油炸过程通常是在有催化作用的金属容器内，暴露在空气中进行的，油脂过氧化值很高，油炸后有相当多的油留在成品表层。使用传统包装形式包装后袋内空气多，袋的阻隔氧化性能并不理想，在贮运过程中必将继续氧化，导致过氧化值的大幅度上升，并且这类食品极脆，在运输过程中容易破碎，因此这类食品多采用真空、充气包装以有效地降低过氧化值对人体的危害性。

3.1.2.4　脱氧活性包装

采用充氮或真空包装的优点是安全、无毒，对人体无害，但设备费用较高，且无法完全去除包装中的全部氧气。包装中氧气残存量在 2％～5％之间，并不能完全抑制油脂氧化的发生，因此目前的含油脂食品包装开始应用脱氧包装形式。脱氧包装属于活性包装的一种，出现始于 20 世纪 20 年代，到了 70 年代，脱氧包装开始被广泛用于食品工业中。日本是脱氧包装研究和应用最多的国家之一。这种包装在很短的时间内吸收包装内的氧，使包装内氧气的浓度达到 0.1％以下，甚至近于无氧状态，使食品免受氧的影响，食品质量得到保证。过去的脱氧包装是将含有吸氧剂等活性作用物质的小袋子、片剂或纸条等加入包装中，近年发展成直接将吸氧物质一起加在包装材料里，达到除氧功能。

含油脂类食品无论采用脱氧包装还是真空包装或充气包装，都对包装材料和封口的密封性提出了相应的要求，必须要求包装材料的透气率最低。最理想的包装材料应兼具遮光性与防潮性能，以排除湿度和紫外线对油脂氧化的促进作用。

3.1.2.5　低温

低温可以有效抑制食品氧化。食品会受到环境因素影响，使所含油脂发生氧化，分解成游离的脂肪酸，进一步生成氢过氧化物，并降解成为醛、酮等混合物，从而使脂肪酸值和过氧化值增加。温度是引起脂肪氧化的重要因素之一。李波发现储藏温度对稳定化麦胚的多不饱和脂肪酸含量均有显著性影响，随着温度升高，油脂的脂肪酸值和过氧化值有明显的升高，油脂的风味也变差。

3.2 抗氧化剂定义及作用机理

3.2.1 抗氧化剂定义

食品抗氧化剂是能防止或延缓油脂或食品成分氧化分解、变质，提高食品稳定性的物质。

3.2.2 氧化历程

油脂的氧化过程是一个复杂的化学反应，涉及多个步骤和中间产物。在高温和氧气的作用下，油脂中的不饱和脂肪酸开始发生氧化反应，产生一系列的氧化产物。首先，不饱和脂肪酸在热和氧气的作用下被氧化生成过氧化物。过氧化物是一种不稳定的中间产物，它可以在短时间内迅速分解，产生更多的自由基。接着，这些自由基会继续与氧气反应，生成更多的过氧化物和自由基。这个过程不断循环，导致油脂中的不饱和脂肪酸逐渐被氧化成饱和脂肪酸和其他复杂的化合物。同时，油脂中的一些抗氧化物质也会被氧化，失去其抗氧化作用。这些抗氧化物质原本可以抑制油脂的氧化反应，但当它们被氧化后，就会失去这种作用。最终，油脂的氧化反应会导致油脂的颜色变深、酸值增加、黏度增大，甚至产生异味和有害物质。这些变化不仅会影响油脂的品质和口感，还可能对人体健康产生不良影响。

3.2.3 抗氧化剂的作用机理

抗氧化剂的作用有以下三方面。

① 一是清除自由基　脂类化合物的氧化反应主要牵涉自由基的链反应，为了抑制氧化的进行，除了利用包装隔绝空气和光线外，最有效的手段就是添加抗氧化剂。抗氧化剂在此起清除自由基的作用，故被称为自由基终止剂。

多数抗氧化剂，包括目前常用的 EQ（乙氧基喹啉）、BHA（丁基羟基茴香醚）、BHT（二丁基羟基甲苯）、TBHQ（特丁基对苯二酚）、维生素 E、TP（茶多酚）等都是有效的自由基终止剂，它们主要作为氢的给予体与脂类自由基反应，使自由基转变为非活性的或较为稳定的化合物，从而干扰或延滞链反应中的链增长步骤，达到抑制氧化的目的。

② 二是螯合金属离子　许多氧化过程是在金属离子的参与下进行的。金属离子在价态发生变化过程中起传递电子的作用，可缩短链引发期的时间，从而加快了脂类化合物氧化的速度。因此，除去金属离子对抑制氧化反应显得十分重要。

金属离子螯合剂能与金属形成惰性的络合物，抑制氢过氧化物的分解，从而起到抗氧化的目的。应注意的是金属离子螯合剂通过螯合引发链反应的物质抑制自由基生成，不能直接与自由基结合，从而起到的是间接抗氧化作用，因此单独使用时的抗氧化效果往往不佳，故常常与其他抗氧化剂混合使用。

③ 三是清除氧　此类抗氧化剂主要通过本身的氧化还原反应来抑制氧化。如维生素 C 由于分子 2、3 位 C 上存在两个相邻的烯醇式羟基，具有较强的还原性，可以有效地还原油脂中的过氧化物，消耗油脂中的氧，从而抑制氧化反应的发生。

抗氧化剂可以通过还原反应，降低食品内部及其周围的氧含量，并释放出氢原子与油脂自动氧化反应产生的过氧化物结合，中断连锁反应，从而阻止氧化过程继续进行；抗氧化剂通过破坏、减弱食物中氧化酶的活性，使其不能催化氧化反应的进行；抗氧化剂能催化及引起氧化反应的物质封闭，如络合氧化剂能催化氧化反应的金属离子，从而使得食物中的氧化反应中断。

3.3　常用合成抗氧化剂性状及使用注意事项

3.3.1　没食子酸丙酯

（1）性状

没食子酸丙酯（PG），亦称棓酸丙酯，分子式 $C_{10}H_{12}O_5$，分子量 212.21。白色至淡黄褐色结晶性粉末或乳白色针状结晶。易溶于乙醇等有机溶剂，微溶于油脂和水。CNS 号为 04.003，INS 号为 310。

PG 对热比较稳定，抗氧化效果好，易与铜、铁离子发生呈色反应，变为紫色或暗绿色，具有吸湿性，对光不稳定，易分解。PG 对油脂的抗氧化能力很强，与增效剂柠檬酸或与 BHA、BHT 复配使用抗氧化能力更强。PG 对猪油的抗氧化作用较 BHA、BHT 强，但是它的毒性相对较高。

（2）安全性

没食子酸丙酯毒 ADI 为 0～1.4mg/kg。

（3）使用标准

使用标准详见《食品安全国家标准　食品添加剂使用标准》（GB 2760—2024）。

PG 对猪油的抗氧化能力较 BHA 或 BHT 强些，与 BHA 和 BHT 混用时加入增效剂则抗氧化作用最强。我国规定可用于食用油脂、油炸食品、饼干、方便面、速煮米、果仁罐头、干鱼制品和腌腊肉制品，最大使用量 0.1g/kg。

（4）使用注意事项

没食子酸丙酯与铜、铁等金属离子反应会变色，所以在使用时应避免使用铜、铁等金属容器。

具有螯合作用的柠檬酸、酒石酸与 PG（没食子酸丙酯）复配使用，不仅起增效作用，而且可以防止金属离子的呈色作用。

没食子酸丙酯具有吸湿性，对光不稳定，易发生分解，因而在使用和储存过程中，要尽量避开强光。

（5）具体应用

新鲜牡蛎肉水分质量分数高，采捕后易发生腐败变质、需低温贮藏或加工成产品，以延长货架期。常见的牡蛎加工制品包括干制品、罐头、调味品等。干制加工通过降低牡蛎水分质量分数，抑制细菌滋生、钝化酶活性，从而达到延长货架期的作用，然而牡蛎油脂质量分数较高，且油脂中富含多不饱和脂肪酸，在干制过程中极易发生氧化，降低产品的食用品质。目前对干制过程中牡蛎脂质变化研究相对较少，且缺少较为有效的控制方法。研究发现没食子酸和没食子酸丙酯处理后的牡蛎，在干制过程中脂质氧化程度更小，且没食子酸丙酯抑制效果最好。大连湾牡蛎脂质含量丰富，不饱和脂肪酸含量较高，干制对脂质的影响较显著，添加没食子酸和没食子酸丙酯均能控制脂质的氧化，在干制水产品中适量添加抗氧化剂能够延长货架期，具有广阔的市场前景。

3.3.2　丁基羟基茴香醚

（1）性状

丁基羟基茴香醚（BHA），也称叔丁基-4-羟基茴香醚，脂溶性抗氧化剂，分子式

$C_{11}H_{16}O_2$，分子量 180.224，白色或微黄色蜡样结晶性粉末状。不溶于水，25℃条件下，在几种溶剂和油脂中的溶解度分别为丙二醇 50%，丙酮 60%，乙醇 25%，猪油 30%，花生油 40%。丁基羟基茴香醚对热较稳定，在弱碱性条件下不容易被破坏。CNS 为号 04.001，INS 号为 320。其结构式如下。

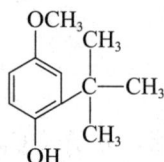

（2）安全性

BHA 比较安全，ADI 为 0～0.5mg/kg。

（3）使用标准

BHA 使用标准详见《食品安全国家标准　食品添加剂使用标准》（GB 2760—2024）。

BHA 对动物性脂肪的抗氧化作用较之对不饱和植物油更有效，尤其适用于使用动物脂肪的焙烤制品。BHA 作为脂溶性抗氧化剂，适用于油脂食品和富脂食品。其热稳定性好，因此可以在油煎或焙烤条件下使用。另外，BHA 对动物性脂肪的抗氧化作用较强，而对不饱和植物脂肪的抗氧化作用较差。BHA 可稳定生牛肉的色素和抑制酯类化合物的氧化。BHA 与三聚磷酸钠和抗坏血酸结合使用可延缓冷冻猪排腐败变质。BHA 可稍延长喷雾干燥的全脂奶粉的货架期、提高奶酪的保质期。BHA 能稳定辣椒和辣椒粉的颜色，防止核桃、花生等食物的氧化。将 BHA 加入焙烤用油和盐中，可以保持焙烤食品和咸味花生的香味，延长焙烤食品的货架期。BHA 可与其他脂溶性抗氧化剂混合使用，其效果更好。如 BHA 和二丁基羟基甲苯配合使用可保护鲤鱼、鸡肉、猪排和冷冻熏猪肉片。BHA 或二丁基羟基甲苯、没食子酸丙酯和柠檬酸的混合物加入用于制作糖果的黄油中，可抑制糖果氧化。

（4）使用注意事项

BHA 具有一定的挥发性和能被水蒸气蒸馏，故在高温制品中，尤其是在煮炸制品中易损失。

BHA 具有特殊臭味和刺激性气味，熔点会随着混合的化学品不同而发生变化，所以一定要在相对稳定的环境中使用。

3.3.3　二丁基羟基甲苯

（1）性状

二丁基羟基甲苯（BHT），化学名称 2,6-二叔丁基对甲酚，简称 BHT，分子式 $C_{15}H_{24}O$，分子量 220.36，白色或无色结晶性粉末。不溶于水和甘油，溶于乙醇和食物油。25℃条件下乙醇中溶解度为 25%，豆油 30%，棉籽油 20%，猪油 40%。CNS 号为 04.002，INS 号为 321。其结构式如下。

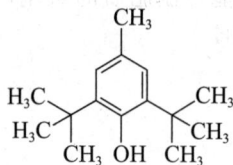

二丁基羟基甲苯无味或稍有特殊性气味；熔点 69～73℃，沸点 265℃；对热稳定，具有

单酚型特征的升华性，遇光颜色变黄，并逐渐变深；与金属离子作用不会着色，是常用的油脂抗氧化剂；其抗氧化能力较强，耐热及稳定性好，既没有特异臭，也没有遇金属离子呈色反应等缺点，而且价格低廉，其在我国仍作为主要抗氧化剂使用。

（2）安全性

ADI 值为 0～0.125mg/kg。

（3）使用标准

BHT 使用标准详见《食品安全国家标准 食品添加剂使用标准》（GB 2760—2024）。标准规定：可用于食用油脂、油炸食品、干鱼制品、饼干、方便面、速煮米、果仁罐头、腌腊肉制品、早餐谷类食品，最大使用量为 0.2g/kg。BHT 与 BHA 混合使用时，总量不得超过 0.2g/kg；BHT 和 BHA 与没食子酸丙酯混合使用时，BHA、BHT 总量不得超过 0.1g/kg，没食子酸丙酯不得超过 0.05g/kg，最大使用量以油脂中的含量计。

应用要点如下。①用于油脂，BHT 对于动物油比 BHA 有效。如果猪油装在纸容器中且又与纸直接接触，则 BHT 将特别有效，使用浓度为 0.005%～0.02%。在 BHA、BHT、没食子酸酯、柠檬酸的混合物中，BHT 的用量为 0.001%～0.01%。与 BHA 一样，BHT 对于油炸食品所用油脂的保护作用很小，特别是对于植物油的抗氧化活性不高。②在焙烤食品或油炸食品中，BHT 的携带进入能力不如 BHA；在各种谷物食品和低脂肪食品中，BHT 的作用与 BHA 相同，并广泛使用。③对于肉制品，BHT 可有效延缓猪肉中正铁血红素的催化氧化，BHA 和 BHT 配合使用，对鲤鱼、鸡肉、猪排和冷冻熏猪肉片有效。与 BHA 一样，BHT 对于干燥冷冻的牛肉、家禽肉、猪肉和鱼有效，对延缓各种干香肠的褪色和变质也有效。④对于奶制品，0.008%BHT 可用于稳定牛奶，用 BHT 和 PG 的混合物比单独使用 BHT 更有效，奶粉中加入 BHT 后，在冲制时可散发出一些酚的气味。⑤对于坚果和蜜饯，BHA 和 BHT 的混合物可有效地稳定核桃、花生等带壳的食物。与 BHA 一样，将 BHT 掺入一种可食用的保护外壳中，可有效地保护各种坚果，以及有效地延长焙烤碎坚果和杏仁的货架期。⑥BHT 加入口香糖基质中，可防止其由于氧化而引起变味、发硬和变脆。

（4）使用注意事项

本品应采用袋装或瓶装，避光保存于阴凉、干燥处。

3.3.4　特丁基对苯二酚

（1）性状

特丁基对苯二酚，简称 TBHQ，又名叔丁基对苯二酚、叔丁基氢醌，分子式为 $C_{10}H_{14}O_2$，分子量为 166.22，CNS 号为 04.007，INS 号为 319；常温下为白色结晶粉末，有极轻微特殊气味；几乎不溶于水，易溶于乙醇、乙酸和乙醚等有机溶剂，具有良好的油溶性。沸点 300℃，熔点 126.5℃～128.5℃；在铁离子存在下不变色，还具有防霉、抗菌作用。其结构式如下。

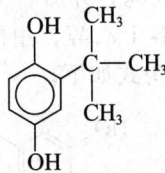

（2）安全性

TBHQ 安全性较高，ADI 为 0～0.2g/kg。

（3）使用标准

TBHQ 使用标准详见《食品安全国家标准　食品添加剂使用标准》（GB 2760—2024）。

TBHQ 抗氧化效果优良，比 BHA、BHT、PG 强 5～7 倍，添加于任何油脂和含油食品均不发生异味和异臭。

TBHQ 油溶性良好，用量少，适用于动植物脂肪和富脂食品，特别适用于植物油，是色拉油和调和油良好的抗氧化剂。耐高温，可用于方便面、糕点及其他油炸食品，最高耐热温度可达 230℃ 以上。它具有高效、抑菌、经济等特点，广泛应用于油脂及含油脂食品。在应用范围内，能抑制几乎所有细菌和霉菌的生长，对黄曲霉等危害人体健康的霉菌也有很好的抑制作用。TBHQ 不影响食品的色泽、风味，用于含铁的食品不会使食品着色。TBHQ 不仅在常温下具有较好的抗氧化效果，在加热条件下，与其他抗氧化剂相比较，TBHQ 因具有较强的耐热性，其抗氧化效果仍最好。因此，TBHQ 也被广泛应用于油脂的直接加热、煎炸等抗氧化保护中。

在油炸方便面的棕榈油中加入 TBHQ，可明显降低油炸方便面贮存期间的过氧化值和羰基值，从而延长油炸方便面的货架期；烘烤类糕点食品在制作过程中，由于油脂长时间处于高温状态，极易发生氧化、分解、水解等一系列复杂的化学反应，使烘烤食品的油脂酸价、过氧化值及羰基值迅速升高，在后期的储存、销售过程中容易产生难闻的哈喇味。使用TBHQ 可以有效延缓糕点食品中的油脂氧化。

（4）使用注意事项

① 遇铁、铜不变色，但如有碱存在可转为粉红色，因此要注意被添加食品的酸碱性，避免加入成碱性食品中使其变色；

② TBHQ 添加于食品后无异味，在铁离子存在下不着色，还具有其他抗氧化剂所没有的防霉、抗菌作用，它的复配型产品抗氧化效果更佳，因此在实际生产时使用其复配型产品效益更好；

③ TBHQ 除具抗氧作用外还有一定的抗菌作用，对细菌、酵母菌的最小抑菌浓度为0.005%～0.01%，对霉菌的最小抑菌浓度为 0.005%～0.028%，NaCl 对其抗菌作用有增效作用，因此使用时可以辅以 NaCl 增强其抗菌作用；

④ 在酸性条件下，TBHQ 抑菌作用较强，如 pH 等于 5.5 时，0.02% 的 TBHQ 即可完全抑制变形杆菌，而在 pH 等于 7.5 时，0.035% 的 TBHQ 也不能完全抑制，因此需要 TBHQ 发挥抑菌作用时，要控制添加环境为酸性条件。

3.3.5　4-己基间苯二酚

（1）性状

4-己基间苯二酚，又称 4-正己基间苯二酚，分子式 $C_{12}H_{18}O_2$，分子量 194.27，白色或黄白色针状结晶。有微弱的脂肪臭和强涩味，并对舌头产生麻木感，在空气中或遇光易被氧化而变淡棕色或粉红色。微溶于水，易溶于乙醇、甲醇、甘油、醚、氯仿、苯和植物油中。CNS 号为 04.013，INS 号为 586。其结构式如下。

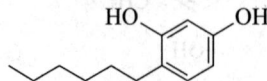

（2）安全性

ADI 为 0～0.11mg/kg。

（3）应用

鲜水产中按生产需要适量使用（仅限虾类，残留量≤1mg/kg）。

（4）实例

虾鲜宝：美国辉瑞公司，新开发的对虾产品黑变抑制剂，含 4-己基间苯二酚、氯化钠、磷酸三钙。

可将本品倒入一定量的淡水或海水中，搅拌溶解，而后将盛放虾的虾篮浸入，在浸泡过程中适当转动虾篮，使虾充分接触本品溶液约 2min 后取出，浸泡液每日或每浸泡一定次数后应重新配制，例如在美国将一包（200g）虾鲜宝倒入盛有 95L 水的容量为 115L 的缸中。

3.3.6 乙二胺四乙酸二钠钙

（1）性状

乙二胺四乙酸二钠钙，又名乙二胺四乙酸钙钠（二水），分子式 $C_{10}H_{12}CaN_2Na_2O_8$，分子量 374.268，白色结晶颗粒或白色粉末，熔点大于 300℃，室温储存，能溶于水，极难溶于乙醇，无气味，化学性质稳定，与强氧化剂不相容。CNS 号为 04.020，INS 号为 385。其结构式如下。

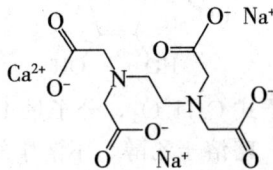

（2）应用

按照《食品安全国家标准 食品添加剂使用标准》（GB 2760—2024）规定，乙二胺四乙酸二钠钙可用于复合调味料，最大使用量为 0.075g/kg。

3.3.7 抗坏血酸棕榈酸酯

（1）性状

抗坏血酸棕榈酸酯，化学式为 $C_{22}H_{38}O_7$，分子量 414.54，白色至微黄色固体粉末，略有柑橘气味，难溶于水，易溶于乙醇，具有抗氧化以及营养强化作用。CNS 号为 04.011，INS 号为 304。其结构式如下。

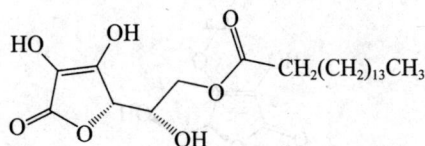

（2）安全性

局部效果：粉末可能会刺激皮肤和眼睛。敏化作用：可能会导致轻微过敏（豚鼠）。慢性毒性：低毒性。诱变性：没有导致人体诱变的嫌疑。致癌性：无致癌性（若干物种）。生殖毒性：无致畸性，无胚胎毒性。口服摄取量达到 9g/d 不会造成任何严重的毒性反应，然而，即使更少的也有可能导致腹泻，每日允许摄入量 60mg/kg 一般认为对人体是安全的。

（3）使用标准

抗坏血酸棕榈酸酯使用标准详见《食品安全国家标准　食品添加剂使用标准》（GB 2760—2024）。

可用于含油食品、动植物油及高级化妆品中，也可用于各种婴幼儿食品及奶粉中，具有抗氧化及营养强化功能。用作维生素 E 的抗氧化增强剂，在油脂中抗氧化效果非常明显且耐高温，适用于医药、保健品、化妆品等，并适用于烘烤煎炸用油的抗氧化剂，对猪油的抗氧化效果优于植物油。L-抗坏血酸脂肪酸酯属于最强的抗氧化剂之列，可以防止油脂过氧化物形成，延缓动物油、植物油、鱼类、人造黄油、牛奶及类胡萝卜素等氧化变质，效果优于BHA、BHT。若和维生素 E 等其他抗氧化剂配合使用，抗氧化效果更加显著。

3.4　常用天然抗氧化剂性状及使用注意事项

3.4.1　抗坏血酸类抗氧化剂

（1）抗坏血酸

抗坏血酸结构式如下。

抗坏血酸，又称维生素 C。分子式 $C_6H_8O_6$，分子量 176.13，白色略带淡黄色结晶或结晶性粉末，无臭，味酸。易溶于水，略溶于乙醇，不溶于氯仿、乙醚和苯。在中性或碱性溶液中更快被氧化，遇光、热及铁和铜等金属离子均会加速氧化，能形成稳定的金属盐。抗坏血酸的水溶液易被热、光等显著破坏，特别是在碱性溶液中及金属存在时更促进其破坏，因此，在使用时必须注意避免在水及容器中混入金属或与空气接触。CNS 号为 04.014，INS 号为 300。

（2）抗坏血酸钙

抗坏血酸钙结构式如下。

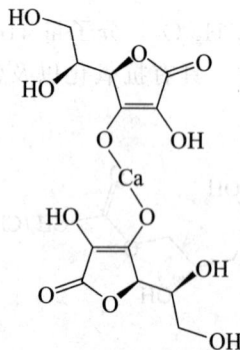

抗坏血酸钙，分子式 $C_{12}H_{14}CaO_{12}$，分子量 390.31。白色至浅黄色结晶性粉末，无臭，溶于水，难溶于乙醇，不溶于乙醚。CNS 号为 04.009，INS 号为 302。作用与抗坏血酸相同，但由于是钙盐，所以性能更稳定，同时不再有维生素 C 的强酸性，抗氧化效果更优于维生素 C，也可作食品营养强化剂。

（3）抗坏血酸钠

抗坏血酸钠结构式如下。

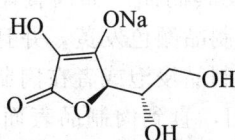

抗坏血酸钠，分子式 $C_6H_7O_6Na$，分子量 198.11，白色至微黄白色结晶性粉末或颗粒，无臭，味稍咸，易溶于水，几乎不溶于乙醇。微量的金属离子、热、光均可以加速其氧化。CNS 号为 04.015，INS 号为 301。

使用注意事项：

① 在潮湿的环境里，易发生吸湿变质；

② 受热和光照易分解，应用棕色玻璃瓶密封包装，于阴凉、干燥处避光保存。

3.4.2 维生素 E

维生素 E 结构式如下。

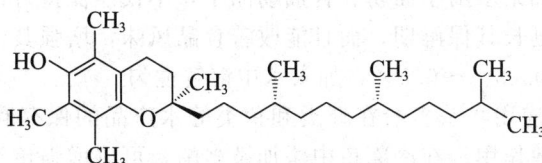

（1）性状

维生素 E，又称生育酚。分子式 $C_{29}H_{50}O_2$。分子量 430。微黄色至黄色黏稠状液体。耐热性好，遇光可被氧化，色泽变深。易溶于醇、醚、丙酮及油脂，几乎不溶于水。几乎无臭，密度 $0.932 \sim 0.955 kg/m^3$，属于脂溶性抗氧化剂；在无氧条件下非常耐热，即使加热至 200℃也不被破坏；耐酸而不耐碱；对氧气、光照十分敏感，会缓慢地氧化变黑。CNS 号为 04.016，INS 号为 307。

（2）应用

维生素 E 使用标准详见《食品安全国家标准 食品添加剂使用标准》（GB 2760—2024）。

3.4.3 茶多酚

（1）性状

茶多酚，又称维多酚。白色结晶状物质。茶多酚是从茶叶中提取的全天然抗氧化物质，具有抗氧化能力强、无毒副作用、无异味等特点。茶多酚是指茶叶中一大类组成复杂、分子量及其结构差异很大的多酚类及其衍生物的混合物，主要是由儿茶素、黄酮类、花青素、酚酸等组成的有机化合物，以儿茶素为主的黄烷醇类化合物占茶多酚总量的 $60\% \sim 80\%$。茶多酚是淡黄至茶褐色略带茶香的粉状固体或结晶，具涩味。易溶于水、乙醇、乙酸乙酯，微溶于油脂，难溶于苯、氯仿和石油醚。对热、酸较稳定，2%溶液加热至 120℃并保持 30min，无明显改变，在 160℃油脂中 30min 降解 20%，在 pH 值 2～7 范围内稳定。略有吸潮性，水溶液 pH 值为 3～4，在碱性条件下易氧化褐变。CNS 号为 04.005。

（2）应用

茶多酚使用标准详见《食品安全国家标准　食品添加剂使用标准》（GB 2760—2024）。

① 在肉制品方面的应用　肉类及其制品（如肉食罐头、腌肉、火腿等）在保质期内，油脂物质会发生自动氧化反应而使肉制品颜色发黄，并且因变质出现酸败味。因此，在肉制品的生产加工过程中，我们将各种肉制品浸泡或者在肉制品的表面喷涂 0.05%～0.2% 的茶多酚水溶液，5～10min 后再干燥它们，直到肉制品表面看不见液滴为止。其目的是促使肉制品中的蛋白质与茶多酚在肉制品的表面形成一层不透气的硬膜，该硬膜起到抑制细菌的生长、防止肉制品腐败变质的作用。

② 在油炸食品方面的应用　在油炸食品的油炸过程中，氧化使其颜色越来越深；在贮藏过程中，随着油脂氧化和酸败程度的加深，产品的风味和香气均受到严重影响。茶多酚可以延缓食品氧化和酸败，提高食品货架期。在应用过程中，添加的剂量一般为 0.03%，将它溶解在液体或水中后加入。

③ 在食用性动植物油脂方面的应用　将茶多酚添加到油脂当中，这对于不饱和脂肪酸的自动氧化分解能起到一定的延缓作用。茶多酚还可以有效抑制油脂的氧化，延长贮藏期。在实际运用中，添加剂量一般为 0.03%，用白酒和 95% 乙醇溶解后表面浸渍或喷涂。

④ 在焙烤食品类方面的应用　焙烤食品通常因油脂的自动氧化而变质，在月饼或含油食品的生产过程中，添加茶多酚于面粉和含油物品中，不仅能保持月饼或含油食品原有的风味，还能防止其酸败，延长其保鲜期，而且能改善食品风味，增强其营养保健效果。在实际运用时，一般添加量为 0.25%～0.5%，加入水中溶解搅匀。

⑤ 在水产品方面的应用　茶多酚在虾类和鱼类等水产品的保存和加工过程中有显著的抗氧化、防褐变和防腐败作用。在冷冻鱼中添加茶多酚，可以增强鱼类保鲜的效果。它能使鱼体的外观保持鲜嫩，防止鱼体脂肪的"油烧"和氧化，延缓鲜鱼因为自身氧化而引起的风味变差和肉质软化的进度，进而保持其新鲜度。在鱼干产品的生产中，可以将水产品浸泡在含有茶多酚的水中，防止鱼干因"油烧"造成的发黄及脂质的氧化，也可以通过在鱼的表面喷洒含有茶多酚的液体来代替浸渍处理从而取得同样的效果。

⑥ 在糖果类、饮料类食品中的应用　茶多酚在糖果、糕点、饮料类食品中的应用，主要是利用茶多酚的抗氧化性能和抗菌作用。用茶多酚制成的保鲜剂可使乳酸饮料、各色糕点、糖果不变色腐败。在糕点中加入茶多酚不仅可以防止糕点发生色变，也可以有效延长糕点的保质期，抑制糕点发生霉变，同时也能改善糕点的品质。在夹心糖、口香糖、水果糖等糖果中加入茶多酚，可以起到固色、固香、抗氧化、保鲜、除臭、除异味等作用。茶多酚能用于制备各种茶饮料，并可用于各种酒精饮料中，如茶碱、菊花茶等，同时可保证豆奶、果汁中的维生素不遭受破坏，这样就能最大限度地保证饮料的营养价值。在实际运用中，糕点、糖果中茶多酚的溶解量为 0.1%～0.3%，而饮料中则为 0.02%～0.1%。

（3）茶多酚的使用注意事项

① 茶多酚与柠檬酸、苹果酸、酒石酸有良好的协同效应，与柠檬酸的协同效应最好。与抗坏血酸、生育酚也有很好的协同效应。茶多酚对猪油的抗氧化性能优于生育酚混合浓缩物和 BHA 及 BHT。由于植物油中含有生育酚，所以茶多酚用于植物油中可以更加显示出其很强的抗氧化能力。茶多酚作为食用油脂抗氧化剂使用时，有在高温下炒、煎、炸过程中不变化、不析出等优点。

② 使用时，在水基食品中可将茶多酚溶于水直接使用。水产品和部分肉制品可采用浸入法或喷涂法。

③ 因茶多酚在碱性条件下易氧化聚合，故勿在碱性条件下使用。

④ 避免过度加热。茶多酚在高温下易被氧化破坏，因此在加工过程中需要避免过度加热。

3.4.4 黄酮类抗氧化剂

3.4.4.1 竹叶抗氧化物

（1）性状

竹叶抗氧化物是从南方毛竹（淡叶竹）的叶子中提取的抗氧化性成分，有效成分包括黄酮类、内酯类和酚酸类化合物。其中黄酮类化合物主要是碳苷黄酮，4 种代表化合物为：荭草苷、异荭草苷、牡荆苷和异牡荆苷。内酯类化合物主要是羟基香豆素及其糖苷。酚酸类化合物主要是肉桂酸的衍生物，包括绿原酸、咖啡酸和阿魏酸。

竹叶抗氧化物为黄色或棕黄色粉末或颗粒，无异味，具有较大的极性和亲水性，易溶于热水、乙醇。具有平和的风味口感，无药味、苦味和刺激性气味。能有效抵御酸解、热解和酶解，在某种情况下竹叶抗氧化物还表现出一定的着色、增香、矫味和除臭作用。CNS 号为 04.019。

（2）安全性

ADI 值为 43mg/kg。

（3）应用

竹叶抗氧化物使用标准详见《食品安全国家标准　食品添加剂使用标准》（GB 2760—2024）。

（4）使用注意事项

① 竹叶黄酮可溶于水和一定浓度的乙醇，因此在使用和制备该类产品时应该避免与这两类成分接触，否则会影响抗氧化效果。

② 竹叶黄酮略有吸湿性，在干燥的环境下稳定，所以使用的时候一定要在干燥的环境下进行，以免影响抗氧化效果。

③ 竹叶黄酮品质稳定，可在油炸食品和焙烤食品中使用以达到抗氧化及护色的目的。

3.4.4.2 甘草抗氧化物

（1）性状

甘草抗氧化物是从提取甘草浸膏或甘草酸之后的甘草渣中提取的一种脂溶性混合物，在实际生产中，人们常常将甘草直接使用省去提取的麻烦，也能将甘草的特殊气味带入食品中使制品别具风味。甘草抗氧化物不仅具有抗氧化作用，还可以抑制大肠埃希菌、金黄色葡萄球菌、枯草芽孢杆菌等。

甘草抗氧化物，棕色或棕褐色粉末，具有甘草的特殊气味。具有耐光、耐氧、耐热性。甘草抗氧化物能抑制油脂的光氧化作用。耐热性好，能有效抑制高温油炸过程中油脂酸价的升高。除抑制油脂酸败之外，对油脂过氧化丙二醇的生成也有明显的抑制作用。

甘草抗氧化物不溶于水，溶于乙酸乙酯、乙醇等有机溶剂，在乙醇中的溶解度为11.7%。熔点范围为 70～90℃。对油脂有良好的抗氧化作用，其抗氧化效果比 PG 更好。

（2）应用

甘草抗氧化物使用标准详见《食品安全国家标准　食品添加剂使用标准》（GB 2760—2024）。

（3）使用注意事项

① 将甘草抗氧化物与维生素 C、维生素 E 混合使用有相乘作用，可增强产品的抗氧化效果。

② 甘草抗氧物的耐热性好，能在低温到高温（250℃）范围内发挥其强抗氧化作用，所以甘草抗氧化物适合添加到需油炸类食品中。

3.4.5 植酸类抗氧化剂

植酸的结构式如下。

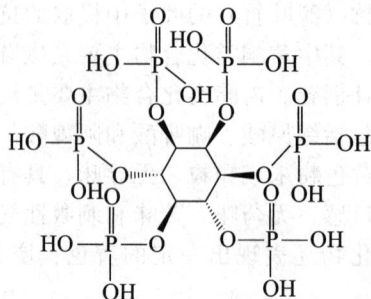

（1）性状

植酸，又名肌醇六磷酸、环己六醇六磷酸。植酸是以玉米、米糠或小麦为原料，利用稀酸提取、分离、浓缩制得的。分子式 $C_6H_{18}O_{24}P_6$，分子量 660.08，为浅黄色或浅褐色黏稠状液体，易溶于水、乙醇、丙二醇和甘油，几乎不溶于乙醚、苯和氯仿，比较耐热。植酸具有强酸性，具有很强的螯合能力，既可与钙、铁、镁、锌等金属离子形成不溶性化合物，也可与蛋白质类形成配合物。CNS 号为 04.006。

（2）应用

植酸使用标准详见《食品安全国家标准　食品添加剂使用标准》（GB 2760—2024）。

① 在果蔬及加工中的应用

a. 果蔬保鲜剂　果蔬经鲜切造成机械和物理损伤，使其贮藏过程中切口容易发生褐变现象，常需要利用保鲜剂破坏过氧化物酶活性，抑制微生物生长繁殖。国内外诸多研究结果表明植酸可作为一种有效的果蔬保鲜剂，如采用浓度为 0.15% 的植酸浸泡鲜切水芹，在低温（5℃±1℃）下，可有效抑制鲜切水芹褐变和衰老。

b. 果蔬的护色剂　植酸可以降低水果体系的 pH 或螯合金属离子起到抑制褐变的效果。如利用植酸对速冻草莓进行预处理（-20℃），发现 0.5% 的植酸对色泽的保护作用优于 0.5% 的抗坏血酸。

c. 营养保持剂　植酸处理能够有效抑制维生素 C 的氧化，使用 0.07% 的植酸与茶多酚、乙二胺四乙酸二钠组成复合抗氧化剂对秋葵中的二十碳四烯酸（ARA）和二十二碳六烯酸（DHA）具有最高的保存率。

② 在饮料加工中的应用　植酸抗氧化剂作为良好的金属螯合剂，对铁有较高的亲和力，即使在铁浓度低至 6nmol/L 时，也能形成螯合物阻止其发生反应，从而抑制氧化反应速度，且植酸的添加使饮料样品 pH 降低，也有利于抑制基质的氧化损失和褐变，因而可以提高饮料产品的质量。如在刺梨果汁中添加植酸（0.02%～0.08%）后，能显著提高果汁经加热杀菌（90℃，30min）处理后维生素 C 的保存率，明显降低其褐变程度。

③ 在发酵食品加工中的应用　植酸作为发酵促进剂，可用于促进菌体的生长繁殖，加快微生物发酵速度，提高产品产量。如添加植酸能缩短发酵周期，降低刺梨果酒的残糖量，提高发酵的酒精度，促进酵母菌的增殖，促进酵母细胞出芽使其提前进入对数生长期，也可使酵母菌的耐酒精能力提高。

④ 在酿造酒加工中的应用

护色剂：向果酒中添加植酸可以螯合参与酶褐变体系的金属离子，对果酒的非酶褐变也有一定的抑制作用。

酒的新型澄清助剂：植酸的配位螯合性能，容易螯合酒中的金属离子，从而阻止金属参与蛋白质、单宁、高级脂肪酸酯等物质的缔合和絮凝，有利于除浊。

⑤ 在油脂和脂肪制品中的应用　植酸螯合可促进氧化作用的金属离子，同时释放出氢离子，破坏分解油脂在自动氧化过程中产生的过氧化物，阻止其继续形成醛、酮等有害物，作为抗氧化剂用于油脂和脂肪制品。

⑥ 在水产品加工中的应用　植酸可以作为水产品的保鲜剂，保持水产品的鲜度，防止水产品在贮藏过程中的腐败变质，延长产品货架期。如鲜虾捕捞后极易发生黑变，即使迅速冷藏也难以避免。用 $0.01\% \sim 0.05\%$ 的植酸与 SO_2 互相配合添加在冷藏产品中，即可防止黑变现象。

⑦ 在肉制品加工中的应用　作为护色剂：植酸钠通过阻止脂质过氧化物的形成，抑制新鲜牛肉色变，效果明显优于常用的抗氧化剂三聚磷酸盐。

⑧ 在焙烤制品和面制品加工中的应用　将少量的植酸加入面包等食品中，可以增强食品中天然色素和合成色素的稳定性。面粉中含有多酚氧化酶（PPO），在适当条件下可将酚类化合物转变为醌类或其聚合物，从而会使鲜湿面在保存过程中非常容易褐变，针对这一问题，有研究者采用植酸等酸性化合物抑制面制品的褐变，发现 0.06% 的植酸可以有效地抑制面条的褐变反应，为植酸在焙烤制品和面制品加工中的应用提供了新的思路。

（3）使用注意事项

① 植酸对微生物不稳定，植酸酶可将其分解成肌醇与磷酸，在面包加工中应用时，要考虑到面包中含有的酵母菌等微生物对植酸的破坏来调整使用量。

② 由于植酸具有良好的导电性，所以在使用时要远离带电产品，以防触电，在安全环境下使用。

③ 植酸受热会分解，但 120℃ 以下短时间内受热是稳定的。

3.4.6　迷迭香提取物

（1）性状

迷迭香提取物是从迷迭香的叶和嫩茎中分离出的天然抗氧化剂，具有高效、无毒的抗氧化效果。迷迭香提取物含有多种有效的抗氧化成分，主要为迷迭香酚、迷迭香酸、鼠尾草酚等化合物。迷迭香提取物，又称香草酚酸油胺。淡黄色粉末，有轻微香味，不易挥发，具有良好的热稳定性。CNS 号为 04.017。

（2）应用

迷迭香提取物使用标准详见《食品安全国家标准　食品添加剂使用标准》（GB 2760—2024）。

有实验证明，在大豆油、花生油、棕榈油和猪油中迷迭香抗氧化剂具有很强的抗氧化作用，特别是在大豆油、猪油中，其抗氧化能力是 BHA 的 $2 \sim 4$ 倍。

3.5　抗氧化剂使用技术

3.5.1　添加时机

从抗氧化剂的作用机理可以看出，抗氧化剂只能阻碍脂质氧化，延缓食品开始败坏的时间，而不能改变已经变坏的后果，因此抗氧化剂要尽早加入。已有报道指出，在熬油过程中加入抗氧化剂（BHA 和 BHT）更为有效。

植物油真空脱臭是油脂加工工艺中的最后一个步骤，由于酚类抗氧化剂在油脂脱臭的条件下是挥发的，因此必须在冷循环条件下将它们加入，或者在脱臭脂肪被泵送至贮桶后加入抗氧化剂。

3.5.2 适当的使用量

和防腐剂不同，添加抗氧化剂的量和抗氧化效果并不总是正相关，当超过一定浓度后，不但不再增强抗氧化作用，反而具有促进氧化的效果。例如，生育酚在较低的浓度，即相当于它在粗植物油中的浓度，就能产生很高的效力，但当 α-生育酚浓度较高时，生育酚反而具有助氧化作用。

3.5.3 抗氧化剂的协同作用

抗氧化剂的协同作用是指不同抗氧化剂之间的联合使用可以产生更好的抗氧化效果。这种协同作用可以增加抗氧化剂的效力，减少使用量。在自然界中，许多物质都含有多种抗氧化剂，这些抗氧化剂之间可以相互协同，产生更强的抗氧化作用。例如，维生素 C 和维生素 E 之间的协同作用可以增强它们对自由基的清除能力，从而更有效地保护细胞免受氧化损伤。此外，一些抗氧化剂还可以促进其他抗氧化剂的吸收和利用。例如，硒是一种强大的抗氧化剂，它可以促进人体对维生素 E 的吸收和利用，从而增强维生素 E 的抗氧化效果。在食品加工和保存过程中，抗氧化剂的协同作用也得到了广泛应用。例如，在油籽储存中，将维生素 E 和迷迭香提取物混合使用可以产生更好的抗氧化效果，保护油籽免受氧化变质。

3.5.4 溶解与分散

抗氧化剂的溶解性对抗氧化效果有很大影响。如果抗氧化剂的溶解性不好，就会导致其抗氧化效果降低。因此，在选择和使用抗氧化剂时，需要考虑其溶解性。一些抗氧化剂的溶解性较好，可以更好地发挥其抗氧化作用。而另一些抗氧化剂的溶解性较差，需要采取一些措施来提高其溶解性，如加热、搅拌、使用溶剂等。这些措施可以促进抗氧化剂在油中的均匀分布，从而提高其抗氧化效果。因此，在选择和使用抗氧化剂时，需要根据具体情况选择合适的抗氧化剂和配比，以达到最佳的抗氧化效果。另外，水溶性的抗坏血酸可以以其棕榈酸酯的形式用于油脂的抗氧化。

谷物、脱水马铃薯和蛋糕粉属低脂食品，将抗氧化剂加入这些食品原料是一个更为复杂的问题，因为抗氧化剂难以与脂肪充分接触。处理谷物时，一般将高浓度的 BHA 或 BHT 加入包装的蜡质内衬中。这些抗氧化剂甚至在室温下仍是轻微挥发的，因此它们可从蜡质内衬逐渐扩散进入产品。虽然谷物中的脂肪含量一般是很低的，但它是高度不饱和的，尤其是在燕麦片中，因此有必要防止此类脂肪的氧化。有时将抗氧化剂直接加入谷物或马铃薯泥，随后煎烤，于是能有足够的抗氧化剂迁移至脂肪相，产生充分的稳定效果。将含有抗氧化剂的乳状液直接喷洒在谷物的表面后立即包装，这样的处理方法也能取得一些效果。将抗氧剂（通常是 BHA＋柠檬酸）用盐分散，然后加入绞碎的肉（新鲜或干燥）中，有利于其在肉中的分散。

3.5.5 金属助氧化剂和抗氧化剂的增效剂

过渡元素金属，特别是那些具有合适的氧化还原电位的三价或多价的过渡金属元素（Co、Cu、Fe、Mn、Ni）具有很强的促进脂肪氧化的作用，被称为助氧化剂。所以必须尽量避免这些离子的混入，然而由于土壤中存在或加工容器的污染等原因，食品中常含有这些离子。

通常在植物油中添加抗氧化剂时，同时添加某些酸性物质，可显著提高其抗氧化效果，这些酸性物质叫作抗氧化剂的增效剂。如柠檬酸、磷酸、抗坏血酸等，一般认为这些酸性物质可以和促进氧化的微量金属离子生成螯合物，从而起到钝化金属离子的作用。

3.5.6 光、热、氧的影响

使用抗氧化剂的同时还要注意存在的一些促进脂肪氧化的因素，如光尤其是紫外线，极易引起脂肪的氧化，可采用避光的包装材料，如采用铝复合塑料包装袋来保存含脂食品。

加工和贮藏中的高温一方面可促进食品中脂肪的氧化，另一方面可加大抗氧化剂的挥发，例如 BHT 在大豆油中经加热至 170℃时，90min 就完全分解或挥发。

氧气的存在会加速氧化的进行，实际上只要暴露于空气中，油脂就会自动氧化。避免与氧气接触极为重要，尤其对于具有很大比表面积的含油粉末状食品。一般可以采用充氮包装或真空密封包装等措施，也可采用吸氧剂或称脱氧剂，否则任凭食品与氧气直接接触，即使大量添加抗氧化剂也难以达到预期效果。

3.6 抗氧化剂的食品包装应用

3.6.1 释放型抗氧化包装

释放型抗氧化包装是将抗氧化剂包埋在包装基体中或固定在其表面，抗氧化剂在基体中迁移并释放到食品或包装顶隙中，通过猝灭自由基和单线态氧、螯合金属离子或中断过氧化物的形成来防止食品氧化。

3.6.2 吸收型抗氧化包装

与释放型抗氧化包装不同，吸收型抗氧化包装主要是通过在包装内部以小袋或衬垫的形式封装氧气清除剂（又称除氧剂）来防止食品氧化。氧气清除剂可以通过生物（酶）或化学的方式与游离氧分子反应清除氧气，进而抑制自由基反应的链引发过程。食品抗氧化活性包装中常用的氧气清除剂包括无机类氧气清除剂和有机类氧气清除剂。

3.6.3 未来抗氧化活性包装

就抗氧化包装现状而言，未来抗氧化活性包装的研究可能出现以下几种趋势：

利用纳米载体负载除氧微生物或利用静电纺丝技术将其包埋以保持其活性和稳定性；

将抗氧化活性包装技术通过与温感材料、光感材料等结合提高其安全性与敏感性，以拓展抗氧化包装的应用范围；

控制精油的添加量并致力于探究精油风味物质对被包装食品风味的影响。

思考题

1. 什么是抗氧化剂？抗氧化剂是如何发挥抗氧化作用的？
2. 影响抗氧化剂抗氧化效果的因素有哪些？
3. 相对其他食品抗氧化的方法，抗氧化剂有哪些优点？
4. 抗氧化剂在食品包装方面有哪些应用？
5. 常用天然抗氧化剂有哪些？各有何特点？
6. 常用合成抗氧化剂有哪些？各有何特点？

第 3 章　思考题答案

第 4 章

食品着色剂

导言

　　色、香、味、形是食品美味的四个方面，缺一不可。人们对食物的好感度，很多时候是从它的颜值开始的。"颜"与"色"不仅体现美食的风味和新鲜程度，还影响食用者的心理——色彩明丽养眼的食物，更容易获得青睐。食品调色是食品风味设计和调配技术的重要组成，与食品的加工制造工艺和储运有密切关系，并受到消费者的嗜好、情绪、传统观念等主观因素以及光线、背景等客观环境因素的影响，是食品生产厂商和消费者越来越重视的食品质量指标。食用调色剂是食品调色的重要原料之一，是食品添加剂的重要门类。作为食品行业从业人员，只有全面掌握天然和合成食用着色剂的各种性质，正确认识每种食用着色剂，能够根据所用原料、工艺和产品质量要求，以及储运、消费特点，灵活运用食品调色、补色、发色、护色等技术，才能生产出高质量的产品，才能正确引导普通消费者看待食品着色剂对食品行业发展的必要性和重要性，推动食品行业健康发展。

4.1 着色剂概述

4.1.1 食品中添加着色剂的作用

　　食品着色剂（food colorants）又称食品色素，是以食品着色为主要目的，赋予食品色泽和改善食品色泽的物质。食品的色泽是人们对于食品食用前的第一个感性接触，是人们辨别食品优劣，对其做出初步判别的基础，也是食品质量的一个重要指标。食品天然的颜色，可以预见其营养价值、变质与否以及商品价值的高低。食品具有鲜艳的色泽，不仅可以提高食品的感官品质，给人以美的享受，还可以引起人们的食欲。反之，若食品在加工过程中，受到光、热、氧气或化学药剂作用等各种原因，使天然色素褪色或造成食品色变而失去光泽，引起色泽失真，会使人产生一种不协调的食品变质的错觉，从而严重影响食品的感官品质。因此，在食品加工中为了更好地保持或改善食品的色泽，需要向食品中添加一些食品着色剂。

4.1.2 着色剂着色机理

　　自然光是由不同波长的电磁波组成的，波长在 400～800nm 为可见光，在该光区内不同波长的光显示不同的颜色。任何物体能形成一定的颜色，主要是因为其色素分子吸收了自然光中的部分波长的光，它呈现出来的颜色是由反射或透过未被吸收的光所组成的综合色，也称为被吸收光波组成颜色的互补色。例如，如果物体吸收了绝大部分可见光，那么物体反射的可见光非常少，物体就呈现出黑色或接近黑色；如某种物质选择吸收了波长为510nm的绿色光，而人们看见它呈现的颜色是紫色，这是因为紫色是绿色的互补色。不同波长光波相应的颜色及肉眼所见到的颜色见表4-1。

表4-1 不同波长的光波和颜色的关联

吸收光波		互补色
波长/nm	相应的颜色	
400	紫	黄绿
425	蓝青	黄
450	青	橙黄
490	青绿	红
510	绿	紫
530	黄绿	紫
550	黄	蓝青
590	橙黄	青
640	红	青绿
730	紫	绿

彩图

食品的主要色素都属于有机化合物，其共价键有σ键和π键，并具有三种不同性质的价电子。根据分子轨道理论，当两个原子结合成分子时，两个原子的原子轨道线性组合成两个分子轨道。其中一个具有较低能量的叫作成键轨道，另一个具有较高能量的叫作反键轨道。它们的成键轨道用σ和π表示，反键轨道用σ*和π*表示，处在相应轨道上的电子称作σ电子和π电子；此外还有未成键的孤对电子，称为n电子。电子通常在成键轨道上，当分子吸收能量后可以激发到反键轨道上。

根据电子跃迁理论，当化合物吸收光能时，低能级电子吸收光子的能量，从轨道能量较低的基态跃迁到轨道能量较高的激发态。有机化合物的电子跃迁主要有四种：σ→σ*、π→π*、n→σ*、n→π*。不同轨道之间的跃迁所需要的能量不同，即需要不同波长的光激发。

烷烃分子中所有的分子轨道都是σ轨道，当吸收相当能量的光子后，电子由成键轨道跃迁到反键轨道上，即发生σ→σ*跃迁。σ与σ*之间的能级差最大，相应的激发光波长较短，在150~160nm，落在远紫外区，所以不显色。

不饱和有机分子中，不饱和键中的π电子吸收能量跃迁到π*反键轨道发生π→π*跃迁。孤立双键的跃迁产生的吸收带位于160~180nm，仍在远紫外区，也不显色，如乙烯是无色的。但在共轭双键体系中，电子在这种共轭轨道中易于运动，能量较高，其跃迁吸收带会向长波方向移动。随着共轭双键数目的增多，吸收光波长向可见光区域移动。共轭体系越大，电子跃迁所需要的能量越小，吸收光的波长就越长，直至进入可见光区域，使化合物变为有色。表4-2为共轭多烯化合物吸收光的波长与双键数的关系。

表 4-2　共轭多烯化合物吸收光的波长与双键数关系

体系	化合物	双键数/个	波长 λ/nm	颜色
HC＝CH CH₂＝CH—CH＝CH₂	乙烷	无	135	无色
	乙烯	1	185	无色
	1,3-丁二烯	2	217	无色
	己三烯	3	258	无色
	二甲基辛四烯	4	296	淡黄色
	维生素 A	5	335	淡黄色
	二氢 β-胡萝卜素	8	415	橙色
	番茄红素	11	470	红色
	去氢番茄红素	15	504	紫色

n→σ* 跃迁是氧、氮、硫、卤素等杂原子的未成键 n 电子向 σ* 反键轨道跃迁。当有机色素分子中含有—NH₂、—OH、—SR、—X 等基团时，就会发生这种跃迁。其吸收值一般出现在 200nm 附近，受杂原子的影响较大。

当不饱和化合物色素的不饱和键上连有杂原子（如 C＝O、—NO₂）时，杂原子上的 n 电子能跃迁到 π* 轨道。n→π* 跃迁是四种跃迁中所需能量最小的，它所对应的吸收带位于 270～300nm 的近紫外区。若与其他双键基团形成共轭体系，其吸收带将红移，进入可见光区，从而呈现出一定的颜色。

凡是有机化合物分子在紫外区和可见光区内有吸收带的基团，均称为发色团或生色团。把那些本身在紫外区和可见光区不产生吸收带，但与生色团相连后，能使生色团的吸收带向长波方向移动的基团称为助色团。食品着色剂中主要的生色团有：C＝C、C＝O、—CHO、—COOH、—N＝N—、—N＝O、—NO₂、C＝S 等。它们都是不饱和基团，都含有 π 电子，都能发生 π→π*、n→π* 跃迁。常见的助色团有—OH、—OR、—NH₂、—NHR、—NR₂、—SH、—Cl 等，它们都有饱和的杂原子。当助色团与生色团相连时，饱和杂原子上的 n 电子能影响相邻生色团的 π 轨道状态和能级大小，使吸收带向长波方向移动。在色素物质中，助色团的个数或取代位置不同，表现出的颜色也会不相同。

食物中的着色剂化合物都是由生色团和助色团组成的，它们相互作用会引起化合物分子结构的变化，从而表现出不同着色剂的颜色。

4.1.3　着色剂的分类

我国《食品安全国家标准　食品添加剂使用标准》（GB 2760—2024）中允许使用的食品着色剂有 60 余种，中国允许使用的有 46 种，按其来源和性质分为食品合成着色剂和食品天然着色剂两类。中国早在古时便有利用红曲米酿酒来制作红肠的习惯，而自 1856 年英国人帕金首次合成苯胺紫之后，人工着色剂才走进大众视野并逐步替代了天然着色剂。

食品合成着色剂，也称为食品合成染料，是用人工合成方法所制得的有机着色剂，合成着色剂的着色力强、色泽鲜艳、不易褪色、稳定性好、易溶解、易调色、成本低，但安全性低。其按化学结构可分成两类：偶氮类着色剂和非偶氮类着色剂。油溶性偶氮类着色剂不溶于水，进入人体内不易排出体外，毒性较大，基本上不再使用；水溶性偶氮类着色剂较容易排出体外，毒性较低，目前世界各国使用的合成着色剂有相当一部分是水溶性偶氮类着色剂。此外，食品合成着色剂还包括色淀和正在研制的不吸收的聚合着色剂。色淀是由水溶性着色剂沉淀在允许使用的不溶性基础上所制备的特殊着色剂，即在同样条件下不溶于水的着色剂制品。其着色剂部分是允许使用的合成着色剂，基质部分多为氧化铝，称为铝淀。

食品合成着色剂的一般性质如下。

（1）溶解度

最重要的溶剂：水、醇（乙醇和甘油）及植物油。油溶性合成着色剂一般很少使用，常用非油溶性合成着色剂的乳化、分散来着色。温度上升溶解度增加；水的 pH 低，溶解度降低，有形成色素酸的倾向；盐类可发生盐析，降低溶解度；水的硬度高易变成难溶解的色淀。

（2）染着性

一种是在液体或酱状的食品基质中溶解，混合成分散状态；另一种是染着在食品的表面，要求对基质有一定的染着性，希望能染着在蛋白质、淀粉及其他碳水化合物上面。例如，柠檬黄的染着性较弱，易析出。

（3）坚牢度

衡量食品着色剂品质的重要指标，指其在所染着的物质上对周围环境（或介质）抵抗程度的一种量度，有以下几项。

① 耐热性　从热对着色剂稳定性的影响来看，日落黄最稳定，柠檬黄、胭脂红、苋菜红、诱惑红、亮蓝较稳定，β-胡萝卜素、赤藓红、靛蓝稳定性较差；一般合成着色剂难以耐受 105℃ 以上高温，所以应避免长时间置于 105℃ 以上的高温环境下。

② 耐酸性　一般食品大多是酸性的，β-胡萝卜素、赤藓红、靛蓝在酸性溶液中不够稳定。

③ 耐碱性　使用碱性膨松剂的糕点类，柠檬黄、日落黄（转红）、苋菜红（转蓝）、靛蓝在碱性溶液中易变色。

④ 耐氧化性　空气的自然氧化、氧化酶的影响、含游离氯的用水、共存的金属离子等；苋菜红、诱惑红、胭脂红、β-胡萝卜素、靛蓝、日落黄、柠檬黄等耐氧化还原性较差。

⑤ 耐还原性　主要指在食品制造保藏中由微生物的作用导致的还原作用，或由抗坏血酸与亚硫酸盐具有的还原性引起的色素变化。

⑥ 耐紫外线（日光）性　日落黄、柠檬黄稳定性较好，苋菜红、诱惑红、胭脂红、赤藓红、亮蓝稳定性尚可，β-胡萝卜素、靛蓝稳定性较差。

⑦ 耐盐性　主要是腌渍制品，需考虑食用合成着色剂耐盐性问题。苋菜红、柠檬黄耐盐性较好，而靛蓝较弱。

⑧ 耐细菌性　不同着色剂对细菌的稳定性不同。柠檬黄、日落黄强，而靛蓝则较弱。

食品天然着色剂大部分取自植物（如各种花青素、类胡萝卜素），部分取自动物（如胭脂虫红）、矿物（如二氧化钛）和微生物（如红曲红）。食品天然着色剂按化学结构可以分成六类：多酚类、异戊二烯类、卟啉类、酮类、醌类和其他类。

（1）多酚类衍生物

花青苷属多酚类衍生物，由糖和花青素组成，是一类水溶性着色剂，广泛分布于植物中。花青苷类着色剂是目前食品工业中主要的一类着色剂，如越橘红、萝卜红、红米红、黑豆红、玫瑰茄红和桑椹红等。黄酮类着色剂是多酚类衍生物中另一类水溶性着色剂，同样以糖苷的形式广泛分布于植物界。

（2）异戊二烯类衍生物

如 β-胡萝卜素、栀子黄、辣椒红等，类胡萝卜素是异戊二烯类衍生物，属于多烯着色剂。它们广泛分布于生物界，颜色从黄、橙、红以至紫色都有，不溶于水，可溶于脂肪溶剂，属于脂溶性着色剂。类胡萝卜素着色剂对 pH 较稳定，对热也比较稳定，但光和氧对它有破坏作用。

（3）卟啉类衍生物（四吡咯衍生物）

如叶绿素、血红素等。

（4）酮类衍生物

如红曲红、姜黄素等。

（5）醌类衍生物

如紫胶红、胭脂虫红等。

（6）其他类着色剂

如甜菜红、焦糖色等，还可包括某些无机着色剂。

4.1.4　天然着色剂与合成着色剂的优缺点

天然食用着色剂来源于自然，种类繁多，且大多数无毒副作用，与合成着色剂相比具有突出的特性。天然食用着色剂的特性如下：①大多数天然着色剂来源于可食的动植物，安全性高，低毒副作用，毒理学试验评价不高；②很多天然着色剂含有人体需要的营养物质或者本身就是维生素或者维生素类物质；③天然着色剂色调自然，易被消费者接受，有一定的使用价值和经济价值；④有的品种有特殊香气，能增加食品的风味。

但是与合成着色剂相比食用天然着色剂也存在不足：①稳定性较差，色调不稳定，一些着色剂只有 pH 在 2～6 时相对稳定，如红地球葡萄皮色素；②保色性差，由于天然着色剂在未被分离时与其他物质紧密结合，分离后，失去了细胞膜及其他生物机制的保护，易褪色；③应用范围窄，天然着色剂对环境要求高，专用性强；④纯度低，因为天然着色剂是从动植物中分离出来的，常共存有其他成分，纯化难度较大，提取纯化成本相对较高。

总之，与合成着色剂相比，天然着色剂具有安全性较高、着色色调比较自然等优点，而且一些品种还具有维生素活性（如 β-胡萝卜素），但也存在纯化成本高、着色力弱、稳定性差、色素含量低、容易变质、难以调出任意色调等缺点，一些品种还有异味、异臭。使用食用天然着色剂应采用一些保护措施，如和维生素 C 配合使用，可防止氧化；添加金属螯合剂，可避免金属离子的影响；制成微胶囊，增加耐光性等。

4.2　典型合成着色剂特点及使用注意事项

食品合成着色剂（食品合成色素）是利用有机物人工化学合成的有机着色剂。由于油溶性合成着色剂毒性很大，目前世界各国允许使用的食品合成着色剂几乎全是水溶性着色剂。在许可使用的食品合成着色剂中，还包括它们各自的色淀，色淀是由水溶性着色剂沉淀在许可使用的不溶性基质上所制备的一种特殊着色剂制品，因为基质部分多为氧化铝，所以又称之为铝色淀。铝色淀的耐光性及耐热性均优于原来允许使用的合成着色剂。同时，不被人体吸收而毒性较小的高分子聚合着色剂的研究也在积极进行中。

食品合成着色剂的安全性问题日益受到重视，各国对其都有严格的限制，不仅在品种、质量、用途和用量上有明确的限制规定，而且对生产的企业也有明确的限制，因此在生产中实际使用的品种正在减少。但由于合成着色剂有着色力强、色泽鲜艳、不易褪色、稳定性好、易溶解、成本低的优点和食品工业发展的需要，世界总的使用量仍在上升。《食品安全国家标准　食品添加剂使用标准》（GB 2760—2024）规定，我国允许使用的食品合成着色剂有 11 种，国内指定上海市染料研究所为全国唯一的生产单位。现将我国允许使用的主要几种食用合成着色剂分别介绍如下。

4.2.1　苋菜红

苋菜红（amaranth；CNS 号为 08.001；INS 号为 123）又称酸性红 27、杨梅红、鸡冠紫红、蓝光酸性红、食用红色 2 号，化学名称为 1-(4′-磺基-1′-萘偶氮)-2-萘酚-3,6-二磺酸三钠盐，为水溶性偶氮类着色剂。分子式为 $C_{20}H_{11}N_2Na_3O_{10}S_3$，分子量 604.49，结构式如下。

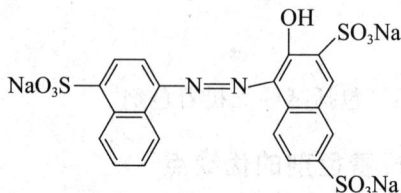

① 性状与性能　为红褐色或紫色均匀粉末或颗粒，无臭。易溶于水，可溶于甘油及丙二醇，微溶于乙醇，不溶于油脂等其他有机溶剂，水溶液带紫色，耐光、耐热性强，耐细菌性差，对氧化还原敏感，对柠檬酸、酒石酸稳定，而遇碱则变为暗红色。其与铜、铁等金属接触易褪色，易被细菌分解，耐氧化、还原性差，不适用于发酵食品及含还原性物质的食品。

② 着色能力　着色力较弱，在浓硫酸中呈紫色，在浓硝酸中呈亮红色，在盐酸中为黑色沉淀，而着色剂粉末有带黑的倾向。由于对氧化还原作用敏感，故不适在发酵食品中使用。若制品中着色剂含量高，则着色剂粉末有带黑倾向。

③ 毒性　多年来公认苋菜红安全性高，并被各国普遍使用，世界上有 60 多个国家把它列为法定食用着色剂。但是 1968 年报告本品有致癌作用，由于对苋菜红的安全性有疑问，FAO/WHO 联合国食品添加剂专家委员会于 2001 年将其 ADI 规定为 0～0.5mg/kg（以体重计），HACSG（欧共体儿童保护集团）不准用于儿童食品。在挪威、美国不准使用。

④ 使用建议　见《食品安全国家标准　食品添加剂使用标准》（GB 2760—2024）规定，主要用于果汁（味）饮料、碳酸饮料、糖果、糕点、青梅等食品，最大使用量为 0.025～0.30g/kg。

4.2.2　胭脂红

胭脂红（ponceau 4R；CNS 号为 08.002；INS 号为 124）又称丽春红 4R、大红、亮猩红、食用红色 102 号，化学名称为 1-(4′-磺基-1′-萘偶氮)-2-萘酚-6,8-二磺酸三钠盐，为水溶性偶氮类着色剂。分子式为 $C_{20}H_{11}N_2Na_3O_{10}S_3$，分子量 604.49，胭脂红是我国使用最广泛、用量最大的一种单偶氮类人工合成着色剂，其结构式如下。

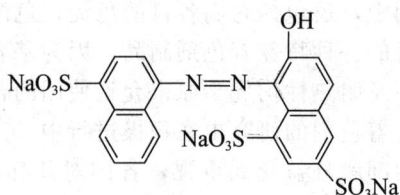

① 性状与性能　为红色至深红色均匀粉末或颗粒、无臭。易溶于水，水溶液呈红色；

溶于甘油，微溶于乙醇，不溶于油脂。胭脂红耐光性、耐酸性、耐盐性较好，耐热性强，但耐还原性差，遇碱变为褐色。对柠檬酸、酒石酸稳定。

② 着色性能　因胭脂红耐还原性差，不适合在发酵食品中使用，其着色力较弱。0.1%的胭脂红水溶液为呈红色的澄清液，在盐酸中呈棕色，并会产生黑色沉淀。

③ 毒性　是一种比较安全的食用色素。其 ADI 为 0～4mg/kg（以体重计）（FAO/WHO，2001）。目前除美国、加拿大不许可使用外，绝大多数国家都许可使用。

④ 使用建议　见《食品安全国家标准　食品添加剂使用标准》（GB 2760—2024）规定。除同苋菜红外，尚许可用于乳饮料、肠衣等，最大使用量为 0.025～0.50g/kg。本品是红色食用着色剂中应用最广泛的一种，可用为单色或配合色使用，其用量占全部食用着色剂量的 10% 以上。

4.2.3　赤藓红

赤藓红（erythrosine；CNS 号为 08.003；INS 号为 127）又称樱桃红、四碘荧光素、新品酸性红、食用红色 3 号，化学名称为 9-(邻羧苯基)-3-羟基-2,4,5,7-四碘-3-异氧杂蒽酮二钠盐，为水溶性非偶氮类着色剂。分子式为 $C_{20}H_6I_4Na_2O_5 \cdot H_2O$，分子量 897.88，其结构式如下。

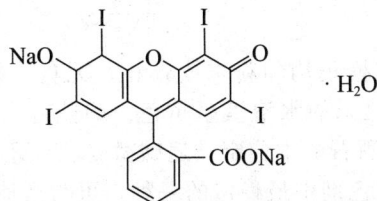

① 性状与性能　为红至红褐色均匀粉末或颗粒，无臭。吸湿性强，易溶于水，可溶于乙醇、甘油和丙二醇，不溶于油脂。0.1% 水溶液呈微蓝的红色，酸性时生成黄棕色沉淀，碱性时产生红色沉淀，耐热、耐还原性强，但耐光、耐酸性差。

② 着色性能　具有良好的染色性，尤其对蛋白质的染色。根据其性质，在需高温焙烤的食品和碱性及中性的食品中着色力较其他合成红着色剂强。

③ 毒性　ADI 为 0～0.1mg/kg（以体重计）。

④ 使用建议　见《食品安全国家标准　食品添加剂使用标准》（GB 2760—2024）规定。可用于果汁（味）饮料、碳酸饮料、糖果等，最大使用量 0.015～0.10g/kg。因其耐光性差，不适于在汽水等饮料中添加，尤其是在酸性（pH4.5）条件下易沉淀，不适于对酸性强的液体食品和水果糖等的着色。

4.2.4　新红

新红（new red；CNS 号为 08.004）又称桃红，化学名称为 7-(4′-磺酸基苯基偶氮)-1-乙酰氨基-8-萘酚-3,6-二磺酸三钠盐，为水溶性偶氮类着色剂。分子式为 $C_{18}H_{12}O_{11}N_3Na_3S_3$，分子量 611.45，其结构式如下。

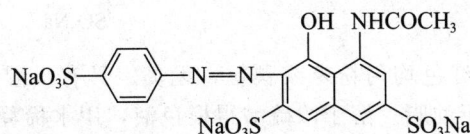

① 性状与性能　为红色均匀粉末，无臭。易溶于水呈红色溶液，微溶于乙醇，不溶于

油脂。具有酸性染料特性。遇铁、铜易变色，对氧化还原较为敏感。

② 着色性能　新红的着色性能与苋菜红相似。

③ 毒性　未见致癌、致畸和致突变性，小鼠经口 LD_{50}（半数致死剂量）为 10g/kg（以体重计）。

④ 使用建议　见《食品安全国家标准　食品添加剂使用标准》（GB 2760—2024）规定，主要用于饮料类、糖果等，最大使用量为 0.05～0.10g/kg。

4.2.5　柠檬黄

柠檬黄（tartrazine；CNS 号为 08.005；INS 号为 102）又称酒石黄、酸性淡黄、肼黄、食用黄色 4 号，化学名称为 3-羧基-5-羟基-1-(4′-磺酸基苯基)-4-(4″-磺酸基苯基偶氮) 邻氮茂三钠盐，为水溶性偶氮类着色剂。分子式为 $C_{16}H_9N_4Na_3O_9S_2$，分子量 534.36，其结构式如下。

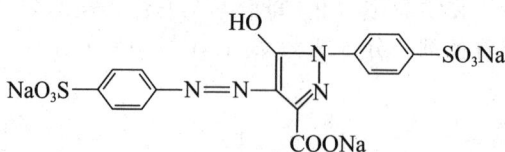

① 性状与性能　为橙黄至橙色均匀粉末或颗粒，无臭。易溶于水、甘油、乙二醇、微溶于乙醇，不溶于油脂，其 0.1% 的水溶液呈黄色。耐热性、耐光性、耐酸性和耐盐性强，但耐氧化性较差，在柠檬酸、酒石酸中稳定，遇碱微变红，还原时褪色。

② 着色性能　柠檬黄是着色剂中最稳定的一种，可与其他着色剂复合使用，匹配性好，调色性能优良，坚牢度高，是食用黄色着色剂中使用最多的，占全部食用着色剂的使用量的 1/4 以上。

③ 毒性　柠檬黄经长期动物实验，被认为安全性高，为世界各国普遍许可使用。FAO/WHO（2001）规定 ADI 为 0～7.5mg/kg（以体重计）。

④ 使用建议　见《食品安全国家标准　食品添加剂使用标准》（GB 2760—2024）规定，主要用于果汁（味）饮料等、碳酸饮料、糖果等，最大使用量为 0.04～0.50g/kg。

4.2.6　日落黄

日落黄（sunset yellow；CNS 号为 08.006；INS 号为 110）又称夕阳黄、晚霞黄、橘黄、食用黄色 5 号，化学名称为 1-(4′-磺酸基苯基偶氮)-2-萘酚-6-磺酸二钠盐，为水溶性偶氮类着色剂。分子式为 $C_{16}H_{10}N_2Na_2O_7S_2$，分子量 452.38，其结构式如下。

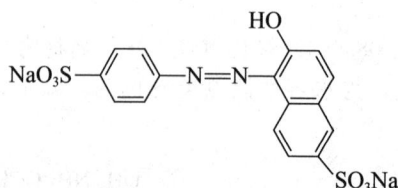

① 性状与性能　为橙红色均匀粉末或颗粒，无臭。具有吸湿性，易溶于水、甘油、丙二醇，微溶于乙醇，不溶于油脂。溶于浓硫酸得橙色液，用水稀释后呈黄色。耐热性、耐光性强。耐酸性强，遇碱变为带褐色的红色，还原时易褪色。

② 着色性能　日落黄在酒石酸、柠檬酸中稳定，是着色剂中比较稳定的一种，着色牢

固度强，可与其他着色剂复配使用，其匹配性好。

③ 毒性　本品经长期动物实验，认为安全性高，为世界各国普遍许可使用。FAO/WHO（2001）规定 ADI 为 0～2.5mg/kg（以体重计）。

④ 使用建议　见《食品安全国家标准　食品添加剂使用标准》（GB 2760—2024）规定，主要用于果汁（味）饮料、碳酸饮料、糖果等，最大使用量 0.02～0.60g/kg。

4.2.7　亮蓝

亮蓝（brilliant blue；CNS 号为 08.007；INS 号为 133）又称食用青色 1 号、食品蓝 2号，化学名称为 3-[N-乙基-N-[4-[[（4-[N 乙基-N-（3-磺基苄基）-氨基]苯基](2-磺基苯基）亚甲基]-2,5-环己二烯基-1-亚基]氨基甲基]-苯磺酸二钠盐，属水溶性非偶氮类着色剂，分子式为 $C_{37}H_{34}N_2Na_2O_9S_3$，分子量 792.84。其结构式如下：

① 性状与性能　为红紫色均匀粉末或颗粒，无臭，有金属光泽。易溶于水，水溶液呈绿光蓝色，弱酸时呈青色，强酸时呈黄色，在沸腾碱液中呈紫色；其亦可溶于甘油、乙二醇和乙醇，不溶于油脂。耐热性、耐光性、耐碱性强，耐盐性好，耐还原作用较偶氮色素强，在柠檬酸、酒石酸中稳定，但在水溶液加金属盐后会缓慢地沉淀。

② 着色性能　亮蓝的色度极强，通常都是与其他食用着色剂配合使用，如与柠檬黄配成绿色着色剂，因其色度极强使用量小，质量分数一般在 0.0005%～0.01% 之间。

③ 毒性　FAO/WHO（2001）规定，ADI 为 0～12.5mg/kg（以体重计）。

④ 使用建议　见《食品安全国家标准　食品添加剂使用标准》（GB 2760—2024）规定。可用于饮料、糖果、加工坚果与籽类和熟制豆类，最大使用量 0.025～0.50g/kg。

4.2.8　靛蓝

靛蓝（indigotine；CNS 号为 08.008；INS 号为 132）又称食品蓝、酸性靛蓝、磺化靛蓝、食用青色 2 号、食品蓝 1 号，化学名称为 3,3'-二氧-2,2'-联吲哚基-5,5'-二磺酸二钠盐，为水溶性非偶氮类着色剂。分子式为 $C_{16}H_8O_8N_2S_2Na_2$，分子量 466.36，其结构式如下。

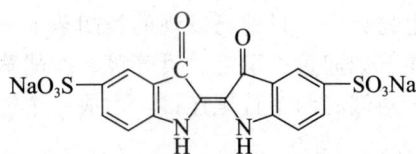

① 性状与性能　为带铜色光泽的蓝色到暗青色颗粒或粉末，无臭。对水的溶解度较其他合成着色剂低，0.05% 水溶液呈蓝色，溶于甘油、丙二醇，难溶于乙醇、油脂。对光、热、酸、碱和氧化均很敏感，耐盐性及耐细菌较弱，遇亚硫酸钠、葡萄糖、氢氧化钠还原褪色。

② 着色性能　靛蓝有独特的色调，但其着色力差，牢度低，较不稳定，很少单独使用，多与其他着色剂配合使用。

③ 毒性　本品经动物实验，认为其安全性高，为世界各国普遍许可使用。ADI 为 0～5mg/kg（以体重计）（FAO/WHO，1994）。

④ 使用建议　见《食品安全国家标准　食品添加剂使用标准》（GB 2760—2024）规定。可用于饮料、配制酒、糖果、青梅，最大使用量 0.05～0.30g/kg。

4.2.9　诱惑红

诱惑红（allura red；CNS 号为 08.012；INS 号为 129）又称艳红、阿洛拉红、食用赤色 40 号，化学名称为 1-(4′-磺基-3′-甲基-6′-甲氧基苯基偶氮)-2-萘酚-6-磺酸二钠盐。分子式 $C_{18}H_{14}N_2Na_2O_8S_2$，分子量为 496.42，其结构式如下。

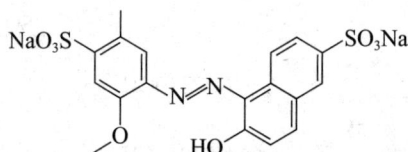

① 性状与性能　为深红色均匀粉末，无臭。溶于水，中性和酸性水溶液呈红色，碱性呈暗红色，其对含二氧化硫或氢离子（pH≥3）的水溶液耐受性佳，可溶于甘油与丙二醇，微溶于乙醇，不溶于油脂。耐光、耐热性强，耐碱及耐氯化还原性差。在苹果酸、柠檬酸、乙酸和酒石酸的 10% 溶液中无变化，并且在糖类的溶液中也稳定。

② 着色性能　诱惑红的着色牢固度较强。

③ 毒性　FAO/WHO（1994）规定，ADI 为 0～7mg/kg（以体重计）。

④ 使用建议　见《食品安全国家标准　食品添加剂使用标准》（GB 2760—2024）规定。可用于饮料、膨化食品、油炸小食品、饼干夹心和熟制豆类，最大使用剂量 0.015～0.50g/kg。

4.3　常用天然着色剂特点及使用注意事项

4.3.1　异戊二烯类着色剂

类胡萝卜素是异戊二烯 $[CH_2=C(CH_3)-CH=CH_2]$ 衍生物类着色剂的代表，是胡萝卜素（carotene）和其含氧衍生物叶黄素（xanthophyll）的总称，为从浅黄到深红色的一类脂溶性着色剂。

类胡萝卜素广泛分布于生物界中，目前已发现的类胡萝卜素有 600 多种，主要存在于植物体中，在动物体中亦有存在，如卵黄、羽毛、贝壳等。类胡萝卜素分子中含有四个异戊二烯单位，中间两个尾尾连接，两端的两个首尾连接，形成一个链状的共轭结构，链的两端可连接不同的基团。

类胡萝卜素因为具有高度共轭键发色团，也有一些含有—OH 等基团的助色团，所以具有不同的颜色，大自然中各种花草的绚丽色彩，有很大的一部分应归功于它。其对热较稳定，但含有许多双键，因此易被氧、脂肪氧化酶及其他氧化剂所氧化而褪色，并且光照、金属元素（如铜、锰、铁）和过氧化物都会加速其氧化。类胡萝卜素着色剂按其化学结构和溶解性，可分为如下几类。

（1）胡萝卜素类

胡萝卜素类包括 α-、β-、γ-胡萝卜素和番茄红素。前三者在植物叶子中存在很多，在人体中均能表现出维生素的生理作用，如 β-胡萝卜素为维生素 A 原，由此可见这类着色剂还有很高的营养价值。这类物质为碳氢化合物，为红色、橙色，易溶于石油醚而难溶于乙醇，大量应用于油脂类产品中，也是最为广泛存在的天然着色剂之一。

（2）叶黄素类

叶黄素类是胡萝卜素含氧衍生物，呈黄色、浅黄和橙色。主要有叶黄素、玉米黄素、辣椒红、栀子黄等，这类色素多溶于乙醇而不溶于乙醚，是常用的食用着色剂，广泛用作酒类、果汁、糕点、酱菜等的着色剂。

（3）类胡萝卜素类

类胡萝卜素类是国际公认的具有生理活性功能的抗氧化剂，为单线态氧有效淬灭剂，能清除羟自由基，在细胞中与细胞膜中脂类相结合，能有效地抑制脂质氧化。近年有报道，其在抗癌、抗衰老等方面也有不少新的功能价值，因此类胡萝卜素是一类开发前景十分广阔的功能性食品添加剂。

① β-胡萝卜素［β-carotene；CNS 号为 08.010；INS 号为 160a（ⅰ），160a（ⅲ），160a（ⅳ）］

β-胡萝卜素广泛存在于胡萝卜、南瓜、辣椒等蔬菜中，水果、谷类、蛋黄、奶油中的含量也比较丰富。可以从这些植物或盐藻中提取制得，现在多用合成法制取。其结构式如下。

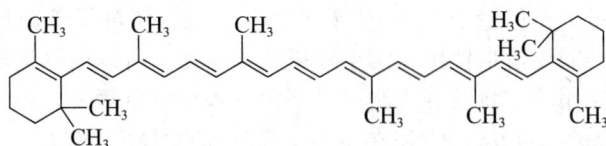

性状与性能：为深红紫色至暗红色有光泽的微晶体或结晶性粉末，微有异臭和异味。不溶于水、甘油、酸和碱，难溶于甲醇、乙醇、丙酮，可溶于苯、氯仿、石油醚和橄榄油等植物油。色调在低浓度时呈黄色，在高浓度时呈橙红色。在一般食品的 pH 值范围（2~7）内较稳定，且不受还原物质的影响，但对光和氧不稳定，受微量金属、不饱和脂肪酸、过氧化物等影响易氧化，重金属尤其是铁离子可促使其褪色。

对于人工合成 β-胡萝卜素，欧美各国将其视为天然着色剂或天然同一着色剂，而日本将其作为合成着色剂。我国现已成功从盐藻中提取制出天然的 β-胡萝卜素，并已正式批准许可使用。

着色性能：为非极性物质和油溶性着色剂，对油脂性食品有良好的着色性能，如用于人造奶油、干酪等。在果汁中与维生素 C 同时使用，可提高其稳定性。

制法：目前，β-胡萝卜素的市售商品主要为化学合成法生产，也可以利用发酵法生产和从天然产物中提取。

毒性：天然 β-胡萝卜素安全性高，目前 JECFA 尚未定制 ADI。

使用建议：β-胡萝卜素是 FAO/WHO 食品添加剂联合专家委员会确定的 A 类优质食品添加剂。为使 β-胡萝卜素分散于水中，可采用羟甲基纤维素等作为保护胶体制成胶粒化制剂。

② 辣椒红［paprika red；CNS 号为 08.106；INS 号为 160c（ⅱ）］

辣椒红是由辣椒属植物的果实用溶剂提取后去除辣椒素制得的，其主要着色物质为辣椒红素，是存在于辣椒中的类胡萝卜色素，分子式 $C_{40}H_{56}O_3$，分子量 584.85。其结构式如下。

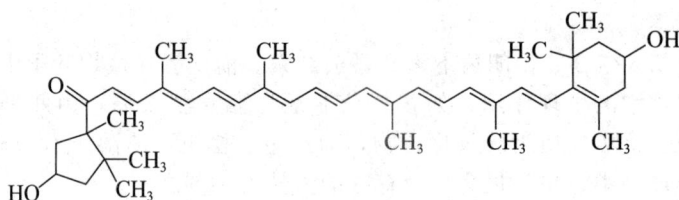

性状与性能：具有特殊气味和辣味的深红色黏性油状液体，产品通常为两相混合物，无悬浮物，主要风味物质为辣椒素。其几乎不溶于水，溶于大多数非挥发性油，部分溶于乙醇，不溶于甘油。乳化分散性、耐热性和耐酸性均好，耐光性稍差。Fe^{3+}、Cu^{2+}、Co^{2+} 等重金属离子能促使其褪色，遇 Al^{3+}、Sn^{2+}、Co^{2+} 等能形成沉淀。在 pH 值为 3～12 时颜色不变，再加热到 200℃时颜色仍然不变。

着色性能：由于辣椒红油溶性好，乳化分散性、耐热性和耐酸性均好，故应用于经高温处理的肉类食品中具有良好的着色能力，如用于酱肉、辣味鸡罐头食品中有良好的着色效果。

制法：制备辣椒红国内外常用的方法有三种——皂化法、萃取法和色谱法。由于辣椒红的色素为油溶性的，一般采用有机溶剂萃取，常用的提取溶剂为乙醇、正己烷、丙酮、石油醚或者一些混合溶剂。

毒性：ADI 未作规定（FAO/WHO，2000）。

使用建议：见《食品安全国家标准 食品添加剂使用标准》（GB 2760—2024）规定。用于冷冻米面制品时最大使用量 2.0g/kg，糕点 0.9g/kg。还可用于调理肉制品、罐头、冷饮、饼干等，可按生产需要适量使用。由于辣椒红不耐光，所以应尽量避光，L-抗坏血酸对本品有保护作用。在使用时，将其乳化制成水溶液或水分散色素。

③ 栀子黄（gardenia yellow；CNS 号为 08.112；INS 号为 164）

栀子黄又称藏花素，是由茜草科植物栀子果实用乙醇提取的黄色着色剂，其主要着色物质为藏花素，属类胡萝卜素中的藏花素酸（$C_{20}H_{24}O_4$）的二龙胆糖酯，α-藏花素水解为藏花酸和葡萄糖。藏花素分子式为 $C_{44}H_{64}O_{24}$，分子量为 976.97。栀子黄的化学结构式如下。

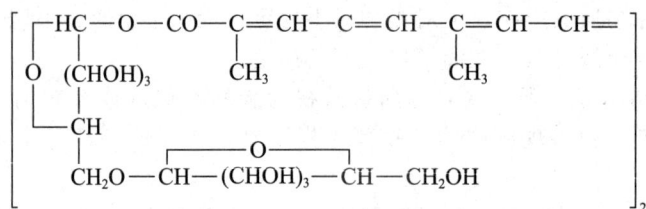

性状与性能：为橙黄色液体、膏状或粉末。易溶于水，在水中溶解成透明的黄色溶液，可溶于乙醇和丙二醇中，不溶于油脂。其色调几乎不受 pH 值的影响，在酸性或碱性溶液中较 β-胡萝卜素稳定，特别是在碱性时黄色更鲜艳。耐盐性、耐还原性和耐微生物特性较好，但耐热性、耐光性在低 pH 值时较差。对金属离子（如铅、钙、铝、铜、锡等）相当稳定，铁离子有使其变黑的倾向。

着色性能：栀子黄着色力强、色泽鲜艳、稳定性好、安全性高，是一种理想的水溶性天然食用黄色着色剂。其在碱性条件下黄色更鲜明，对蛋白质和淀粉染着效果较好，即对亲水性食品有良好的染着力，但在水溶液中不够稳定。

制法：将栀子去皮粉碎后用水浸提，提取液经过滤、煮沸、再过滤后进行真空浓缩或喷雾干燥即得。或将藏红花干燥后，用乙醚热浸，再用 7％的乙醇冷浸，添加 95％乙醇放置后，析出的油状物质用乙醇、乙醚热溶液处理而得的晶体。

毒性：小鼠经口 LD_{50} 为 2.2g/kg（以体重计），有弱蓄积性，无致突变性。

使用建议：见《食品安全国家标准　食品添加剂使用标准》（GB 2760—2024）规定。可用于果汁类饮料、糕点、果冻、糖果等，最大使用量为 0.3～1.5g/kg。本品不宜使用于酸性饮料，以防褪色，可用于保健品的制备。

④ 玉米黄（corn yellow；CNS 号为 08.116）

玉米黄既是一种天然着色剂，又是生产保健食品的添加剂，作为天然着色剂已被欧美等许多国家批准为食用着色剂。其是以黄玉米生产淀粉时的副产品黄麸质为原料提取制得的，主要色素成分为玉米黄素（zeaxanthin，分子式为 $C_{40}H_{56}O_2$）和隐黄素（cryptoxanthin，分子式为 $C_{40}H_{56}O$）。其结构式分别如下。

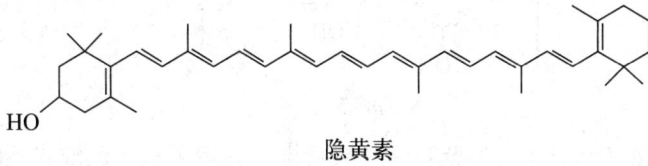

隐黄素

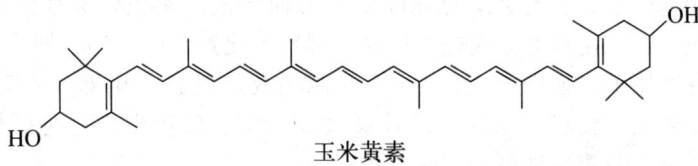

玉米黄素

性状与性能：玉米黄的形态和颜色与温度有关，高于 10℃ 时为红色油状液体，低于 10℃ 时为橘黄色半凝固油状体。不溶于水，可溶于乙醚、石油醚、丙酮和油脂，可被磷脂、单甘酯等乳化剂所乳化。在不同的溶剂中色调有差别，色调不受 pH 值影响，对光、热等较敏感，40℃ 以下稳定，高温易褪色，但受金属离子的影响不大。

着色性能：玉米黄为非极性着色剂，适用于油脂成分高的食品着色。在人造黄油中添加，使制品更接近于天然黄油，而且色调稳定。

制法：以黄玉米生产的玉米淀粉副产品黄蛋白为原料，用正己烷提取、过滤。过滤液经减压浓缩即得血红色油状物。

毒性：ADI（FAO/WHO，1984）值为 0～5.0g/kg（以体重计）。埃姆斯（Ames）试验发现无致突变作用。

使用建议：见《食品安全国家标准　食品添加剂使用标准》（GB 2760—2024）规定。可用于氢化植物油、糖果，最大使用量为 5.0g/kg。用于人造奶油中色泽比维生素 B_2 好，性质稳定。

4.3.2　多酚类着色剂

4.3.2.1　花色苷类着色剂

花青苷属多酚类衍生物，以花青素为主要代表，是一类在自然界分布最广泛的水溶性着色剂。许多水果、蔬菜和花朵之所以显鲜艳的颜色，就是由于细胞汁液中存在着这类水溶性化合物。它具有 $C_6—C_3—C_6$ 碳骨架结构，是苯并吡喃与苯环组成的基本结构的衍生物。花青素多以糖苷的形式存在于植物细胞液中，游离配基很少存在。由于花青素分子中吡喃环上氧原子是四价的，所以非常活泼，并具有碱性，而酚羟基具有酸性。所有花青素的结构随介质 pH 值变化而改变，从而使同一种花青素的颜色随环境 pH 值的改变而改变，花青素一般在 pH 值为 7 以下显红色，pH 值为 8.5 左右显紫色，pH 值为 11 则显蓝色或紫色。花青素同时易受氧化还原剂、温度、金属离子等的影响。

最新研究证实，花青素类着色剂有较好的抗氧化功能，有益于预防冠心病和动脉硬化，其中多数着色剂有解毒、散寒、引气、和胃的功效。

（1）红米红（red rice red；CNS 号为 08.111）

又称黑米红，是由优质红米经萃取浓缩制得的，其主要着色成分为矢车菊-3-葡糖苷的花青素，其结构式如下。

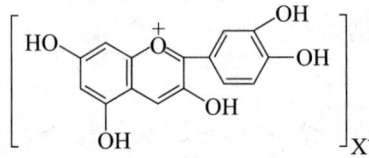

X⁻为酸部分

性状与性能：为深红色液体、黑紫色膏状或粉末，易溶于水、乙醇，不溶于丙酮、石油醚。在酸性溶液中呈红色、紫红色，随 pH 值上升而变成红褐色，碱性时为青褐色和淡黄色，加热则为黄色。其稳定性好，耐热、耐光，但对氧化剂敏感。钠、钾、钙、钡、锌、铜及微量铁离子对它无影响，但遇锡变玫瑰红色，遇铅及多量 Fe^{3+} 则褪色并产生沉淀。

着色性能：主要用于饮料等酸性食品，最适 pH<3。使用中应避免接触铅及多量铁离子，以防褪色及沉淀，且避免遇碱而变色。

毒性：Ames 试验，无致突变作用。

使用建议：见《食品安全国家标准　食品添加剂使用标准》（GB 2760—2024）规定。可用于配制酒、糖果、雪糕、饼干、果冻、膨化食品、调味酱及风味乳饮料，均按生产需要适量加入。

（2）黑豆红（black bean red；CNS 号为 08.114）

黑豆红是由野大豆种皮中提取的，其主要着色成分是矢车菊素-3-半乳糖苷，分子式为 $C_{21}H_{21}O_{11}$，分子量 449.39，其结构式如下。

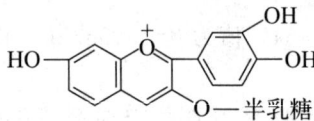

性状与性能：为深红色液体、黑紫色膏状物或粉末。易吸潮，易溶于水和稀乙醇溶液，不溶于无水乙醇、乙醚和丙酮。其水溶液的色调受 pH 值影响，中性时呈紫红色透明液，酸性时呈樱红色，碱性时呈紫蓝色。对铁、铅离子较为敏感，易使其变色，具有较强的耐热性、耐光性。

着色性能：着色效果好，色泽自然宜人。

制法：黑豆种皮在室温下用乙醇提取，提取液经减压蒸馏浓缩至不再析出沉淀（蛋白质、脂肪、碳水化合物等不溶物）为止，然后离心分离，上清液用盐酸调 pH 值至 2，静置沉淀后，过滤得透明红色素。

使用建议：黑豆红适用于多种酸性食品及饮料的着色。根据《食品安全国家标准　食品添加剂使用标准》（GB 2760—2024）规定，可用于饮料、糖果等，最大使用量为 0.8g/kg。

（3）萝卜红（radish red；CNS 号为 08.117）

萝卜红是从四川地区产的一种红心萝卜的鲜根中提取的色素。其主要着色物质是天竺葵素的花色苷，分子式为 $C_{15}H_{11}O_5X$，其结构式如下。

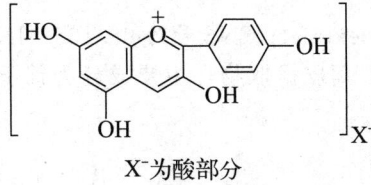

X⁻为酸部分

性状与性能：为深红色液体、膏状、固体或粉末，稍有特异臭，易吸潮，吸潮后结块，但一般不影响使用。其易溶于水，不溶于乙醇、丙酮、四氯化碳等极性小的溶剂。耐光、耐氧、耐热。在酸性溶液中呈橘红色，在强碱液中呈黄色，弱碱液中为紫红色。Cu^{2+} 可加速其降解，并使之变为蓝色；Fe^{3+} 可使其溶液变为锈黄色；Mg^{2+}、Ca^{2+} 对其影响不大；Al^{3+}、Sn^{2+} 及抗坏血酸对其有保护作用。

着色性能：萝卜红色彩鲜艳，着色力强，被着色食品呈粉红、紫红等颜色。其在酸性食品中使用效果尤佳。

制法：以红心萝卜为原料，经清洗、压榨得到红色汁液，渣经酸性水溶液或乙醇水溶液抽提、过滤。合并榨出的汁液及抽提的滤液，进行精制、干燥而得。

毒性：致突变试验结果为骨髓细胞微核试验、显性致死突变试验和 Ames 试验三项均为阴性。

使用建议：见《食品安全国家标准　食品添加剂使用标准》（GB 2760—2024）规定，可按正常生产需要添加到饮料、糖果、配制酒、果酱、调味类罐头、蜜饯、糕点、冰棍、雪糕和果冻中。

（4）玫瑰茄红（roselle red；CNS 号为 08.125）

玫瑰茄红又称玫瑰茄色素，是由玫瑰花萼片提取、过滤提取制得的，其主要着色物质是氯化飞燕草素和氯化矢车菊素的花青苷，它们的化学名称分别为飞燕草素-3-接骨木二糖苷、矢车菊素-3-接骨木二糖苷，结构式如下。

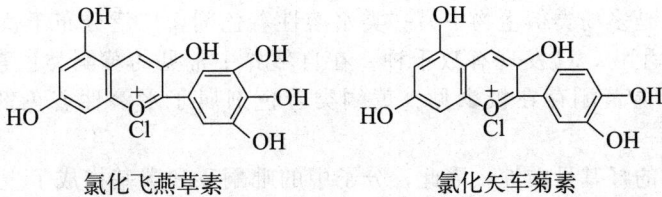

氯化飞燕草素　　　　　氯化矢车菊素

性状与性能：为深红色液体、红紫色膏状或固体粉末，稍带特异臭，粉末易吸潮。溶于水、乙醇和甘油，难溶于油脂，溶液为酸性时呈红色，在碱液中呈蓝色。耐热，对蓝光最不稳定，耐红色光。抗坏血酸、二氧化硫、过氧化氢均能促进其降解。本品对金属离子（如 Fe^{2+}）稳定性差，金属离子可加速其降解变色，抗坏血酸、二氧化硫及过氧化物等均能促进该色素的降解。

着色性能：玫瑰茄红在酸性条件下（pH＜4）呈鲜红色，在饮料、糖果中能良好地着色，但不能用于高温加热食品。

制法：以锦葵科木槿属一年生草本植物玫瑰茄干燥花萼片为原料，用乙醇浸提，过滤得色素提取液，经减压浓缩后可得产品，或将其蒸干制成粉末。

毒性：无致突变作用。

使用建议：《食品安全国家标准　食品添加剂使用标准》（GB 2760—2024）规定。可按正常生产需要添加到饮料、糖果、配制酒中。具体使用时，硬糖通常为 3～6g/kg，琼脂软糖为 1.6～2.4g/kg。

（5）葡萄皮红（grape skin extract；CNS 号为 08.135；INS 号为 163ii）

葡萄皮红又称葡萄皮色素、萄皮提取物，主要成分为锦葵色素、芍药素、飞燕草色素、3′-甲花翠素等，其结构式如下。

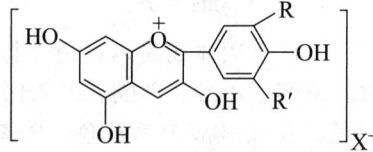

芍药素（$C_{16}H_{13}O_6X$），$R=OCH_3$，$R'=H$；锦葵色素（$C_{17}H_{15}O_7X$），$R,R'=OCH_3$；
飞燕草色素（$C_{15}H_{11}O_7X$），$R,R'=OH$；3′-甲花翠素（$C_{16}H_{13}O_7X$），$R=OCH_3$，$R'=OH$
X^- 为酸部分

性状与性能：为红色至暗紫色液体、块状、粉状或糊状，稍带特异臭味。可溶于水、乙醇、丙二醇，不溶于油脂。色调随 pH 值的变化而变化，酸性时呈红色、紫红色，碱性时呈暗蓝色。耐热性不太强，易氧化变色。铁离子存在下呈暗紫色。

着色能力：葡萄皮红的着色力不太强，聚磷酸盐能使色调稳定，而维生素 C 可以提高耐光性。

制法：将制造葡萄汁或葡萄酒后的残渣除去种子及杂物，然后经过浸提、过滤、浓缩等精制，或进一步添加麦芽糊精、变性淀粉后经喷雾干燥制成。

毒性：ADI 为 0～2.5mg/kg（以体重计）（FAO/WHO，2001）。

使用建议：见《食品安全国家标准　食品添加剂使用标准》（GB 2760—2024）规定。用于冷饮和配制酒时最大使用量 1.0g/kg；用于果酱时最大使用量 1.5g/kg；用于糖果、焙烤食品时最大使用量 2.0g/kg；用于饮料类食品时最大使用量为 2.5g/kg。

4.3.2.2　黄酮类着色剂

黄酮类着色剂是多酚类衍生物中另一类水溶性着色剂，广泛分布于植物的花、果、茎、叶中，包括各种衍生物，已发现有数千种。在自然界中常见的黄酮类色素有芹菜素、橙皮苷、芦丁等，以单体黄酮存在极少见。黄酮类着色剂属于水溶性着色剂，常为浅黄或橙黄色。

黄酮类着色剂的羟基呈酸性，因此，分子中的吡酮环和羰基构成了生色团的基本结构，另一方面分子中助色团羟基的数目和结合的位置对显色有很大的影响。黄酮类着色剂的 pH 特性比较差，在碱性溶液中黄酮类易开环生成查耳酮型结构而呈黄色、橙色或褐色。在酸性条件下，查耳酮又恢复为闭合环结构，于是颜色消失。黄酮类着色剂遇氯化铁，可呈蓝、蓝黑、紫、棕等各种颜色，与分子中 3-、4′-和 5-碳上的羟基数目有关。

近年来国内外大量研究结果表明：黄酮类物质具有抗氧化、清除自由基、抗脂质过氧化、预防心血管疾病以及抗菌、抗病毒、抗过敏等功效。有时与花青素协同使用，可减少氧化对花青素的破坏作用，且起到一定增色效果，是当今国内外从天然物中提取功能性天然食用着色剂的研发热点。

（1）高粱红（sorghum red；CNS 号为 08.115）

高粱红又称高粱色素，主要存在于高粱壳、籽皮和秆中，其主要着色物质为芹菜素，分

子式为 $C_{15}H_{10}O_5$，分子量为 270.24，芹菜素结构式如下。

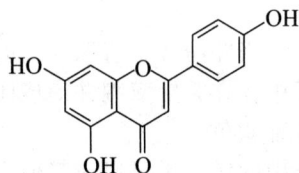

性状与性能：为深红色液体，也可为液体、糊状或块状，略带有特殊气味。易溶于水、乙醇，不溶于石油醚、氯仿等非极性溶剂及油脂。水溶液呈中性时为透明红棕色液，偏碱性时为深棕色透明溶液，偏酸性时色浅。高粱红水溶液对光和热非常稳定，加入金属离子能形成络合物，但添加微量焦磷酸钠能抑制金属离子的影响。稳定性好，耐高加热。

着色性能：高粱红色调和着色性优良，添加于畜肉、鱼、植物蛋白和糕点中，能染成良好的咖啡色和巧克力色。在 pH 值小于 3.5 时易发生沉淀，不宜用于酸度比较高的食品或饮料。

制法：将高粱种子、高粱壳用水、乙醇、丙二醇配制的溶剂浸提，经过滤、减压蒸发、浓缩精制、干燥而得。

毒性：高粱红为安全无毒的着色剂。

使用建议：《食品安全国家标准　食品添加剂使用标准》（GB 2760—2024）将其列入可在各类食品中按生产需要适量使用的食品添加剂。可用于熟肉制品、饼干等。

（2）可可壳色（cocao husk pigment；CNS 号为 08.118）

可可壳色又称可可着色剂，可可壳中的黄酮类物质如儿茶酸、无色花青素、表儿茶酸等在焙烤过程中，经复杂的氧化、缩聚而成颜色很深的聚黄酮酸苷，分子量大于 1500，其化学结构式如下。

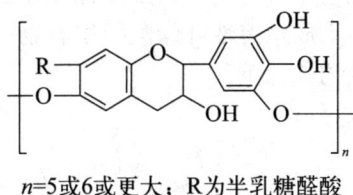

n=5或6或更大；R为半乳糖醛酸

性状与性能：为巧克力色或褐色液体或粉末，无臭。易溶于水，在 pH7 左右稳定，在 pH 值为 5.5 以上时红色度较强，pH 值在 5.5 以下时黄橙色度较强，但巧克力本色不变。耐热性、耐氧化性、耐光性均强，还原剂易使其褪色。

着色性能：可可壳色对蛋白质及淀粉的染着性较好，特别是对淀粉的着色远比焦糖好，在加工及保存的过程中很少变化，具有良好的抗氧化性能。

制法：可可壳色可由可可豆及其外皮制取。可可豆经发酵、焙烤后，用温水洗涤，以水浸提可溶性着色剂，除去弱酸性的糖胺聚糖类杂质，经中和后，添加赋形剂后喷雾干燥而得。

毒性：可可着色剂安全性很高。

使用建议：见《食品安全国家标准　食品添加剂使用标准》（GB 2760—2024）规定。可用于冰淇淋、饼干等，最大使用量为 0.04g/kg，用于配制酒时最大使用量为 1.0g/kg，用于碳酸饮料时最大使用量为 2.0g/kg，用于植物蛋白饮料时最大使用量为 0.25g/kg，用于糖果及巧克力制品时最大使用量为 3.0g/kg。

4.3.3 卟啉类着色剂

由四个吡咯组成的环称为卟吩，当卟吩环带有取代基时，称为卟啉类化合物，主要包括叶绿素及其盐类。这种化合物分子中存在共轭双键并形成闭合的共轭体系，具有特殊的吸收光波能量的能力，因而能够呈现各种颜色。

在适当的环境中，叶绿素分子中的镁原子可以被其他金属所取代，其中以叶绿素铜钠的色泽最为鲜亮，对光、热稳定，制法也简便，故在食品工业中有着重要的作用。

（1）叶绿素（chlorophylls）

叶绿素是重要的天然着色剂，广泛存在于所有可能进行光合作用的高等植物的叶、果和藻类中，在活细胞中可与蛋白质相结合形成叶绿体。

性状与性能：为蜡状固体，呈橄榄绿至深绿色，与其所结合镁的量有关，略带异臭。不溶于水，溶于乙醇、乙醚和丙酮等脂类溶剂。对光和热敏感，在稀碱液中可皂化水解成鲜绿色的叶绿酸、叶绿醇及甲醇，在酸溶液中也可成暗绿至绿褐色脱镁叶绿素。其与黄色的胡萝卜素和叶黄素共存于植物叶子叶绿体内。

着色性能：由于叶绿素稳定性较差，受光照辐射发生光敏氧化，裂解为无色物质，因此很少直接添加到食品中，而实际上是直接使用植物的叶和干燥粉末。

制备：用有机溶剂（丙酮、丁醇、乙醇等）萃取三叶草、雏菊、菠菜和橄榄等植物的叶子或蚕粪，然后除去络合物中的镁，并除去溶剂而制得。

毒性：ADI 不作限制性规定（FAO/WHO，2001）。

使用建议：叶绿素可用于糕点、饮料、利口酒等。实际上常直接用植物的叶或干燥粉末。《食品安全国家标准　食品添加剂使用标准》（GB 2760—2024）未将其列入。

（2）叶绿素铜钠盐（chlorophyllin copper complex；CNS 号为 08.009；INS 号为 141ii）

叶绿素铜钠盐是由叶绿素经皂化后，用铜离子取代叶绿素中的镁离子得到的较高色光强度的稳定络合物，进一步水解，生成水溶性叶绿酸铜络合物。叶绿素铜钠盐为叶绿素铜钠 a 和叶绿素铜钠 b 的混合物。其结构式如下。

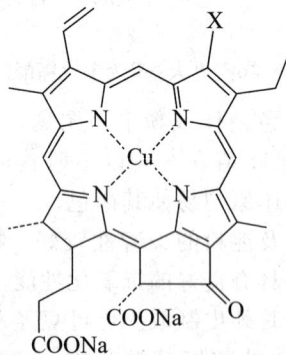

结构式中 X 为—CH_3（a 系列），或为—CHO（b 系列）

性状与性能：为墨绿色粉末或深绿色液体，无臭或微带氨的气味。易溶于水，略溶于醇和氯仿，几乎不溶于乙醚和石油醚。水溶液呈透明蓝绿色，若含有钙离子，则有沉淀析出。叶绿素铜钠的耐光性比叶绿素强得多。

着色性能：叶绿素铜钠着色坚牢度强，色彩鲜艳。但在酸性食品或含钙食品中食用时产生沉淀，遇硬水亦生成不溶性盐而影响着色性能和色彩。

制备：多以植物或干燥的蚕沙为原料，用丙酮或丁醇等有机溶剂抽提出叶绿素。然后使之与硫酸铜或氯化铜作用，用铜取代叶绿素中的镁，再将其在苛性钠溶液中皂化（用氢氧化钠的甲醇溶液除去甲基和叶绿基酯基），制成膏状或进一步制成粉末。叶绿素铜钠制的食品有异味，故以生产粉状为宜。

毒性：本品经动物实验表明安全性高，除美国外，世界其他国家普遍许可使用。ADI为 $0\sim15mg/kg$（以体重计）（FAO/WHO，2001）。

使用建议：我国《食品安全国家标准　食品添加剂使用标准》（GB 2760—2024）规定，叶绿素铜钠作为着色剂可用于饮料、饼干、糖果等，最大使用量 0.5g/kg；叶绿素铜钠盐在使用过程中，为避免出现沉淀，尽量不与硬水、酸性食品或含钙食品一起食用。

4.3.4　醌类着色剂

醌类着色剂是开花植物、真菌、细菌、地衣和藻类细胞液中存在的一类黄色着色剂，目前已知的有 200 种以上，颜色从淡黄到近似黑色。常用的醌类衍生物天然着色剂主要有以下三种。

（1）紫胶红（lac dye red；CNS 号为 08.104）

紫胶红又称虫胶红、虫胶红色素，属于植物色素。它是寄生植物上所分泌的紫胶原胶中的一种色素成分，主要生产于云南、四川、台湾等地。主要着色物质是紫胶酸，且有 A、B、C、D、E 五个组分，其中以 A 和 B 为主。

性状与性能：为红紫色或鲜红色粉末或液体，微溶于水、乙醇和丙酮，且纯度越高在水中的溶解度越低，不溶于棉籽油，但能溶于碱性溶液。纯度愈高，在水中的溶解度越小。其色调随 pH 值变化，酸性（pH3～5）时呈橙红色，中性（pH5～7）时呈橙红至红紫色，碱性（pH7 以上）时呈红紫色，在 pH＞12 时放置则褪色。在酸性条件下对光和热稳定，在100℃加热时无变化。对维生素 C 也很稳定，几乎不褪色，但易受金属离子的影响，特别是铁离子。

着色性能：越接近中性，其着色性越差。酸性时呈橙红色，非常稳定，最适用于不含蛋白质、淀粉的饮料、糖果、果冻类。对蛋白质、淀粉易染成紫红色，为防止蛋白质染色时发黑，需加入稳定剂，如明矾、酒石酸钠、磷酸盐等。

制法：将寄生在豆科、桑籽植物上的紫胶虫的雌虫所分泌的树脂状物质紫胶原胶加水浸泡洗涤，取色浆加稀盐酸酸化，除渣，加氯化钙溶液使形成紫胶酸钙沉淀，过滤后在盐中加盐酸使之溶解，再过滤，结晶精制而得。另外，在整个操作过程中忌用铜或铁器，因微量的铜或铁可降低其染着性能。

毒性：安全性高，但高浓度的紫胶红色素粉可染红消化道黏膜。

使用建议：见《食品安全国家标准　食品添加剂使用标准》（GB 2760—2024）规定。可用于饮料、糖果、果酱等，其最大使用量为 0.5g/kg。紫胶红应密闭保存，不宜接触铜、铁容器。

（2）胭脂虫红（carmine cochineal；CNS 号为 08.145；INS 号为 120）

胭脂虫红色素属于动物色素，胭脂虫是一种寄生于仙人掌上的昆虫，胭脂虫红色素是从雌虫干粉中用水浸提出来的红色素，又称胭脂虫红萃取液。其主要成分为胭脂红酸，属于蒽醌衍生物。一般胭脂虫中含有 $10\%\sim15\%$ 的胭脂红酸。

性状与性能：纯品胭脂红酸为红色菱形结晶，难溶于冷水，易溶于热水、乙醇、碱水与稀酸中。对热和光非常稳定，特别是在酸性条件下。色调随溶液的 pH 值变化而变化，酸性时呈橙黄，中性时呈红色，碱性时呈紫红色。遇铁离子变黑，加多磷酸盐可抑制变黑。

制法：由水、稀乙醇或甲醇萃取胭脂虫的雌虫后，再经浓缩便可制得。

毒性：胭脂虫红是一种安全的天然着色剂，ADI 未作规定（FAO/WHO，2001）。

使用建议：见《食品安全国家标准 食品添加剂使用标准》（GB 2760—2024）规定。可用于布丁点心、酸奶、糖果等，最大使用量 0.05～0.60g/kg，在用于胶原蛋白肠衣时可按生产需要使用。

（3）紫草红（gromwell red；CNS 号为 08.140）

紫草红又称紫草醌、紫根色素、欧紫草。紫草根是紫草科植物的干燥根，也是一种中草药，具有抗菌、消炎、促进肉芽生长的作用。紫草根含乙酰紫草醌，水解后生成紫草醌，为红色着色剂，紫草醌分子量为 288.29，分子式为 $C_{16}H_{16}O_5$。

性状与性能：紫草醌纯品为紫褐色片状结晶或紫红黏稠膏状。可溶于乙醇、丙酮、正己烷等有机溶剂中，不溶于水，但溶于碱液。色调随 pH 值而变化，酸性条件下呈红色，中性呈紫红色，碱性呈蓝色。用于蛋白质食品及淀粉食品时色调在深紫至深蓝紫色范围内变化，遇铁离子变为深紫色，并具有一定抗菌作用。

制法：紫草根经用乙醇、食用油、水等萃取而得。乙醇萃取物性能比较稳定。

毒性：未发现致突变作用。

使用建议：根据《食品安全国家标准 食品添加剂使用标准》（GB 2760—2024），用于果汁（味）饮料类、碳酸饮料、配制酒和饼干时最大使用量为 0.1g/kg，用于糕点时最大使用量为 0.9g/kg，用于焙烤食品馅料时最大使用量为 1.0g/kg。

4.3.5 酮类着色剂

（1）红曲红（monascus red；CNS 号为 08.120）

红曲色素是我国传统发酵产品，古称丹曲，又称红曲红、红曲、赤曲、红米，其来源于微生物，是红曲霉的菌丝所分泌的色素。它有多种色素成分，一般粗制品含有 18 种成分，其中已知呈色物质有 6 种不同的成分，其中有红色色素、黄色色素和紫色色素各两种。

性状与性能：为棕红色到紫色的颗粒，断面呈粉红色，质轻而脆，带油脂状，微有酸味。溶于热水及酸、碱溶液，溶液浅薄时呈鲜红色，深厚时带黑褐色并有荧光，极易溶于乙醇、丙二醇、丙三醇及它们的水溶液，不溶于油脂及非极性溶剂。其醇溶液对紫外线相当稳定，但日光直射可褪色。耐酸性、耐碱性、耐热性、耐光性均较好。几乎不受金属离子和氧化还原剂的影响，但遇氯易变色。

着色性能：红曲红对含蛋白质高的食品染着性好，一旦染色后，经水洗也不褪色，但有些食品可使其褐变或褪色。

制法：将大麦粉调浆糖化后混合，作为培养基，接入红曲霉原种。培养所得的菌种经过扩大培养，接种到蒸熟的籼米中，发酵制得红曲米。红曲米外表为紫红色，微有酸味，断面呈红色，用 70% 的乙醇溶液加热浸提，烘干后的色素粗品再用正己烷将其中的黄色素萃取分离，得红色的红曲色素，红紫两种色素分离效果不好，一般混合使用。

毒性：小鼠经口试验几乎无毒性。近年来发现处理不当可出现致癌的橘青霉素，受到西欧国家等的疑虑，所以在日本标准中明确应小于 0.2μg/g。

使用建议：见《食品安全国家标准 食品添加剂使用标准》（GB 2760—2024）规定。用于糕点和风味发酵乳时，最大使用量分别为 0.9g/kg 和 0.8g/kg，在其他食品如各种肉制品、水产品、冷饮等，均可以根据生产需要适量使用。

（2）姜黄素（curcumin；CNS 号为 08.132；INS 号为 100i）

又称天然黄 3 号，是由姜黄用乙醇等有机溶剂经提取、精制所得的，其主要由以下三个组分组成：姜色素、脱甲氧基姜黄色素、双脱甲氧基姜黄色素。

性状与性能：为黄色结晶性粉末，特有辛辣气味。溶于热水、乙醇、冰醋酸、碱性溶液，不溶于冷水和乙醚。在中性或酸性条件下呈黄色，在碱性时则呈红褐色。对光、热、氧化作用不稳定，日光照射可使黄色迅速变浅，但不影响其色调。其耐还原性好。与金属离子，尤其是铁离子可以形成络合物，导致其染色能力下降。每个结构中均有两个活性酚结构，故其还有一定的抗氧化能力。

着色能力：姜黄素是为数不多的可安全使用的醇溶性天然着色剂。其颜色鲜艳，光泽度特别强，着色性能较好，特别是对蛋白质的着色力较强。

制法：将姜黄粉用乙醇、甲醇或碱水提取，得液体色素液，再将其浓缩、干燥、制膏、精制成结晶即得该产品。

毒性：ADI 为 0～1.0mg/kg（以体重计）（FAO/WHO，2001）。

使用建议：见《食品安全国家标准 食品添加剂使用标准》（GB 2760—2024）规定。用于可可制品、巧克力制品及糖果时最大使用量 0.01g/kg，用于冷饮时最大使用量 0.15g/kg，用于胶基糖果时 0.7g/kg，用于粮食制品馅料、膨化食品和熟制坚果与籽类时，可按生产需要适量使用。在国外姜黄素可用于各种油脂，亦可用于奶油和干酪的着色。

4.3.6　其他类着色剂

（1）甜菜红（beet red；CNS 号为 08.101；INS 号为 162）

甜菜红又称甜菜根红，为甜菜红苷，是从食用菜根中提取制得的天然红色素，由红色的甜菜花青素和黄色的甜菜花黄素组成。甜菜花素主要成分为甜菜苷，分子式为 $C_{24}H_{26}N_2O_{13}$。

性状与性能：为红色至红紫色液体，膏状或固体粉末，有异臭。易溶于水、50% 乙醇和丙二醇水溶液，不溶于乙醚、丙酮等有机溶剂。其在水溶液中呈红至红紫色，中性至酸性范围内呈稳定红紫色，在碱性条件下转化成黄色。耐热性差，金属离子 Fe^{2+}、Cu^{2+} 含量多时会发生褐变，某些氯化物可使其褪色。其耐光性随溶液 pH 值的减小而降低，在中性和偏碱性时，耐光性较好。抗坏血酸和甜菜汁的成分对其有一定的保护作用。水分活度降低，其稳定性增强。

着色性能：甜菜红对食品染着性好。在生产低水分活性的食品时，使用甜菜红可收到满意的染着和色泽持久的效果。与其他着色剂比较，甜菜红是比较稳定的，能使食品着色成杨梅或玫瑰的鲜红颜色。

制法：以红甜菜为原料，先用亚硫酸氢钠热烫、灭菌，然后用水浸提。提取液经浓缩得深红色浆料，或干燥成红色粉末。在制造过程中应除去盐类、碳水化合物和蛋白质。可添加食品级柠檬酸或抗坏血酸，以调节 pH 值和保持稳定。

毒性：甜菜红安全性高，FAO/WHO（2001）规定，ADI 未作规定。

使用建议：见《食品安全国家标准 食品添加剂使用标准》（GB 2760—2024）规定，可用于饮料、配制酒、糖果等，按正常生产需要使用。因甜菜红对光、热和水分活度敏感，故适合于不需要高温加工和短期储存的干燥食品的着色。

（2）焦糖色（caramel colour；CNS 号为 08.108～110；INS 号为 150a、150d、150c）

焦糖色又称酱色，是将食品级糖类物质经高温焦化而成的，按其制法不同而可分为：不含催化剂加工的普通焦糖色（CNS 号为 08.108；INS 号为 150a）、亚硫酸铵法焦糖色（CNS 号为 08.109；INS 号为 150d）、氨法焦糖色（CNS 号为 08.110；INS 号为 50c）。由于焦糖色是糖类物质在高温下发生不完全分解并脱水、分解和聚合而成的，故为许多不同化合物的复杂混合物，其中某些为胶质聚集体，其聚合程度与温度和糖的种类有关。

性状与性能：为暗褐色的液体或固体粉末，有特殊的甜香气和愉快的焦苦味，在玻璃板上均匀涂抹成一薄层，为透明的红褐色。易溶于水，可溶于烯醇溶液，不溶于一般的有机溶剂和油脂。对光和热稳定性好，酱色的色调受 pH 值及在大气中暴露时间的影响，pH6.0 以上易发霉。焦糖色具有胶体特性，其 pH 值通常在 3～5 之间。在一般条件下，焦糖色均带有很少的正电荷或负电荷，所以在使用时应特别注意使其与加有它的产品所带电荷种类相同，否则相互吸引，产生絮凝或沉淀。焦糖色在食品加工过程中的使用量很大，占食品着色剂的 80％以上。

着色性能：以砂糖为原料制得的焦糖色，对酸及盐的稳定性好，红色色度高，着色力强；以淀粉或葡萄糖为原料，在生产中以碱作催化剂制得的焦糖色耐碱性强，红色色度高，但对酸或盐不稳定；而用酸作催化剂制得的产品对酸和盐稳定，红色色度高，但着色力弱。

制法：以食品级糖类如葡萄糖、果糖、蔗糖、转化糖、麦芽糖、玉米糖浆、淀粉水解物等为原料，在 121℃以上高温加热使之焦化，并进一步处理制得。

毒性：普通法焦糖色安全性高，其 ADI 无须规定。至于氨法焦糖色和亚硫酸铵法焦糖色，两者的 ADI 均暂定为 0～100mg/kg（以体重计）。

使用建议：见《食品安全国家标准　食品添加剂使用标准》（GB 2760—2024）规定，普通焦糖和氨法生产的焦糖色均可用于罐头、糖果、饮料等，并按正常生产需要添加；亚硫酸铵法焦糖色可按生产需要用于可可制品、巧克力和巧克力制品（包括代可可脂巧克力及制品）以及糖果、酱油、果蔬汁（浆）类饮料、碳酸饮料中。通常情况下，用于饮料的焦糖色，其 pH 值为 2.5～3.5，而加入酱油、醋的焦糖色，其 pH 值为 3.5～5.0。

思考题

1. 简述食品着色剂的定义和分类。
2. 简述天然着色剂和合成着色剂的特点。
3. 食品着色剂安全使用应该注意什么问题？
4. 简述食品着色剂发色机理。

第 4 章　思考题答案

第 5 章

食品护色剂与漂白剂

导言

护色剂与漂白剂皆为控制食品颜色并保持良好色泽的食品添加剂，但食品色泽的控制往往比较有挑战性，比如亚硝酸盐具有一定的毒性，但食品添加剂中具有护色作用的物种不多，有些护色剂的使用仅仅起到护色及稳定的作用。因此，基于对传统护色剂和漂白剂原理的认识和品种的实践认知，积极探索和开发替代传统护色剂和漂白剂的新型食品添加剂，对提升我国食品安全、造福人类具有非常重要的意义。

5.1 食品护色剂与漂白剂概述

5.1.1 食品中添加护色剂与漂白剂的作用

护色调色类的食品添加剂是用于调整和改善食品色泽感官的着色剂以及增色、护色类的物质，包括国家标准中涉及的护色剂、漂白剂和着色剂种类。食品中着色剂，或食用色素一般分为从动、植物体内分离或衍生得到的天然着色剂和通过化学方法得到的合成着色剂，而护色剂和漂白剂基本是用化学合成的方法制得的。

在国际编码系统（INS）中，编入 INS 的食品添加剂分为 27 类，其中第 5 类为漂白剂：能使食品褪色或使食品免于褐变的物质。第 10 类为护色剂：能与肉及肉制品中呈色物质作用，使之在加工、保存等过程中不致分解、破坏，呈现良好色泽的物质。

5.1.1.1 护色剂的概念

护色剂也称发色剂、呈色剂或助色剂。它本身不具有颜色，但当加入食品后能与其中的成分结合而产生鲜红的颜色或使食品的色泽得到改善（加强或保护）的一类物质。它们本身并无着色能力，但当其应用于动物类食品后，腌制过程中其产生的一氧化氮能使肌红蛋白或血红蛋白形成亚硝基肌红蛋白或亚硝基血红蛋白，从而使肉制品保持稳定的鲜红色。

《食品安全国家标准 食品添加剂使用标准》（GB 2760—2024）规定普通食品常用的护色剂有亚硝酸钠、亚硝酸钾、硝酸钠、硝酸钾。除单独使用这些护色剂外，也往往将它们与食品助色剂复配使用，以获得更佳的发色效果。常用的食品助色剂有 L-抗坏血酸及其钠盐、异抗坏血酸及其钠盐、烟酰胺等。硝酸盐和亚硝酸盐是国际上已使用几百年的肉制品护色剂，但是因为安全性的原因，绿色食品中禁止使用亚硝酸钠、亚硝酸钾、硝酸钠、硝酸钾。因此，人们一直在寻求新的替代物质。截至目前，尚未见到既具有发色作用又能防腐的替代品。

5.1.1.2　护色剂的使用意义

一般来讲，护色剂本身无色，但在食品加工过程中，尤其对肉类加工制品，添加适量的护色剂，会促使肉制品产生鲜红色而呈现良好的感官效果。不仅如此，有些护色剂对肉制品还有独特的防腐作用，如亚硝酸盐可抑制肉毒梭状芽孢杆菌的繁殖。适量地添加在肉制品中，能有效地降低和抑制肉毒梭菌毒素的产生，可有效地预防和减少由此引发的中毒事故，但在使用范围及其用量方面应有严格的管理措施和监督机制。此类物质主要包括：硝酸钠、硝酸钾、亚硝酸钠、亚硝酸钾、烟酰胺、抗坏血酸、异抗坏血酸钠。

中国在肉制品加工过程中使用护色剂已有较长的历史背景。古代人在腌肉类制品中使用的硝石就是一种硝酸盐（硝酸钾）。硝酸盐的使用，同样是依靠转化形成的亚硝酸盐对肉制品起到的发色和防腐作用。

5.1.1.3　漂白剂的概念

漂白剂是指能够破坏或者抑制食品色泽形成，使其色泽褪去或者避免食品褐变的一类添加剂。如果脯的生产、淀粉糖浆等制品的漂白处理等。漂白剂的种类很多，但鉴于食品的安全性及其本身的特殊性，真正适合应用于食品的漂白剂品种不多。按其作用机理分还原型漂白剂和氧化型漂白剂。还原型漂白剂在果蔬加工中应用较多，主要是通过其中二氧化硫成分的还原作用，使果蔬中的色素成分分解或褪色。其作用比较缓和，但被其漂白的色素物质一旦再被氧化，可能重新显色。列入《食品安全国家标准　食品添加剂使用标准》（GB 2760—2024）中的还原型漂白剂以亚硫酸制剂为主，如亚硫酸钠、低亚硫酸钠（保险粉）、焦亚硫酸钠盐或钾盐、亚硫酸氢钠和硫磺等。氧化型漂白剂是通过氧化作用破坏着色物质或发色基团，从而达到漂白的目的。无论是还原型漂白剂还是氧化型漂白剂，除了能够改善食品色泽外，有些漂白剂还有钝化生物酶活性和抑制微生物繁殖的作用，从而可以起到控制酶促褐变及抑菌等作用。

5.1.2　护色剂与护色机理

在食品加工中，为了改善或保护食品的色泽，除了使用食用着色剂直接对食品着色外，有时还需要使用护色剂（color fixative）。护色剂本身是无色的，它与食品中的色素发生反应形成一种新物质，这种物质可增加色素的稳定性，使之在食品加工、保藏过程中不被分解、破坏。护色剂主要有硝酸盐和亚硝酸盐，用于肉制品色泽的保持。随着食品工业的发展，护色剂作为食品添加剂的一种，其应用越来越广泛。

5.1.2.1　肉制品护色机理

原料肉的红色是肌红蛋白（Mb）和血红蛋白（Hb）呈现的一种感官性状。由于肉的部位不同及家畜品种的差异，其含量和比例不同。一般肌红蛋白占70%～90%，是肉类呈色的主要成分。鲜肉中的肌红蛋白为还原型，呈暗紫红色，不稳定，易氧化变色。还原型肌红蛋白分子中二价铁离子上的结合水被分子状态的氧置换，形成氧合肌红蛋白（MbO_2），色泽鲜艳。此时铁仍为二价，因此这种结合不是氧化而称为氧合。当氧合肌红蛋白在氧或氧化剂存在下进一步将二价铁氧化成三价铁时，则成为褐色的高铁肌红蛋白。

为了使肉制品呈现鲜艳的红色，在加工过程中常添加硝酸盐与亚硝酸盐，它们往往是肉类腌制时混合盐的成分。硝酸盐在微生物的作用下还原成亚硝酸盐，亚硝酸盐在酸性条件下可生成亚硝酸。一般宰后成熟的肉因含乳酸，pH5.6～5.8，故不需加酸即可生成亚硝酸。亚硝酸很不稳定，即使常温下也可分解为亚硝基（—NO），亚硝基很快与肌红蛋白反应生成鲜艳的、亮红色的亚硝基肌红蛋白（Mb—NO）。亚硝基肌红蛋白遇热后放出—SH，生成较稳定的具有鲜红色的亚硝基血色原。

亚硝酸分解产生一氧化氮（NO）时，生成少量的硝酸，且一氧化氮在空气中也可被氧化生成二氧化氮，进而与水反应生成硝酸。亚硝基不仅被氧化生成硝酸，还抑制了亚硝基肌红蛋白的生成。硝酸有很强的氧化作用，即使肉中含有还原性物质，也不能防止肌红蛋白部分被氧化成高铁肌红蛋白。因此，在使用硝酸盐与亚硝酸盐的同时，常用L-抗坏血酸及其钠盐等还原性物质防止肌红蛋白氧化，且可把氧化型的高铁肌红蛋白还原为红色的还原型肌红蛋白，以助发色。此外，在肉类腌制过程中，同时使用L-抗坏血酸或异抗坏血酸及其钠盐与烟酰胺，则发色效果更好，并能保持长时间不褪色。

5.1.2.2 护色剂的抑菌机理

亚硝酸盐具有抑菌作用，尤其是对肉毒梭状芽孢杆菌、金黄色葡萄球菌及绿色乳杆菌等有抑制作用。国外曾发生过几起由于不使用亚硝酸盐而发生肉类食品中毒的事故。腌肉制品中的肉毒梭状芽孢杆菌的生长、毒素产生等已被广泛研究。同样，对各种因素，如腌肉用盐的浓度、肉的pH、加热的程度及贮藏温度之间的相互作用进行了详细的研究。

5.1.2.3 果蔬产品护色机理

果蔬在加工过程中颜色发生变化主要是其中化学成分发生变化而造成的褐变，从而影响了果蔬产品的外观品质。褐变现象分为酶促褐变和非酶褐变。酶促褐变是指果蔬中含有的酚类物质、酪氨酸等在多酚氧化酶和过氧化物酶等氧化酶的催化作用下发生氧化反应，并且生成物进一步聚合成黑色素，使果蔬产品失去原有色泽和风味，同时也破坏了维生素和天然色素等营养物质。果蔬加工过程中主要依据酶促褐变程度对其进行护色，通常使用异抗坏血酸及其钠盐对果蔬产品进行护色。

近年来护色剂的使用范围已经不局限于肉制品中，酒类、果汁、蔬菜制品等都涉及护色剂的使用。在果汁中应用的护色剂有抗坏血酸、异抗坏血酸、柠檬酸等。酒类护色剂有亚硫酸钠、亚硫酸氢钠等。

5.1.2.4 重要的护色剂发色机理

（1）亚硝酸盐类

① 发色机理 无论使用硝酸盐或亚硝酸盐，最终都会转化为亚硝酸盐而发挥发色作用。其发色机理主要是亚硝酸盐添加后产生亚硝基（—NO），并与肌红蛋白产生鲜红色的亚硝基肌红蛋白。反应历程如下。

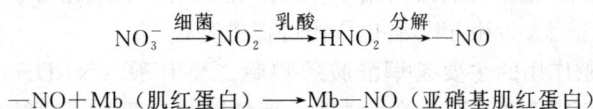

$$NO_3^- \xrightarrow{\text{细菌}} NO_2^- \xrightarrow{\text{乳酸}} HNO_2 \xrightarrow{\text{分解}} —NO$$

$$—NO + Mb（肌红蛋白）\longrightarrow Mb—NO（亚硝基肌红蛋白）$$

② 作用

a. 护色作用 亚硝酸钠经过系列反应形成亚硝基后与肌红蛋白（Mb）或血红蛋白反应生成鲜红色的亚硝基肌红蛋白或亚硝基血红蛋白，而发挥护色作用。

b. 抑菌作用 亚硝酸盐的抑菌作用在 pH 值在 5.0～5.5 之间时更为有效。添加 0.1～0.2g/kg 的亚硝酸盐在 pH＝6 条件下，对多种厌氧性梭状芽孢菌（如肉毒梭菌及绿色乳杆菌等）有显著的抑制作用。亚硝酸盐（150～200mg/kg）能抑制碎肉罐头和腌肉中的梭状芽孢杆菌，目前抑菌机理还不清楚。

c. 增强肉制品特殊风味的作用 亚硝酸盐通过抗氧剂的作用使腌肉产生特殊风味，但其机理尚不清楚。

（2）硝酸盐类

硝酸盐类护色剂有硝酸钠和硝酸钾，两者的应用相似，硝酸盐需要在亚硝酸细菌的作用下还原成亚硝酸盐，才能发挥护色作用。下面以硝酸钠为例介绍。

实际起护色作用的是亚硝酸盐，而不是硝酸盐。硝酸盐在细菌（亚硝酸菌）作用下还原为亚硝酸盐才能发挥护色作用。其护色速度慢，故使用不多。

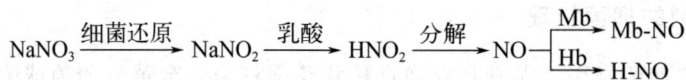

$$NaNO_3 \xrightarrow{\text{细菌还原}} NaNO_2 \xrightarrow{\text{乳酸}} HNO_2 \xrightarrow{\text{分解}} NO \begin{array}{c} \nearrow Mb \longrightarrow Mb\text{-}NO \\ \searrow Hb \longrightarrow H\text{-}NO \end{array}$$

5.1.2.5 案例分析

基于亚硝酸钠在肉类护色中的作用，可以看出亚硝酸盐不仅能保持色质鲜艳如初，还能改善肉类风味，使其味美芳香、增进食欲，而且是抑制比亚硝胺毒得多的肉毒梭菌生长的理想试剂。然而，亚硝酸钠是一种致癌物，如使用不慎就会危害人体健康。随着物质生活的不断改善和提高，人们的食品安全意识、生活质量意识也在不断提高，这就给食品工业和食品安全领域的研究人员提出了更严格的要求。因此，为食品工业应用寻找和研制一种高效、无毒无害无副作用的新型护色剂，以满足人们美好生活的需要迫在眉睫。

5.1.3 护色助剂及机理

5.1.3.1 护色助剂的概念

护色助剂是指能增强护色效果的添加剂，其本身并不是护色剂。常用的护色助剂有 L-抗坏血酸及其钠盐、维生素 E 和烟酰胺等。在使用硝酸盐与亚硝酸盐护色时，为了加强护色效果，最好同时使用具有还原性的护色助剂来防止肌红蛋白氧化，而且可把氧化型的褐色高铁肌红蛋白还原为红色的还原型肌红蛋白。

5.1.3.2 护色助剂的作用

抗坏血酸作为抗氧化剂除防止肌红蛋白的氧化，还对亚硝胺的生成有阻碍作用。使用抗坏血酸护色助剂时亚硝酸盐的用量一定要合适。相对于一定量的亚硝酸盐，抗坏血酸的用量比例大，会促进绿变；增加亚硝酸盐的用量，可防止绿变。反之相对于一定量的抗坏血酸来说，亚硝酸盐的用量比例大，由于其氧化作用可促进变色。

肉类组织中起还原作用的主要是烟酰胺腺嘌呤二核苷酸（NADH）和还原型烟酰胺腺嘌呤二核苷酸磷酸（NADPH）所含的烟酰胺。烟酰胺能与肌红蛋白结合生成很稳定的烟酰胺肌红蛋白，难于被氧化，故在肉类制品的腌制过程中添加适量的烟酰胺，可防止肌红蛋白的氧化变色。如果在肉类腌制过程中复配使用抗坏血酸和烟酰胺，则效果更好，能保持长时间不褪色。此外，肌肉蛋白内存在的具有还原作用的巯基（—SH）也起还原作用。

磷酸盐和柠檬酸盐作为金属离子螯合剂，也可防止肌红蛋白的氧化变色。故将护色剂与护色助剂复配使用效果更佳。

亚硝胺也可在脂肪中生成，维生素 E 可溶于脂肪，且具有抑制亚硝胺生成的作用，在肉中添加 0.5g/kg 即可有效（其在浸渍液中不溶，可加入乳化剂溶解后应用，或均匀喷洒）。由于复配护色剂使用效果最佳，所以在用亚硝酸钠腌肉时将抗坏血酸钠 0.55g/kg、维生素 E 0.5g/kg、烟酰胺 0.2g/kg 和亚硝酸钠 0.04～0.05g/kg 合用，既可以降低亚硝酸盐的用量，又可抑制亚硝胺的生成，提高其安全性。

5.1.4 漂白剂与漂白机理

漂白剂（bleaching agent）是指能破坏食物中的色素或使褐变的食物得到漂白和脱色的食品添加剂。漂白剂具有漂白、增白、防褐变的作用。食品漂白剂分为氧化型漂白剂及还原型漂白剂两类。氧化型漂白剂通过本身的氧化作用使着色物质被破坏，从而达到漂白的目的。

劳动人民很久以前就已利用浸硫、熏硫等方法来保藏与漂白食品，其本质就是利用这类物质的防腐功能和漂白功能。无论哪种含硫抑制剂，在使用过程中最终都是通过在使用过程中释放出的二氧化硫而起作用的。

GB 2760—2024 许可使用的漂白剂有：二氧化硫、焦亚硫酸钾、焦亚硫酸钠、亚硫酸钠、亚硫酸氢钠、低亚硫酸钠、硫磺。

5.1.4.1 亚硫酸盐类的用途和功效作用

亚硫酸盐类漂白剂主要用于蜜饯、干果、干菜、果汁、竹笋、蘑菇、果酒、啤酒、糖品、粉丝的漂白。亚硫酸盐类也被称作亚硫酸化剂（sulfiting agent），它们在食品中用途广泛，例如：①作为抗微生物剂用于葡萄酒酿造和谷物磨粉中；②用作氧化酶和酶促褐变的抑制剂（新鲜水果、鳄梨酱）；③用作非酶褐变（美拉德反应）的抑制剂（干制果脯、马铃薯片）；④抗氧化剂；⑤在一些焙烤食品（冷冻比萨饼生面团）中作为生面团调节剂；⑥漂白剂（食用淀粉、酒浸樱桃和玉米片）；⑦在葡萄贮藏过程中用于杀真菌，防止霉菌生长。

亚硫酸盐类具有以下几方面功效作用。

（1）漂白作用

亚硫酸盐都能产生还原性亚硫酸，亚硫酸被氧化时，能将有色物质还原而呈现漂白作用。其对花色素苷褪色作用明显，类胡萝卜素次之，而叶绿素则几乎不褪色，即以红、紫色褪色效果最好，黄色次之，绿色最差，其漂白作用的有效成分为 SO_2。在水果干燥前常采用二氧化硫气体处理，有时在有缓冲剂（如碳酸氢钠）存在条件下完成这一操作。这样处理能防止褐变和诱导花色苷色素的氧化褪色。

（2）防腐作用

作为一种抗微生物剂，二氧化硫在酸性介质中最为有效，这种效果可能是亚硫酸盐的非解离形式能穿透细胞壁所造成的。二氧化硫同时起着生物杀伤剂和生物稳定剂的作用，它对细菌比对霉菌和酵母菌更具有活性，而且它对革兰氏阴性菌比对革兰氏阳性菌更有效。亚硫酸盐离子的亲核性是二氧化硫作为一种食品防腐剂发生效力的重要原因。亚硫酸可以起到酸性防腐剂的作用，未解离的亚硫酸被认为可抑制细菌、霉菌生长。

（3）抑制非酶褐变作用

亚硫酸能与葡萄糖进行加成反应，阻止食品中的葡萄糖与氨基酸进行羰氨反应，从而具有防褐变作用。食品在加热或贮存过程中产生的非酶褐变一般是由于还原糖同游离氨基酸或蛋白质链上氨基酸残基的游离氨基发生的美拉德反应引起的。在已知的食品非酶褐变抑制剂中，二氧化硫或许是最有效的，在二氧化硫抑制非酶褐变中涉及多种化学反应，但是最重要的一个反应涉及亚硫酸盐离子与参与褐变的还原糖和其他化合物的羰基之间的反应，于是这些可逆的亚硫酸盐加成化合物通过结合羰基而阻滞了褐变过程。

5.1.4.2　漂白剂的用法和使用注意事项

常用的漂白方法有气熏法（SO_2）、直接加入法和浸渍法。

亚硫酸盐类使用时应注意以下几个方面：

① 金属离子能使还原的色素氧化变色而降低漂白剂的效力，故使用中不可混入 Fe、Cu 等重金属，亦可同时使用金属离子螯合剂，以保证漂白效果；

② 现用现配，以防亚硫酸盐类溶液不稳定而挥发；

③ 食品中残留的 SO_2 量不得超过标准，高残留量的食品有 SO_2 的臭味，影响口感和产品性状，对后添加的香料、着色剂等也有影响；

④ 亚硫酸盐能破坏硫胺素，故不宜用于鱼类食品；

⑤ 亚硫酸盐易与醛、酮、蛋白质等反应；

⑥ 用亚硫酸盐漂白处理的食品，若条件许可，应采用加热、通风等方法将残留的亚硫酸盐除去；

⑦ 亚硫酸盐渗入水果组织后，若不把水果破碎，只用简单的加热方法是不能除净 SO_2 的，所以用亚硫酸盐处理过的水果，只限于制作果酱、果干、果脯、果汁饮料、果酒等，不能作为整形罐头原料，而且残留量大的 SO_2 对罐壁腐蚀严重，还会产生有害的 H_2S。如已发现白桃罐头的加工过程中二氧化硫残留量如果超过 40mg/kg，将严重地导致镀锡薄钢板罐体的腐蚀，产生大量的硫化斑（FeS 的成分），并在罐内产生大量的硫化氢，这一点更应特别注意。

5.1.4.3　漂白剂的安全性评价

在 CAC 制定的《食品法典》中，亚硫酸盐类被列入抗氧化剂类别。在欧盟制定的关于食品添加剂的 95/2/EC 法令中，二氧化硫和亚硫酸盐被归为防腐剂类，但是当氧化的风险大于微生物腐败的风险时，它们可能被用作抗氧化剂。根据所添加的食物而定，二氧化硫的最大限量从 15mg/kg 到 2000mg/kg。只有有限的几种食品可以使用二氧化硫和亚硫酸盐，这些食品在法令中已有规定，例如，干菜和干果、削皮的土豆和白菜、白糖、果汁和浓缩果汁、啤酒、葡萄酒、芥末、果酱、果冻、果胶、明胶、淀粉、点心、干饼干等。如果二氧化硫的含量小于 10mg/kg，那就可以忽略。

在美国，长期以来，二氧化硫和它的衍生物作为普通的防腐剂被用于食品。将它们加入食品是为了抑制非酶褐变、抑制酶促反应、抑制和控制微生物及将它们作为一种抗氧化剂和还原剂使用。一般情况下，二氧化硫和它的衍生物被代谢成硫酸盐后从尿中排出，而不会产生明显的病理结果。然而，最近发现一些敏感的气喘病患者对二氧化硫和它的衍生物具有激烈的反应，因此它们在食品中的使用受到了控制并且必须在标签上注明。

5.1.4.4 漂白剂的作用机制

(1) 还原型漂白剂

① 特点

大部分食品在空气中会氧化产生有色物质，发生褐变，颜色慢慢加深。还原型漂白剂通过还原消耗食品中的氧，破坏、抑制食品氧化酶活性和食品的发色因素，使食品褪色或免于褐变，同时还具有一定的防腐作用。常用的还原型漂白剂为亚硫酸及其盐类，如二氧化硫、焦亚硫酸钠或亚硫酸氢钠、亚硫酸钠和低亚硫酸钠等。

② 作用机制

a. 有机物的颜色由其分子所含的发色基团产生。发色基团均含有不饱和键。还原型漂白剂释放的氢原子可使发色基团所含的不饱和键变成单键，有机物失去颜色，使果蔬中某些色泽消退。还原型漂白剂对植物性食品通常比较有效。亚硫酸盐可使花青素（紫、红、青色）转变成无色物质，但对类胡萝卜素（黄色）作用很小，对叶绿素（绿色）几乎不起作用。所以果蔬类漂白可以用亚硫酸盐类，且不会破坏类胡萝卜素和叶绿素。

b. 亚硫酸盐类处理果蔬时产生的二氧化硫通过其还原性破坏食品中酶氧化系统，阻止氧化作用发生。

c. 在物质产生褐色的原因中，一些是褐变，另一些则是三价铁离子（Fe^{3+}）的存在。还原型漂白剂可使 Fe^{3+} 转变成二价铁离子（Fe^{2+}），防止食品褐变。

d. 亚硫酸具有较强的还原性，能消耗食物组织中的氧，抑制好气性微生物的活动，抑制某些微生物活动所需要酶的活性。

(2) 氧化型漂白剂

① 特点

氧化型漂白剂的优点是作用较强烈，食品经过漂白后再暴露于空气中不会再受空气中的氧所氧化而再现颜色。其缺点是会破坏食品中一些营养成分，如对食品中的 β-胡萝卜素、B 族维生素、维生素 E、维生素 K 有破坏作用。有些色素不受氧化型漂白剂的作用，故有些经过氧化性漂白后仍不能达到漂白的目的。因此氧化型漂白剂只能在特殊情况下使用。

② 机理

氧化型漂白剂是利用了色素受到氧化作用分解褪色的原理，通过与着色物质的发色基团发生氧化反应而使之分解褪色，以达到漂白、抑制褐变因素的目的。

过氧化氢是一种氧化型漂白剂。过氧化氢的分解产物有 HO^{2-}、$HO_2 \cdot$、$HO \cdot$、OH^- 和 O_2 以及新生态氧 [O]。有关过氧化氢的漂白机理，过去认为是靠生成的新生态氧的氧化作用而实现的，但并不能体现漂白过程中的复杂性和多相性。另一种认为 HO^{2-} 是漂白的有效成分，主要依据是过氧化氢的漂白速率是随溶液 pH 值的升高而加快的，其漂白是由于 HO^{2-} 可与色素中的双键发生反应，产生消色作用。还有研究认为，过氧化氢分解出的自由基与有色物质作用而消色。过氧化氢在我国允许作为加工助剂使用。

③ 使用及注意事项

a. 常用的氧化型漂白剂有过氧化苯甲酰、过氧化钙、过氧化氢。过氧化苯甲酰、过氧化钙因已无技术必要性，原卫生部等 7 部门以 2011 年第 4 号发布的《关于撤销食品添加剂过氧化苯甲酰、过氧化钙的公告》停止使用。我国曾批准过氧化氢在某些地区用于生牛乳保鲜，但目前仅批准作为食品加工助剂使用。

b. 过氧化氢对于动物性血红素及植物性色素、类胡萝卜素有漂白作用，此性质与亚硫酸盐相反。过氧化氢比较常用于鱼肉炼制品，但容易残留于食品中，必须用水冲洗或用还原剂将残留物还原，使食品内完全干净而没有氧化型漂白剂的残留。

c. 过氧化氢在酸性条件下更容易残留，在中性条件下则容易分解，故漂白时宜在中性条件下或者在偏碱性条件下进行。若在酸性条件下用过氧化氢漂白，则残留物会刺激喉咙黏膜，引发咳嗽现象。

d. 过氧化苯甲酰和过氧化钙在我国曾作为面粉处理剂使用，为防止着火、爆炸等危险，过氧化苯甲酰通常用 $CaCO_3$、$Ca_3(PO_4)_2$、$CaSO_4$、$MgCO_3$、淀粉等两种以上的物质稀释至 20％左右使用。使用时要混匀，否则加热时产生的苯基，易与 OH^-、酸根、金属离子等结合，可生成苯酚，使制品带有褐斑。

（3）脱色漂白法

脱色漂白法是将存在于溶液中又能产生颜色的物质除去，如铁、锰等离子。常用的脱色漂白法如下。

① 生成络合离子法　磷酸盐等络合剂可与许多重金属结合生成无色的络合物。如乙二胺四乙酸可以与许多重金属离子络合。

② 离子交换法　水中铜离子可以使食品变成黑色，还会破坏维生素 C，工业上可以采用离子交换法除去铜离子。

③ 吸附法　活性炭、白陶土是常用的脱色吸附剂，结晶类食品脱色漂白时加入活性炭，色素被活性炭吸附除去。油脂类食品漂白脱色时常用酸性白陶土、硅藻土过滤吸附脱色。

5.2　常用食品护色剂特点及使用注意事项

5.2.1　亚硝酸盐类护色剂

（1）亚硝酸钠（sodium nitrite）

亚硝酸钠化学式 $NaNO_2$，分子量 68.99。

理化性质：白色至淡黄色结晶性粉末或粒块状颗粒，味微咸，相对密度 2.168，熔点 271℃，320℃分解。在空气中易吸湿，且能缓慢吸收空气中的氧，逐渐变为硝酸钠。易溶于水（1g 溶于约 1.5mL 水），水溶液 pH 约为 9，微溶于乙醇。本品与肉制品中肌红蛋白、血红蛋白生成鲜艳、亮红色的亚硝基肌红蛋白或亚硝基血红蛋白而护色，可产生腊肉的特殊风味。

毒理学依据：本品是食品添加剂中毒性最强的物质之一。摄食后可与血红蛋白结合形成高铁血红蛋白而使其失去携氧功能，严重时可窒息而死。对人的致死量为 4～6g/kg（以体重计）。在一定条件下可转化为强致癌的亚硝胺。

应用与注意事项：使用范围及最大使用量严格遵循我国《食品安全国家标准　食品添加剂使用标准》（GB 2760—2024）规定。

（2）亚硝酸钾（potassium nitrite）

亚硝酸钾化学式 KNO_2，分子量 85.10。

理化性质：白色至淡黄色晶体或柱状体。相对密度 1.915，熔点 441℃，350℃分解。在空气中易吸潮。易溶于水，微溶于乙醇。

应用与注意事项：护色剂、防腐剂，使用同亚硝酸钠。我国《食品安全国家标准　食品添加剂使用标准》（GB 2760—2024）规定：亚硝酸钾使用与亚硝酸钠相同，并且可代替亚硝酸钠作为混合盐的组成成分用于肉制品的腌制。

（3）硝酸钠（sodium nitrate）

硝酸钠化学式 $NaNO_3$，分子量 84.99。

理化性质：无色透明结晶或白色结晶性粉末，可稍带浅颜色，无臭，味咸，微苦。相对密度 2.261。加热到 380℃分解，并生成亚硝酸钠。在潮湿空气中易吸湿，易溶于水（90g/100mL），微溶于乙醇（0.8%），10%水溶液呈中性。

毒理学依据：硝酸盐的毒性作用，主要是在食物中、水中或在胃肠道内（包括婴幼儿的胃肠道）被还原成亚硝酸盐所致的。

应用：使用范围及最大使用量严格遵循我国《食品安全国家标准　食品添加剂使用标准》（GB 2760—2024）规定。

参考与注意事项：硝酸钠为常用的护色剂。在使用时可与食盐、砂糖、亚硝酸钠按一定配方组成混合盐，在肉类腌制时使用。因硝酸钠需转变成亚硝酸钠后方起作用，为降低亚硝酸盐在食品中的残留量，我国已不再将其直接用于肉类罐头，用于肉类制品，亦应尽量将其用量降到最低水平。

（4）硝酸钾（potassium nitrate）

硝酸钾别名硝石、钾硝。化学式 KNO_3，分子量 101.10。

理化性质：无色透明棱状结晶、白色颗粒或白色结晶性粉末。无臭，有咸味，口感清凉。在潮湿空气中稍吸湿。16℃条件下，相对密度 2.109，熔点 333℃，在约 400℃时分解，释放出氧生成亚硝酸钾。水溶液对石蕊呈中性。25℃下，1g 硝酸钾约溶于 3mL 水或 0.5mL 沸水中，微溶于乙醇（1g 约溶于 620mL 乙醇）。本品在细菌作用下可还原成亚硝酸钾，并在酸性条件下与肉制品中的肌红蛋白作用，生成玫瑰色的亚硝基肌红蛋白而护色，并有抑制肉毒梭状芽孢杆菌等的作用。

毒理学依据：参见亚硝酸盐。

应用与注意事项：护色剂、防腐剂。我国《食品安全国家标准　食品添加剂使用标准》（GB 2760—2024）规定，作为护色剂、防腐剂使用，同硝酸钠。可代替硝酸钠作为混合盐的组成成分用于肉制品的腌制。使用注意事项同硝酸钠。

5.2.2　其他类护色剂

（1）烟酰胺（nicotinamide）

烟酰胺别名尼克酰胺、维生素 PP。分子量 122.13。化学结构式如下。

理化性质：白色结晶性粉末，无臭或几乎无臭，味苦，相对密度 1.400，熔点 128～131℃，在波长 260nm 处有一条显著吸收光谱。本品 1g 约溶于 1mL 水或 1.5mL 乙醇或 10mL 甘油。对光、热及空气很稳定，在无机酸、碱溶液中加热，则水解为烟酸。由烟酸与氨作用后，通过苯乙烯型强碱性离子交换树脂过滤，再经氨饱和滤液而制得。

毒理学依据：本品无烟酸的暂发性副作用，连续服用每日需要量的 1000 倍也无毒性反应。

应用：营养强化剂、护色剂。许多研究报道，烟酰胺在肉制品中能起到保护肉制品原色和辅助发色的作用。添加量 0.01～0.022g/kg，肉色良好。

（2）抗坏血酸（ascorbic acid）

抗坏血酸别名维生素 C（vitamin C）、L-抗坏血酸（L-ascorbic acid）。分子量 176.14。化学结构式如下，其中 L-(+)-抗坏血酸的生物活性最强。

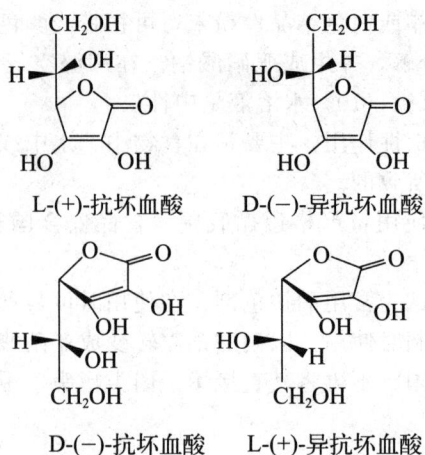

L-(+)-抗坏血酸　　　　D-(−)-异抗坏血酸

D-(−)-抗坏血酸　　　　L-(+)-异抗坏血酸

理化性质：白色或微黄色结晶体或结晶性粉末，无臭，味酸。熔点范围 190～192℃，存在于新鲜的水果和蔬菜中。干燥纯品在空气中稳定，不纯制品和存在于天然产物中时不稳定，极易被氧化。因此在水果和蔬菜过热或过多加工与烹调中易被破坏而损失。易溶于水，稍溶于乙醇，不溶于油脂、乙醚及氯仿等有机溶剂。有还原性，易被氧化成脱氢抗坏血酸。pH3.5～4.5 时较稳定。

应用：作为肉制品的护色助剂使用时，在原料肉腌制或斩拌时添加，用量为原料肉的0.02%～0.05%。

（3）异抗坏血酸钠（sodium isoascorbate）

异抗坏血酸钠别名赤藻糖酸钠、异维生素 C 钠、阿拉伯糖型抗坏血酸钠。分子量216.12。化学结构式如下。

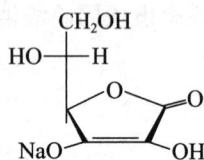

理化性质：本品为 L-抗坏血酸异构体相应钠盐。为白色或黄白色结晶性粉末或颗粒。几乎无臭，略有咸味。干燥状态下比较稳定，但在溶液中，以及在有空气、金属离子、热或光存在下，发生氧化变质。200℃ 以上熔化分解。易溶于水（17g/100mL），几乎不溶于乙醇。浓度为 2g/100mL 的水溶液 pH 值为 6.5～8.0。

5.3　常用食品漂白剂特点及使用注意事项

5.3.1　亚硫酸盐类漂白剂

（1）亚硫酸钠（sodium sulfite）

亚硫酸钠化学式 Na_2SO_3。分子量：126.04（无结晶水）、252.15（七个结晶水）。

理化性质：分无结晶水盐与含七结晶水合盐两种。均为无色结晶体或粉末。无臭，无味。易溶于水（25g/100mL），其水溶液呈碱性，浓度为 1g/100mL 的溶液 pH＝8.3～9.4。在碳酸钠溶液中通入二氧化硫气体，饱和后再加入氢氧化钠溶液，经结晶、脱水干燥而得。

毒理学依据：食品中残留的亚硫酸盐进入人体后，被氧化为硫酸盐，并与钙结合成为硫酸钙，可通过正常解毒后排出体外。

（2）亚硫酸氢钠（sodium hydrogen sulfite）

亚硫酸氢钠别名重亚硫酸钠、酸式亚硫酸钠（sodium acid sulfite），化学式 $NaHSO_3$，分子量 104.04。

化学结构：本品由亚硫酸氢钠（$NaHSO_3$）和焦亚硫酸钠（$Na_2S_2O_5$）以不同比例组成，具有亚硫酸氢盐的性质。

理化性质：白色或黄白色结晶或粗粉，有二氧化硫气味，在空气中不稳定，缓慢氧化成硫酸盐和二氧化硫，受热分解，遇无机酸分解产生二氧化硫。溶于水（1g 溶于 4mL 水），微溶于乙醇。1‰水溶液的 pH 为 4.0～5.5，有强还原性。由二氧化硫气体与碳酸钠饱和溶液反应，经结晶、脱水干燥制得。

（3）低亚硫酸钠（sodium hyposulfite）

低亚硫酸钠别名连二亚硫酸钠、次亚硫酸钠、保险粉。化学式 $Na_2S_2O_4$。分子量 174.11。

理化性质：白色结晶性粉末，无臭或略有二氧化硫刺激气味。具有较强的还原性，极不稳定，易氧化分解。加热至 190℃ 可发生爆炸。在潮湿空气中会吸潮，被氧化逐渐失去效力。溶于水，不溶于乙醇。

制法：由锌、亚硫酸氢钠溶液、烧碱液通过化学方法制得。

（4）焦亚硫酸钾（potassium metabisulphite）

焦亚硫酸钾别名偏重亚硫酸钾。分子量 222.31。化学结构式如下。

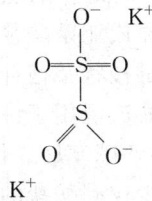

$$\begin{array}{c} O^- \quad K^+ \\ | \\ O=S=O \\ | \\ S \\ | \\ O^- \quad O^- \\ K^+ \end{array}$$

理化性质：白色单斜晶系结晶或粉末与颗粒。略有二氧化硫气味，在空气中缓慢氧化成硫酸钾。遇酸会强烈分解，并放出刺激性很强的二氧化硫气体。呈强还原性。溶于水（44.9g/100mL，20℃），难溶于乙醇。1‰的水溶液的 pH 值为 3.4～4.5。

（5）焦亚硫酸钠（sodium metabisulphite）

焦亚硫酸钠别名偏亚硫酸钠。分子量 191.11。化学结构式如下。

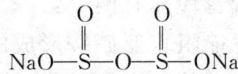

$$\begin{array}{c} O \qquad O \\ \| \qquad \| \\ NaO-S-O-S-ONa \end{array}$$

理化性质：白色结晶或微黄色粉末。有二氧化硫气味，在空气中可放出二氧化硫而分解，并放出刺激性的二氧化硫气体。易溶于水与甘油，微溶于乙醇。1‰的水溶液的 pH 值为 4.0～5.5。在氢氧化钠或碳酸钠溶液中通入二氧化硫气体，经过浓缩、干燥等步骤，得到焦亚硫酸钠固体。

5.3.2 其他类漂白剂

（1）二氧化硫（sulfur dioxide）

二氧化硫别名亚硫酸酐，化学式 SO_2，分子量 64.07。

理化性质：无色，不燃性气体。具有极强烈的刺激臭味，有窒息性。在 101.325kPa 及 0℃ 时，其蒸气密度为空气的 2.26 倍。−10℃ 时冷凝为液体。其液体相对密度在 0℃/4℃ 时约为 1.436。熔点为 −76.1℃，沸点为 −10℃。易溶于水和乙醇。有防腐作用。20℃ 时溶液中的溶解度约为 10g/100g。由燃烧硫磺或黄铁矿而得。

应用：遵循我国《食品安全国家标准　食品添加剂使用标准》（GB 2760—2024）规定。

（2）硫磺（sulphur）

硫磺又称硫，元素符号 S，分子量 32.06。硫磺为黄色或浅黄色脆性结晶，片状或粉末，利用熔矿法从天然磷矿或黄铁矿中提取，并在精馏炉中提纯获得。也可由含硫天然气、石油废气燃烧回收得到。硫磺容易燃烧，燃烧温度 248～261℃，燃烧时产生二氧化硫气体。熔点 112.8～120℃，沸点 444.6℃。不溶于水，微溶于乙醇和乙醚，溶于二硫化碳、四氯化碳和苯。液体蒸发时，硫析出，成为菱形晶系的黄色透明结晶，具有八面体形。其安全性参考亚硫酸钠。

《食品安全国家标准　食品添加剂使用标准》（GB 2760—2024）规定：硫磺可用于蜜饯、干果、干菜、粉丝、食糖等食品的漂白，但仅限于熏蒸。

5.4　食品护色剂研究进展

5.4.1　复合护色剂的发展趋势

硝酸盐及亚硝酸盐用作腌制剂加以保存肉类已有几个世纪之久。最早是无意识地把盐硝混于食盐中腌制肉类，直至 1800 年才认识到盐硝能使腊肉发红色而推荐用于腌制肉制品。后发现硝酸盐在腌制过程中会被细菌还原成亚硝酸盐，使肉发色是由于亚硝酸盐的作用，而且亚硝酸盐能抑制细菌生长，尤其对肉毒梭状芽孢杆菌有特殊的抑制作用，这种微生物能产生肉毒毒素使食用者中毒。因为亚硝酸盐广泛用于许多腌制肉制品和有些腌制鱼中。近来发现亚硝酸盐能和有机胺生成致癌性的 N-亚硝基胺，因此围绕亚硝酸盐的代用品方面进行了大量的研究工作，探索如何能不用或减少亚硝酸盐的用量仍能保持原来亚硝酸用量的护色抑菌及抗氧作用并能抑制亚硝胺的生成。如山梨酸钾与低用量（40～80mg/kg）亚硝酸钠复合使用和 120mg/kg 的亚硝酸钠单独使用有同样的发色、抑菌和抗氧化效果。一定量的维生素 E 或抗坏血酸和亚硝酸钠 12mg/kg 复合使用能显著降低亚硝胺的生成。据报道，以山梨酸为主的复配型防腐剂能替代亚硝酸钠，并能有效地抑制梭状芽孢杆菌的繁殖，从而使硝酸盐及亚硝酸盐作为食品添加剂的用量逐步减少。

目前，人们寻求使用的亚硝酸盐替代品有两类：一类是部分或完全取代亚硝酸盐的添加剂，另一类是在常规亚硝酸盐浓度下能阻止亚硝胺形成的添加剂。

亚硝酸盐的较好替代品为抗坏血酸盐、α-生育酚（维生素 E）和亚硝酸盐的混合盐。此外，亦有应用山梨酸钾和低浓度的亚硝酸盐、次磷酸钠作为替代品。其中，除抗坏血酸盐与α-生育酚阻断亚硝胺的形成以外，其他品种可部分代替亚硝酸盐的抗菌作用。

（1）抗坏血酸盐和生育酚

抗环血酸盐在非食物系统中可阻断亚硝胺的形成，特别是在低 pH 值时，其效果更为明显。它在多种腌肉中，包括火腿腌腊肉中也都很有效。美国农业部要求在使用亚硝酸盐腌肉的同时使用 0.5g/kg 的抗坏血酸钠或异抗坏血酸钠，用于降低在腊肉中形成亚硝胺的数量。据报道，腊肉中亚硝胺的含量最高。在食品加工过程中，亚硝胺也可在腊肉脂肪中形成，然而，抗坏血酸只微溶于脂肪，所以其作用有限。

α-生育酚也可以阻断亚硝胺的形成，并溶于脂肪。据报道，α-生育酚可以使肉中亚硝胺含量明显降低。由于α-生育酚在肉制品中不溶，需要采取特殊的方法，如加入聚山梨酸酯等乳化剂，确保α-生育酚在产品中的均匀分布。亦可通过喷洒、浸渍或油煎，使α-生育酚均匀地分布在产品表面，腌肉时添加 0.5g/kg 的 α-生育酚即有效。

使用 0.5g/kg 抗坏血酸盐（或异抗坏血酸盐）、0.58g/kg α-生育酚和 0.04～0.05g/kg 亚硝酸钠，有助于腌肉发色，并可有效地阻断亚硝胺的生成。

（2）次磷酸钠

单独使用 3.0g/kg 的次磷酸钠，或是将 3.0g/kg 次磷酸钠与 0.01g/kg 亚硝酸钠并用，可使腊肉获得和常规使用亚硝酸钠相同的抗肉毒杆菌作用。

（3）山梨酸钾

在各种加工条件下，含山梨酸钾 0.04g/kg 的腊肉就会有抗肉毒杆菌作用。

此外，辐射对抑制肉毒梭菌也有效。辐射与 0.025～0.04g/kg 的亚硝酸钠并用，对火腿腊肉的效果较好。

山梨酸钾、次磷酸钠和辐射只能代替亚硝酸盐的抗菌作用，而不能使肉呈现良好的色泽。所以，在实际生产中仍需添加少量的亚硝酸盐，亦可用天然着色剂对肉制品直接着色，以完全取代亚硝酸盐。

尽管有种种亚硝酸盐的替代品，但迄今尚未发现有能完全取代亚硝酸盐的理想物质，目前，国内外仍在继续使用硝酸盐和亚硝酸盐发色，其原因是亚硝酸盐对防止肉毒梭菌中毒和保持腌肉制品的色、香、味有独特的作用。

5.4.2 新型护色剂的发展

一直以来，在肉制品加工过程中广泛使用硝酸盐、亚硝酸盐进行发色，使其呈良好的粉红色泽。近年来人们发现，亚硝酸钠可导致急性毒性，在肉制品中如果硝酸盐或亚硝酸盐的使用量超过一定的标准时，残留的亚硝基能和肉中蛋白质的分离产物仲胺类物质生成亚硝胺。通过动物实验证明，亚硝胺具有致癌性。亚硝酸盐的安全性问题，使其在肉类加工行业中的应用受到越来越多的限制，所以多年来人们一直在寻找它的有效替代品，但是到目前为止还没有找到一种能够完全取代亚硝酸盐在肉类发色的物质。但是科研工作者从来没有放弃过对新型护色剂的研究，并取得了一定进展。

在新型护色剂的研究中，复合护色剂研究成为热点，复合护色剂即用一种或一种以上的护色剂再加之其他护色助剂复合使用，可明显提高护色效果。在肉制品和果蔬的护色中，越来越多的科研工作者倾向于复合护色剂的研制。

5.4.2.1 肉制品新型护色剂

（1）天然着色剂类

要想使肉制品获得鲜艳的粉红色，最直接的方法就是使用着色剂着色。天然着色剂以其安全、低毒的特点被广大消费者所青睐，通过天然红色着色剂在肉制品中的着色作用，可部分或全部取代硝酸盐和亚硝酸盐的发色效果，是减少其用量的便捷途径之一。

① 红曲色素 红曲色素商品名红曲红，是一种由红曲霉发酵产生的次级代谢产物，是多种色素成分的混合物，它的主要成分为红曲玉红素、红斑红曲素、红曲玉红胺、安卡红曲黄素、红斑红曲胺、红曲红素。它被确认为一种安全、无毒、高效的优质天然着色剂，广泛应用于肉制品加工行业。它还具有抑菌抗菌，预防心血管疾病，辅助降血脂、降血压、降血糖和抑制肿瘤细胞等功能。红曲色素在香肠、腊肉及火腿肠生产中都已广泛应用。但是使用红曲红着色的肉制品，特别是低温肉制品，在储存或销售过程中，易因光照和氧化作用而褪色。根据实践经验和各生产厂商的普遍反映，一般低温肉制品在冷柜销售一个星期后，颜色便会褪成灰白色，严重影响产品的外观。科研工作者将红曲红与蔗糖、大豆蛋白、淀粉、磷

酸盐、亚硝酸盐复合使用，通过几种护色剂单体及复配体对肉制品护色效果的研究，可使低温肉制品保存一个月仍有一定的红色。

② 甜菜红　甜菜红是由食用红甜菜根制取的天然红色着色剂，主要由红色甜菜花青素和黄色甜菜黄素组成。将甜菜红与亚硝酸盐分别添加到肉制品中做对照试验，结果表明添加了甜菜红的样品的呈色效果与添加了亚硝酸盐的对照样品相似，但风味稍差。但是，如果在添加甜菜红的同时再添加适量的抗坏血酸，则其色泽与风味均与添加亚硝酸盐的样品相似，但甜菜红有对热不稳定的缺点，还需添加抗坏血酸等以增加其热稳定性。

③ 辣椒红着色剂　辣椒红着色剂是采用丙酮、酒精等有机溶剂从红椒中萃取而得到的。其主要成分为辣椒红素和辣椒玉红素，还含有胡萝卜素、油酸和硬脂酸等对人体有益的物质。作为天然红色着色剂，它具有色泽优良、性质稳定、耐热和耐酸碱性较好、对可见光稳定的优点，但在紫外线下易褪色。辣椒红着色剂可以直接使用，也可以乳化或以粉末形式添加到畜禽肉加工制品中。为肉制品赋予良好的色泽，是一种较有发展前景的天然着色剂。

（2）蛋黄粉

肉在腌渍时，可以添加一定量的蛋黄粉末代替亚硝酸盐发色。其发色机理被认为是蛋黄粉中硫化氢（H_2S）具有和亚硝酸盐相似的功能，易于和肉制品中的肌红蛋白结合，产生增色效果。但是使用的蛋黄粉要求是冻干产品或喷雾干燥等瞬间干燥的粉末，这样的蛋黄粉中含有大量 H_2S。

（3）乙基麦芽酚和柠檬酸铁

乙基麦芽酚是采用淀粉发酵而制成的一种增香剂，柠檬酸铁是一种营养强化剂，在肉品加工中，不用亚硝酸盐，而是在某个工序中加入乙基麦芽酚和柠檬酸铁，会呈现与使用亚硝酸盐相同的色泽，并可达到长期护色的目的。麦芽酚和氨基酸反应后，还能增加肉品的香味。试验证明，柠檬酸铁与麦芽酚作为烤羊腿内层肉的护色剂，使其色泽具有良好的稳定性。

（4）亚硝基血红蛋白

亚硝基血红蛋白（HbNO）作为一种腌肉色素，通常认为由亚硝酸钠和血红蛋白反应生成。其是用畜禽的血液中的血红蛋白和一氧化氮直接合成，再添加到肉制品中的，其发色效果良好，具有增强防腐性、延长保存期、赋予肉制品独特后熟风味的作用。

有研究报道直接利用亚硝酸钠和血红蛋白反应也可得到 HbNO，这样不仅避免了有机溶剂的大量使用、剧毒的一氧化氮操作危险性，而且易操作控制。合成的色素溶液需经喷雾干燥制成粉末，由于 HbNO 对光热不稳定，干燥前需进行微胶囊化处理。试验证明，将亚硝基血红蛋白添加到肉制品中，可有效地降低肉制品中的亚硝酸盐的残留量，发色效果良好、安全无毒，是降低肉制品中亚硝酸钠残留量，实现低硝或无硝的有效途径。

（5）一氧化碳

因一氧化碳与肉中肌红蛋白具有极强的亲和能力，通常其亲和力高出氧气近 240 倍，且与肌红蛋白结合的稳定性极高，防止肌红蛋白中 Fe^{2+} 向 Fe^{3+} 转化，从而达到长时间保持肉质良好色泽的目的。通常空气中一氧化碳浓度为 1％～5％ 即可明显减少肉制品中高铁肌红蛋白的含量。1985 年美国申请世界首例运用一氧化碳发色处理鲜肉、禽类和鱼类制品的专利，Yamaoka 等发明了烟过滤技术以浓缩烟中的风味成分及一氧化碳气体，Kowalski 将一种无味烟熏技术用于冷冻水产品的发色处理，其中的主要成分被证实也是一氧化碳，此后科学家开始致力于一氧化碳护色技术研究。

目前直接或间接利用一氧化碳处理动物产品的方式有两种：一种是利用气调包装，将待处理产品置于包装袋中进行发色，如将牛肉放入含有一氧化碳的气调包装袋中可将产品的有效保存期由原来的 3～7d 延长至 15～30d；另一种处理方式叫烟熏技术，这间接应用烟过滤技术以浓缩烟中风味成分及一氧化碳，达到保持和延长产品色泽的目的，该项技术已在三明治的加工中得到了广泛应用。但是自国际市场上出现食用发色金枪鱼而造成中毒的案例以来，人们对一氧化碳发色技术的应用提出疑问，有关肉制品应用一氧化碳还存在争议，尚需深入研究。

（6）氨基酸发色

有研究表明，某种氨基酸和肽能对肌红蛋白产生发色效果，其发色效果随氨基酸与肽的种类和 pH 的不同而异。如将提取的血红蛋白与组氨酸粗提液制备的红色素再通过与多糖反应，生成糖基化血红蛋白组氨酸色素，灌肠试验表明，可以赋予肉制品理想的红色，且色泽稳定，再与防腐剂、抗氧化剂等组成多元腌制系统，可以完全替代亚硝酸盐在肉制品加工中的多功能性，实现无硝生产。而且有研究证实，氨基酸在中性和酸性条件下可完全阻止二甲基亚硝胺的生成。可见氨基酸类物质能大幅度降低亚硝酸盐的用量。

（7）一氧化氮

向腌肉中直接加入一氧化氮溶液，能使产品产生稳定的色泽，最新研究表明一氧化氮还有抑菌作用。如在制品中再加入抗坏血酸可以显著地改善发色，并能显著地降低样品中亚硝胺的含量。

（8）苹果多酚

苹果多酚是苹果中所含多元酚类物质的通称，主要包括原花青素、绿原酸、儿茶素、表儿茶素等。研究发现：苹果多酚具有多种生理活性，同时具有很强的抗氧化和抑菌能力，是一种优良的天然食品抗氧化剂与防腐剂。由于肉色泽的变化不仅与肌红蛋白的化学状态有关，也与肉中脂肪的氧化密切相关。孙承锋等研究了苹果多酚对保鲜膜包装的鲜猪肉的色泽稳定性及脂肪氧化的影响。结果表明，苹果多酚能明显抑制肉中脂肪的氧化，并能提高鲜肉红色的稳定性，单独使用 0.105% 的苹果多酚，有较好的护色效果。苹果多酚与抗坏血酸或烟酰胺配合使用，抗氧化与护色效果明显增强，0.105% 苹果多酚与 0.105% 烟酰胺配合使用可以使鲜肉在（5±1）℃条件下贮藏 7d 后，仍保持稳定的鲜红色。

5.4.2.2 复合护色剂

肉制品护色剂的安全问题日益受到重视，因此降低护色剂的残留量或寻找其替代品成为科研工作者研究的热点。如果单纯从发色角度考虑，在产品中添加少量的色素就能够实现替代硝酸盐和亚硝酸盐的发色，但传统护色剂还有另外的功能，如可增强食品风味并具有防腐作用，因此单纯使用一种物质难以达到替代传统护色剂的作用。世界各国科研工作者都在积极努力地寻找新的对人体无害的复合护色剂、护色助剂及其替代品，并已取得了初步成果。

（1）亚硝酸盐类护色剂

亚硝酸钠可与食盐、砂糖按一定配方组成混合盐，在肉类腌制时使用。混合盐配方为：食盐 96%、砂糖 3.5%、亚硝酸钠 0.5%。混合盐约为原料肉的 2%～2.5%。

为了加强亚硝酸盐的护色效果，常加入护色助剂。抗坏血酸作为最常用的护色助剂，添加量一般为 0.2%～1.0%。亚硝胺也可在脂肪中生成，而维生素 E 可溶于脂肪，且已知维生素 E 还有抑制亚硝胺生成的作用，在肉中添加 0.5g/kg 即可有效。由于护色剂复配使用效果最佳，所以在用亚硝酸钠腌肉时，将抗坏血酸钠 0.55g/kg、维生素 E 0.5g/kg、烟酰胺 0.2g/kg 和亚硝酸钠 0.04～0.05g/kg 合用，既可以护色，又可抑制亚硝胺的生成。

（2）硝酸盐类护色剂

由于亚硝酸盐使肉发色迅速，但呈色作用不稳定，适用于生产过程短又不需长期保藏的制品。对那些生产过程长或需要长期保藏的制品，最好使用硝酸盐腌制，因为硝酸盐毒性小于亚硝酸盐，使用量可以增大到肉质量的 $0.05\%\sim0.10\%$。如果既要使肉发色迅速，又要使其呈色稳定，在实际生产中，硝酸盐常与亚硝酸盐复配使用，使用量约为 0.3%，复配护色剂组成为：66%硝酸钾、7%亚硝酸钠、27%食盐。

（3）低温肉制品复合护色

肉在冷藏过程中会发生一系列颜色变化，当肌红蛋白的 Fe^{2+} 转变成 Fe^{3+} 时，肉的颜色会转变成令人嫌弃的褐色，但只要在货架期内，其内在质量和可食性并没有降低。可消费者常把这种变色误认为是冷却肉腐败的开始，因此使冷却肉在货架期内呈现并维持亮红色是人们关注的问题。

含氧气调包装对于维持鲜亮肉色是很有效的，被许多国家广泛采用。但氧的存在会加速脂肪的氧化。而脂肪氧化和冷却肉变色之间存在着相互促进关系，颜色的稳定性不理想。在肉的气调贮藏过程中添加天然抗氧化剂防止脂肪氧化可明显改善上述问题，研究人员利用四种天然抗氧化剂对冷却肉进行护色，得到最佳复合护色剂配方为：生姜 $0.08g/mL$、甘草 $0.08g/mL$、抗坏血酸 0.05% 和维生素 E 0.07%。

（4）红曲色素的护色

红曲色素作为一种天然着色剂，其安全性高且成本低廉，其耐热耐酸性很强，可赋予肉制品特有的"肉红色"，可以作为硝酸盐和亚硝酸盐的替代品，在肉制品加工中具有举足轻重的作用。但其在肉制品生产储藏过程中受到光照和氧化褪色，因此可在肉制品加工过程中添加一些抗氧化性物质防止褪色的发生。研究人员利用柠檬酸、维生素 E、没食子酸丙酯、绿茶提取物对盐水火腿进行护色，取得了明显的护色效果，可使盐水火腿放在低温光照下保存一个月仍有一定红色。

此外，以红曲色素作为低温肉制品的着色剂，并利用茶多酚、异抗坏血酸钠、植酸、柠檬酸等作为护色剂及抗氧化剂对低温肉制品的护色效果进行研究，储藏试验结果表明护色效果明显，可储藏 24 天不褪色，实际生产中应用该种护色剂可兼起护色和发色作用，还能降低亚硝酸钠的用量，提高肉制品的安全性。

思考题

1. 什么是护色剂？简述护色剂的使用意义。
2. 简述食品漂白剂的作用有哪些。
3. 简述肉制品护色机理。
4. 在肉制品护色中，添加护色助剂的作用是什么？
5. 简述作为漂白剂的亚硫酸盐类在食品中的主要功效作用。
6. 简述漂白剂的作用机制。

第 5 章　思考题答案

第6章

食品增稠剂

导言

> 增稠剂可通过改变食品的物理性状进而改善食品的品质，也可为人类提供更多新型食品。通过本章的学习要使学生树立正确利用食品增稠剂知识制造品质更好的食品，造福百姓生活的理念，为培养富有社会责任感的食品工程从业人员打下坚实的基础。

6.1 食品增稠剂概述

食品增稠剂（food thickener）通常是指能溶解于水，并在一定条件下充分水化形成黏稠、滑腻溶液的大分子物质。增稠剂可提高食品的黏稠度或形成凝胶，从而能改变食品的物理性状，赋予食品黏润、适宜的口感，并兼有乳化、稳定或使食品呈悬浮状态的作用。增稠剂都是亲水性高分子化合物，也称水溶胶或食品胶，是在食品工业中有广泛用途的一类重要的食品添加剂。

6.1.1 食品增稠剂的作用

在食品加工中增稠剂添加量很少，一般为千分之几，但却能有效、经济地改善食品的品质。食品增稠剂在加工食品中能够起到提供一定的稠度、黏度、乳化稳定性、悬浊分散性、持水性及控制结晶等的作用，使食品获得所需各种形状和硬、软、脆、黏、稠等各种口感。这些作用是与它的独特功能特性分不开的。食品增稠剂具有许多的功能特性，最重要的基本功能或是使水相增稠，或是使水相成胶，这些重要功能已在食品加工工业中得到了广泛和充分的应用。

6.1.1.1 胶凝作用

有些食品增稠剂如明胶、琼脂、果胶等溶液，在温热条件下为黏稠流体，当温度降低时，溶液分子连接成网状结构，溶剂和其他分散介质全部被包含在网状结构之中，整个体系成了失去流动性的半固体，也就是凝胶。并不是所有的食品增稠剂都具有胶凝的特性，只有其中一部分具有胶凝特性，并且它们的胶凝特性往往各不相同。它们的胶凝特性在食品中应用时，在大多数情况下也不能相互替代，也就是说一种能成凝胶的食用胶在某一种食品中的应用往往是特定的，很难用其他胶体来替代，原因在于各种增稠剂的成胶模式、质量、稳定性、口感及可接受性等特性都不一样，或至少不完全相同。

6.1.1.2 乳化和稳定作用

食品增稠剂因增加溶液的黏度而使乳化液得以稳定，但它们的单一分子并不具有乳化剂所特有的亲水性、亲油性，因此，食品增稠剂并不是真正的乳化剂。食品增稠剂添加到食品中后，体系黏度增加，体系中的分散相不容易聚集和凝聚，因而可以使分散体系稳定。在食品中能起乳化作用的食品增稠剂作用方式不是按照一般乳化剂的亲水-亲油平衡机制来完成的，而是以好几种其他方式来发挥乳化稳定功能，但经常是通过增稠或增加水相黏度以阻止或减弱分散的油粒小球发生迁移和聚合来完成的。

6.1.1.3 起泡作用和稳定泡沫作用

部分增稠剂由于其独特的两亲性可以发泡，形成网络结构，它的溶液在搅拌时像小肥皂泡一样，可包含大量气体，并因增稠剂具有较高的黏度从而使其稳定性增加。另一些增稠剂如海藻酸钠等虽不具备较好的起泡性，但因其具有较高的黏度，其与具有较好起泡性物质联合使用时能通过增加体系的黏度从而对泡沫具有较好的稳定作用。蛋糕、啤酒、面包、冰淇淋等食品中通常使用卡拉胶（鹿角菜胶）、槐豆胶、海藻酸钠、明胶等起发泡作用。

6.1.1.4 保健作用

多糖类增稠剂几乎都是大分子物质，许多来自天然胶质，在人体胃及小肠几乎不被消化（淀粉类除外），进而进入大肠，被微生物发酵产生短链脂肪酸等对人体有益的小分子物质，并调节肠道菌群，从而发挥其对人体的健康功效。所以用增稠剂代替部分糖浆、蛋白质溶液等原料，很容易降低食品的热量，这种方法已在果酱、果冻、调料、点心、饼干、布丁中采用，并向更广泛的方面继续发展。此外，最新研究表明增稠剂尤其是部分多糖类物质食用后会在人体胃内溶胀，为机体提供一定饱腹感，从而减少人体对糖类物质的摄入。

6.1.1.5 保水作用

食品增稠剂都是亲水性高分子，本身有较强的吸水性，将其施加于食品后，可以使食品保持一定的水分含量。在肉制品、面粉制品中添加增稠剂能起改良品质的作用。如在面类食品中，增稠剂可以改善面团的吸水性，调制面团时，增稠剂可以加速水分向蛋白质分子和淀粉颗粒渗透的速度，有利于调粉过程。增稠剂能吸收几十倍乃至上百倍于自身质量的水分，并有持水性，这个特性可改善面团的吸水量，增加产品的质量。由于增稠剂有胶凝特性，使面制品黏弹性增强，淀粉 α 化程度高，不易老化变干。

6.1.1.6 控制结晶

食品增稠剂可以赋予食品较高的黏度，从而使体系不容易结晶或结晶细小，用于糖果、乳制品（冰淇淋）、冷冻食品中，能提高膨胀率，降低冰晶析出的可能性，可使产品口感细腻。

世界上的食品成千上万种，人们往往为了不同的目的而需要使用食品增稠剂，以改善或赋予食品在口味、外观、形状、贮存性等方面的特性，因此在使用食品增稠剂时，需根据不同食品增稠剂的特性进行选择。

6.1.1.7 成膜作用

部分增稠剂能在食品表面形成非常光润的薄膜，可以防止冰冻食品、固体粉末食品表面吸湿而导致的质量下降。

6.1.2　影响食品增稠剂作用效果的因素

6.1.2.1　结构及分子量对黏度的影响

一般食品增稠剂在溶液中容易形成网状结构或具有较多亲水基团的物质，具有较高的黏度。不同分子结构的食品增稠剂，由于单糖组成不同，在同一浓度和其他条件相同的情况下，其黏度是不同的。随着分子量的增加，形成网状结构的概率也增加，因此食品增稠剂的分子量越大，黏度也越大。

6.1.2.2　浓度对黏度的影响

食品增稠剂在很低浓度下就能产生较高的黏度。食品增稠剂浓度增高，相互作用概率增加，附着的水分子增多，因此黏度增大。但对于不同的食品增稠剂，浓度对黏度的影响是不同的。

6.1.2.3　pH值对黏度的影响

介质的pH值与食品增稠剂的黏度及其稳定性的关系极为密切，pH值对不同食品增稠剂的黏度影响不同。有些食品增稠剂在较宽的pH值范围内对黏度影响不大，如黄原胶溶液对酸、碱十分稳定，在pH2～12范围内黏度几乎保持不变。而有些食品增稠剂，其黏度受pH值影响很大，如罗望子多糖胶黏度在pH7.0～7.6时比较稳定，超过这个范围其黏度则会降低。如海藻酸钠在pH为6～10时，黏度稳定；pH<4.6时，黏度明显增加（但在此条件下易发生酸催化降解，造成黏度不稳定，故在接近中性条件下使用较好）。在pH为2～3时，海藻酸丙二醇酯呈现最大的黏度，而海藻酸钠则沉淀析出。明胶在等电点时黏度最小，多糖类苷键的水解是在酸催化条件下进行的，故在强酸介质的食品中，直链的海藻酸钠和侧链较小的羧甲基纤维素钠（CMC）等易发生降解造成黏度下降。所以在酸度较高的汽水、酸奶等食品中，宜选用侧链较大或较多，而位阻较大，又不易发生水解的海藻酸丙二醇酯和黄原胶等。而海藻酸钠和CMC等则宜在豆奶等接近中性的食品中使用。

6.1.2.4　温度对黏度的影响

随着温度升高，分子运动速度加快，一般溶液的黏度降低，如在通常使用条件下的海藻酸钠溶液，温度每升高6℃，黏度就下降12%。温度升高，化学反应速度加快，特别是在强酸性条件下，大部分胶体水解速度大大加快。高分子胶体解聚时，黏度的下降是不可逆的。为避免黏度不可逆下降，应尽量避免胶体溶液长时间高温受热。一般随着温度升高，分子运动加快，溶液的黏度降低。多数胶类溶液，温度每升高6℃，黏度约降低16%。但是也有例外，如黄原胶在0～100℃范围内黏度基本不变，温度对其黏度影响不大。

6.1.2.5　增稠剂的协同效应

增稠剂混合复配使用时，增稠剂之间会产生一种黏度叠加效应，这种叠加可以是增效的，混合溶液经过一定时间后，体系的黏度大于各组分黏度之和，或者形成更高强度的凝胶；这种叠加也可以是减效的，例如阿拉伯胶可降低黄蓍胶的黏度。增稠剂有较好增效作用的配合是：CMC与明胶，卡拉胶、瓜尔胶和CMC，琼脂与槐豆胶，黄原胶与槐豆胶等。

6.2 常用食品增稠剂

常用食品增稠剂有明胶、酪蛋白酸钠、阿拉伯胶、罗望子多糖胶、田菁胶、琼脂、海藻酸钠（褐藻酸钠、藻胶）、卡拉胶、果胶、黄原胶、β-环状糊精、羧甲基纤维素钠（CMC）、淀粉磷酸酯钠、羧甲基淀粉钠、羟丙基淀粉、海藻酸丙二醇酯（PGA）。食品增稠剂按其来源可分为天然和化学合成（包括半合成）两大类。天然来源的增稠剂大多数是由植物、海藻或微生物提取的多糖类物质，如阿拉伯胶、卡拉胶、果胶、琼脂、海藻酸类、罗望子多糖胶、亚麻籽胶、田菁胶、瓜尔胶、槐豆胶和黄原胶等；还有一部分是从含蛋白质的动物原料中提取得到的物质，如明胶、干酪素、甲壳素、壳聚糖等。化学合成或半合成增稠剂有羧甲基纤维素钠、海藻酸丙二醇酯，以及近年来发展较快、种类繁多的变性淀粉，如羧甲基淀粉钠、羟丙基淀粉醚、淀粉磷酸酯钠、乙酰化二淀粉磷酸酯、磷酸化二淀粉磷酸酯、羟丙基二淀粉磷酸酯等。食品增稠剂的具体分类见表 6-1。

表 6-1 食品增稠剂的分类

种类		主要品种
天然食品增稠剂	植物性食品增稠剂	瓜尔胶、槐豆胶、罗望子多糖胶、刺云实胶、沙蒿胶、亚麻籽胶、田菁胶、皂荚糖胶、阿拉伯胶、黄蓍胶、印度树胶、刺梧桐胶、桃胶、果胶、魔芋胶、印度芦荟提取胶、菊糖、仙草多糖
	动物性食品增稠剂	明胶、干酪素、酪蛋白酸钠、甲壳素、壳聚糖、乳清分离蛋白、乳清浓缩蛋白、鱼胶
	微生物性食品增稠剂	黄原胶、结冷胶、茁霉多糖、凝结多糖、酵母多糖
	海藻类食品增稠剂	琼脂、卡拉胶、海藻酸（盐）、海藻酸丙二醇酯、红藻胶
化学合成食品增稠剂		羧甲基纤维素钠、羟乙基纤维素、微晶纤维素、甲基纤维素、羟丙基甲基纤维素、羟丙基纤维素、变性淀粉、聚丙烯酸钠、聚乙烯吡咯烷酮

天然食品增稠剂根据其来源不同分为植物性（由植物渗出液、种子、果皮和茎等制取获得的）、动物性（由含蛋白质的动物原料制取的）、微生物性（从微生物代谢产物中获得的）、海藻类（由海藻制取获得的）增稠剂四种。

6.2.1 植物性食品增稠剂

植物性食品增稠剂是食品增稠剂中重要组成部分，在食品工业中有广泛应用。植物性食品增稠剂又分为种子类胶、树脂类胶、植物提取胶。

6.2.1.1 种子类胶

目前工业上有重要应用价值的商品化种子类胶主要来源于豆科植物，如瓜尔豆、刺槐豆、罗望子等。

（1）瓜尔胶（guar gum，CNS 号为 20.025，INS 号为 412）

瓜尔胶也称瓜尔豆胶、胍胶，是目前食品工业中用来改变食品体系结构、提高黏度或形成凝胶的一类重要的食品增稠剂，是从南亚干旱和半干旱地区广泛栽培的一年生草本抗旱农作物瓜尔豆（*Cyamopsis tetragonoloba*）中分离出来的一种可食用的多糖类化合物，具有来源稳定、价格相对便宜、黏度高、用途广等特点。

商品瓜尔胶一般为白色至浅黄褐色自由流动的粉末，接近无臭，也无其他任何异味，一般含有 76%～86% 的多糖、5%～6% 的蛋白质、2%～3% 的不溶性纤维及 1% 的灰分。瓜尔胶是良好的增稠剂，根据其粒度和黏度可分为不同等级。

瓜尔胶分子结构的复杂性使得其溶液性质比小分子溶液的性质复杂得多。其溶解相对较困难，一般需要几小时才能使分子通过扩散与水分子混合成为均相体系。由于瓜尔胶分子是直链结构，所以这些分子占有较大的空间，并且在溶液中以伸展的形式存在，它们在溶液中旋转，与支链结构分子相比形成较大的球形体积。因此，瓜尔胶溶液的表观黏度比同样分子量的其他胶体高。

在常温下，1% 瓜尔胶溶液可视为非流体中的假塑性流体，浓度在 1.2% 以内，瓜尔胶溶液黏度随温度升高而降低，温度回降时，黏度缓慢升高，当温度降到一定程度时，黏度急剧增加。瓜尔胶具有很强的耐酸碱性，pH 值在 3.6～10 范围内对其黏度影响不明显。瓜尔胶具有良好的一价耐盐性，但高价盐的存在可使其溶解度下降。高压对瓜尔胶的流变特性影响也不大。瓜尔胶与其他一些亲水胶体如黄原胶有着很好的协同增效作用，复配使用可提高其性能。瓜尔胶分子链中不带有离子基团，属于非离子型食品增稠剂，分子间斥力小，分子易于靠近结合成凝胶。凝胶柔软易变形，具有热可逆性。通过改性可以克服瓜尔胶自身的一些缺点，几种常见的改性瓜尔胶有：物理增黏改性瓜尔胶、阳离子瓜尔胶、羟丙基瓜尔胶、氧化瓜尔胶、两性瓜尔胶、酯化瓜尔胶、接枝共聚瓜尔胶等。改性后的瓜尔胶其物理化学特性能够得到明显改善，进一步提高其应用价值。

a. 营养饮料：由于无糖和低糖饮料缺少一般饮料的形态及口感，瓜尔胶与人工合成甜味剂一起使用可使产品有适当的黏度，从而改善饮料的口感。它在酸性条件下有抗水解能力，它在冷水中的溶解性、本身无味和价格低廉的特性，使之有广泛的使用范围。使用量为饮料质量的 0.1%～0.16%。瓜尔胶也可加到果肉饮料和某些果汁饮料中保持充填和储藏过程中果肉均匀分散，添加量为 0.26%～0.76%。此外，瓜尔胶是一种水溶性膳食纤维，对人体肠道的消化吸收有帮助。

b. 肉类制品：在罐装肉制品中添加 0.6% 瓜尔胶，可以降低肉及其他辅料在烹煮过程中的暴沸；控制液相黏度；开罐后内容物易倾倒。在香肠及其他填馅类肉制品中添加 0.1% 瓜尔胶，可以使肉糜迅速结合游离水分；改善肠衣的充填性；消除烹煮、烟熏和储藏期间脂肪和游离水的分离与移动；改善冷却后产品的坚实度。

c. 酱油和调味料：瓜尔胶用于沙司、色拉调料和比萨饼调料中阻止相分离及赋予产品良好的口感。添加瓜尔胶后这些产品可表现出良好的可倾倒性、优良的黏滞性和可口性，这类产品中通常添加量为 0.2%～0.8%。

d. 焙烤制品：瓜尔胶可添加到糕点、脆皮松饼、饼干和馅饼的皮料中，通常添加量低于 1%。因为它能赋予最终产品良好的特性，使加工顺利进行。在深层油炸产品中（如炸面包圈等），添加 1% 瓜尔胶可降低产品吸附（吸收）油脂的速率。瓜尔胶添加到糖衣制品中可改善带糖衣食品的外观，避免糖衣黏附到透明玻璃纸包装上。用于这种特殊用途的瓜尔胶浓度约为总糖衣质量的 0.3%。

（2）亚麻籽胶（linseed gum，CNS 号为 20.020）

亚麻籽胶又名富兰克胶、胡麻胶，是以含有占种子质量 8%～12% 胶质的亚麻籽种皮为原料，经过一定加工工艺提取的纯天然、无污染的绿色生物类胶。亚麻籽胶是一种以多糖为主，并含有少量蛋白质及矿物质元素的天然高分子复合胶。

① 化学组成与结构　亚麻籽胶的主要成分中含有 80% 的多糖类物质和 9% 的蛋白质。通过对亚麻籽胶中蛋白质部分进行测定，发现亚麻籽胶中含有全部 17 种氨基酸，谷氨酸的含量最高，其次是天冬氨酸。

② 性状与性能　亚麻籽胶无毒、无臭、无异味。亚麻籽胶商品有两种：一种为未进行干燥的流体亚麻籽胶，外观为均匀的棕黄色胶质液；另一种为经过干燥的粉状亚麻籽胶，外观为棕黄色粉末，密度小，有特殊的异味。不溶于油和多数溶剂中，可溶于冷水和热水中，具有很强的吸水溶胀能力，在水中能形成黏稠的溶液，具有良好的持水性。亚麻籽胶液的黏度主要受质量分数、温度、pH、存放时间和盐的加入的影响：亚麻籽胶溶液的表观黏度随着质量分数的增加逐渐增加，随着温度的升高而降低，在中性条件（pH 6～8）下表观黏度最大，酸、碱均使其黏度降低，随着放置时间的延长其黏度会逐渐增高，盐的加入导致亚麻籽胶溶液的黏度降低。此外，亚麻籽胶和其他类食品胶具有良好的复配性，因此可广泛应用于各类食品加工中，如亚麻籽胶与其他水溶性胶以一定比例复配应用于果冻制作中，使果冻的凝胶强度、弹性、持水性都有很大的改善。

③ 应用　在肉制品的生产领域中，产品常会出现保水保油性弱、质构差、出品率不高等问题。食用胶的加入能够提高肉制品的黏合性和保水性，同时可增强产品稳定性及出品率，给予肉制品良好的口感，提升产品品质。亚麻籽胶在食品中能够代替大多数非凝胶性亲水胶体，且价格相对较低，具有优良的乳化特性、凝胶性质和亲水作用，并且能够与肉制品中的蛋白质和淀粉相互作用，增强产品的复水性，消除淀粉感，成为商品化肉制品加工中一种理想的保水、保油、抗淀粉回生的天然品质改良剂。此外，亚麻籽胶对脂肪有较好的乳化作用，可以增强肉蛋白、肌原纤维蛋白以及盐溶肉蛋白的热稳定性，提高盐溶肉蛋白的凝胶强度，因此被广泛应用于肉制品加工。

此外，利用亲水胶体在食品加工中能够替代部分脂肪、赋予产品滑润口感的特性，亚麻籽胶也被应用于脂肪替代物。研究发现一定浓度的亚麻籽胶替代西式香肠中的部分鸡皮原料制成的低脂西式香肠较对照组相比，蒸煮损失明显减少，保水性显著增加，肠体的质构特性和总体接受性均得到明显改善。

(3) 罗望子多糖胶（tamarind polysaccharide gum，CNS 号为 20.011）

罗望子多糖胶又称罗望子胶，简称 t-SP，是从豆科罗望子属植物种子的胚乳中提取分离出来的一种中性多糖类物质。

罗望子多糖胶无臭无味，外观呈乳白色或淡米黄色的粉末，随着胶的纯度降低，制品的颜色逐渐加深，有油脂气味和手感，易结块，不溶于冷水，在冷水中能分散溶胀，但是罗望子多糖胶分子不能完全水化，这时罗望子多糖胶产生的超分子纠缠并不会消失，仍存在于水溶液中。但能在热水中溶解，当溶解温度在 86℃，且溶解时间保持 20～30min 时，才能形成均匀的黏稠状液体并达到其最大黏度值，形成均匀的胶体溶液，溶液具有剪切变稀的触变性或假塑性。胶液的黏度与质量浓度有关，加热煮沸对罗望子多糖胶溶液的黏度影响相当大，但其热稳定性较高。罗望子多糖胶还具有冷冻融化稳定性。耐热、耐盐和耐酸的特性是罗望子多糖胶的一大特点，这三种特征以及罗望子多糖胶的强黏稠性对它在更大的范围内应用是有利的。罗望子多糖胶作为一种特征明显的中性多糖，在溶液中不会受到带电离子存在的影响。罗望子多糖胶溶液的黏度在强酸、强碱性条件下特别是在 pH 2～8 范围内都能保持稳定，这种性能在酸性食品中的应用十分有利。罗望子多糖胶水溶液的黏稠性强，且罗望子多糖胶与黄原胶按一定比例混合溶解后具有协同增黏效应。罗望子多糖胶是一种重要的种子胶，世界上很多发达国家的食品行业都越来越广泛地应用罗望子多糖胶，罗望子多糖胶作为一种性能优良的食品添加剂愈来愈受到人们的重视。

罗望子多糖胶是一种具有增稠、稳定、乳化、保水等多功能的食品添加剂。此外，罗望子多糖胶是一种优良的冰晶稳定剂，用作冷冻糕点的稳定剂具有以下特点：不起丝，无黏性，口中易溶性好，效果稳定，能形成细腻的冰晶，与其他稳定剂的兼容性好，用于冰淇淋制作时充填顺利，不黏口，表现出清爽的口感。在冰淇淋产品中应用时，能够使冰淇淋的内部组织结构光滑，并降低其在较高温度下的融化速度，可以赋予产品更润滑的口感。在国外，罗望子多糖胶在冰淇淋、果冻、布丁、牛奶制品、蛋白饮料等多种食品中有着广泛的应用。在我国，由于对罗望子多糖胶的研究和应用较晚，相关的研究报道较少。《食品安全国家标准　食品添加剂使用标准》（GB 2760—2024）规定，罗望子多糖胶可以在冷冻食品、可可制品、巧克力制品以及糖果等方面应用。当罗望子多糖胶添加量在 0.6% 左右时，可以使牛奶产生稠厚感并增强甜味，不会产生黏口的感觉。添加了罗望子多糖胶的脱脂牛奶会具有全脂牛奶的口感和效果；果汁牛奶产品中添加罗望子多糖胶时，可以显著增加产品的浓厚感和增稠效果；添加适量罗望子多糖胶于高甜度和低热量的甜品或饮料中可以减少糖的使用量而不会影响产品的口感。

（4）沙蒿胶（artemisia gum，CNS 号为 20.037）

沙蒿胶又称为沙蒿籽胶（artemisia seed gum），从菊科蒿属的白沙蒿和黑沙蒿种子中提取得到，干重约为沙蒿籽的 20%，是一种多糖类物质。

沙蒿胶不溶于水，但可均匀分散于水，具有很强的吸水溶胀能力。沙蒿胶具有特别的化学稳定性，不同于一般胶体，在常温下几乎不溶于一般溶剂，也不溶于热的稀酸或稀碱中，在水中呈有限吸水溶胀状态，在二甲亚砜中亦呈有限溶胀现象，在 66% 高氯酸和 72% 硫酸中可以溶化。沙蒿胶具有高黏度、高保水性、非水溶性、分散性、成膜性。

（5）田菁胶（sesbania gum，CNS 号为 20.021）

田菁原产于低纬度热带和亚热带沿海地区，为亚灌木状草本植物。田菁胶又名豆胶、咸菁胶，是从田菁种子的内胚乳中提取的多糖胶。

田菁胶呈奶油色松散状粉末，易溶于水，不溶于醇、酮、醚等有机溶剂。常温下能分散于冷水中，溶于水呈黏稠状，形成黏度很高的水溶胶溶液。在 pH6～11 范围内是稳定的，pH7.0 时黏度最高，pH3.6 时黏度最低。它能与络合物中的过渡金属离子形成具有三维网状结构的高黏度弹性胶冻，其黏度比原胶液高 10～60 倍，具有良好的抗盐性能。田菁胶是假塑性非牛顿流体，其黏度随剪切速度的增高而降低，显示出良好的剪切稀释性能。田菁胶是非离子型的胶类，一般受阴、阳离子影响较少，不易产生盐析现象。

6.2.1.2　树脂类胶

树胶是树木在创伤部位渗出的一种黏性体液，许多树木在树皮受到创伤时，都会通过分泌这种体液来达到保护自身及愈合伤口的目的。这种体液可分为亲水胶体的树胶（如阿拉伯胶等）和憎水胶体的树脂（如松香等）。不同树木所分泌的树胶，在化学结构和理化性质上都有所不同。树胶是最传统的亲水胶体，应用历史悠久，商品化的树胶种类繁多，但已经通过 JECFA（FAO/WHO 食品添加剂联合专家委员会）等机构批准且常见作为食品增稠剂的树胶有阿拉伯胶、黄蓍胶、刺梧桐胶等，并且有严格的质量指标。

阿拉伯胶（arabic gum，CNS 号为 20.008，INS 号为 414）是最为广泛应用的树胶，也是最古老的商品之一。阿拉伯胶是豆科类植物的分泌产物，是金合欢属各种树的树皮渗出物，由约 98% 的多糖和 2% 的蛋白质组成。

① 性状与性能

天然阿拉伯胶块多为泪珠状，呈略透明的琥珀色，无味，可食。精制胶粉则为白色至黄色粒状或粉末，无臭无味。在所有商品胶中，阿拉伯胶水溶液的黏度最低。阿拉伯胶具有高的水中溶解度及较低的溶液黏度，配制成60%浓度的水溶液而仍具有流动性，这是其他亲水胶体所不具备的特点之一。不溶于乙醇等有机溶剂。阿拉伯胶溶液的pH一般在4～6之间（26%浓度），溶液的最大黏度在pH6～6.6附近，但pH在4～8范围内变化对阿拉伯胶性状影响不大。阿拉伯胶有非常好的亲水亲油性，是非常好的天然水包油型乳化稳定剂。一般加热阿拉伯胶溶液不会引起胶的性质改变，但长时间高温加热会使得胶体分子降解，导致乳化性能下降。另外，阿拉伯胶作为已知所有水溶性胶中用途最广泛的胶，可以和大多数其他的水溶性胶、蛋白质和淀粉相配伍。

② 应用

a. 糖果制品：阿拉伯胶是广泛用于糖果加工中的增稠剂，因为其区别于其他增稠剂，具有较好的乳化特性，因而具有阻止糖结晶和保持脂肪类成分均匀分散的能力。在含脂肪类糖果中，诸如卡拉密尔糖、太妃糖，阿拉伯胶可保持脂肪在产品中均匀分布，防止脂肪类物质上浮到表面形成易氧化的脂膜。阿拉伯胶与水解大豆蛋白质一起可作为充气糖果的搅打剂和稳定剂，诸如棉花糖、软质卡拉密尔糖、牛轧糖和糖霜。阿拉伯胶还可作为外涂糖衣用于胶姆糖、坚果、巧克力、软心豆粒糖等产品，也可以作为喷雾干燥风味剂、维生素、色素和其他油溶物质的包容剂。

b. 饮料：阿拉伯胶可作为饮料中有效的泡沫稳定剂和乳化剂而使用。阿拉伯胶作为乳化剂可用于制造饮料用乳液。阿拉伯胶还可与植物油混合喷雾干燥，生产一种用于饮料或饮料粉中的凝固剂。阿拉伯胶在饮料和饮料基料中的添加量为2%，在冷饮中的添加量为1%。

c. 风味固定作用：阿拉伯胶广泛用于风味物质的胶囊化和固定化。典型的风味固定剂配方为4份阿拉伯胶和1份风味油的乳化状混合物。提高阿拉伯胶与风味油的比例（9:1）可以提高其稳定性。多数干制品诸如餐末点心粉、布丁粉、饮料粉、蛋糕粉和汤基料等都用胶囊化风味物质来保证产品质量。

d. 风味物质乳化剂：许多风味物质（如橙、柠檬、酸橙、樱桃）的乳状液、某些无醇饮料和色素物质的乳状液均可用阿拉伯胶制备。

6.2.1.3 植物提取胶

（1）果胶（pectin，CNS号为20.006，INS号为440）

果胶是一种亲水性植物胶，天然果胶类物质以原果胶、果胶、果胶酸的形态广泛存在于植物的果实、根、茎和叶中，是细胞壁的一种组成成分。不同植物或同一植物的不同部位，果胶的含量相差很大。目前已发现的果胶含量较高并作为工业化生产原料的物质，主要有柑橘皮、向日葵托盘和甜菜等。

① 化学组成

果胶是由D-半乳糖醛酸残基经 α-1,4-糖苷键相连接聚合而成的酸性大分子多糖。衡量果胶酯化度高低的参数是酯化度（degree of esterfication，DE）或甲氧基化度（degree of methoxylation，DM），通常将DE值高于60%的果胶称为高甲氧基果胶，反之将DE值低于60%的果胶称为低甲氧基果胶。自然界果实中天然存在的果胶都是高甲氧基果胶，经酸或碱处理高甲氧基果胶降低酯化度后可获得低甲氧基果胶。果胶的分子结构决定了它许多理化方面的特性。

② 性状与性能

纯品果胶物质为白色或淡黄色粉末，略有特异气味。完全溶于水，形成一种带负电荷的黏性胶体溶液，呈弱酸性，耐热性强，但在强酸强碱下，果胶分子会降解。果胶不溶于乙醇、乙醚、丙酮等有机溶剂。一般来说，果胶在水中的溶解度与自身的分子结构有关，多聚半乳糖醛酸链越长，其在水中的溶解度越小。

商品果胶分为两大类：高酯果胶（high methoxyl pectin，HMP）和低酯果胶（low methoxy lpectin，LMP），后者包括酰胺果胶（amidated pectin，AP）。两种果胶的凝胶条件完全不同。高酯果胶需要在 pH2.0～3.8 范围、体系内可溶性固形物（如蔗糖等）含量至少大于 66% 的条件下才能形成凝胶，凝胶能力随 DE 值上升而增大。低酯果胶的凝胶条件 pH 范围可宽至 2.6～6.8，可溶性固形物含量则可低至 10%，但需与钙离子、镁离子等二价金属离子交联才能形成凝胶，形成的凝胶有良好的弹性。

果胶在 pH4 时最稳定，当 pH 接近中性时（pH5～6），高酯果胶仅在室温下是稳定的；在较高温度下，由于 β-脱酯作用，其凝胶性能会急速丧失。在低 pH 下提高温度，会同时发生脱酯反应和聚合物的降解，其中脱酯作用表现得尤为迅速。

③ 应用

a. 果酱：生产果酱时，如原料中果胶含量少，则可以用果胶作为增稠剂，使用量为 0.2% 以下。生产低糖果酱时，使用量为 0.6% 左右，配方中如果使用酰胺化低甲氧基果胶或低甲氧基果胶，且水果和水中一般含有足够的钙离子，采用此配方时不必再加入钙盐。

b. 软糖：添加量一般为 0.6%～2.6%。加入 0.6% 的制品品质极嫩，加 2.6% 的制品质嫩而坚实。果胶软糖具有香味浓郁等特点，若果胶与其他凝胶剂同时使用，可增加软糖的弹性、黏性和咀嚼的口感性。制造果胶软糖时，一定要选择适宜的 pH，合适的 pH 有助于果胶-糖凝胶体的形成。不同类型果胶形成凝胶，有不同的 pH 范围。采用高甲氧基果胶制造软糖时，最适 pH 为 3.3～3.6，通常用酯化度 60% 左右的慢凝产品；用低甲氧基果胶时，最适 pH 为 4.0～4.6，需加钙盐。该 pH 一般用外加酸（如柠檬酸）来调节，同时，外加酸能使产品产生可口的酸味，衬托出产品的水果香味。

c. 速溶饮料：加入果胶能够给人以天然饮料的感觉，并起稳定和增稠作用。

d. 浓缩果汁、果汁饮料和果汁汽水：果胶主要起增稠剂作用，还可提高口感，通常用特殊黏度的高甲氧基果胶。

（2）可溶性大豆多糖（soluble soybean polysaccharide，CNS 号为 20.04）

可溶性大豆多糖（SSPS）是以豆渣为主要原料提取而来的一种酸性多糖，呈淡黄色或白色粉末状。SSPS 中膳食纤维的含量超过 70%，不仅具有促进肠道蠕动、降血糖、降血压等常见的膳食纤维具有的功能特性，还具有乳化性、泡沫稳定性、抗氧化性、抗黏结性、成膜性等功能性质，且其易溶于水、耐酸、黏度较低，是食品领域中常见的增稠剂。

SSPS 的结构与果胶类似，由半乳糖醛酸主链和同型半乳糖基和阿拉伯糖基组成的中性侧链构成。SSPS 中含有同型和异型多糖，主要由半乳糖（Gal）、半乳糖醛酸（GalA）、鼠李糖（Rha）、阿拉伯糖（Ara）、葡萄糖（Glc）、岩藻糖（Fuc）和木糖（Xyl）等单糖组成，分子质量范围在 6～1000kDa 之间。不同来源的原料和不同的提取方法都会对 SSPS 的单糖含量及结构造成影响。

① 性状

a. 耐热、耐酸、耐盐稳定性：SSPS 溶液在 pH3～6、温度 120℃ 条件下灭菌 16min 后，其黏度基本不变，表明 SSPS 溶液耐热稳定性较好。此外，SSPS 溶液在连续高温加热时，没有明显的色泽变化，适用于高温工艺的生产过程。浓度为 16% 的 SSPS 溶液的黏度随着

pH 值的增大而略增大，当 pH 值再次减小时，SSPS 溶液的黏度表现出可逆性；在 pH 值为 2 的强酸环境下，SSPS 溶液仍不形成凝胶，明显不同于海藻酸钠、果胶等多糖。在浓度为 10％的 SSPS 溶液中加入不同浓度钠盐、镁盐和钙盐，溶液的黏度变化不大，说明 SSPS 虽为阴离子酸性多糖，但其不与金属阳离子作用，适用于高盐食品中。

b. 乳化及乳化稳定性：与阿拉伯胶相似，SSPS 也是一种糖蛋白，其分子结构中亲水的碳水化合物骨架与疏水的蛋白质或经改性修饰引入的非极性基团共存，表现出乳化性。SSPS 稳定的乳液能在 pH 2.0～7.0 的范围内保持稳定，且具有良好的耐盐和耐热性。SSPS 在酸性条件下对蛋白乳液的乳化稳定作用也备受关注，在酸性条件下，SSPS 的酸性主链会吸附到蛋白质表面，而其中性侧链则伸入水相中，在蛋白质颗粒周围形成厚厚的水化层，利用静电排斥作用阻止蛋白质颗粒的聚集，从而保持体系的稳定。阿拉伯胶虽然也能在酸性条件下达到稳定蛋白质的作用，但其所需用量远高于 SSPS。SSPS 在稳定蛋白质乳液时，其稳定作用受离子强度和温度变化的影响也较小。

c. 泡沫稳定性：SSPS 具有一定的发泡能力和较好的泡沫稳定性，能产生细腻的泡沫。研究表明，当 2％的大豆蛋白溶液中 SSPS 的添加量达 2％时，体系产生的泡沫能被很好地稳定，效果比一般的持泡剂好。由于 SSPS 结构中存在合适的亲水亲油结构，使其能快速吸附到气-水界面，并形成具有一定黏弹性和一定机械强度的界面膜，蛋白质分子吸附在界面上，亲水的多糖分子链伸入水相，达到保持泡沫稳定的作用。

② 应用　SSPS 具有较好的乳化活性与乳化稳定性，可以在添加量较少的情况下乳化油脂或香料，达到缓香护色的目的，可作为常用的乳化稳定剂如黄原胶、阿拉伯胶或变性淀粉的有效替代品，结合 SSPS 防止油脂氧化的性质，其在乳化植物油脂方面的应用更为广泛。SSPS 作为乳化剂时常与蛋白质配合使用，其作为乳化剂有望应用于奶油、冰淇淋、咖啡伴侣及调味品等食品中。

a. 酸性乳饮料的蛋白质稳定剂：酸性乳饮料体系中蛋白质含量较高。SSPS 能在酸性条件下通过结构中的糖蛋白和亲水的中性侧链联合作用，较好地稳定酪蛋白等蛋白质颗粒，防止其在酸性条件下絮凝并造成脂肪上浮。结合 SSPS 所需添加量少、溶液黏度低的优点，可以制备出口感清爽、体系稳定的酸性乳饮料。SSPS 应用于酸性调配型乳饮料中时，只需在生产过程中将 SSPS 和其他香精和碳水化合物等原料混合即可，方便易行。结合 SSPS 富含膳食纤维的特性，将其应用于功能性饮料中的发展前景也不容小觑。

b. 抗结剂和保水剂：SSPS 作为抗结剂不仅能防止热米面在冷却过程中发生黏结现象，还能使其持水性增强，抑制淀粉回生，减缓米面制品在冷冻过程中的失水老化，防止其冻裂。研究表明，将 SSPS 添加到鱼糜类冷冻食品中能改善产品的保水性，提高其冻融稳定性，防止表皮冻裂。在月饼馅料中添加 SSPS 后，可减少油分和水分在高温烘焙过程中的流失，添加 SSPS 制得的月饼口感更细软、风味更佳。

c. 持泡剂：SSPS 作为持泡剂主要应用在饮品中，将 SSPS 添加到啤酒、汽水等发泡型饮料中时，可以在较低的添加量下改善饮品的泡沫保持时间，还可以防止啤酒体系中碳酸气体的溢出，防止啤酒与空气的接触，减缓其劣化，同时，也保证了啤酒的口感和香味，在啤酒中加入 SSPS 还能改善啤酒的挂杯情况。

6.2.2　微生物性食品增稠剂

微生物性食品增稠剂又称微生物胶，它是由微生物在生长代谢过程中产生的一种多糖胶质，可分为三大类：细胞壁多糖，如肽聚糖、脂多糖等；细胞体外多糖如黄原胶、结冷胶等；细胞体内多糖如糖胺聚糖。由于细胞壁多糖及细胞体内多糖提取难度大而成本高，实际开发的品种相对较少，而大规模工业化生产的微生物胶大多是细胞体外多糖。由微生物发酵生产胞外多糖作为增稠剂，因其资源广泛、安全无毒、理化性质优越等特性越来越得到广泛重视与深入研究。许多微生物多糖已作为胶凝剂、成膜剂、保鲜剂、乳化剂等，广泛应用于食品、制药、石油、化工等多个领域。

6.2.2.1　黄原胶 (xanthan gum，CNS 号为 20.009，INS 号为 415)

黄原胶又称黄胶、汉生胶，是由甘蓝黑腐病野油菜黄单胞菌 (*Xanthomonas campestris*) 以玉米淀粉、蔗糖等为主要原料，经发酵技术产生的一种高黏度水溶性微生物胞外多糖。

（1）性状与性能

黄原胶外观呈浅黄色至淡棕色粉末，稍带臭，是目前国际上集增稠、悬浮、乳化、稳定于一体、性能较为优越的生物胶。分子侧链末端含有丙酮酸基团的多少，对其性能有很大影响。黄原胶易溶于冷水、热水中，溶液呈中性。遇水分散、乳化变成稳定的亲水性黏稠胶体。黄原胶具有高效的增稠性能，在低质量浓度下具有很高的黏度，黄原胶溶液的黏度是同质量浓度下明胶的 100 倍左右，且温度对黏度影响不大，$0 \sim 100℃$ 范围内黏度基本不变，即使经高温灭菌处理的黄原胶溶液，在冷却后黏度也可恢复。黄原胶溶液在一定的温度范围内（$-4 \sim 93℃$）反复加热冷冻，其黏度几乎不受影响。黄原胶溶液对酸、碱十分稳定，在酸性和碱性条件下都可使用，在 pH2～12 范围内黏度几乎保持不变，所以对于含高浓度酸或碱的混合物，黄原胶是一个很好的选择。在多种盐存在时，黄原胶具有良好的相容性和稳定性。黄原胶溶液具有触变性或假塑性，黄原胶的水溶液在受到剪切作用时，黏度急剧下降，且剪切速度越高，黏度下降越快，当剪切力消除时，则立即恢复原有的黏度。咀嚼时由于黏度的下降而产生爽口、细腻、滑溜和香味释放的能力。黄原胶与瓜尔胶、槐豆胶显示出良好的协同作用。黄原胶的抗酶解能力很强，食品生产中许多酶类如蛋白酶、淀粉酶、果胶酶、纤维素酶和半纤维素酶等对黄原胶没有作用。

（2）应用实例

①饮料　黄原胶可以给予橙味及其他果味饮料良好的风味和爽口的感觉，而且黄原胶的融变性使果汁有良好的黏着性。由于用量小，所以比添加其他胶类的饮料口感好，果汁风味更容易释放。此外，还能控制果汁的渗透和流动，用量为 0.2%～1%。也可作为风味物质乳状液的稳定剂加到饮料中，并且能使不溶物质很好地悬浮，黄原胶的量为最终产品的0.001%～0.1%。低浓度的黄原胶能长时间有效地悬浮水中的果肉，这样可以保持果汁风味、浓度和口感的均一性。

在饮料中使用黄原胶可防止乳饮料的脂肪上浮并保护蛋白质的分散性，增加黏度、提高热稳定性和悬浮性。此外，黄原胶区别于其他胶体的显著性特点是其耐酸且耐高温杀菌，因此其在饮料中广泛使用。

②罐头　由于其有独特的热稳定性和良好的悬浮性，黄原胶可用于罐头食品、鸡肉、火腿、土豆、金枪鱼和通心粉色拉等产品，其配方中都有含黄原胶的调料。

③奶油制品、乳制品　奶油制品、乳制品中添加少量黄原胶可改进质量，使产品结构坚实、易切片，更易于释放香味，口感更加细腻清爽。在冰淇淋和乳制品中使用黄原胶，可使制品稳定，产品细腻，用量为 0.1%～0.26%。黄原胶还可给予制品滑爽口感。在奶油、花生酱等餐用糖浆中可加入 0.1%的黄原胶作稳定剂，以提高制品的质量。

④调味料　黄原胶有利于保持调味酱中液体的流动性，这些产品的酸含量和盐含量都不会影响黄原胶的持水力。黄原胶也已广泛应用在方便倾倒的色拉调料中，含有 0.26%～0.3%黄原胶的调料，其货架稳定性可达数月且具有良好的流动性，因黄原胶耐高温，这些

产品中添加黄原胶后经高温灭菌后能保持黏度不降低。这是黄原胶在西方各国的最主要用途，利用了其低浓度下的高黏度、悬浮性，对酸和盐稳定，良好的保水性和爽滑口感的特性。

⑤ 果酱　在果酱中加入黄原胶，可以改善其口感和持水性，提高产品的质量，添加量在 0.6% 左右。

⑥ 冷冻食品　淀粉类产品在经 1 或 2 次冷冻、解冻循环后老化现象非常突出，添加 0.06%~0.1% 黄原胶能保持淀粉冷冻、解冻循环 6 次后不老化。在冷冻食品中对于多次冷冻解冻情况，黄原胶能提供良好稳定性能和保水性能，以减少冰冻晶生成。

⑦ 焙烤食品　面包、糕点中添加黄原胶可以使焙烤食品保持一定的湿度，从而改进其口感。它与淀粉结合可以防止淀粉老化，延长焙烤食品的储藏期和货架期。另外，黄原胶还可以与淀粉、果酱及色素、香精等混合制作焙烤食品的馅料，使这种馅料不脱水收缩。用黄原胶作风味面包的乳化剂，可以得到稳定性好、质地光滑的风味面包。

6.2.2.2　结冷胶 (gellan gum，CNS 号为 20.027，INS 号为 418)

结冷胶是一种由伊乐藻假单胞杆菌 (*Pseudomonas elodea*，革兰氏阴性菌) 发酵而产生的细胞外多糖。

结冷胶外观呈近乎白色非结晶性易流动粉末，无臭无味，熔点约 160℃。结冷胶不溶于非极性有机溶剂，也不溶于冷水，但略加搅拌即以线团形式分散于水中，加热即溶解成透明溶液，冷却后以氢键作用，分子以螺旋片段形成透明结实的凝胶。天然结冷胶可形成弹性凝胶，而低酰基结冷胶在加热后冷却得到脆性凝胶。结冷胶的某些特性优于黄原胶，在 0.01%~0.04% 的范围内呈假塑性流体特性，其溶液黏度随剪切速率的增加而明显降低，随剪切速率的减弱而恢复。当使用量大于 0.06% 时，即可形成澄清透明的凝胶，0.26% 的使用量就可以达到琼脂 1.6% 的使用量和卡拉胶 1% 的使用量所产生的凝胶强度。通常用量为 0.1%~0.3%，只有卡拉胶用量和琼脂用量的 1/6~1/2。凝胶有良好的稳定性，耐酸、耐高温、热可逆，还能抵抗微生物及酶的作用。

6.2.2.3　普鲁兰多糖 (pullulan，CNS 号为 14.011，INS 号为 1204)

普鲁兰多糖又称为苗霉多糖、出芽短梗孢糖、普聚多糖，是由出芽短梗霉产生的胞外多糖。普鲁兰多糖可由淀粉水解物、蔗糖或其他糖类直接发酵生产。

普鲁兰多糖为白色非结晶性粉末，无味无臭。不溶于醇、醚、油类，易溶于水、二甲基甲酰胺，不具备胶凝作用。溶液黏稠稳定，呈中性。普鲁兰多糖是线状结构，因此它的黏度远低于其他多糖。普鲁兰多糖溶液黏度随平均分子量而增加，也随浓度而增大，溶液的黏度耐热稳定性较好。普鲁兰多糖是中性多糖，其黏度在常温下受 pH 影响很小，在 pH3 以下水解则黏度降低；耐盐性强，任何浓度的盐分含量均不影响普鲁兰多糖溶液的黏度，因此用作食品添加剂时不因食盐的存在而起变化；能直接制成薄膜，或在物体表面涂抹或喷雾涂层均可形成紧贴物体的薄膜，形成的薄膜比其他高分子薄膜的透气性低，氧、氮、二氧化碳等几乎完全不能通过，薄膜还具有较大的透湿性。

6.2.3　海藻类食品增稠剂

海藻类食品增稠剂是从天然海藻中提取的一类食品增稠剂。重要的商品海藻类食品增稠剂主要有来自红藻的卡拉胶、红藻胶、琼脂和来自褐藻的海藻酸及其钠盐、钾盐、铵盐和钙盐，以及经化学修饰的衍生物海藻酸丙二醇酯 (PGA)。不同的海藻品种所含有的亲水胶体在结构成分方面各有区别，功能、性质及用途也不尽相同。海藻胶在增稠性、稳定性、保形性、胶凝性、薄膜成型性等方面具有显著的优点，加上其独特的保健功能，使之在食品工业中得到广泛应用，成为产销量最大的食品增稠剂之一。

6.2.3.1 琼脂 (agar, CNS 号为 20.001, INS 号为 406)

琼脂又名洋菜、冻粉胶、洋粉，常用海产的麒麟菜、石花菜、江蓠等制成。

(1) 性状与性能

食品工业上用的琼脂无气味或有轻微的特征性气味，有条状、片状、粒状、粉状等形状，色泽由白至微黄，半透明，口感黏滑，具有胶质感。不溶于冷水和有机溶剂，需经加热煮沸才可溶解。在冷水中吸收 20 倍的水膨胀，溶于热水后，即使浓度很低（0.6%）也能形成坚实的凝胶。0.1% 以下，则不能胶凝而成为黏稠液体。琼脂的凝胶温度通常为 32～39℃，其凝胶坚实而有弹性。根据其浓度和分子质量不同，其熔融温度为 60～97℃。琼脂为亲水性胶体，其溶液称为溶胶。在凝胶状态下，琼脂具有良好的热稳定性和抗酶解能力。琼脂的凝胶强度在 pH 为 4～10 范围内变化不大，当 pH 小于 4 或大于 10 时其凝胶强度大大下降。琼脂形成的凝胶硬，使制品具有明确的形状，但发脆，组织粗糙，表面易收缩起皱。琼脂与槐豆胶、卡拉胶、黄原胶以及明胶之间都存在着协同增效作用。当与卡拉胶复配使用时，可以得到柔软、有弹性的制品。与糊精、蔗糖复配使用，凝胶强度升高。但琼脂和瓜尔胶、果胶、羧甲基纤维素钠以及海藻酸钠之间没有增效作用，相反却会产生拮抗作用。琼脂与海藻酸钠和淀粉并用，凝胶强度下降。而琼脂耐热性较强，但若长时间，特别是酸性条件下加热亦可失去凝胶能力。琼脂所形成的凝胶的透明度显著高于其他多糖所形成的凝胶。琼脂在动物和人的排泄物中大量存在，表明人的消化系统不能消化降解琼脂。

(2) 应用

① 糖果点心 琼脂用于糖果食品是由于它的胶凝性质。用于糖果片、胶冻果脯、琼脂糖等中，糖果中琼脂浓度为 0.3%～1.8%。在制造琼脂软糖方面，优质琼脂一般用量为 1.6%。在果冻中可添加 0.3%～1.8% 的琼脂。用琼脂制造的软糖，其透明度、品质及口感均优于其他软糖。琼脂虽然作为传统的凝胶物质在糖果制作中长久应用，但实践表明其口感特性比较单一，近年来也常添加明胶、变性淀粉、果汁/果泥或瓜果等，这有助于糖果配合物料组成的多样性，有利于风味与口感的改进。

② 饮料 琼脂用在饮料类产品中，可作为助悬剂，使饮料中固形物悬浮均匀，不下沉。其悬浮时间及保质期长，是其他助悬剂无法代替的，产品透明度、流动性更好，口感爽滑无异味。果粒饮料中表现出优异的悬浮效果，使用浓度为 0.001%～0.006% 的琼脂即可使果粒悬浮均匀。

③ 肉类罐头、肉制品 用 0.2%～0.6% 的琼脂能形成有效黏合碎肉的凝胶。

④ 八宝粥、银耳燕窝、羹类食品 用 0.3%～0.6% 琼脂作为增稠剂、稳定剂。

6.2.3.2 卡拉胶 (carrageenan, CNS 号为 20.007, INS 号为 407)

卡拉胶也叫角叉菜胶、鹿角藻胶，是一种天然多糖亲水凝胶，主要存在于角叉菜属 (Chondrus)、麒麟菜属 (Eucheuma)、沙菜属 (Hypnea) 等品种的细胞壁中。

(1) 化学组成与结构

不同的卡拉胶来源或片段有多种方式的精细结构及不同的硫酸酯结合形态，可分为 κ型、τ型、λ型、μ型、ν型、ε型、θ型卡拉胶等，但商业化生产的主要是前三种。

(1) 性状与性能

卡拉胶产品一般为白色或淡黄色粉末，无臭、无味，有的产品稍带海藻味。在热水或热牛奶中所有类型的卡拉胶都能溶解。在冷水中，卡拉胶溶解，卡拉胶的钠盐也能溶解，但卡拉胶的钾盐或钙盐只能吸水膨胀而不能溶解。卡拉胶不溶于甲醇、乙醇、丙醇、异丙醇和丙酮等有机溶剂。与 30 倍的水煮沸 10min 的溶液，冷却后即成胶体，与水结合黏度增加。卡拉胶形成的凝胶是热可逆性的，即加热熔化成溶液，溶液放冷时，又形成凝胶。在中性或碱性溶液中卡拉胶很稳定（pH＝9 时最稳定），即使加热也不会发生水解。但在酸性溶液中，尤其是 pH＝4 以下时易发生酸催化水解，从而使凝胶强度和黏度下降，成凝胶状态下的卡拉胶比溶液状态时稳定性高，在室温下被酸水解的程度比溶液状态小得多。卡拉胶黏度的大小因所用的海藻种类、加工方法和卡拉胶的型号不同，差别很大。有的水溶液能形成凝胶，其凝固性受某些阳离子的影响很大。κ 型和 τ 型卡拉胶仅在有钾离子或钙离子存在时才能形成凝冻。对于 κ 型卡拉胶钾离子的作用比钙离子的作用大，称为钾敏感卡拉胶。对于 τ 型卡拉胶钙离子的作用比钾离子的作用大，称为钙敏感卡拉胶。这些凝胶都具有热可逆性。一般 λ 型卡拉胶黏度最高，κ 型卡拉胶黏度最低。卡拉胶可与多种胶复配，有些多糖对卡拉胶的凝固性也有影响。如添加黄原胶可使卡拉胶更柔软、更黏稠和更有弹性，κ 型卡拉胶与魔芋胶相互作用形成一种具弹性的热可逆凝胶，加槐豆胶可显著提高 κ 型卡拉胶的凝胶强度和弹性，玉米和小麦淀粉对卡拉胶的凝胶强度也有所提高，而羟甲基纤维素则降低卡拉胶凝胶强度，土豆淀粉和木薯淀粉对卡拉胶无作用。

粉末状卡拉胶很稳定，它在中性和碱性溶液中很稳定，但在酸性溶液中，尤其是 pH 小于 4 时较易水解，造成凝胶强度和黏度的下降。生产中为了减轻含有卡拉胶的酸性食品在消毒加热时可能发生的水解，常采用高温、短时消毒方法。

（2）应用

① 乳制品　在巧克力牛乳饮料、无菌牛乳、脱脂牛乳中加入 0.026%～0.36% κ 卡拉胶，可以起到稳定和增稠作用。κ 型卡拉胶也能用于高脂乳产品，如在炼乳中加入浓度为 0.006% 的 κ 型卡拉胶，在生产和储存中可以防止脂肪分离。另一方面，λ 型卡拉胶（0.02%～0.03%）添加到速溶饮料、巧克力乳粉和营养饮料中，可使其中蛋白质稳定，还可稳定脂肪，使产品有奶油口味，富有质感。λ 型卡拉胶还可被加入调味牛乳和冰淇淋中，以形成所预定的黏度，使冰淇淋中泡沫稳定，同时还可以稳定脂肪和蛋白质，起到防止脂肪分离、乳液分层等作用。

② 果冻　卡拉胶是一种很好的胶凝剂，因而可用于制备果冻。用明胶做果冻的缺点是其凝固点和熔化点低，制备和储藏都得用冰箱。采用果胶的缺点是需要加高浓度的糖和调至适当的 pH 才能凝固。而卡拉胶没有这些缺点，故在果冻制备中被广泛使用。

③ 肉制品　卡拉胶广泛应用于肉制品各领域，在调理肉制品中加入卡拉胶可增强肉制品的保水保油特性。卡拉胶独特的凝胶特性在拼接牛排制造中可作为黏合剂，被称为肉制品胶水。

④ 速溶茶和速溶咖啡　在茶和咖啡的提取物中加入卡拉胶作稳定剂，可制成干粉状或膏状，这样的产品饮用时非常方便，用热水或凉开水冲开便可饮用。

6.2.3.3　海藻酸及海藻酸盐

海藻酸及海藻酸盐主要是从褐藻中提取获得的多糖类物质。按其性质可分为水溶性海藻酸盐和不溶性海藻酸盐两类。水溶性海藻酸盐包括海藻酸的一价盐（海藻酸钠、海藻酸钾、海藻酸铵等），两种海藻酸的二价盐（海藻酸镁和海藻酸汞）和海藻酸衍生物，水不溶性海藻胶包括海藻酸、海藻酸的二价盐（镁盐、汞盐除外）和海藻酸的三价盐（海藻酸铝、海藻酸铁、海藻酸铬等）。其中应用最广泛的是海藻酸钠、海藻酸钾和海藻酸丙二醇酯。

（1）性状与性能

① 海藻酸钠（CNS 号为 20.004，INS 号为 401） 又名褐藻酸钠、海带胶、褐藻胶、藻酸盐，为白色或淡黄色粉末或颗粒，无臭、无味，易溶于水，其水溶液呈黏稠状胶体，不溶于酒精等有机溶剂。海藻酸钠溶于水成黏稠状胶体溶液，具有吸湿性。海藻酸易与金属离子结合，在海藻酸的金属盐中，除了钠、钾、镁、铵的盐类能溶于水外，其他金属盐均不溶于水。海藻酸钠在 pH 为 6～10 时黏度稳定，pH 降至 4.6 以下时黏度明显增加，当达到 3 时，产生不溶于水的海藻酸沉淀析出。

② 海藻酸钾（CNS 号为 20.005，INS 号为 402） 又名褐藻酸钾，白色至浅黄色不定形粉末，无臭、无味，易溶于水形成黏稠溶液，不溶于乙醇或乙醇质量分数高于 30% 的氢化醇溶液，也不溶于氯仿、乙醚及 pH 低于 3 的酸溶液。海藻酸钾一般可由海藻酸与碳酸钾或氢氧化钾反应而得。

③ 海藻酸钙（calcium alginate，CNS 号为 20.046，INS 号为 404） 白色粉末至浅黄色不定形粉末，无臭、无味，不溶于水及有机溶剂，难溶于乙醇，缓慢溶于聚磷酸钠、碳酸钠溶液及钙化合物的溶液。它的工业制法一般是由海藻酸与氢氧化钙或碳酸钙反应而得。

④ 海藻酸丙二醇酯（PGA，CNS 号为 20.010，INS 号为 405） 是由海藻酸通过环氧丙烷反应生成的一种重要的海藻酸衍生物。外观为白色或淡黄色粉末，水溶液呈黏稠状胶体，黏度高，透明度大。PGA 可以溶于水中形成黏稠胶体，并能溶于有机酸溶液，在 pH3～4 的酸性溶液中能形成凝胶，但不会产生沉淀，抗盐性强，即使在浓电解质溶液中也不盐析，对 Ca^{2+} 和 Na^+ 等金属离子很稳定，即 PGA 能改善酸性食品的稳定性，还能阻止因为 Ca^{2+} 和高价金属离子在食品饮料中所引起的沉淀。此外，PGA 分子结构中兼具亲水性和亲油性两种基团，具有良好的乳化性。结合乳化、耐酸和稳定的特性，PGA 被广泛应用在酸奶、乳饮料及果汁等产品中。

（2）应用

① 海藻酸钠的应用

a. 面食：由于海藻酸钠具有强亲水性、黏结性，加入面条、挂面等面制品中能提高制品的韧性，减少断头率，蒸煮后不黏条，不烂汤，耐存放，口感好。特别对于面筋率低的面粉效果更佳。

b. 疗效食品：海藻酸钠可作疗效食品的基材。海藻酸钠是优质的膳食纤维，在人体内可改变食物通过肠道的时间，延缓胃的排空，促进胃肠蠕动。可以吸收体内水分，形成一个过滤系统，阻止脂肪吸收，降低血中胆固醇、血脂、血糖含量。因此，对糖尿病、冠心病、肥胖症有一定的缓解作用。此外，海藻酸钠能抑制肠道对放射性锶、镉及重金属铅等的吸收，它与这些重金属在体内结合后随粪便排出体外。

c. 海藻酸钠可以用于稳定、增稠不同调味品、卤肉汁、低热色拉调味品、饮食调料和罐头食品调料或卤汁。

d. 制造人造肠衣：单纯海藻酸盐制品不易收缩，而单纯明胶制品，收缩率大于填充物，将两者混用，可使其互补，制成理想的人造肠衣。

e. 成膜保鲜食品：把鱼、肉、禽、瓜果菜等食品在 0.6%～2% 的海藻酸钠溶液中浸过之后，再与 $CaCl_2$ 溶液作用，可生成可塑性薄膜，具有 CO_2 透过率高、O_2 透过率低的特性。

② 海藻酸丙二醇酯的应用

a. 在酸奶中的应用：将 PGA 运用到酸奶中，能够赋予酸奶天然的质地口感，有效地防止产品形成不美观的粗糙凹凸表面，使产品平滑亮泽；在实际生产中，与所有其他配料完美融合，可应用于 pH 3～6 的酸性环境，提高酸乳黏度，防止蛋白质沉淀和乳清上浮。研究发现当 PGA 与果胶添加量大于 0.13% 时，PGA 对酸奶的增稠的效果更好。且 PGA 对酸奶后产酸的抑制以及酸稳定性优于果胶，可以使酸奶在相对较长的储存时间内保持质地、口感以及风味的稳定。

b. 在冰淇淋中的应用：研究发现在冰淇淋中添加 PGA 可以明显改善油脂和含油脂固体微粒的分散度及冰淇淋的口感、内部结构和外观状态，也能提高冰淇淋的分散稳定性和抗融化性等。此外，PGA 还能防止冰淇淋中乳糖冰晶体的生成。

c. 泡沫稳定性：海藻酸丙二醇酯有很好的发泡和乳化能力，广泛应用于啤酒泡沫稳定剂，可增加啤酒发泡性能，明显增加啤酒泡沫的稳定性和泡持力，使泡沫细腻持久，即使遇到油脂或杀菌洗涤残留物也能抗破裂。

6.2.4 动物性食品增稠剂

6.2.4.1 明胶（CNS 号为 20.002，INS 号为 428）

明胶是一种从动物的骨、生皮、肌腱、膜等结缔组织的生胶质（又称胶原）中提取出来的蛋白质，其分子量从几万到十几万不等，被广泛应用于医药、保健品、食品、化妆品、化工、感光材料等众多领域。

（1）化学组成与结构

明胶是由动物胶原蛋白经部分水解衍生的分子量 10000～70000 的水溶性蛋白质。明胶胶原蛋白质是以三螺旋结构的肽链为基本单位，相互间连接成的网络结构，不溶于水，通过水解使部分连接键断裂后即成为具有水溶性的明胶，三螺旋束自身也可拆散成三股单一的 α链，或者 α 链加 β 链，或 γ 链。明胶中除 16% 以下的水分和无机盐外，蛋白质含量占 82% 以上，蛋白质中含有 18 种人体所需的氨基酸，有 7 种为人体所必需，所含 18 种氨基酸中甘氨酸约占 1/3，脯氨酸与羟脯氨酸约占 1/3，其他约占 1/3，是一种无脂肪的高蛋白质，且是不含胆固醇的高营养价值的理想蛋白质源。

（2）性状与性能

商品明胶为无色或浅黄色，透明或半透明而坚硬的非晶体物质，颜色越白质量越好，无臭无味，无挥发性，相对密度 1.3～1.4。不溶于冷水，但可以缓慢吸水膨胀软化，明胶可吸收相当于其质量 6～10 倍的水。溶于热水，冷却后形成凝胶。能溶于醋酸、甘油、丙二醇、水杨酸和苯二甲酸等的水溶液中，不溶于乙醇、乙醚、氯仿及其他非极性有机溶剂。温水是明胶最普遍的溶剂，明胶可溶于热水，形成热可逆性凝胶。其凝胶比琼脂凝胶柔软，富有弹性，口感柔软。其水溶液长时间煮沸，因分解而性质发生变化，冷却后不再形成凝胶，如再加热则变成蛋白质和胨。明胶溶液如受甲醛作用，则变成不溶于水的不可逆凝胶。

明胶的水溶液具有黏性，温度、pH 值、静置时间都会对其黏度有影响。一般来说，温度越低，黏度增长越快；明胶溶液的黏度在等电点处为最低，静置的时间越长，溶液的黏度将越高（也不是无限的）。

明胶在食品工业中有着重要的作用。明胶除了具有增稠作用外，添加到食品中还可提高食品的营养价值，因它是一种蛋白质，除缺少色氨酸外，含有其他全部必需氨基酸，是生产特殊营养食品的重要原料。

（3）应用

按照《食品安全国家标准 食品添加剂使用标准》（GB 2760—2024）规定，属于可在各类食品中按生产需要适量使用的添加剂。在冷饮制品中利用明胶吸附水分的作用作为稳定剂使用。在冰淇淋的冻结过程中，明胶形成凝胶，可以阻止冰晶增大，能保持冰淇淋有柔软、疏松和细腻的质地。明胶在冰淇淋混合原料中的用量一般在 0.6％左右，若用量过多将使冻结搅拌时间延长。在使用前先将明胶用冷水冲洗干净，加热水制成 10％溶液后混入原料中。明胶的胶凝作用，如果从 27～38℃不加搅拌地缓慢冷却到 4℃进行老化，能使混合原料有最大的黏度。

在生产糖果特别是软糖、奶糖、蛋白糖和巧克力时可应用明胶，使柔软的糖坯具有坚韧性与弹性，能承受较大的荷重而不致变形。在制造奶糖时，明胶的用量一般为砂糖和淀粉糖浆总量的 2.6％～3％。使用时明胶先用 2 倍量不超过 20℃的水浸泡 1～2h，然后水浴使之熔化（热水温度不应超过 60℃），过滤后经搅拌混合，制成糖坯。其用量依品种各异，一般用量为 1.0％～3.6％，个别可高达 12％。明胶还可在果汁软糖、牛轧糖、水果软糖、软太妃糖、充气糖果等中作为稳定剂，能控制糖结晶体尺寸。

明胶有一定的发泡能力，能形成稳定气泡，凝固温度低，发泡速度快。明胶剧烈搅拌可产生大量泡沫，而且这些泡沫又能在较长的时间内保持不合并、不破碎状态。因此它又是一种良好的食品发泡剂，用来制作棉花糖。当明胶浓度增加 0.2％时，搅打时间要比其他搅打剂减少 30％。明胶在糕点中作搅打剂时，1kg 明胶约可代替 6kg 鸡蛋。

在某些罐头制品中也使用明胶作为增稠剂，如生产原汁猪肉罐头时使用猪皮胶，用量约为 1.7％。在午餐肉罐头中明胶用量一般为 3％～6％。在生产啤酒或酒精时，可用明胶作为澄清剂，用量为 0.02％。

澄清作用：明胶能与酒中的单宁类物质结合，从而常用于啤酒、果酒、露酒、黄酒等酒类的澄清。

6.2.4.2 甲壳素（CNS 号为 20.018）

甲壳素又名甲壳质、几丁质、壳多糖，是一种线性多糖类生物高分子，是自然界中含量仅次于纤维素的一种多糖，主要存在于节肢动物、软体动物、环节动物、原生动物、腔肠动物、海藻及真菌等中，另外在动物的关节、蹄、足的坚硬部分，肌肉与骨结合处，以及低等植物中均发现有甲壳素的存在。

（1）化学组成与结构

甲壳素是由 N-乙酸-2-氨基-2-脱氧-D-葡萄糖以 β-1,4-糖苷键连接起来的直链多糖，其学名为 1,4-2-乙酸胺-2-脱氧-β-D-葡聚糖。有 70％～90％的葡萄糖 C2 位残基上的—OH 被—NHCOCH$_3$ 取代，余下的 10％～30％则被—NH 基团取代，属于含氮类多糖，天然分子量高达 2×10^6～3×10^6。其单元结构式见图 6-1。

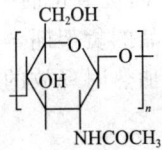

图 6-1　甲壳素的单元结构式

（2）性状与性能

甲壳素是白色或灰白色、半透明片状固体，无臭、无味，含氮约 7.6％，聚合度较小。它不溶于水、稀酸、稀碱和一般有机溶剂，可溶于浓无机酸，但同时主链会发生降解。它在水中经过高速搅拌，能吸水胀润。在溶液中，由脱去乙酰基的甲壳素生成的盐在接近中性时有最大的黏度。将甲壳素在特定溶剂中溶解后，脱除溶剂即成膜。这种膜不溶于水，耐热且可食用，特别适合用作焙烤食品、微波食品或其他食品的包装膜。由于甲壳素不溶于水和其他溶剂，故常将它加工为碱性甲壳素，或对它进行改性，如脱乙酰化、羟乙基化、羧甲基化、氰乙基化、黄原酸化、硫酸酯化等，转变为其他衍生物。

6.2.4.3 壳聚糖（CNS号为20.026）

壳聚糖学名聚氨基葡萄糖，又名脱乙酰甲壳素。壳聚糖是甲壳素脱去大部分乙酰基后的产物，是甲壳素最为重要的衍生物，与甲壳素同样有着广泛的用途。

（1）化学组成与结构

壳聚糖学名为1,4-2-氨基-2-脱氧-β-D-葡聚糖，是由甲壳素在强碱条件下或采用酶解方式发生脱乙酰作用，使部分C2位的—NHCOCH$_3$基团脱乙酰后成为—NH$_2$而得到的。壳聚糖的单元结构式见图6-2。

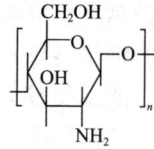

图6-2 壳聚糖的单元结构式

（2）性状与性能

白色或灰白色，略有珍珠光泽，半透明片状固体，无味，不溶于水、碱溶液和有机溶剂中，但可溶于大多数稀酸（包括无机稀酸和有机稀酸）。在柠檬酸、酒石酸等多价有机酸的水溶液中，高温时溶解，温度下降时则呈凝胶状，这是壳聚糖最重要、最有用的性质之一。壳聚糖稳定性很好。商品壳聚糖有6%～26%的—NHCOCH$_3$基团及76%～96%的—NH$_2$基团，分子量因原料及处理程度不同从6×10^4到2×10^6不等。壳聚糖溶于稀有机酸（pH小于6.0）时形成无色透明的黏稠流体，在pH7以上产生沉淀。目前国内外根据产品黏度不同将壳聚糖分为三大类：高黏度壳聚糖（1%壳聚糖溶于1%醋酸水溶液中黏度大于1000mPa·s），中等黏度壳聚糖（1%壳聚糖溶于1%醋酸水溶液中黏度在100～200mPa·s），低黏度壳聚糖（2%壳聚糖溶于2%醋酸水溶液中黏度在26～60mPa·s）。

（3）应用

① 食品絮凝剂　壳聚糖可作为果汁、糖蜜、醋、酒等的澄清剂，要获得澄清的果汁，不仅要去除悬浮物和沉淀物，还要去除容易引起浑浊的果胶、蛋白质等胶体物质。壳聚糖分子上存在游离的带正电荷氨基，能与酒及其果汁中带负电荷的蛋白质、纤维素等相互作用，发生絮凝，从而使酒液、果汁澄清。壳聚糖经常在果汁、果酒、果醋澄清上应用，其具有快速、简便、易操作等特点，用后产品风味、营养成分基本不受影响，其具有高性能和低成本的特性，是一种用于酒体澄清的效果良好且经济的澄清剂。

② 食品抗氧化剂　肉类中脂肪以及脂肪酸的含量较高，容易氧化，导致食品变质，缩短了肉制品的货架期，为了保存这类食品，往往需要添加抗氧化剂。研究表明壳聚糖能与肉类食品在加热时释放的游离铁离子形成螯合物，从而抑制铁离子的催化活性，起到抗氧化的作用。

6.2.5 化学合成食品增稠剂

化学合成食品增稠剂，又叫化学改性胶、半合成胶或化学修饰胶，一般是以来源丰富的多糖等高分子物质为原料，通过化学反应在分子链上植入或去掉某些基团而形成原多糖等高分子物质的化学衍生物，从而改变了它们的许多理化特性，包括溶解度、产品黏度等。化学合成食品增稠剂主要包括纤维素胶、变性淀粉及淀粉衍生物、壳聚糖及其衍生物。此外，化学合成食品增稠剂还包括聚丙烯酸钠、聚乙烯吡咯烷酮及聚乙烯聚吡咯烷酮、聚丙烯酰胺等非多糖类胶体，以及前面介绍的海藻酸丙二醇酯、瓜尔胶衍生物等一些多糖类衍生物。

6.2.5.1 淀粉类增稠剂

淀粉是我国习惯使用的增稠剂。淀粉的种类很多，价格较便宜。常用的有绿豆淀粉、小豆淀粉、马铃薯淀粉、白薯淀粉、玉米淀粉。目前，在食品中使用的增稠剂主要包括环状糊精以及诸如氧化淀粉、酸解淀粉、酯化淀粉、氧化酯化双变性淀粉、交联酯化双变性淀粉等变性淀粉。变性淀粉作为食品增稠剂中的一大类，具有提高食品的黏稠度、使产品形成凝胶状、增强挂壁性、改变食品的物理性质、赋予食品黏润和适宜的口感等作用，还兼有乳化、稳定或使产品呈悬浮状态等固有特性，在食品工业中得到广泛应用。

6.2.5.2 羧甲基纤维素钠（CNS 号为 20.003，INS 号为 466）

羧甲基纤维素钠，简称 CMC 或 SCMC，又名纤维素胶，是最主要的离子型纤维素胶，是一种阴离子、直链、水溶性纤维素醚，可使大多数常用水溶液制剂的黏度发生较大变化。在食品工业中具有实用价值的是它的钠盐，因此通常 CMC 就是指羧甲基纤维素钠。

（1）化学组成与结构

CMC 是以纤维素、烧碱和氯乙酸为主要原料制成的一种高聚合纤维素醚，分子量从几千到百万不等。

（2）性状与性能

白色或微黄色粉末、粒状或纤维状固体，无臭无味无毒。CMC 是一种大分子化学物质，能够吸水膨胀，在水中溶胀时可以形成透明的黏稠胶液，水悬浮液的 pH 值为 6.6～8.6。它在水中的分散度与取代度及其分子质量有关。它不溶于乙醇、乙醚、丙酮和氯仿等有机溶剂。

衡量 CMC 质量的主要指标是取代度（DS）和聚合度（DP）。取代度是指连接在每个纤维素单元上的羧甲基钠基团的平均数量。取代度的最大值是 3，但是在工业上用途最大的是取代度为 0.6～1.2 的 CMC。一般来说，DS 不同，CMC 的性质也不同。DS 越大，溶液的透明度和稳定性越好。聚合度指纤维素链的长度，决定着其黏度的大小。纤维素链越长，溶液黏度越大。

CMC 的黏度大小与溶液酸碱度、加热时间长短、溶液中是否存在盐等因素有关。溶液是假塑性流体，随剪切速率增加，表观黏度降低，与剪切时间无关，当剪切停止时立即恢复到原有黏度。当温度升高时，CMC 溶液黏度降低，冷却后恢复，但长时间高温可能引起 CMC 降解而导致黏度降低。随着溶液 pH 值的降低，黏度下降。当 pH＝7 时，黏度最大，通常 pH＝4～11 较合适，而 pH＜3，则易生成游离酸沉淀。CMC 本身在酸性条件下不够稳定，如遇到偏酸高盐溶液时，可选择耐酸抗盐型羧甲基纤维素钠，或与黄原胶复配，效果更佳。某些金属盐与 CMC 反应，析出相应的纤维素羟乙酸金属盐而沉淀，使溶液失去黏性。CMC 不会与钙盐和镁盐反应而沉淀，所以可以用于硬水。CMC 水溶液受细菌影响可引起生物降解，使黏度降低。CMC 与羟乙基或羟丙基纤维素、明胶、黄原胶、卡拉胶、槐豆胶、瓜尔胶、琼脂、褐藻胶、果胶、阿拉伯胶、淀粉及其酸性衍生物等有良好的配伍性，即有协同增效作用。

（3）应用实例

① 果酱、番茄酱或乳酪　这类食品中添加 CMC，不仅增加黏度，而且可增加固形物的含量，还可使其组织柔软细腻。

② 酸性饮料　脱脂牛奶经杀菌、冷却后，在接种乳酸菌发酵过程中乳蛋白常有凝集的现象，且保存时极不稳定，加入耐酸性的 CMC，可避免此情况。

③ 果汁饮料　加工果汁饮料，常因过滤不良而混有果肉，导致蛋白质由于受果肉中酶的作用而生成沉淀，添加 CMC 可以防止此现象。

④ 面包、蛋糕　在面包和蛋糕中添加 CMC，可增加其保水作用，防止老化，防止油渗

出，添加量一般为 0.1%~0.2%。在速煮面中使用羧甲基纤维素钠，可使制品均匀，结构改善，水分容易控制，便于操作，添加量为 0.6%。

⑤ 油脂、香料和粉状食物的固形剂　用 20%~60% 的 CMC 水溶液，与油脂、香料等混合均匀，乳化后，采用真空浓缩或喷雾干燥成粉。同时易溶于水。

⑥ 果蔬　将果蔬用含对羟基苯甲酸酯的 2%~3% 羧甲基纤维素钠的溶液涂覆，可以保鲜、防霉和保持风味。

⑦ 肉类制品、蛋、水果、蔬菜等　以 2%~3% 的 CMC 水溶液喷洒于食物表面，可在表面形成一种极薄的膜，可长期储存食物，保持风味。食用时用水冲洗即可，十分方便。

⑧ 方便面　在方便面中加入 CMC，较易控制水分，且可减少面条的吸油量及减少面条因油脂酸败而使制品败坏的可能性，并可增加面条的光泽，一般用量为 0.36%。

⑨ 酱油　在酱油中添加 CMC，以调节酱油的黏度，使酱油具有滑润口感。

⑩ 棉花糖　CMC 具有结构膨松作用，与明胶配伍性好，能显著提高明胶的胶黏度，并且 CMC 能承受熬糖条件，其假塑性方便了工艺操作。

⑪ 固体饮料　利用 CMC 的膨胀作用，使片状饮料易于冲调。

6.2.5.3　微晶纤维素［MCC，CNS 号为 02.005，INS 号为 460 (i)］

微晶纤维素又叫结晶纤维素，是由天然纤维素经稀无机酸水解达到极限聚合度的固体产物，是一种结构类似海绵状的多孔、有塑性的纤维素。

微晶纤维素为白色细小短棒状或无定形结晶性粉末，无臭、无味。微晶纤维素不具纤维性而流动性极强，不溶于水、稀酸和大多数有机溶剂和油脂，在稀碱溶液中部分溶解、润胀。其微结构类似于海绵状，多孔，有塑性。微晶纤维素与其他亲水胶体的不同之处是MCC 本身并不与水结合，而只是连接分散，黏度初始值很低，需要 24h 才能达到较高的稳定黏度值，分散液呈触变性，而且温度对其黏度及性质几乎无影响，冷热稳定性良好。

6.2.5.4　羟丙基甲基纤维素（HPMC，CNS 号为 20.028，INS 号为 464)

（1）化学组成与结构

羟丙基甲基纤维素是一种甲基纤维素的丙二醇醚，也属于非离子型纤维素醚，其中羟丙基和甲基都是由醚键与纤维素的无水葡萄糖环相互结合形成的，不同规格的产品，其甲基和羟丙基含量与比例均不同。

（2）性状与性能

HPMC 为白色纤维状粉末或颗粒，可溶于水及某些有机溶剂系统，不溶于乙醇。HPMC 分散于冷水，水溶液具有表面活性，干燥后形成薄膜。水溶液呈假塑性流体特性。HPMC 溶液受热后形成独特的可逆热凝胶，加热后成凝胶，冷却后又恢复成溶液，凝胶的形成温度取决于甲基和羟丙基的相对含量（或相对亲水性）。凝胶强度比甲基纤维素弱，凝胶形成温度也比甲基纤维素高。

6.2.5.5　聚丙烯酸钠（CNS 号为 20.036）

聚丙烯酸钠是聚阴离子型电解质，是水溶性高分子化合物。

（1）性状与性能

白色粉末，无臭无味，吸湿性极强，是一种具有亲水和疏水基团的高分子化合物。缓慢溶于水形成极黏稠的透明溶液，黏度约为 CMC、海藻酸钠的 16~20 倍，加热处理，中性盐类、有机酸类对其黏度影响很小，碱性时黏度增大。不溶于乙醇、丙酮等有机溶剂。久存黏度变化极小，耐冻融、机械稳定性好。易受酸及金属离子的影响，黏度降低。遇二价以上金属离子形成其不溶性盐，引起分子交联而凝胶化沉淀。pH4.0以下时聚丙烯酸钠产生沉淀。

（2）应用

聚丙烯酸钠添加到食品中具有独特的作用，添加到生面、干面、油炸面等面制品中，可改善此类产品的口感，使其更加筋道，添加到粉丝、粉条、粉皮时，可提高此类产品的筋度，使其更耐煮。《食品安全国家标准 食品添加剂使用标准》（GB 2760—2024）规定，其可按生产需要添加到各种食品生产中，聚丙烯酸钠摄入人体后不被人体消化，将随粪便排出体外。

6.2.5.6 *β*-环状糊精

β-环状糊精（*β*-cyclodextrin），简称 *β*-CD，是由淀粉经微生物酶作用后提取制成的由 7 个葡萄糖残基以 *α*-1,4-糖苷键结合构成的环状结构的低聚糖。*β*-环状糊精的分子式为 $C_{42}H_{70}O_{35}$，分子量 1134。

（1）性状与性能

β-环状糊精为白色结晶性粉末，无臭、味甜。溶于水，溶解度为 1.86g/100mL，与碘发生络合反应显黄色。由于其为环状结构，故其中间的空洞内可以包入各种物质，形成各种包接物。此包接物具有改善各种物质物理性能的作用，故有广泛用途。还可以提高难溶于水的物质的溶解度，改善其物理化学性质。*β*-环状糊精在食品中主要有稳定作用，提高和改善食品的组织结构，消除和掩盖食品的特异臭和苦味，改善食品的风味。常用于包封天然色素，提高色素的稳定性；包封易挥发香料，可使其不易挥发；掩蔽不良气味，如消除某些产品的异味异臭。还可以添加到速溶饮料、软饮料、罐头食品、调味品等中，改善和提高产品的品质。此外，由于本品的环状空洞内具有疏水性，而外侧呈亲水性，因此它还具有界面活性剂的作用。环状糊精的化学结构式如图 6-3 所示。

（2）应用

① *β*-CD 对风味物质的包埋 食品的香味对于提高客户的满意度起着重要作用，并影响食品进一步的消费。为了防止加工和贮藏过程中风味的降解和损失，可以利用 *β*-CD 与风味成分形成络合物加以保护。在喷雾干燥、喷雾冷冻/冷却、冷冻干燥、流化床造粒、挤压成形、复凝聚和共结晶等工艺中，利用 *β*-CD 与风味物质作用，形成 *β*-CD-风味物质分子的包埋络合物，将可以更好地保护多组分食品体系中存在的挥发性和不稳定的风味物质，使其在食品加工中免受损失。如在温州蜜柑果汁中加一定量的 *β*-CD，经喷雾干燥制成的

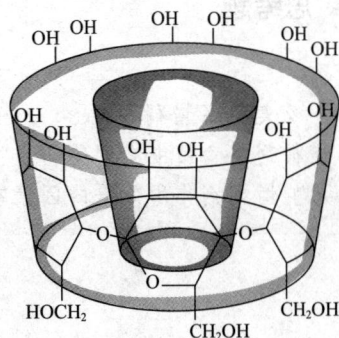

图 6-3 环状糊精的化学结构式

粉末状固体果汁，可显著提高贮藏期。在茶叶浸出液中加入一定量 *β*-CD，经喷雾干燥得到的速溶茶，其芳香和茶味远比对照组好。在所有的包埋技术中，风味物质的 *β*-CD 分子包埋技术已经被证明是保护风味物质免受加热和蒸汽影响的最有效方法。分子水平的包埋还可以抑制或避免天然或合成复合体系中不同组分之间的相互作用，比如香精浓缩物、精油、油树脂等。

② 消除食品异味 *β*-CD 可以显著脱除食品的异味和苦涩味。如在鱼肉制品加工过程中添加 0.6%～2% 的 *β*-CD，可去除鱼肉的腥臭味；在豆奶饮料中加入 2%～6% 的 *β*-CD，可显著减少豆腥味；在萝卜、西红柿、芦笋加工过程中加入 *β*-CD，除去加工中产生的异味；

鱼、羊肉等腥味重的食品，在加工时用 β-CD 处理，则可有效地除去腥味；柑橘汁中的橘皮苷、柠檬碱、柚皮苷等苦味物质严重影响产品的风味和澄清度，加入 $0.3\%\sim0.6\%$ 的 β-CD，可去除 $49\%\sim66\%$ 的苦味物质；在陈米蒸煮时，每 100g 大米中添加 $10\sim400$mg β-CD，可去除陈米中的不愉快气味。

③ 胆固醇螯合剂　低密度脂蛋白胆固醇是被公认的冠心病的危险因子，如果长期摄入这类物质就会使动脉产生粥样硬化，引起冠心病、高血压病等。β-CD 的空腔结构能与胆固醇结合，研究表明在乳制品中添加 β-CD 能够去除其中 84.21% 的胆固醇。

不同增稠剂的特性对比如表 6-2 所示。

表 6-2　不同增稠剂特性对比

特性	由强至弱排列次序
抗酸性	海藻酸丙二醇酯、耐酸 CMC、果胶、黄原胶、海藻酸盐、卡拉胶、琼脂、淀粉
增稠性	瓜尔胶、黄原胶、槐豆胶、魔芋胶、果胶、海藻酸盐、卡拉胶、CMC、琼脂、明胶、阿拉伯胶
吸水性	瓜尔胶、黄原胶
凝胶性	琼脂、海藻酸盐、明胶、卡拉胶、果胶
凝胶透明度	卡拉胶、明胶、海藻酸盐
凝胶热可逆性	卡拉胶、琼脂、明胶
快速凝胶性	琼脂、果胶
溶于冷水	大多数胶均能溶于冷水（明胶、琼脂、甲基纤维素、部分卡拉胶）

思考题

1. 什么是食品增稠剂？
2. 增稠剂在食品中有哪些作用？
3. 影响增稠剂作用效果的因素有哪些？

第 6 章　思考题答案

第7章

食品乳化剂

导言

    食品乳化剂是消耗量较大的一类食品添加剂，广泛应用于各种食品的生产过程中，包括烘焙制品、饮料、肉制品、乳制品等，以改善产品的质量和口感。在正常使用情况下，食品乳化剂是安全的。然而一些人工合成的乳化剂可能具有潜在的致癌风险，因此需要控制使用量和使用条件。消费者也应尽可能选择天然、低风险的乳化剂，如卵磷脂、酪蛋白、大豆蛋白等。同时，消费者也要注意饮食均衡，避免过度依赖乳化剂改善食品口感。

    随着人们对食品健康和安全的关注度不断提高，对食品乳化剂的需求和要求也在不断变化。未来，食品乳化剂行业将朝着更加健康、天然、高效的方向发展。新型的天然乳化剂、高效率的纳米级乳化剂及具有特殊功能的乳化剂将逐步取代传统的人工合成乳化剂。同时，随着食品科技的发展，人们也将更加深入地研究和理解乳化剂的作用机制和对人体健康的影响，从而为消费者提供更加安全、健康的食品。作为食品专业的学生，了解食品乳化剂在食品工业中的重要作用，掌握相关乳化剂的应用特性及发展趋势，必要时有能力向公众做好相关科普，是"食品人"需要承担的社会责任。

7.1 乳化剂概述

7.1.1 乳化现象

    将水和油一起倒入烧杯中，经过剧烈搅拌后，会发现油和水混合到了一起，整个溶液呈现出乳白色，此种现象为乳化现象，形成的体系称为乳状液。但是这种乳化体系并不稳定，经过长时间放置我们可以发现，油又重新浮在了水的表面，溶液发生分层现象。如果我们向油水混合物中添加一些物质，例如洗洁精，再次搅拌混合，发现乳状液经过长时间放置后，仍然没有发生分层现象，这些为增加乳化现象的稳定性而添加的物质，称为乳化剂。乳化现象在日常生活中广泛存在，例如：哺乳动物的乳汁，蛋糕店里用到的奶油，植物蛋白饮料和沙拉酱等，它们内部都存在一定的乳化现象。

7.1.2　食品乳化剂定义

食品是由水分、蛋白质、碳水化合物、脂肪等多组分构成的多相体系，而食品中的水和脂肪等组分，彼此互不相容，互不相容的混合物在热力学上具有不稳定性，最终会发生组分间的相分离现象。食品中的相分离现象会引发产品口感、风味变差和微生物腐败问题，例如，面包饼干等焙烤食品放置以后发硬、酸奶出现水乳分离、蛋黄酱出现水油分离以及巧克力和糖果表面起霜等。为了使食品体系更加稳定，需要加入能够降低食品中互不相容的油相（疏水性物质）和水相（亲水性物质）间界面张力，使混合体系相对均匀分散的物质，也即食品乳化剂。食品乳化剂是表面活性剂的一种，其分子结构的共同特点是分子两端性质相反，一端是极性的亲水基团，另一端是非极性的亲油疏水基团。能被水润湿、易溶于水的成分称为亲水基团，如含羟基的多元醇类和糖类如甘油（丙三醇）、山梨醇（己六醇）、蔗糖、葡萄糖等；另外是与油脂中烃类结构相近似、易溶于油的部分称为亲油疏水基团，此类包括各种脂肪酸，如硬脂酸、油酸、中碳链脂肪酸等。这两种基团存在于一个结构中，使乳化剂具有降低油、水两相排斥作用力的能力。乳化剂的非极性基团能够吸附在油相，另一端的亲水性基团稳定在水相，一方面在界面上形成乳化剂的界面膜，另一方面乳化剂分子也起到"锚定"的作用，阻止相分离现象的发生，从而使食品体系更加稳定。目前，食品乳化剂被广泛应用于焙烤食品、肉制品、冷饮、蛋白饮料和糖果等食品的生产和加工过程中。乳化剂的结构如图 7-1 所示。

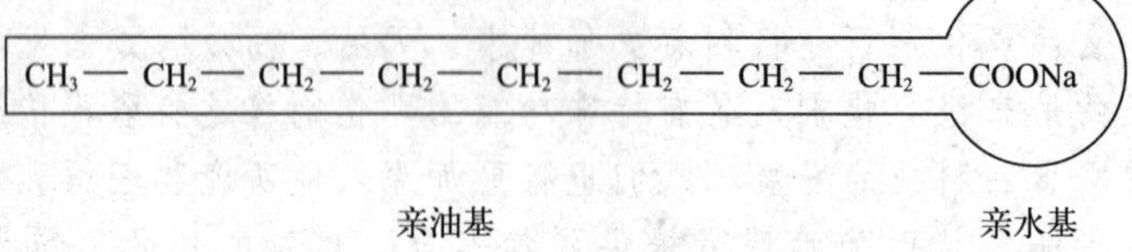

$$CH_3 — CH_2 — CH_2 — CH_2 — CH_2 — CH_2 — CH_2 — CH_2 —COONa$$

亲油基　　　　　　　　　　　　　　　　　　亲水基

图 7-1　乳化剂结构

7.1.3　乳化剂种类与特性指标

7.1.3.1　乳化剂的分类

乳化剂种类繁多，从来源上可分为天然乳化剂和人工合成乳化剂。天然乳化剂一般以卵磷脂和固醇类化合物为代表。卵磷脂中有若干个中长链饱和或不饱和脂肪酸（如十六酸、十八酸、油酸、亚油酸等）的酯基和磷酸酯基，是良好的水包油（O/W）型乳化剂。胆固醇分子中有小的亲水的羟基和大的疏水基团，是油包水（W/O）型乳化剂。一些天然蛋白质、多糖和胶类物质，因为自身结构也包含亲水基团和疏水基团，所以也具有一定乳化性能，比如广泛应用的大豆蛋白、酪蛋白、阿拉伯胶、瓜尔胶和魔芋胶等。还有一些天然乳化剂是复杂有机酸的盐，比如从海藻中提取的褐藻酸盐，是甘露糖醛酸和古洛糖醛酸的乙酰化多聚物盐类；鹿角菜胶是由鹿角菜（一种海藻）提取的，是一种多糖硫酸酯混合盐，这类盐在形成乳状液时能形成结构紧密的界面膜。大多数天然乳化剂的乳化活性并不高，在特定条件下或与其他乳化剂混合使用时，才有满意的效果。有的天然乳化剂在乳化时只有辅助效果，比如提高乳液的黏度，抑制乳液分层。

乳化剂还可以按照亲水基团在水中的电离程度分为离子型乳化剂和非离子型乳化剂。

（1）离子型乳化剂

当乳化剂溶于水时，凡是能离解成离子的，称为离子型乳化剂。如果乳化剂溶于水后离解成一个较小的阳离子和一个较大的包括烃基的阴离子基团，且起作用的是阴离子基团，称为阴离子型乳化剂；如果乳化剂溶于水后离解生成的是较小的阴离子和一个较大的阳离子基团，且发挥作用的是阳离子基团，这个乳化剂称为阳离子型乳化剂。两性乳化剂分子也是由亲油的非极性部分和亲水的极性部分构成的，特殊的是亲水的极性部分既包含阴离子，也包含阳离子。

① 阴离子型乳化剂　在离子型乳化剂中，阴离子型乳化剂是发展最早、产量最大、品种最多和工业化最成熟的一类。食品工业中常用的阴离子型乳化剂有烷基羧酸盐、磷酸盐等，常用的两性乳化剂有卵磷脂等。阳离子型乳化剂在食品中的应用较少。

与其他类型的乳化剂相比，阴离子型乳化剂一般具有以下几个特征。

a. 溶解度随温度的变化存在明显的转折点。即在较低的一段温度范围内，溶解度随温度上升非常缓慢。当温度上升到某一定值时，其溶解度随温度上升而迅速增大，这个温度叫作乳化剂的克拉夫特点（Krafft point），一般离子型乳化剂都有 Krafft 点。

b. 一般情况下与阳离子表面活性剂配伍性差，容易生成沉淀或变为混浊，但在一些特定条件下与阳离子表面活性剂复配可极大提高表面活性。

c. 抗硬水性能差，对硬水的敏感性，羧酸盐＞磷酸盐＞硫酸盐＞磺酸盐。

d. 羧酸盐在酸中易析出自由羧酸，硫酸盐在酸中可发生自催化作用迅速分解，其他类型阴离子型乳化剂在一般条件下是稳定的。

② 阳离子型乳化剂　阳离子型乳化剂在水溶液中解离时生成的活性离子带正电荷，其中，疏水基与阴离子型乳化剂中的相似，亲水基主要为氮原子，也有磷、硫、碘等原子。亲水基和疏水基可直接相连，也可通过酯、醚和酰胺键相连。

阳离子型乳化剂中，最重要的是含氮的乳化剂。在含氮的阳离子型乳化剂中根据氮原子在分子中的位置，又可分为常见的直链的铵盐、季铵盐和环状的吡啶型、咪唑、咪唑啉型等四类。阳离子型乳化剂的用量较少，在食品工业中应用更是少见，一方面是因为其价格昂贵，另一方面阳离子型乳化剂具有一定毒性，而且容易吸附在固体表面。

（2）两亲型乳化剂

两亲型乳化剂的分子结构与蛋白质中的氨基酸相似，在分子中同时存在酸性基和碱性基，易形成"内盐"。酸性基大都是羧基、磺酸基或磷酸基；碱性基则为氨基或季铵基。食品中常见的两亲型乳化剂有氨基酸型、磷脂、淀粉和蛋白衍生物。

（3）非离子型乳化剂

非离子型乳化剂是一种在水中不解离成离子状态的两亲型结构化合物。其亲水基主要是由聚乙二醇基 $\pm(C_2H_4O)\frac{}{n}$ 构成，另外就是以多元醇（如甘油、季戊四醇、蔗糖、葡萄糖、山梨醇等）为基础的结构。此外还有以单乙醇胺、二乙醇胺等为基础的结构。

非离子型乳化剂具有以下特征：

① 是乳化剂家族的第二大类，产量仅次于阴离子型乳化剂。

② 由于离子型乳化剂不能在水溶液中离解为离子，因此，稳定性高，不受酸、碱、盐所影响，耐硬水性更强。

③ 与其他乳化剂及添加剂相容性较好，可与阴、阳、两性离子型乳化剂混合使用。

④ 与离子型乳化剂相比，非离子型乳化剂起泡性能较差，不适用于一些要求泡沫丰富的食品。

7.1.3.2 乳化剂的特性指标

（1）亲水亲油平衡值（HLB）

乳化剂分子中同时有亲油、亲水两类基团。乳化剂宏观所表现的亲水亲油倾向，取决于两类基团的作用强弱差异，由两种亲和力平衡所决定。能够影响乳化剂亲油、亲水性质的因素有很多，互相之间的影响也较为复杂。因此，亲水亲油平衡值（HLB）被提出以表示乳化剂的关键性质。HLB 是乳化剂分子中亲水性和亲油性的相对强度之"中和"后宏观所表现出的特性。测试中，将疏水性最大的完全由饱和烷烃基组成的石蜡的 HLB 值定为 0，将亲水性最大的完全由亲水性氧乙烯基组成的聚氧乙烯的 HLB 值定为 20。食品体系中食品乳化剂的 HLB 值一般在 1～20，HLB 值越高表明乳化剂亲水性越强，反之亲油性越强。因此，食品体系中 HLB 值为 1 表示乳化剂的亲油性最大，HLB 值为 20 表示乳化剂的亲水性最大。根据 HLB 值可知乳化剂能形成乳状液的类型。HLB 值低，易形成油包水（W/O）型乳状液；HLB 值高，易形成水包油（O/W）型乳状液。例如，HLB 值在 3～5 能形成 W/O 型乳状液；HLB 值在 10 以上能形成 O/W 型乳状液；HLB 值为 10 左右则可以形成各种形态的乳状液。HLB 值具有加和性，利用这一特性可制备出不同 HLB 值的复合乳化剂，提高乳化剂的应用范围和效果。

（2）HLB 值与乳化剂应用的关系

① 乳化剂 HLB 值的计算

HLB 值的计算主要有下面两种方法：

a. 差值式：

$$HLB=亲水基的亲水性-亲油基的疏水性 \tag{7-1}$$

b. 比值式：

$$HLB=\frac{MH}{ML+MH}\times 20 \tag{7-2}$$

式中，MH 代表亲水基部分的分子量；ML 代表疏水基部分的分子量。

对于不同类型的乳化剂，式（7-1）、（7-2）可以变化成不同的具体形式：

a. 差值式的戴维斯法：

$$HLB=7+\sum 亲水基团值-\sum 亲油基团值 \tag{7-3}$$

亲水基团值和亲油基团值可通过《化工产品手册 表面活性剂》（第六版）（化学工业出版社，2016.）查到，再根据分子结构进行计算。

b. 比值式的川上法：

$$HLB=7+11.7\log\left(\frac{W_L}{W_O}\right) \tag{7-4}$$

式中，W_L 代表表面活性剂分子中亲水基团的质量；W_O 代表亲油基团的质量。

c. 质量分数法：

$$HLB=乳化剂分子中亲水基团的质量分数\times 0.2 \tag{7-5}$$

例如，乳化剂硬脂酰乳酸钠分子量中的 42% 是由亲水基团构成的，则硬脂酰乳酸钠的 HLB 值＝42/5＝8.4。

有些类型乳化剂的 HLB 值无法通过上述公式获得，可以采用实验的方法，如测定乳化剂的皂化值和原料脂肪酸的酸值，根据实验测定结果，用式（7-6）计算乳化剂的 HLB 值。

$$HLB=20\times(1-S/A) \tag{7-6}$$

式中 S——乳化剂的皂化值；

A——原料脂肪酸的酸值。

例如，实验测定乳化剂山梨醇酐单月桂酸酯皂化值为 164，酸值为 290，根据（7-6）计算山梨醇酐单月桂酸酯的 HLB 值：

$$HLB=20\times(1-S/A)=20\times(1-164/290)=8.7$$

如果乳化剂的 HLB 值无法用上述方法获得，还可以用已知 HLB 值的乳化剂（通常采用吐温系列或者司盘系列）进行乳化效果的对比来获得数值，常用食品乳化剂的 HLB 值如表 7-1 所示。

表 7-1　常用食品乳化剂的 HLB 值

乳化剂名称	HLB	乳化剂名称	HLB
聚氧乙烯山梨醇酐单月桂酸酯（吐温 20）	16.7	琥珀酰单硬脂酸酯	5.7
聚氧乙烯山梨醇酐单软脂酸酯（吐温 40）	15.6	单油酸甘油酯	3.4
聚氧乙烯山梨醇酐单硬脂酸酯（吐温 60）	15.0	单硬脂酸甘油酯	3.8
聚氧乙烯山梨醇酐单油酸酯（吐温 80）	14.9	单月桂酸甘油酯	5.2
山梨醇酐单月桂酸酯（司盘 20）	8.6	二乙酰化单硬脂酸甘油酯	3.8
山梨醇酐单软脂酸酯（司盘 40）	6.7	双乙酰酒石酸单双甘油酯	8.0
山梨醇酐单硬脂酸酯（司盘 60）	4.7	蔗糖脂肪酸酯	3~16
山梨醇酐三硬脂酸酯（司盘 65）	2.1	聚甘油单硬脂酸酯	5~13
山梨醇酐单油酸酯（司盘 80）	4.3	脂肪酸（钾、钠、钙）盐	16~18
山梨醇酐三油酸酯（司盘 85）	1.8	硬脂酰乳酸钠	8.3
卵磷脂	4.2	大豆磷脂	8.0

② 复合乳化剂 HLB 值的计算

利用乳化剂 HLB 值的加和特性，选择两种或两种以上乳化物质进行复配，可依此获得不同应用范围和不同类型的复合乳化制剂。这种复合乳化剂 HLB 值的计算可根据各组分乳化剂的 HLB 值以及质量平均值算出，具体计算可按照以下进行。

$$HLB_{AB}=\frac{HLB_A\times m_A+HLB_B\times m_B}{m_A+m_B} \tag{7-7}$$

式中　m_A——A 种乳化剂质量；

m_B——B 种乳化剂质量；

HLB_A——A 的 HLB 值；

HLB_B——B 的 HLB 值；

HLB_{AB}——AB 的 HLB 值。

例如，HLB 值为 4.7 的司盘 60 和 HLB 值为 14.9 的吐温 60 配成复合乳化剂，其中司盘 60 占比 45%，吐温 60 占比 55%，则复合乳化剂的 HLB 值为：HLB＝4.7×0.45＋14.9×0.55＝10.31。

为获得稳定的乳状液，通常选用 HLB 差异较小的乳化剂复配。不同乳化剂复配后其 HLB 具有加和性，但对于 HLB 差异较大的乳化剂，这一规律有时并不准确。此外，HLB 计算法并不能应用于所有乳化剂，主要原因是：第一，离子型乳化剂在不同 pH 溶液中所带的电荷不同，乳化性能也存在差异，无法确定其真正的 HLB；第二，商业乳化剂通常是多种乳化剂复配的混合物，乳化剂之间可能存在协同效应；第三，HLB 仅考虑乳化剂的分子结构，未考虑乳状液的基本性质。尽管 HLB 计算法存在一定局限性，但仍是目前选择乳化剂和评价乳化剂功效应用最广泛的方法。

③ 乳化剂 HLB 值的估算

可以根据乳化剂在水中的溶解情况，估算乳化剂的 HLB 值。表 7-2 列出了 HLB 值的大致范围。

表 7-2　HLB 值的估计范围

乳化剂加入水后的性质	HLB 范围	乳化剂加入水后的性质	HLB 范围
不分散	1~4	稳定的乳状分散体	8~10
分散不好	3~6	半透明至透明分散体	10~13
强烈搅拌可得乳状分散体	6~8	透明溶液	13 以上

④ HLB 与乳化剂的应用

HLB 值在很大程度上决定着乳化剂的应用性能。若知乳化剂的 HLB 值，就可判断其亲水亲油性能，并可根据其乳化特点在应用上选择适宜的使用范围和体系。或者根据食品的组分工艺要求，选择所需要的乳化剂。例如，要乳化一种食用油，首先是根据这种油被乳化时所需要的 HLB 值，来选择具有相同或相近 HLB 值的乳化剂；而乳化剂一般成对使用，因此也要根据 HLB 值来选择配伍的乳化剂对；选择了乳化剂之后，是先将其溶于水中还是先将其溶于油中，也需要根据 HLB 值确定。目前，食品乳化剂的应用和开发已由单一品种趋向于复配型产品，用几种基本乳化剂复合搭配出许多品种，发挥其协同效应。如何复配出理想的复合乳化剂，HLB 值是首要研究的重要指标。例如，在选择乳化剂对时要注意高 HLB 值与低 HLB 值相差不要大于 5，否则就得不到最佳效果，乳化剂厂家能生产出的乳化剂品种有限，但可根据市场的需要出售多种复配型乳化剂，这对于提高厂家的经济效益有十分重要的意义。因此，在食品加工中只要涉及乳化剂的使用，首先考虑的参数就是 HLB 值。应该指出，HLB 值没有考虑分子结构的特异性，而乳化剂的性质、功效还与亲水亲油基的种类、分子结构和分子量有关。实践经验证明，不同种类的亲油基的亲油性强弱具有如下的排列顺序：脂肪基≥带脂烃链的芳香基＞芳香基＞带弱亲水基的亲油基。另外，亲油基和亲水基与所亲和的物质结构越相似，那么它们的亲和性越好；亲水基位置在亲油基链一端的乳化剂比亲水基靠近亲油基链中间的乳化剂亲水性要好；分子量大的乳化剂乳化分散能力比分子量小的好；乳化特性一般在有 8 个碳原子以上、呈直链结构的分子上才显著表现出来，10~14 个碳原子的乳化剂的乳化与分散性较好。不同 HLB 乳化剂的应用范围如表 7-3 所示。

表 7-3　不同 HLB 乳化剂的应用范围

HLB 范围	应用	HLB 范围	应用
1.5~3	消泡剂	8~18	O/W 型乳化剂
3~6	W/O 型乳化剂	13~15	洗涤剂
7~9	湿润剂	15~18	增溶剂

7.1.3.3　乳化剂临界胶束浓度（critical micelle concentration，CMC）

（1）胶束与临界浓度

当乳化剂分子在溶液中的浓度超过一定值时，单体（单个分子或离子）就会缔合成胶态聚合物，即形成胶束。溶液性质发生突变时的浓度，也就是形成胶束时的浓度，称为临界胶束浓度（CMC），此过程称为胶束化作用。

单个乳化剂分子溶于水后完全被水分子包围，其亲水基受到水的吸附，亲油基受到排斥而有自水中逃离的趋势，这就意味着乳化剂分子占据溶液表面——在表面吸附，其亲水基伸向空气。当体系的总能量达到最低时（即达到一种新的平衡状态），分子中长链的亲油基通过分子间的吸附力相互缔合在一起，而亲水基则朝向水中。此时，亲水基将朝向水中并与水分子结合，亲油基则自身相互成团，形成"各得其所"的新平衡状态，在较高浓度的溶液中形成乳化剂分子的聚集体也即胶束。

胶束概念的建立有助于加深对乳化剂分子性质的理解。由实验结果可知，当溶液浓度达到一定值后，胶束开始形成，浓度越大形成的胶束数目越多。乳化剂分子在溶液表面的吸附量也就越多，直至饱和，浓度继续增加超过 CMC 以后，单个乳化剂分子（或离子）的浓度基本不再增加，而只是胶束的浓度增加。胶束内部皆为碳氢链所组成的亲油基团，就像有机溶剂一样，有溶解不溶于水的有机物的能力。胶束数目随溶液浓度增加，溶解有机物的量也随之增加，此即加溶作用。胶束的结构是亲水基向外，朝向水中，可以看作是一个亲水性很强的"大分子"，所以单个的乳化剂离子一旦形成胶束以后，在水中的浓度就急剧增大，这就是离子型乳化剂浓度性质上的特殊表现原因所在。除了离子型乳化剂，非离子型乳化剂也可以形成胶束，这类能形成胶束的溶液，称作缔合胶束溶液。乳化剂达到临界胶束浓度的过程如图 7-2 所示。

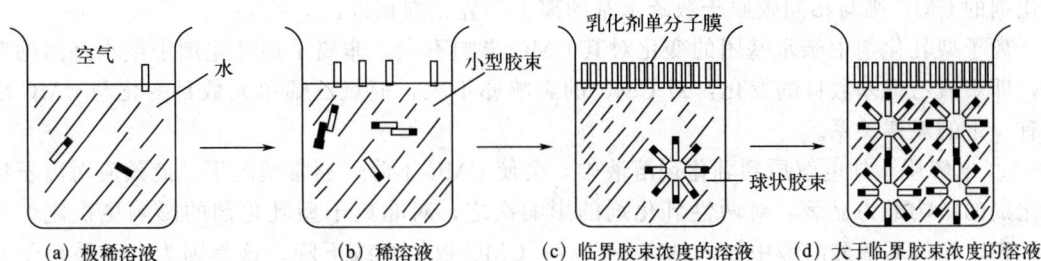

图 7-2　乳化剂达到临界胶束浓度过程示意图

(2) 临界胶束浓度的影响因素

临界胶束浓度可衡量胶束形成的难易程度，直接与乳化剂的表面活性有关，临界胶束浓度越小，表示这一乳化剂形成胶束所需要的浓度越低，达到表面饱和吸附的浓度越低，因而改变界面性质，如润湿、渗透、乳化、增溶、发泡等所需乳化剂的浓度也越低。因此，研究影响 CMC 的有关因素及其测定方法具有重要的实际意义。

① 乳化剂的化学结构

a. 乳化剂的碳氢链长　在水溶液中，离子型乳化剂碳氢链的碳原子数在 8～16 的范围内，CMC 随碳原子数的变化呈现一定的规律，即同系物中，一般碳原子数增加一个，CMC 约下降一半。对于非离子型表面活性剂，增加疏水性碳原子数引起 CMC 下降的程度更大，一般每增加两个碳原子，CMC 下降至十分之一。此种规律可以用下述经验公式表示：

$$\log CMC = A - Bm \qquad (7\text{-}8)$$

式中，A、B 为经验常数；m 为碳氢链的碳原子数。

一般，离子型乳化剂的 B 值在 0.3 附近，非离子型乳化剂的 B 值在 0.5 附近；A 值与乳化剂的极性有关，其数值变化无明显规律。

由上述关系可知，乳化剂在水溶液中的 CMC 数值，随着疏水性的增加而下降。

b. 碳氢链分支及极性基团位置　有支链的乳化剂的 CMC 数值与相同碳原子（相同 CH_2 基团数目）的直链化合物的 CMC 相比较，后者的 CMC 值要小很多。例如，二正丁基琥珀酸酯磺酸钠（$C_{20}H_{37}NaO_7S$）的 CMC 为 0.2mol/L，而 $C_{10}H_{21}SO_3Na$ 的 CMC 则要小很多，为 0.0445mol/L；对于（C_8H_{17})$_2$N(CH_3)$_2$Cl，其 CMC 为 0.0266mol/L，而 $C_{16}H_{33}$N(CH_3)$_3$Cl 的 CMC 为 0.0014mol/L。

关于极性基团位置的影响，一般极性基团在碳氢链中的位置越靠近中间，CMC 越大。以碳原子数为 14 的烷基硫酸钠为例，硫酸基在第一碳原子上时，CMC 为 0.00240mol/L；而在第七个碳原子上时，CMC 则为 0.00970mol/L，相差约 4 倍。

c. 碳氢链中其他取代基　在疏水基中除饱和碳氢链外还有其他基团时，必然影响乳化剂的疏水性，从而影响 CMC。例如，在疏水基中有苯基时，一个苯基大约相当于 3.5 个 CH_2 基团，所以 P—n—$C_8H_{17}C_8H_4CO_3Na$ 虽有 17 个碳原子，但只相当于有 11.5 个碳原子的烷基磺酸钠，即 CMC 为 0.015mol/L。另外，与饱和化合物相比，碳氢链中有双链时，CMC 则较高。一个比较明显的例子是硬脂酸钾与油酸钾对比：前者的 CMC 为 4.5×10^{-4} mol/L（50℃），后者的 CMC 为 1.2×10^{-3} mol/L（50℃）。在疏水基中引入极性基团（如—O—或—OH 等），亦使 CMC 增大。

d. 亲水基团　在水溶液中，离子型乳化剂的 CMC 远比非离子型的大。疏水基团相同时，离子型乳化剂的 CMC 约为非离子型乳化剂（聚氧乙烯基为亲水基团）的 100 倍。两性乳化剂的 CMC 则与相同碳原子数疏水基的离子型乳化剂相近。

离子型乳化剂中亲水基团的变化对其 CMC 影响不大。非离子型乳化剂中亲水基团的变化，即聚氧乙烯基数目的变化，对 CMC 的影响亦不大，但氧乙烯单元数目变化与 CMC 之间有一定的规律关系。

② 电解质　加电解质到乳化剂溶液中，会使 CMC 下降。通常情况下，此效应对离子型乳化剂的影响最为显著，对两性乳化剂的影响次之，对非离子型乳化剂的影响更次之。例如，在十二烷基硫酸溶液中加入钠离子以后，CMC 数值直线下降，这是因为电解质离子与乳化剂离子有静电作用。所以，电解质中起主要作用的是与乳化剂离子带相反电荷的离子，即影响阴离子型乳化剂 CMC 值的是电解质的正离子，而影响阳离子型乳化剂 CMC 值的是电解质的负电子。一般认为，高价的离子要比低价离子影响大。在同价离子中影响也是有次序的。如一价阳离子使 CMC 下降的强度次序为：$Li^+ > Na^+ > K^+ > Cs^+$。

③ 有机物　有机物对 CMC 的影响比较复杂，很难找出规律。长链的极性有机物对乳化剂的 CMC 影响很显著，例如，醇、酸、胺等化合物。随着碳氢键的增长，乳化剂的 CMC 值下降。在十四烷基羧酸钾溶液内分别加入乙醇、丙醇和丁醇，醇的碳原子数越多，CMC 下降趋势越明显。但醇类对非离子型乳化剂的 CMC 的影响正好相反，例如，$C_{12}H_{25}OH$ 的 CMC 为 9.1×10^{-5} mol/L，随着乙醇量的增加，它的 CMC 上升。目前，有机物对 CMC 的影响原因尚不清楚，故无明确的结论。

④ 温度　温度对乳化剂在水溶液中 CMC 的影响是复杂的。离子型乳化剂在水中的溶解度随温度的升高而慢慢增加，但达到某一温度后，溶解度迅速增大，该点的温度称为 Kraft 点。一般来说，Kraft 点的温度越高，CMC 值越小。温度升高能使分子热运动加剧，不利于胶束的形成，因此，离子型乳化剂的临界胶束浓度会随温度的增加而略有上升，这种增加率是不大的。对于非离子型乳化剂，存在一个浊点，随温度的升高，其亲水性下降，溶解度变小，所以非离子型乳化剂的 CMC 随温度的上升而降低。

（3）临界胶束浓度的测定

原则上，乳化剂物理化学性质的突变都可以用来测定 CMC，不同性质随浓度的变化有不同的灵敏度与不同的环境、条件。因而，利用不同性质和方法测定出的 CMC 也有一定差异，需要加以具体分析。下面简单介绍几种测定 CMC 的方法。

① 表面张力法　乳化剂水溶液的表面张力开始时，随溶液浓度的增加而急剧下降，到达一定浓度（CMC）后，则变化缓慢或不再变化。因此，常用表面张力-浓度对数图确定 CMC，也即曲线上的转折点。这是一个方便的方法，可以同时求出乳化剂的 CMC 和表面吸附等温线。此方法还有一个优点，就是无论对高表面活性还是低表面活性的乳化剂，其 CMC 的测定都具有相似的灵敏度，而其他一些方法（如电导方法、渗透压法和折射法等）的灵敏度随 CMC 的增加而下降。此法不受无机盐存在的干扰，亦适合于非离子型乳化剂。只是在有少量极性有机物（高表面活性的高碳醇、胺、酯等）存在时，表面张力-浓度对数曲线上往往出现最低点，不易确定转折点与 CMC。但最低点的出现，则说明乳化剂中含有高表面活性杂质。

② 电导法　这是测定 CMC 的经典方法，只适用于离子型乳化剂。求 CMC 时，可用电导率或摩尔电导率对浓度（C）作图，其转折点的浓度即为 CMC。此方法对于有较高表面活性的乳化剂准确度高，但对于 CMC 较大的乳化剂灵敏度较差。过量无机物的存在会大大降低测定的灵敏度。

7.1.4　乳化剂选择及效果影响因素

7.1.4.1　乳化剂的选择

乳化剂的选择首先要考虑制备乳状液的类型，即 O/W 型或 W/O 型。制备 W/O 型乳状液通常选择亲油性乳化剂，如司盘系列乳化剂、卵磷脂、松香甘油酯等；制备 O/W 型乳状液需选择亲水性乳化剂，如吐温系列乳化剂、蔗糖酯、聚甘油酯等。选择乳化剂时，还要考虑到乳化剂在各相中的稳定性。乳化剂必须与油相和水相中的成分相适应，且被选择的乳化剂至少在一相中可溶，否则无法形成乳状液。

乳化剂的乳化能力、形成乳状液的类型和稳定性不仅与乳化剂的类型和浓度有关，而且与体系中组分的种类与浓度有关。

乳化剂选择的基本原则为：①乳化剂在体系中必须具有迁移至界面的倾向，而不滞留于任意一相中，乳化剂在所应用的体系中具有较高的表面活性，乳化剂的亲水亲油基团的合理平衡将使两相产生较低的界面张力，所选乳化剂在任何一相中溶解度过大都将影响乳状液的稳定性；②乳化剂分子在界面上必须通过自身的吸附或与其他被吸附的分子形成具有一定机械强度的吸附膜，从分子结构要求而言，界面上的乳化剂分子之间应有较大的侧向相互作用力；③乳化剂必须以一定的速度迁移至界面，使乳化过程中体系的界面张力及时降至较低值。某一特定的乳化剂或乳化剂体系向界面迁移的速度与乳化剂添加时间有重要关系。

7.1.4.2　影响乳化剂效果的因素

（1）乳化剂的结构

乳化剂分子需要聚集在油/水界面上，降低界面张力和减少形成乳状液所需要的能量，不同分子结构的乳化剂在油水两相溶解能力的差异决定了乳化剂是亲油性还是亲水性，以及亲水和亲油能力大小的差异。一般来讲，为使 W/O 型乳状液稳定，应选用亲油基团和亲水基团均较大的乳化剂，为得到低温下稳定的 W/O 型乳状液，应采用易溶于油的乳化剂，最好选用含支链烃基和双链的乳化剂。对于 O/W 型乳状液，应选用分子力较大的乳化剂。

（2）乳化剂的用量

为使乳化剂在界面上饱和吸附，需要的乳化剂量应大于临界胶束浓度。在 W/O 型乳状液的情况下，油相中形成胶束时所需临界胶束浓度较大，并且随温度升高，其增大的幅度也大。因此，为使 W/O 型乳状液稳定，必须加入较多的乳化剂。当油为极性时，其加入量需要更大些。由于非离子型乳化剂在水相中的临界胶束浓度非常小，所以不必担心乳化剂的链长和温度的变化是否会影响非离子型乳化剂的临界胶束浓度。

（3）相体积分数

一般乳化剂的相体积分数在 20％～50％之间。当相体积分数低于 20％时，乳化剂不稳定；乳化剂用量达到 50％时，则比较稳定。

（4）温度和黏度

需要乳化的两相具有较高的黏度也是乳化剂稳定的重要因素。分散相的黏度高，可减慢乳液滴的聚集速度；连续相的黏度高时，可降低乳液滴的沉降速率。但是乳化过程中黏度越大，所需的能量输入就越高。升高温度可以降低表面张力和黏度，有利于剪切力的传递和乳滴的形成，但同时也加剧了乳滴的运动，促进其合并。对于一些聚氧乙烯类非离子型乳化剂，当温度升高到一定程度时，聚氧乙烯链与水之间的氢键断裂，使其在水中的溶解度急剧下降并析出，溶液由清变浊或分层，这一现象称为起昙，此温度点称为昙点（cloud point）。当温度降低到昙点以下时，有些溶液恢复清澈，有的则难以恢复。因此，对于一些需要加热灭菌的食品来说，应当注意乳化温度。吐温类有起昙现象，所以乳化温度宜控制在 70℃左右；用非离子型乳化剂时，温度不宜超过其起昙点。降低温度比升高温度的影响还要大，往往使乳化剂的稳定性降低。

（5）乳化设备与乳化时间

目前乳化设备的类型多种多样，如乳化罐、乳化泵、胶体磨、均质机等都可以叫乳化设备。不同的乳化设备其结构和工作原理都不同，所以效果也会不同，即使是同一种乳化机，在转子型号大小不一样的情况下，乳化效果也不一样。在选择搅拌剪切型乳化设备时需要注意搅拌速度也是影响乳化效果的因素之一，搅拌速度适中可以使油相与水相充分混合，如果搅拌速度过低，就达不到充分混合的目的，但搅拌速度过高，就会将气泡带入制品，使乳状液中含有杂质，体系变得不再稳定。乳化时间对乳化效果的影响非常明显，乳化时间过短，则不能使乳化剂充分吸附在两相界面，而过长的时间，并不会显著提升乳化剂的效果，乳化时间可根据经验和实验来确定。

（6）液滴的电荷

乳状液的液滴电荷对乳状液的稳定性有明显的影响。大部分稳定的乳状液的液滴都带有电荷，当使用离子型乳化剂时，吸附在界面上的乳化剂离子的非极性基团插入油相，极性基团处于水相，从而使液滴带上电荷。由于乳状液的液滴带有同种电荷，当它们接近时就会相互排斥而阻止液滴聚合，使乳状液的稳定性增高。可见，液滴上吸附的离子型乳化剂分子越多，其带电量越大，制止液滴聚合的能力也越大，乳状液体系就越稳定。

（7）其他

连续相的 pH 值、乳状液中的电解质、存在的其他种类乳化剂及制备乳状液的方法都会影响乳化剂效果的发挥。

7.1.4.3　乳化剂使用中的注意事项

① 各种乳化剂的 HLB 值是选择乳化剂的参考性数据，只有与具体实验相结合，才可以达到提升乳化体系稳定性的效果。如在冰淇淋等冷冻食品中，HLB 值高的乳化剂可阻止碳水化合物等产生晶体；而在人造奶油中，HLB 值低的乳化剂则可阻止油脂产生结晶。

② 控制乳化剂添加量，在面包、糕点、饼干中的添加量一般不应超过面粉的 1%，如果主要目的是乳化，则应以配方中油脂总量为添加基准，一般为油脂的 2%~4%。

③ 理想的乳化剂，应该是水相、油相的亲和力都比较强。因此，应用中多采用 HLB 值高和 HLB 值低的 2 种乳化剂混用，以起到协同效果，但是在乳化剂复配时，乳化剂 HLB 之间差值最好不超过 5，否则很难得到最好的乳化效果。

④ 选水溶性乳化剂时，乳化剂亲油基与乳化体系中的有机溶液结构越相似，乳化效果越好。

⑤ 使用中应与增稠剂等其他食品调节剂配合使用。乳化剂的配合使用更有利于降低界面张力，界面张力越低，越有利于乳化。界面张力变低以后，界面吸附增加，分子定向排列更加紧密，界面膜得以增强，可以防止液滴的聚集倾向，进而有利于乳化体系的稳定。

7.1.5　复合食品乳化剂

7.1.5.1　复合食品乳化剂的概念

复合食品乳化剂是指将两种或两种以上的食品乳化剂单体经过物理混合而成的一种带有各组分食品乳化剂单体性能的或全新性能的食品乳化剂。复合食品乳化剂具有一定的协同增效作用，能充分发挥复合组分中每种单体的最佳乳化效果。既能提高乳化剂的乳化质量，又方便使用。复合食品乳化剂已经成为乳化剂市场主流的食品添加剂。其复合形式主要有三种：

① 两种（含）以上的食品乳化剂单体的物理复合；

② 两种（含）以上的食品乳化剂单体与其他食品原辅料的复合；

③ 两种（含）以上的食品乳化剂单体与除食品乳化剂外的其他食品添加剂的物理复合。

但在实际应用中，复合食品乳化剂的范围比较广泛，不仅仅局限于单纯的两种或两种以上乳化剂的物理混合，有些胶体、糖醇类物质、淀粉性质的胶体等都带有乳化特性，单一的乳化剂与上述物质的复合，同样可以达到复合乳化剂的效果。所以，在实际应用中，复合食品乳化剂只是一个比较笼统的称谓，凡是具有乳化性能的两种（含）以上的食品原辅料的物理混合物，均可简称作复合食品乳化剂，而不应该仅仅局限于学术上的乳化剂概念。

7.1.5.2　复合食品乳化剂的特性

复合食品乳化剂由多种具有不同功能和特性的单一乳化剂及其他成分复合而成，即兼具各单体的特性，如乳化性和可食性、HLB 值的加和性等，如果复合恰当，又可具有各单体的协同增效性。

综合起来，复合食品乳化剂的特性可概括如下。

（1）目标明确，针对性强

在实际应用中，可根据需要解决的问题，反向寻找具有相应功能特性的单体乳化剂原料，然后进行不同比例的复合，同时与其他辅料结合，再进行目的性验证，最后根据试验观察和检测结果来判断是否可行。这种操作的目的性比较强，实际生产中多采用此类方式筛选复合食品乳化剂。

如生产中性乳饮料时，为解决产品长期存放过程中出现的大量脂肪上浮现象，就需要先了解该乳饮料出现此现象的原因所在。比如，有可能是原料乳中嗜冷菌代谢产生的脂肪酶超标而过度分解脂肪所致；也有可能是工艺问题，如混料不均匀、均质温度过高、均质压力过大或过小；设备问题，如均质机质量也可能影响脂肪球颗粒的破碎程度，从而影响终端产品的脂肪上浮；还有水的硬度过高也会影响脂肪的上浮。此外，所用乳化剂的类型、电位值、乳化剂 HLB 值及乳化剂的用量等都可能导致类似现象。所以，要先分析现象，然后针对性入手解决，如果排除其他原因，确定为乳化剂的问题，则应从单体乳化剂的特性入手了解各单体的类型、HLB 值、溶解温度、风味、酸度值等各参数，然后选择适合的原料进行复合，并对复合乳化剂进行必需的应用性试验，以验证复合乳化剂是否符合实际生产的需要。如有较大差距，则需要进行不断调整。

（2）协同增效，效果显著

由于许多食品乳化剂单体原料本身是经过复杂的物理化学反应生成的，难免带有一些异味，而这些味道一旦带入食品中，必然影响食品的口感和风味。将不同风味和型号的食品乳化剂进行复合，则可以有效抑制这种负面效应的发生。此外，单体乳化剂在使用时可能涉及诸如溶解性、耐酸（碱）性、温度变化、用量变化、HLB 值等多方面的限制因素，使其应用性能和范围受到影响。而复合乳化剂通过性能优化，可利用单体原料的优势，规避单体原料的某些缺陷和负面效应，达到协同增效的目的，从而扩大使用范围。

（3）降低成本，增加效益

复合食品乳化剂兼具各乳化剂单体的固有特性，适应性更强，可以以较少的用量达到单体乳化剂的效果，或超过单体乳化剂的功能，从而为食品生产企业节约成本，增加企业的经济效益。

7.1.5.3 复合食品乳化剂的复合原则

（1）食品乳化剂复合的基本要求

① 协同增效性，要了解复合乳化剂中各种单体原料的优点，发挥其优势。如将非离子型乳化剂混合使用（如蔗糖脂肪酸酯和司盘系列），或将非离子型乳化剂与离子型乳化剂混合使用等，均可以发挥协同增效作用。

② 规避负面效应，应避免将可能减弱乳化性能、产生或增强负面效应的几种原料复合到一起，如阴离子型乳化剂和阳离子型乳化剂不能复合在一起使用。

③ 稳定性，复合乳化剂的稳定性有两层含义，一是乳化剂本身的稳定性；二是其应用到相应食品中的终端产品的稳定性。

④ 方便性，复合乳化剂的优点之一就是方便性。要方便使用、贮存、运输及采购。

⑤ 经济性，成本是复合食品乳化剂必须考虑的重要因素之一。进行乳化剂复合时，要注重于提高其技术含量，赋予产品较高的性价比，因而可以使食品生产企业通过选用复合乳化剂降低成本、简化工艺、提高食品品质。

（2）食品乳化剂复合原则

① HLB 值高低搭配　HLB 值对设计复合食品乳化剂的配方具有较强的参考价值。当乳化剂在两种物质的界面发生吸附时，乳化剂会在油水界面形成一层界面膜。界面膜内乳化剂分子亲油部分伸向油相，亲水部分朝向水相，使界面膜具有一定机械强度，从而维持分散相液滴的稳定性。当把高低 HLB 值的乳化剂混合使用时，可以有效防止单一乳化剂对油相或水相稳定能力不足的现象。

② 分子结构相似的乳化剂复合效果佳　目前对于各种乳化剂之间的相互作用及协同作用，只能做些定性解释及实验验证，并不能从理论上进行充分解释。结构相似的乳化剂混合使用时，其协同效应比较明显，尤其当一种乳化剂是另一种乳化剂的衍生物时，将这两种乳化剂混合使用往往能得到令人满意的效果。原因是分子结构相似、亲油基也类似的乳化剂更易在界面吸附膜上发生相互作用和重排，形成强度更大的界面膜。例如，吐温类乳化剂是司盘类乳化剂与环氧乙烷在碱催化下进行加成反应得到的产物。吐温和司盘的结构非常相似，若把它们按照一定比例混合，则可以得到乳化效果较好的复合食品乳化剂。

③ 离子型互补　根据亲水基团在水中的性能，乳化剂可以分为阴离子型、两性离子型和非离子型等。磷脂是食品添加剂中唯一被确认和许可的两性乳化剂，一般来说，非离子型乳化剂乳化能力较强，在生产实践中，将阴离子型乳化剂和非离子型乳化剂混合使用，比只用非离子型乳化剂效果要好。乳化活性和表面活性会得到长时间的稳定。另外，阴离子型乳化剂价格比较便宜，可以降低成本。

④ 亲水基团构象互补　食品乳化剂的亲油部分一般都是脂肪酸基或脂肪醇基，其差别主要表现在碳氢链的长短变化与饱和程度的区别上。乳化剂性质差异主要是与亲水基团的不同有关，亲水基团的结构变化远比亲油基团的变化大。从构象角度考虑，可以把食品乳化剂的亲水基团的结构分为线性和环状两大类。亲水基团构象互补这个概念指的是在设计复合乳化剂配方时把亲水基团构象不同的乳化剂搭配使用，以便产生优势互补。比如单硬脂酸甘油酸酯的亲水基团是线性的，而蔗糖脂肪酸酯的亲水基团是环状的，将这两种乳化剂混合使用，能够取得较好的效果。

⑤ 助乳化剂的使用　助乳化剂通常是极性有机物，能用于食品中的有乙醇、丙二醇、D-山梨糖醇等。它们的主要作用有：a. 降低界面张力，使更多的乳化剂和助乳化剂在界面上吸附，增强乳化能力；b. 增加界面膜的流动性，减少由大液滴分散成小液滴所需的界面能；c. 调节乳化剂的 HLB 值，对于 HLB 值不合适的乳化剂可用助乳化剂调节至合适的范围。另外，助乳化剂还可使乳化剂的乳化活性能得以较长时间的稳定。

⑥ 与目标产品要求复合　a. 选择亲油基和被乳化物结构相近的乳化剂；b. 在被乳化物中易溶解，方便乳化剂的使用。

7.2　乳化剂在食品中的应用

7.2.1　乳化剂在食品加工中的作用

7.2.1.1　乳化作用

乳化剂在食品中应用最广泛的为乳化功能。食品中大多含有溶解性质不同的组分，乳化剂有助于它们均匀、稳定地分布，从而防止油水分离，防止糖和油脂的起霜，防止蛋白质凝集或沉淀。此外，乳化剂可提高食品耐盐、耐酸、耐热、耐冷冻保藏的稳定性，乳化后营养成分更易为人体消化吸收。如在酒精饮料、咖啡饮料、人造炼乳中可使用甘油酸酯、山梨醇酐脂肪酸酯、丙二醇脂肪酸酯等低 HLB 值的亲油性乳化剂和其他亲水性乳化剂配合，以提高饮料及炼乳的乳化稳定性。

7.2.1.2　发泡和充气作用

泡沫是气体分散在液体里产生的，而乳化剂中饱和脂肪酸链能稳定液态泡沫，因此，可加入乳化剂起发泡作用，乳化剂是蛋糕、冷冻甜食和食品上饰品物的必要成分。在烘焙制品中，乳化剂可与面筋蛋白相互作用，并强化面筋网络结构，使得面团保气性得以改善，同时也可增加面团对机械碰撞及发酵温度变化的耐受性。添加乳化剂，可使面糊密度下降、蛋糕体积增大，并获得良好的品质及外观。

7.2.1.3 悬浮作用

固体以极细小的颗粒形式均匀地悬浮在液体介质中称为分散液。单纯的聚合物小颗粒由于相对密度不同及颗粒相互黏结的结果，不能在水相中形成稳定的分散体系。但是在加入少量乳化剂后，就会在聚合物颗粒表面上吸附一层乳化剂分子，每一个小颗粒上都带一层同号电荷，使每个小颗粒能稳定地分散并悬浮在介质中。一般分散颗粒大小为 0.1～100nm。

用于悬浮液的乳化剂，对不溶性颗粒也有润湿作用，这有助于确保产品的均匀性。悬浮液乳化剂通常和稳定剂或增稠剂共用，在食品工业上，巧克力、乳酸饮料、植物蛋白饮料是常见的悬浮液。

7.2.1.4 破乳作用和消泡作用

在制作糕点和冰淇淋时，添加甘油脂肪酸、蔗糖酯可起发泡作用，有利于大量气泡的产生。在某些食品加工工艺及用发酵方法制造食品时，起泡作用往往会造成危害，因此，为了消除这些有害泡沫的影响，就需加入乳化剂作为消泡剂。采用相反类型乳化剂或投入超出所需要量的乳化剂可以起到破乳化作用，控制破乳化作用，有助于使脂肪形成较好颗粒，如在冰淇淋生产中，就需要使脂肪质点有所团聚，以获得较好的"干燥"产品。

7.2.1.5 络合作用

（1）与淀粉络合

与淀粉形成络合物，使产品获得较好的网络结构，增大食品体积，防止老化。以单甘油酯为例，在调制面团阶段，乳化剂被吸附在淀粉粒的表面，可以抑制淀粉粒的膨胀，阻止淀粉粒之间的相互连接。此时乳化剂不能进入淀粉粒内部。在面团进入烤炉烘焙时，面团内部温度开始上升，大约到50℃时，单甘油酯β结晶状态转变为α结晶状态，然后与水一起形成液体结晶层状分散相。α结晶状态是乳化剂最有效的活性状态。当达到淀粉的糊化温度时，淀粉粒开始膨胀，乳化剂这时与溶出淀粉粒的直链淀粉和留在淀粉粒内的直链淀粉相互作用。乳化剂的构型是直碳氢链，而直链淀粉的构型是螺旋状，因此乳化剂与直链淀粉相互作用，形成在水中不可溶的复合物，阻止直链淀粉溶出淀粉粒，从而大大减少了游离直链淀粉的量，达到防止淀粉老化的作用。

（2）与蛋白质络合

乳化剂中的离子结构能与许多食品中的蛋白质相互作用，从而改善其组织结构，改良其品质，在面包中能与面粉的面筋蛋白产生络合，使蛋白质的弹性大大增加，从而增大面包的体积。

（3）与脂肪络合

与脂肪发生络合能使油脂分散得更为均匀，形成稳定的油水混合体系。

7.2.1.6 结晶控制作用

脂肪对食品质构的影响是通过脂肪结晶构建的网络结构与非脂肪物质相互作用而产生的。脂肪的再结晶和塑性对食品质量有非常重要的作用，如面团起酥、巧克力焙化、饼干和糖果的质构等。食品乳化剂的脂肪酸基团与油脂的脂肪酸基团组成类似，乳化剂对油脂的成核过程和晶型转变都有影响。在成核过程中可阻碍脂肪结晶（例如在色拉油或食用油中），避免形成大的结晶体，造成人造黄油、涂抹酱、巧克力等脂肪类食品出现"砂砾"状态或者较差的感官形态。

巧克力在存放过程中，也会发生一种晶型向另一种晶型转变的现象，并且在产品表面出现灰白色的斑点，称为"起霜"，消费者常常将这些斑点误认为是菌落而拒绝消费。起霜现象与巧克力存放条件有关，如果存放温度波动大，会使巧克力中的脂肪发生熔化和再结晶，薄片晶型向柱状晶型转变，这两种晶型使巧克力表面由原来的平坦发亮变成凹凸不平，光线经过凹凸表面的反射，给人一种暗淡的灰色感。乳化剂可以结合到脂肪晶体晶格中起到调节作用。如司盘 65、乳酸单甘酯、柠檬酸单甘酯等与甘油三酯的 β 晶型共结晶，从而阻止固态晶体向高熔点 β 晶型转变。这些乳化剂在可可脂代用品或类可可脂中对晶型调节也有类似作用，促进可可脂的结晶变得微细和均匀，效果以司盘 65 为好。此外，还可以将辛，癸酸甘油酯和乳化剂（单硬脂酸甘油酯、司盘和吐温等）复配使用，促进油脂之间的相容性，使晶体大小均一，产品更具光泽。

对人造奶油、起酥油等固态油脂加工而言，因油脂的不同晶型会对产品的外观、口感有很大的影响，所以对油脂结晶的控制非常重要。人造黄油和低脂涂抹酱中，含有部分氢化油脂或低芥酸菜油，这些脂肪具有较强的转变为 β 晶体的趋势。当存放 2～3 周后，β 晶体出现，使产品出现"砂砾"质构和口感。此外，由于晶相表面积减少，可能出现液态油分离现象，这种变化会被消费者认为是产品缺陷。但是如果在上述产品中添加 0.3%～0.5% 的司盘 65，就可以延缓甚至抑制 β 晶型的出现。

7.2.1.7 润湿作用

乳化剂一般是良好的湿润剂，乳化剂的选择是依据所需要润湿的形式而定的，如湿润涂蜡表面、毛细管湿润或粉末湿润。乳化剂的湿润功能在于减少液体和固体表面的界面张力，使液体在表面上分散得更快、更均匀。乳化剂也可用于生产方便食品，如喷雾干燥的甜食点心、咖啡、饮料、方便早餐、可可等食品的增湿。

7.2.1.8 润滑作用

饱和单硬脂酸甘油酯、双甘油酯等乳化剂用于挤压淀粉制品，具有良好润滑作用，可润滑塑膜以便于工艺控制，在焦糖制品中加入 0.5%～1% 单或双甘油酯能减少其在切割工具包装材料及口腔牙齿的黏附性。乳化剂也可用于降低糖果尤其是胶姆糖等食品的黏性。

7.2.1.9 助溶作用

乳化剂能提高油类或水不溶性物质在水中的分散能力，从而形成澄明溶液，这对于各种色泽和香料的溶解也是必需的。

7.2.1.10 黏度改进作用

某些乳化剂加入有糖结晶分散于脂肪的食品中时，能在糖结晶上形成一覆盖层从而使其黏度减小，此特性对改进熔融巧克力的流动性有很大作用。

7.2.1.11 分散作用

固体、液体及气体的分散性依照乳化剂减少界面能量的作用而定，上述三态的分散系统如表 7-4 所示。冰淇淋、咖啡用人造稀奶油、风味饮料等食品都是借助于这些现象而制造的。

表 7-4 固体、液体及气体的分散情况

形态	内层	外层
乳浊液	液体	液体
泡沫	气体	液体
气溶胶	液体或固体	气体
悬浮液	固体	液体

7.2.2 常用食品乳化剂

7.2.2.1 单，双甘油脂肪酸酯 [mono-and diglycerides of fatty acids]

单，双甘油脂肪酸酯是一类甘油脂肪酸酯，性质与使用情况基本相似。在我国最常用的主要是单甘油硬脂酸酯，又称单甘酯，分子式 $C_{21}H_{42}O_4$，分子量为 358.57。结构式见图 7-3。单甘油硬脂肪酸酯和单硬脂肪酸甘油酯统称为单甘酯。

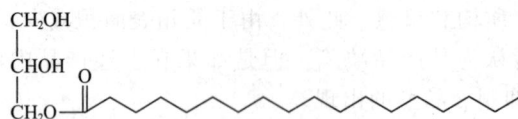

图 7-3 单甘酯

（1）理化性质

单甘酯产品为白色至乳白色粉末或细小颗粒，产品中伴有甘油二酯（仍具有乳化作用）。不溶于冷水，经强烈搅拌可与沸水混合。HLB 值为 2～3，属于 W/O 型乳化剂。

产品按其纯度可分为单甘酯（单酯含量为 30％～55％）、分子蒸馏单甘酯制品（单酯含量≥90％）。单硬脂肪酸甘油酯是传统的乳化剂，在食品乳化剂中占有 50％以上的份额。自从 20 世纪 90 年代研制出分子蒸馏工艺以后，应用效果较好的分子蒸馏单甘酯占领了国内乳化剂的主要市场。它是一种优质高效的乳化剂，具有乳化、分散、稳定、起泡、抗淀粉老化等作用。由于单甘酯亲水性较差，可与其他食品乳化剂，如双乙酰酒石酸单（双）甘油酯、聚甘油单油酸酯、聚甘油单硬脂肪酸酯复合使用。

（2）毒理学参数

GRAS，ADI 值无须规定（FAO/WHO，1994）。

（3）制法

单甘酯的合成方法主要有酯交换法（酯的甘油醇解法）和直接酯化法。

（4）应用与限量

按我国 GB 2760—2024《食品安全国家标准 食品添加剂使用标准》规定：单，双甘油脂肪酸酯作为乳化剂在部分食品中可按生产需要适量使用。

7.2.2.2 磷脂 (phospholipid)

磷脂，也称为磷脂类或磷脂质，是一种含磷酸基团的复合脂，其分子结构由亲水的磷酸基团和疏水的脂肪酸链组成，这种结构使得磷脂能够自组装成双分子层。食品中常用到的磷脂主要为甘油磷脂，由甘油和脂肪酸组成。结构式见图7-4。

（1）理化性质

磷脂是一种混合物，用不同的方法提取大豆磷脂的性能和成本差异较大，例如，丙酮沉淀法制造的大豆磷脂组成含有 PC（51%）；用乙醇分离得出的主要是磷脂酰胆碱。磷脂广泛存在于动植物中，是一种天然乳化剂，市售磷脂大多数是大豆磷脂，大豆磷脂是大豆油加工后的副产品，油脂精炼

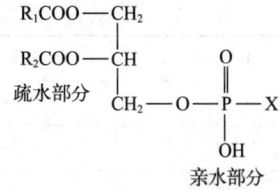

图 7-4　磷脂

后得到毛磷脂，经水化分离，再经脱臭、脱色，得到精制产品。产品为半透明蜡状物质，稍有臭，在空气中变成黄色，渐次变成不透明褐色。大豆磷脂中磷酸基团的亲水性决定了它可作乳化剂，是亲油性乳化剂。有较强的乳化、润湿、分散作用。

（2）应用与限量

磷脂及大豆磷脂用在人造奶油中能改善口感，还能节约脂肪用量和降低热量；在巧克力中使用能防止糖分起晶而形成表面翻花现象；在糕点饼干中，加入大豆磷脂的制品，口感松酥，体积增加，并可节约油脂用量，保存期还能延长；在月饼中使用可防止产品干硬；在面包、方便面中添加大豆磷脂，均能改善内部结构和口感。按我国 GB 2760—2024《食品安全国家标准　食品添加剂使用标准》规定：磷脂作为乳化剂可用于稀奶油、氢化植物油、婴幼儿配方食品、婴幼儿辅助食品中，用量可按生产需要适量使用。

7.2.2.3　蔗糖脂肪酸酯（sucrose esters of fatty acids）

蔗糖脂肪酸酯又称脂肪酸蔗糖酯、蔗糖酯，分子式 $C_{30}H_{56}O_{12}$，分子量为 608.76。结构式见图 7-5。

（1）理化性质

蔗糖酯是蔗糖与脂肪酸形成的酯类化合物。由于蔗糖分子中有 8 个羟基，故可与 1~8 个脂肪酸形成相应的脂肪酸蔗糖酯。脂肪酸包括硬脂酸、棕榈酸等。市售商品主要以硬脂酸蔗糖酯为主，其中包括单酯、双酯和三酯等不同比例的混合酯。

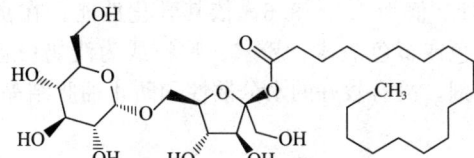

图 7-5　蔗糖脂肪酸酯

单酯含量越高，亲水性越强，HLB（亲水亲油平衡值）值越高；二、三酯含量越高，亲脂性越强，HLB 值越低。

蔗糖酯产品为白色至黄色的粉末，或无色至微黄色的黏稠液体或软固体，无臭或稍有特殊的气味。易溶于乙醇、丙酮。单酯可溶于热水，但双酯和三酯难溶于水。溶于水时有一定黏度，有润湿性，软化点 50~70℃。根据蔗糖羟基的酯化数，可获得不同 HLB 值的系列产品，HLB 值为 2~16。蔗糖脂肪酸酯化程度可影响其 HLB 值，蔗糖酯既可为 W/O 型乳化剂，又可为 O/W 型乳化剂，因此蔗糖脂肪酸酯的适用性较广。不同酯化程度蔗糖酯的 HLB 值如表 7-5 所示。

表 7-5　不同酯化程度蔗糖酯的 HLB 值

单酯/%	二酯/%	三酯/%	四酯以上/%	HLB 值
70	20	7	3	15
60	25	10	5	13

单酯/%	二酯/%	三酯/%	四酯以上/%	HLB 值
50	36	12	2	11
46	39	13	2	9.5
42	42	14	2	8
33	49	16	2	6

（2）制法

蔗糖酯的合成方法主要有溶剂法、无溶剂法及酶催化方法。

（3）应用与限量

蔗糖脂肪酸酯的乳化性能优良，产品的高亲水性能使水包油型乳状液更加稳定，具有提高乳化稳定性和搅打起泡性的作用；对淀粉有特殊作用，使淀粉的糊化温度明显上升，有显著的防老化作用；其耐高温性较弱，是应用范围极广的乳化剂。并且可与其他乳化剂合用，得到更好的协同效应。使用时，可将蔗糖脂肪酸酯与少量水（或油、乙醇等）混合，润湿，再加入所需量的水，并适当加热，使其充分溶解后添加使用。在食品中最大使用量严格遵循我国《食品安全国家标准 食品添加剂使用标准》（GB 2760—2024）的规定。

7.2.2.4 司盘系列（Span）

司盘是山梨醇酐脂肪酸酯的商品名，司盘系列乳化剂为不同的脂肪酸与山梨醇酐的多元醇衍生物所组成的系列脂肪酸酯，包括单脂肪酸山梨醇酐酯和三脂肪酸山梨醇酐酯。其中脂肪酸包括月桂酸、油酸、棕榈酸和硬脂酸等。司盘系列乳化剂为非离子型、亲脂性乳化剂，其 HLB 值为 1.8～8.6，依其乳化性能，在富脂食品中的使用优于其他乳化剂。这类化合物为白色或黄色液体、粉末、颗粒或为浅奶白色至棕黄色硬质蜡状固体。司盘系列为 W/O 型乳化剂，具有较好的水分散性和防止油脂结晶的性能，不同山梨醇酐脂肪酸酯的性质如表 7-6 所示。

表 7-6　不同山梨醇酐脂肪酸酯性质一览表

商品名	化学名称	HLB 值	作用
司盘 20	山梨醇酐单月桂酸酯	8.6	乳化剂、分散剂
司盘 40	山梨醇酐单棕榈酸酯	6.7	乳化剂、混浊剂
司盘 60	山梨醇酐单硬脂酸酯	4.7	乳稳定、消泡剂
司盘 80	山梨醇酐单油酸酯	4.3	乳化剂
司盘 65	山梨醇酐三硬脂酸酯	2.1	乳化剂
司盘 85	山梨醇酐三油酸酯	1.8	乳化剂

下面以司盘系列中的山梨醇酐单月桂酸酯为例介绍。山梨醇酐单月桂酸酯（sorbitan monolaurate）又称单月桂酸山梨醇酐酯、司盘 20（Span 20），结构式见图 7-6。

（1）理化性质

山梨醇酐单月桂酸酯为淡褐色油状黏液体，有特殊气味，味柔和。可溶于乙醇、甲醇、乙醛、醋酸乙酯、石油醚等有机

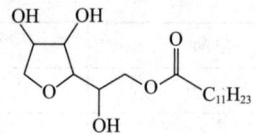

图 7-6　山梨醇酐单月桂酸酯

溶剂，不溶于冷水，可分散于热水中。是油包水型乳化剂，HLB 值 8.6，相对密度 1.00～1.06，熔点 14～16℃。

（2）制法

由山梨醇与月桂酸加热进行酯化、脱水制得。

（3）应用与限量

严格遵循《食品安全国家标准　食品添加剂使用标准》（GB 2760—2024）规定。

7.2.2.5　吐温系列（Tween）

吐温是聚氧乙烯山梨醇酐系列脂肪酸酯的商品名称，由山梨醇酐与脂肪酸酯化后，与环氧乙烷进行缩合反应制得。

吐温乳化剂产品为黄色至橙色油状液体（25℃），有轻微的特殊臭味，略带苦味。各种产品 HLB 值在 11.0～16.9，亲水性好，乳化能力强，为水包油（O/W）型乳化剂。吐温系列属于非离子表面活性剂，具有优良的乳化、分散、发泡、润湿、软化等优良特性。吐温系列乳化剂由其相连脂肪酸不同而表现出的差异如表 7-7 所示。

表 7-7　吐温系列产品性质

商品名	化学名称	HLB 值	作用
吐温 20	聚氧乙烯山梨醇酐单月桂酸酯	16.7	乳化剂、稳定剂
吐温 40	聚氧乙烯山梨醇酐单棕榈酸酯	15.6	乳化剂、分散剂
吐温 60	聚氧乙烯山梨醇酐单硬脂酸酯	14.6	乳化剂、稳定剂、消泡剂
吐温 80	聚氧乙烯山梨醇酐单油酸酯	15.0	乳化剂、稳定剂、分散剂、增溶剂
吐温 65	聚氧乙烯山梨醇酐三硬脂酸酯	10.5	乳化剂、分散剂
吐温 85	聚氧乙烯山梨醇酐三油酸酯	11.0	乳化剂、分散剂

下面介绍吐温系列中的聚山梨醇酯 20。聚山梨醇酯 20（polysorbates 20）又称聚氧乙烯山梨醇酐单月桂酸酯（sorbitan monolaurate）、吐温 20（Tween 20），化学结构式见图 7-7。

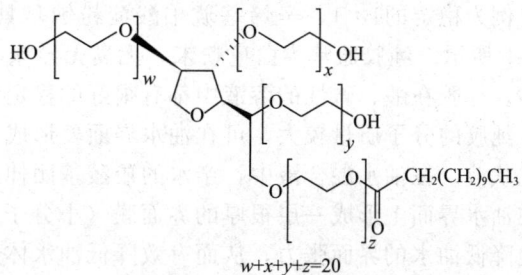

图 7-7　聚山梨醇酯 20

（1）理化性质

聚氧乙烯山梨醇酐单月桂酸酯为柠檬色至琥珀色液体，略有特异臭及苦味。溶于水、乙醇、乙酸乙酯、甲醇、二噁烷，不溶于矿物油及溶剂油。易形成水包油体系，HLB 值 16.9。相对密度 1.08～1.13，闪点 321℃。在水中易分散。

（2）制法

由山梨醇与月桂酸酯化后的产物与物质的量之比为 1∶20 的环氧乙烷缩合而得。

（3）应用与限量

严格遵循《食品安全国家标准　食品添加剂使用标准》（GB 2760—2024）规定。

7.2.2.6　硬脂酰乳酸钙（calcium stearoyl lactylate，CSL）

硬脂酰乳酸钙又称十八烷基乳酸钙，分子式 $C_{48}H_{86}CaO_{12}$，分子量 895.30，结构式见

图 7-8。

（1）理化性质

硬脂酰乳酸钙为白色至带黄白色的粉末或薄片状或块状固体，无臭，有焦糖样气味。难溶于冷水，溶于有机溶剂。20℃时，水中溶解度为 0.5g/100mL，乙醇为 8.3g/100mL。易溶于热的油脂中，冷却则析出。熔点 54～69℃，HLB 值为 5.1。硬脂酰乳酸钙是离子型乳化剂。

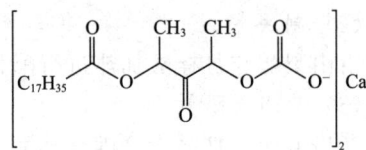

图 7-8　硬脂酰乳酸钙

（2）制法

乳酸被加热浓缩后加入硬脂酸和碳酸钙，边通惰性气体边加热至 200℃进行酯化反应，将反应生成物制成钙盐。

（3）应用与限量

硬脂酰乳酸钙主要作乳化剂、稳定剂。用于面包、糕点的品质改良剂，可与面粉中淀粉、脂质形成网络结构，这样便强化了面筋的网络结构，增加了面筋的稳定性和弹性，也显著地改善了面包的揉混特性，形成多气泡骨架，使面包、馒头体积增大、膨松；与直链淀粉形成不溶于水的络合物，阻止了直链淀粉的溶出，增加了面包的柔软性，延长了面包的货架寿命。我国《食品安全国家标准　食品添加剂使用标准》（GB 2760—2024）规定：硬脂酰乳酸钠及硬脂酰乳酸钙均可作为乳化剂及稳定剂使用。在面包、糕点、饼干、肉灌肠类、调制乳、风味发酵乳中，最大使用量为 2.0g/kg；在水油状脂肪乳化制品中，最大使用量为 5.0g/kg。

7.2.2.7　辛烯基琥珀酸淀粉钠 （starch sodium octenyl succinate）

辛烯基琥珀酸淀粉钠商品名为纯胶，是一种特殊的食用变性淀粉胶，由糯玉米淀粉经过与辛烯基琥珀酸酯反应生成。由于在淀粉的多糖长链上同时引入了亲水基和亲油基，且二者的比例为稳定的 1:1，辛烯基琥珀酸淀粉钠是具有很强乳化作用的两性分子，其结构式如图 7-9 所示。纯胶通常为白色粉末，无臭无异味，可溶于冷水，在热水中迅速溶解，呈透明液体。纯胶在酸、碱性的溶液中都有很好的稳定性。

纯胶的分子质量较大，可在油水界面处形成一层强度很大的薄膜，稳定水包油（O/W）型乳状液。在油水混合液中，亲水的羧酸基团伸入水中，而亲油的烯基长链则伸入油中，从而在油水界面上形成一层很厚的界面膜（小分子的乳化剂只能形成单分子界面膜），并大幅度地降低油水的界面张力，从而有效降低油水体系的自由能，并使不同的油滴带上相同的负电荷而彼此间产生排斥作用，使乳化体系具有很好的稳定性。纯胶与未酯化的淀粉相比，黏度提高且较稳定，但凝胶强度略有下降，蒸煮物的抗老化稳定性也得以提高，在酸、碱溶液中均具有很好的稳定性，在冷热水中均具有较好的水溶性和稳定性。

纯胶可应用于饮料、食用乳化香精、调味色拉油、焙烤食品和乳制品等，是一种用途极为广泛的乳化稳定剂。纯胶应用于混浊剂和乳化香精主要利用了纯胶优良的乳化性能，此外，纯胶还可用于制备色素乳液和香精油微胶囊。

目前，纯胶已被美国、欧洲各国、中国和亚太地区的其他国家批准使用，FAO/WHO 认为纯胶的 ADI 值无需作特殊规定，在食品工业，其使用

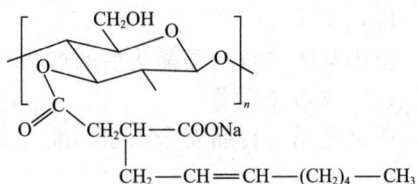

图 7-9　辛烯基琥珀酸淀粉钠

范围没有限制。《食品安全国家标准 食品添加剂使用标准》（GB 2760—2024）规定：辛烯基琥珀酸淀粉钠可在各类食品中按生产需要适量使用（表A.2食品类别除外），但在婴儿配方食品、较大婴儿和幼儿配方食品以及特殊医学用途婴儿配方食品有最大使用量限制。

7.2.2.8 丙二醇脂肪酸酯（propylene glycol esters of fatty acids）

丙二醇脂肪酸酯的性状随脂肪酸种类不同而变化，丙二醇的硬脂酸和软脂酸酯多数为白色固体。以油酸、亚油酸等不饱和酸制成的产品为淡黄色液体。此外还有粉状、粒状和蜡状。丙二醇单硬脂酸酯的HLB为3.4，是亲油性乳化剂，不溶于水，在热水中搅拌可分散成乳浊液，可溶于乙醇、乙酸乙酯、氯仿等。其结构式如图7-10所示。

丙二醇脂肪酸酯是典型的非离子型乳化剂，具有优良的乳化稳定性、热稳定性、不易水解等特点，广泛用于食品工业。用于糕点、起酥油制品，能提高保湿性，增大比体积，具有保持质地柔软、改善口感等特性；用于人造奶油，可防止油水分离。丙二醇脂肪酸酯的乳化性能较其他乳化剂稍差，一般不单独使用，而多与其他乳化剂合用，具有协同效应。

$$CH_2—OR_1$$
$$CH—OR_2$$
$$CH_3$$

图7-10 丙二醇脂肪酸酯

《食品安全国家标准 食品添加剂使用标准》（GB 2760—2024）规定：丙二醇脂肪酸酯可用于乳及乳制品，脂肪、油和乳化脂肪制品，冷冻饮品，熟制坚果与籽类，油炸面制品，糕点，复合调味料及膨化食品。

7.2.2.9 辛，癸酸甘油酯（octyl and decyl glycerate）

辛，癸酸甘油酯（简称ODO或MCT）是基于椰子油脂肪酸的甘油酯类产品，为无色透明的油状液体，溶于油脂和各种有机溶剂；耐高温，长时间煮炸后黏度几乎不变；不易被氧化，具有良好的乳化性、溶解性、延伸性和润滑性，HLB值为12.5。

ODO是一种不同于普通油脂的中碳链、半合成的天然脂肪酸甘油酯类产品，它和油脂、维生素及一些有机物质具有很好的相容性。《食品安全国家标准 食品添加剂使用标准》（GB 2760—2024）规定：ODO可用于乳粉和奶油粉及其调制产品，氢化植物油，冰淇淋、雪糕类，可可制品、巧克力和巧克力制品（包括代可可脂巧克力及制品）以及糖果，除包装饮用水、果蔬汁（浆）、浓缩果蔬汁（浆）外的饮料类等。ODO用于乳化香精可显著提高香精及其稀释液的物理及化学稳定性；用于糖果的涂布，可降低油脂黏度，显著提高产品的光泽；可降低巧克力的黏度，提高巧克力在口中的速熔性能，提高天然可可脂与类（代）可可脂的互溶性，从而提高巧克力的质量。此外，将其作为添加剂加入食用油脂中，或与食用油脂反应形成结构脂（structural lipid），可使食用油成为高档营养油。

7.2.2.10 木糖醇酐单硬脂酸酯（xylitan monostearate）

木糖醇酐单硬脂酸酯为淡黄色或棕黄色蜡状固体，无异味，有奶油光泽，凝固点50～60℃，溶于热乙醇、甲苯等有机溶剂，不溶于冷水，在热水中可分散成乳状液，其结构式如图7-11所示。

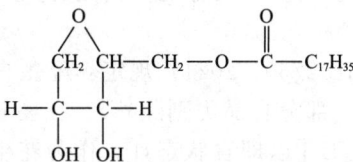

$$CH_2\ CH—CH_2—O—C—C_{17}H_{35}$$
$$H—C—C—H$$
$$OH\ OH$$

图7-11 木糖醇酐单硬脂酸酯

木糖醇酐单硬脂酸酯作为乳化剂广泛用于食品工业，如在面包加工中，可使面包体积明显增大，松软、有弹性、色泽好、口感好；加入糖果中，使其组织结构疏松，口感细腻、均匀，不粘牙、不糊口。对提高巧克力抗起霜作用效果显著；用于人造奶油中作乳化剂，能将油、水均匀乳化。

《食品安全国家标准 食品添加剂使用标准》（GB 2760—2024）规定：木糖醇酐单硬脂酸酯能用于糕点、面包、糖果及氢化植物油等。

7.2.2.11 柠檬酸脂肪酸甘油酯（citric and fatty acid esters of glycerol）

柠檬酸脂肪酸甘油酯为柠檬酸和脂肪酸与甘油的混合酯，可含有少量的游离脂肪酸、游离甘油、游离柠檬酸和单，双甘油酯。产品为白色至黄白色蜡状固体或质软半固体，气味温和，不溶于冷水，能分散于热水，易溶于乙醇。成品的柠檬酸基团中存在自由羟基，能够发生分子重排、分子内和分子间酯基转移等各种反应，导致分子结构的复杂化。因此，其性状可从黏稠液体到蜡状固体。柠檬酸脂肪酸甘油酯的 HLB 值为 10～12，通常具有 O/W 型乳化特性。

《食品安全国家标准 食品添加剂使用标准》（GB 2760—2024）规定：柠檬酸脂肪酸甘油酯可在各类食品中按生产需要适量添加（表 A.2 的部分食品类别除外），婴幼儿配方食品有最大使用量限制。

柠檬酸脂肪酸甘油酯在人造奶油、掼奶油、植脂鲜奶油、起酥油及膨化食品中使用时，具有改善油水相容性、抑制油脂结晶、增加泡沫稳定性、改善产品组织结构和延长贮存期的作用；在冰淇淋中使用，可缩小脂肪粒子，提高乳状液稳定性，有助于控制脂肪粗大结晶的形成，提高起泡性和膨胀率；在芝麻酱、蛋黄酱、花生酱、沙司等涂抹料中可防止析油分层，提高组织的均匀度和成品的保质期。此外，柠檬酸脂肪酸甘油酯还可作为膨松保形剂，改善食品的膨松状态；作为抗氧化剂，用来稳定大豆油、人造奶油、起酥油、色拉油及其他食用油脂；作为增香剂，用于软饮料、冷饮、糖果、烘焙食品中，可以增加风味；作为保鲜剂可辅助制备乳状液用于果、蔬、肉、蛋、海产品的涂膜保鲜，延缓失水干耗、酸败和腐败。

7.2.2.12 酪蛋白酸钠（sodium caseinate）

酪蛋白酸钠是用凝乳酶或酸沉淀法（如盐酸、硫酸）制取生酪蛋白，然后将其在水中分散、膨润，再添加氢氧化钠、碳酸氢钠或碳酸钠的水溶液，经喷雾干燥或冷冻干燥后制得的。

酪蛋白酸钠为白色至浅黄色片状体、颗粒或粉末，无臭，无味或微有特异香气和口味；易溶于水，水溶液呈中性，在其中加酸产生酪蛋白沉淀。酪蛋白酸钠因其分子中同时具有亲水基团和疏水基团，因而具有一定的乳化性，但其乳化性受一定的环境条件所影响，例如，pH 变化即可明显影响其乳化性能。酪蛋白酸钠在等电点时的乳化能力最小，低于等电点时其乳化能力可增大，在碱性条件下其乳化能力较大，且随 pH 增高而加大。酪蛋白酸钠具有很好的起泡性，其起泡力随浓度增加而增大，当浓度在 0.5%～0.8% 范围内时，起泡力最大。钠、钙等离子的存在可降低其起泡力，但可增加其泡沫稳定性。

美国食品与药物管理局将酪蛋白酸钠列为一般公认安全物质，无毒性。我国对其 ADI 不作限制性规定。

按照《食品安全国家标准 食品添加剂使用标准》（GB 2760—2024）规定：酪蛋白酸钠作为乳化剂可在各类食品中按生产需要适量使用（表 A.2 部分食品类别除外）。在婴儿配方食品及较大婴儿和幼儿配方食品中，最大使用量为 1.0g/L [以即食状态计，作为花生四烯酸（ARA）和二十二碳六烯酸（DHA）载体]。

7.3 乳化剂在各类食品中的应用

7.3.1 乳化剂在香肠中的应用

香肠类制品是肉类制品中品种最多的一大类，它以畜禽肉为主要原料，经腌制（或未经腌制）、绞碎或斩拌乳化成肉糜状，并混合各种辅料，然后充填入天然肠衣或人造肠衣中成型，根据品种不同再分别经过烘烤、蒸煮、烟熏、冷却或发酵等工序制成的产品。由于所使用的原料、加工工艺及技术要求、调料辅料的不同，所以各种香肠不论在外形上还是口味上都有很大区别。典型的乳化类香肠有：法兰克福香肠、维也纳香肠、波洛尼亚香肠及乳化型火腿肠等。

现代肠类制品的生产，无论种类还是生产技术都得到巨大发展，许多香肠中已经加入了大量的变性淀粉，称为淀粉肠，也有的加入大量的大豆分离蛋白，以代替肉原料，降低成本，或者适应一些特殊消费群体的口感需要。为了制得质量高、味道好和耐贮藏的香肠，除添加原料肉外还要使用其他原料和添加剂，其中，乳化剂在香肠制造中起着特别重要的作用。

灌肠过程中，原料肉脂肪含量为 20%～25% 时，所制得的产品质量是比较好的。这种原料比例不需要添加任何乳化剂，就能充分利用肌肉蛋白质中的可溶性蛋白质的乳化性能。若原料中脂肪含量超过 30%，由于肉蛋白的乳化能力有限，不能对脂肪进行充分乳化，产品质量易受到外界因素的影响发生出水出油现象，使得香肠的品质下降。

香肠中经常使用的乳化剂有大豆蛋白、酪蛋白酸钠、血粉、单硬脂酸甘油酯、蔗糖脂肪酸酯和大豆卵磷脂等。单，双甘油脂肪酸酯类乳化剂对香肠肉糜质量的作用与脂肪酸的链长有关，脂肪酸链长为 16～20 个碳原子时产生最大的质量改进作用。单硬脂酸甘油酯和蔗糖脂肪酸酯复配在一起，能对肉糜起到更好的乳化作用。

在肉糜制品加工中添加乳化剂，一般先用乳化剂对脂肪进行预乳化制成乳化脂，即将乳化剂用一定量的热水溶解（乳化剂在低温下不溶于水），冷却后与斩碎的脂肪类原料（肥膘、鸡皮或植物油）混合，充分搅拌，静置直到最终形成均匀的乳化脂，将上述乳化脂代替脂肪添加到肉糜的制备过程中。预制乳化脂可以充分发挥出乳化剂的功能，增强了乳化肉糜的稳定性，改善产品品质。

原料肉中的盐溶蛋白是既具有极性氨基酸残基又有非极性氨基酸残基的表面活性物质，能起到连接油和水的乳化媒介作用，能够乳化肉糜中的一部分脂肪，因此，不宜将肉糜配方中所有的脂肪全部进行乳化剂预乳化，一般对肉糜配方中一半脂肪预先乳化即可。

在制作乳化脂时，为达到最佳效果，须注意以下几点。

（1）添加量

当乳化剂添加量足够时，乳化剂分子在界面上的定向排列紧密，形成的界面膜更加牢固，乳化体系比较稳定，即使在加热的情况下也不易破坏；反之，乳化剂添加不足，乳化体系稳定性下降。

（2）乳化时间

乳化时间过短，脂肪与蛋白质之间不足以充分乳化；乳化时间过长，对乳化效果没有明显改善，且会造成脂肪的过度乳化。

（3）乳化温度

当温度较低时，乳化剂的溶解性下降，乳化剂在蛋白质-水-脂肪的体系中分散不均匀，乳化稳定性下降；而温度过高，粒子状态不稳定，热运动加剧，粒子容易结合，稳定性就降低。

（4）脂肪特性

动物脂肪与植物油的乳化性能是不一样的，研究发现植物脂肪和动物脂肪相比，乳化活性更强，但乳化稳定性相对较差，所形成的蛋白质-脂肪复合凝胶的硬度和弹性都相对较差。

（5）乳化剂、脂肪及水的比例

合适的脂水比例对蛋白质-脂肪构成平衡的乳化体系有促进作用，但水分增加过多时，蛋白质-脂肪的体系稳定性被打破。

7.3.2　乳化剂在乳制品中的应用

牛奶是由水、脂肪、蛋白质、乳糖、磷脂、盐类、维生素和酶等所组成的一种复杂体系。其内部，除了乳糖和可溶性盐类能够形成溶液外，蛋白质和酶以及其他不溶性盐形成的是悬浮液，磷脂和脂肪等以乳状液的状态存在于牛奶中。牛奶在贮运过程中常会出现脂肪上浮而影响产品质量。这就需要加入乳化剂来改善这种情况，减少脂肪上浮和分层现象。不同乳化剂亲水性和疏水性不同，在牛奶加工和贮运过程中的作用有所区别。从实验结果来看，当混合乳化剂的 HLB 值为 9.0 左右时，乳化效果和稳定效果才能最佳。

（1）不同 HLB 值的乳化剂在纯牛奶均质过程中的作用

牛奶在生产过程中经常要经过均质工艺处理，其目的主要是为了降低脂肪球的粒径，增加表面积，避免出现脂肪上浮现象。但是，牛奶中的脂肪球粒径缩小后，会使整体脂肪球表面积增大 6~10 倍，这个时候，就需要更多的乳化剂去稳定脂肪球。牛奶内部的磷脂和酪蛋白等乳化剂不能在脂肪表面形成连续的界面膜。加入乳化剂可以满足这种变化。均质过程中，HLB 值高的乳化剂迅速扩展到脂肪-乳浆界面处，迅速将剥离的脂肪球包围，形成完整的界面膜。高 HLB 值的乳化剂能迅速修补不完整的界面膜，降低脂肪球在运动过程中的附聚作用。而 HLB 值较低的乳化剂分子的亲水基团较小，与水的亲和力较弱，它们溶解时需要切断水分子间的氢键，所以在水包油体系中的溶解度较小，扩散到脂肪-乳浆界面处较慢。在均质过程中，剥离的脂肪球不能及时被乳化剂包围形成完整的界面膜，不完整的界面膜得不到及时修补。同时，脂肪球在不停地做布朗运动，脂肪球在缓慢地修补界面膜的过程中，酪蛋白含量少于覆盖在新形成的界面膜所需的数量，从而造成一个酪蛋白胶体被同时吸附在两个脂肪球-水表面的现象，导致脂肪附聚作用增加，也即 HLB 值较低的乳化剂对脂肪的乳化效果不好。

（2）不同 HLB 值的乳化剂在纯牛奶杀菌和贮存过程中的稳定效果

在牛奶的杀菌和贮存过程中，由于 HLB 值高的乳化剂能强烈地吸附于油水界面，顶替原来的保护层，而新界面膜由于对脂肪的亲和性较低，它的强度大大降低，保护作用减弱，亲水性乳化剂形成的界面膜在热能、机械外力、离心力等外力作用下容易脱离脂肪球表面，使表面张力提高，从而造成脂肪粒子附聚，引起脂肪上浮。即 HLB 值高的乳化剂形成的界面膜稳定性较弱，而 HLB 值低的乳化剂对脂肪有较强的结合力，在外力作用下，乳化剂不容易脱离脂肪球表面，脂肪粒子保持其表面结构，不会促进脂肪粒的附聚作用，即 HLB 值低的乳化剂形成的界面膜稳定性较好。但是，HLB 值低的乳化剂在牛奶中乳化效果不好，也容易造成脂肪附聚，所以在纯牛奶中加入低 HLB 值的乳化剂总体稳定性也不是太好。

（3）不同 HLB 值乳化剂的最佳搭配

HLB 值太高的乳化剂和 HLB 值太低的乳化剂单独使用，对防止脂肪上浮效果都不理想，必须将不同 HLB 值的乳化剂互相搭配，这样不但乳化效果好，稳定效果也好，而且可以最大限度地减少脂肪上浮。

7.3.3　乳化剂在乳饮料中的应用

乳饮料，是指以新鲜牛乳为原料，加入水与适量辅料，如可可、咖啡、果汁和蔗糖等物质，经杀菌而成的具有相应风味的饮料。它是一种不稳定的分散体系，既有蛋白质及果汁微粒形成的悬浮液、脂肪形成的乳浊液，又包含碳水化合物、盐类等形成的溶液。因此，乳饮料经常面临油脂上浮和蛋白质变性絮凝或沉淀等质量问题。为解决稳定性问题，常添加羧甲基纤维素、卡拉胶、黄原胶及进口的各种胶体等增稠剂，防止饮料分层或沉淀以及上浮。这些增稠剂对冷藏保存货架期为1～2周的饮料比较有效，但对于货架期要求达半年或更长时间的饮料，上述添加剂则会水解或凝聚而失效。

乳饮料实际上也是一种O/W型乳状液，添加适量的乳化剂，也可以增强饮料的稳定性。对于中性乳饮料，常见的单体乳化剂如单硬脂酸甘油酯、蔗糖脂肪酸酯、聚甘油脂肪酸酯等均可使用，但乳化效果存在明显差异。对于酸性乳饮料，则应慎重选择乳化剂，因为目前除了聚甘油脂肪酸酯外，其余食品中常用的乳化剂均不耐酸。另外，蔗糖脂肪酸酯耐酸耐高温性能差，在饮料高温杀菌过程中容易分解；吐温则对风味有一定影响，较少单独使用。

7.3.4　乳化剂在其他饮料中的应用

在饮料体系中，乳化剂的主要功能是起乳化作用。此外，乳化剂还具有乳化、润湿、分散、起泡、消泡、助溶和抗菌等作用。饮料中可使用的乳化剂一般与乳化稳定剂、分散剂并用，可提高乳化稳定性。

饮料中使用的乳化剂应具备六个基本条件：安全、HLB值高、耐酸、耐盐、水解性好、耐乙醇。

（1）乳化作用

由于乳化剂具有两亲性特点，它的亲油基团可以伸进油相中，与油相中的某些基团结合形成比较稳定的结构，然后其亲水基团则伸进水相中，降低油-水相界面的张力，从而形成一个比较稳定的均匀的体系。

在酒精饮料、咖啡饮料、人造炼乳等产品体系中，可将甘油酸酯、山梨醇酐脂肪酸酯、丙二醇脂肪酸酯等低HLB值的亲油性乳化剂和其他亲水性乳化剂配合，进而提高饮料及炼乳的乳化稳定性。在花生乳饮料生产过程中，于花生浆中加入蔗糖脂肪酸酯、单硬脂酸甘油酯、聚氧乙烯山梨醇酐脂肪酸酯等乳化剂以及稳定剂（亲水胶体），并进行均质，可以防止析油和沉淀，提高产品质量。

（2）分散湿润作用

有些固体粉状物料，由于颗粒比较小，表面积大，在水相介质中溶解时，由于表面张力的作用，很容易形成粉状的颗粒小球，小球的表面是水相，其内部则完全是粉状物质，如果没有乳化剂的存在，很难将这种小球完全分散。当在体系中添加了乳化剂时，乳化剂降低了粉状小球的表面张力，使得这些颗粒状的物料很容易地分散。因此在巧克力或可可饮料中加乳化剂可提高分散性，加快其在水溶液中的润湿性、分散性。

（3）起泡、消泡作用

不同的乳化剂有不同的功能，有的乳化剂在乳化的同时，还具有一定的发泡作用，在使用的时候需要特别注意。在国外，冲泡咖啡时，希望在咖啡中看到牛乳泡沫，因此往往会在咖啡的体系中添加一些乳清蛋白。而在做咖啡饮料时，可以在体系中添加一定量具有起泡作用的乳化剂，增加泡沫。

牛乳浓缩时，添加山梨醇酐单硬脂酸酯有消泡效果。炼乳制造时为抑制泡沫可用乙酸甘油单油酸酯作消泡剂。山梨醇酐单月桂酸酯在啤酒生产中能显著消泡，且又不影响啤酒的起泡性。豆奶制造时和乳饮料均质时使用亲油性乳化剂用来消泡。豆制品生产过程中，泡沫的产生影响产品的产量、质量，妨碍生产操作。因此，消泡是豆制品加工业的一个重要问题。甘油脂肪酸酯或其与其他添加剂的复配物，能大大降低表面张力，破坏大豆蛋白泡沫的双分子定向膜结构的平衡，而达到消泡的目的。大豆磨浆过程中，连续向磨出的豆浆中添加 0.20%～0.30%（以干大豆质量计）粉末蒸馏饱和脂肪酸单甘油酯如甘油单硬脂酸酯，或煮至 80℃时添加豆浆质量的 0.10%，不仅可以有效地消除泡沫，有利于豆渣分离，防止溢锅，而且能提高豆腐产率 3%～9%，改善豆腐品质，使加工的豆腐保水性好、富有弹性、质地细腻、不易破碎、口味好。乙酸甘油单油酸酯也可用作豆腐制品消泡剂。多元醇脂肪酸酯（如丙二醇脂肪酸酯、蔗糖脂肪酸酯）与磷酸钙或磷酸镁、碳酸钙或碳酸镁、硅酸钙或硅酸镁（一种或几种）及动物油脂的复配物，也是优良的豆制品消泡剂。在工艺流程中，消泡剂分散得越均匀，消泡效果越显著，因此需注意使消泡剂尽量分散。一般情况下，加入消泡剂后经搅拌，即可使消泡剂分散均匀。

（4）助溶作用

速溶食品是一类粉末状的方便食品，其特点是在水、乳等液体中有好的分散性和溶解性。利用特殊的加工方法，如泡沫喷雾干燥法和附聚（造粒）法制得的粉状产品称为速溶食品。附聚法是将黏性物质喷洒到干粉上，或添加黏性物质后使干粉润湿。

利用附聚法生产速溶食品（如速溶乳粉、速溶可可）时，卵磷脂、精制卵磷脂或改性卵磷脂是较为理想的，几乎是通用的附聚助剂。这归因于卵磷脂在附聚时能暂时使颗粒黏结，形成附聚团粒。在冲调时，形成的附聚物网络保持不变，使它能被水润湿，同时渗入附聚物。水与卵磷脂相互作用，黏附力降低，从而使附聚物能破裂溶化，并迅速溶解成细小颗粒和微粒。

利用附聚法生产速溶全脂乳粉时，附聚 0.2%左右大豆卵磷脂，乳粉的溶解度显著增加，分散度提高 90%以上。乳粉颗粒平均直径达到 20～100μm，就能解决乳粉冲调的结团问题，这样的乳粉用 40℃水冲是速溶的。具有这种颗粒（或团粒）直径的乳粉，再合理地喷涂卵磷脂，就得到凉水（25℃）也能速溶的乳粉。喷涂卵磷脂的乳粉，不仅可以速溶，而且也增加了乳粉的营养价值。

可可粉中一般含有 10%～25%的可可脂。尽管是低脂可可粉，热水冲调后仍然在液面上浮有一层油膜或可可粉微粒；在温度低于可可脂熔点时，此种现象尤甚，原因是可可脂未能在水中分散形成乳状液。使用卵磷脂、蔗糖脂肪酸酯等，能使可可脂在水中成为稳定的乳状液，从而制得在高温或低温下均可容易分散于水中的速溶可可粉。采用凝胶技术生产速溶可可产品时，采用改性卵磷脂不仅可以达到速溶效果，而且能延长产品的保存期（最低可保持 9 个月不变性）。采用瞬间喷雾法制造含糖速溶可可，将卵磷脂（粉状、乳状液、溶液形式）喷洒于可可粉/糖混合物上，则可使产品在水中快速地润湿和分散，并能防止成团结块。

麦乳精、速溶可可、速溶咖啡、速溶乳粉制造中，使用 HLB 值 13～15 的蔗糖脂肪酸酯作为乳化剂，可提高产品的分散性和溶解性，并能防止油脂渗出。以奶油、乳粉、磷脂等为主要原料制造含脂速溶乳粉时，常用单、双甘油脂肪酸酯作为乳化剂，用卵磷脂（商品大豆卵磷脂）作为润湿剂，以提高产品的亲水性和在冷水中的分散性。

乳化剂在饮料中具有乳化、润湿、分散、起泡、消泡、助溶（增溶）等作用，并有赋香、起浊、着色等效用。乳化香精可赋予饮料香气和一定浊度，通常使用阿拉伯树胶调制乳化香精。由于具有良好乳化性能的阿拉伯树胶产量少，国际市场供不应求，而使用高 HLB

值的聚甘油脂肪酸酯、蔗糖脂肪酸酯、山梨醇酐脂肪酸酯、聚氧乙烯（20）山梨醇酐脂肪酸酯、卵磷脂等调制乳化香精，其效果与阿拉伯树胶相同。在酒精饮料、咖啡饮料、人造乳中，使用单甘油脂肪酸酯、山梨醇酐脂肪酸酯、丙二醇脂肪酸酯等低 HLB 值的亲油性乳化剂与其他亲水性乳化剂的复配物，以及聚甘油脂肪酸酯、蔗糖脂肪酸酯等乳化剂，可提高饮料及人造乳的乳化稳定性和分散稳定性。巧克力饮料、可可饮料、酸性饮料、粉末饮料等中添加乳化剂，均能提高分散性和溶解度。罐装咖啡中，添加蔗糖脂肪酸酯、甘油脂肪酸酯、聚甘油脂肪酸酯等，不仅可使产品乳化和分散稳定、防止蛋白质沉淀，而且能防止产品中脂肪氧化。通常情况下，蔗糖单棕榈酸酯能抑制耐热性芽孢菌的繁殖；甘油单硬脂酸酯可抑制嗜热脂肪芽孢杆菌和冻结芽孢菌的繁殖。饮料中添加适量的卵磷脂，还能增加产品风味。蔗糖脂肪酸酯加入茶中能抑制茶的苦涩味；加入蒸馏酒中可发挥"熟化效用"；用于咖啡中可提高咖啡豆中主要成分的提取效率。在乳饮料如咖啡乳饮料生产中，使用蔗糖脂肪酸酯乳化剂，能使各种成分在水中分散得更均匀、更稳定，并且在一定程度上可抑制蛋白质的絮凝，并能减轻氧化变质和硫化腐败菌引起的酸败。稀奶油酒（分为饮用型和咖啡伴侣型）是一种新型含醇乳饮料，由稀奶油、乳蛋白质、砂糖、食用酒精以及适宜的乳化剂、稳定剂、香精、色素等配制而成。蔗糖脂肪酸酯是制造这种含醇乳饮料适宜的乳化剂。

7.3.5 乳化剂在冷冻饮品中的应用

按照冰淇淋的主要原料或主要组分可分为牛乳冰淇淋（普通冰淇淋或统称为冰淇淋）、奶油冰淇淋、酸奶冰淇淋等。按照添加不同的调味料或香味料以及特殊加工方法可划分为水果冰淇淋、果味冰淇淋、坚果冰淇淋、花式冰淇淋等。按照冰淇淋的硬度，可分为软质冰淇淋和硬质冰淇淋。

冰淇淋含有脂肪、蛋白质、碳水化合物、矿物质和维生素。制作冰淇淋的主要原料有乳脂肪或植物脂肪、无脂乳固体（脱脂乳粉、脱脂炼乳、脱脂乳）、甜味剂（蔗糖、麦芽糖糊精）、乳化剂和稳定剂，以及香精、调味料和水等。为制备品质优良、表面"干燥"、质构细腻、口感润滑、柔软（但不失"直立"），保型性好、抗融化的冰淇淋，乳化剂起着重要作用。在冰淇淋中，乳化剂能改进脂肪在混合料中的分散性，促进脂肪与蛋白质相互作用，控制在冻结过程中脂肪的附聚与凝聚，促进空气混合，得到所需的膨胀率。

乳化剂在冰淇淋中的主要作用可归纳如下：

① 改进脂肪在混合料中的分散性，使脂肪粒子微细、均匀分布，提高乳状液稳定性；

② 促进脂肪与蛋白质的相互作用，使乳状液稳定或破乳，有助于控制脂肪的附聚与凝聚作用；

③ 改进空气混入，提高起泡性和膨胀率；

④ 防止或控制粗大冰晶形成，赋予冰淇淋细腻的组织结构和良好的干性；

⑤ 改善稳定性和保型性；

⑥ 防止贮藏过程中收缩变形，改善入口融化特性。

食品乳化剂在冰淇淋中的应用见表7-8。

表 7-8 食品乳化剂在冰淇淋中的应用

食品名称	使用食品乳化剂的名称	食品乳化剂发挥的功能
巧克力冰淇淋、咖啡冰淇淋	大豆磷脂、单硬脂酸甘油酯、三聚甘油单硬脂酸酯	乳化、湿润、增溶、悬浮分散作用，控制结晶作用，与蛋白质相互作用

食品名称	使用食品乳化剂的名称	食品乳化剂发挥的功能
巧克力冰淇淋和咖啡冰淇淋除外的其他无悬浮物的冰淇淋	大豆磷脂、单硬脂酸甘油酯、三聚甘油单硬脂酸酯	乳化、湿润、增溶分散作用、与蛋白质相互作用

乳化剂在冰淇淋中具有多种功能，在不同的生产阶段，乳化剂所起的作用也不相同。概括地讲，在配料、均质阶段，乳化剂起促进脂肪分散、稳定乳浊液的作用；在老化阶段起促进脂肪附聚作用；凝冻阶段则促进脂肪与蛋白质的相互作用，使乳状液失稳或破乳，进而控制脂肪的附聚。附聚的脂肪球排布在微小的空气泡上，形成三维网状结构，形成冰淇淋的骨架，这是一种能使气泡稳定，提高保型性和保藏稳定性，并赋予良好口感的组织结构。冰淇淋的结构示意图如图 7-12 所示。

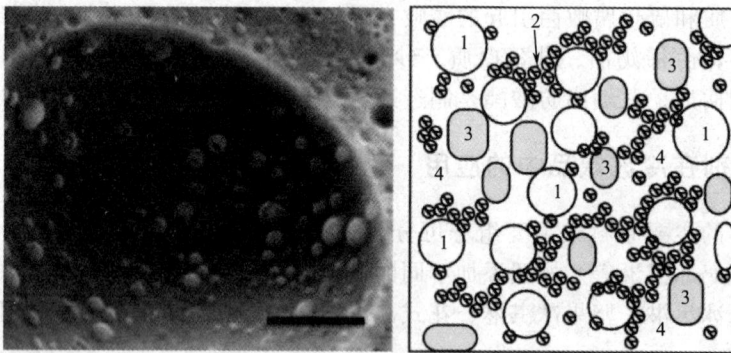

图 7-12　冰淇淋的扫描电镜和物理结构示意图
1—空气泡；2—围绕在空气泡旁边的凝聚脂肪和脂肪球；3—冰晶；4—未冻结的不溶性固体

乳化剂在冰淇淋中所起的这些作用，单靠一种乳化剂难以满足，应根据各种乳化剂的特点配成复合乳化剂才能满足冰淇淋生产的需要。冰淇淋中常用的乳化剂主要有单硬脂酸甘油酯、蔗糖脂肪酸酯、山梨醇酐单硬脂酸酯、聚氧乙烯山梨醇酐单油酸酯、三聚甘油单硬脂酸酯、酪蛋白酸钠、卵磷脂等。乳化剂在冰淇淋中的添加量与混合料中的脂肪含量有关，一般随脂肪含量的增加而增加，但复合乳化剂则需要综合观察各单体乳化剂的协同增效作用而定。如分子蒸馏单硬脂酸甘油酯与蔗糖脂肪酸酯复配，复配后的 HLB 值为 8～10，其乳化能力提高 20%以上，而且能提高冰淇淋的抗融性，改善组织结构；司盘 60 与聚甘油脂肪酸酯合理复配，可将司盘 60 HLB 值调整到 8～10，可提高其分散和乳化能力，减少乳化剂用量 20%～40%，还能改善其发泡和稳定泡沫性能，提高搅打起泡率，改善冰淇淋组织结构，提高冰淇淋膨胀率和抗融性；分子蒸馏单硬脂酸甘油酯、司盘 60、卵磷脂复配，能增强其水分散能力，提高乳化效果，增强发泡和稳定功能，改善冰淇淋的组织结构。

正确选择不同亲油基和亲水基的乳化剂，能够通过控制脂肪球的附聚而改善冰淇淋的干性度、稳定性、保型性、膨胀率、融化性、口感、组织结构、形体、质地等特征。

7.3.6　乳化剂在焙烤食品中的应用

焙烤食品，是指以谷物为主原料，采用焙烤加工工艺定型和熟制的一大类食品。除了常见的面包、蛋糕和饼干外，焙烤食品还包括我国的许多传统食品，如烙饼、点心、馅饼等。

焙烤食品的分类按不同的标准可分为不同的种类。如按发酵与否以及膨化程度可分为如下几类。

① 用酵母使其膨化的制品，包括面包、苏打饼干、烧饼等。

② 用化学方法膨松的制品，即利用化学膨松剂如小苏打、碳酸氢铵等产生的二氧化碳使产品膨化，这类产品主要有各种蛋糕、炸面包圈、油条、饼干等。

③ 利用空气进行膨化的制品，如天使蛋糕（angel food cake）、海绵蛋糕（sponge cake）等不用化学膨松剂的食品。

④ 利用水分汽化进行膨化的制品，如一些类似膨化食品的小吃。

按生产工艺特点可分为如下几类。

① 面包类，包括各种类型的面包产品。

② 松饼类，包括各类松饼、派类及我国的特有食品千层饼等。

③ 蛋糕类，包括各种蛋糕产品。

④ 饼干类，包括各种饼干。

⑤ 点心类。

下面分别以日常生活中最为常见的面包为例，简单介绍乳化剂在其中的应用情况。

在生产面包和其他烘烤食品的复杂过程中，碳水化合物、蛋白质和脂肪起着决定性作用。淀粉是组成面包瓤的基本成分，决定了面包的基本性能，由于淀粉分子的外形和构型，它们能够与碘、醇、脂质及乳化剂发生相互作用，并生成相应的产物，对面包的品质有重要影响。

（1）淀粉与乳化剂的相互作用

面包生产中使用的重要乳化剂有单甘油酯（MG）、硬脂酰乳酸钙（CSL）、硬脂酰乳酸钠（SSL）和双乙酰酒石酸单双甘油酯（DATEM）等。它们对淀粉的糊化温度和黏度有不同的影响。单甘油酯、硬脂酰乳酸钙、硬脂酰乳酸钠和双乙酰酒石酸单双甘油酯都会使小麦淀粉的糊化温度和最大黏度提高。糊化温度和最大黏度还受 pH 和离子浓度所影响。此外，在加热过程中这些乳化剂还能够降低淀粉的吸水性。在油脂存在时，这些乳化剂仍对淀粉起作用。此外，乳化剂还能够抑制和减小直链淀粉的老化（或回生），对面包起保鲜作用。

淀粉与乳化剂形成复合物时，淀粉分子和乳化剂之间形成的复合物可能是物理结合，也可能是共价化合物。在低温下，单甘油酯与淀粉的相互作用就已经开始。30℃时，一部分单甘油酯就以不可逆方式结合到淀粉粒上；结合的数量在糊化过程中明显增加，并在 90℃时达到新的平衡。

此外，淀粉/单甘油酯复合物的形成与单甘油酯的晶型有关，其中以 α 晶型特别有效。淀粉与单甘油酯形成复合物的能力与温度有关，31℃时形成复合物的能力较为明显，而在60℃时就明显变小，其原因是在高温时单甘油酯开始形成分散体。哪些分子能够嵌入淀粉，取决于化学和几何学因素。各种乳化剂与直链淀粉的相互作用程度不同，因此它们的复合物形成能力（复合能力）也不同。

（2）蛋白质与乳化剂的相互作用

阴离子型乳化剂能与面粉中的小麦蛋白相互作用结合在一起，促使面筋网络机械强度和持气强度的提升。阴离子型乳化剂的亲油基与蛋白质的疏水区域相结合，并将负电荷带入乳化剂与蛋白质形成的复合物中，这些复合物通过静电相互作用进一步聚集，从而能够增强面团的强度。此外，形成的复合物还会干扰蛋白质的溶解性，从而增加面团的黏性和弹性。非离子型乳化剂则会破坏蛋白质的疏水区域，使蛋白质更容易从面粉中分离出来。两种类型的乳化剂混合使用，能使面团具有更好的延伸性和黏弹性。

（3）脂肪与乳化剂的相互作用

小麦粉中含有1.4%～2.0%的脂类，分为游离（0.8%～1.0%）和结合（0.6%～1.0%）形式。它们也可进一步分为非极性（50.9%）脂类和极性（49.1%）脂类。结合形式的脂类以淀粉复合物的形式存在。游离脂类，约占脂类总量的85%，其参与制备烘焙食品的重要化学、物理和生物化学反应。游离脂类包括糖脂、磷脂和硬脂酰酯。游离脂类和乳化剂之间的相互作用是有限的。向未经处理的面粉中添加非极性脂类会导致烘焙性能的恶化。在未经处理的面粉中加入极性脂类，可以增加面包制作中的面包体积。这种改善可能是基于半乳糖脂和磷脂的作用。乳化剂能够与面团的水分作用，形成与游离的极性面粉脂质结合的脂质-水结构。此外，乳化剂会与小麦粉中天然存在的脂类竞争小麦粉面团的活性基团。阴离子型乳化剂会使大多数非极性脂类成分与所有酸溶性蛋白质化合物和中等极性成分（双半乳糖甘油二酸酯、磷脂酰乙醇胺和磷脂酰胆碱）的结合减少，而能够增强较高极性脂类成分（溶血磷脂酰胆碱、磷脂酰丝氨酸和含糖的成分）的结合。因为离子型乳化剂能使酸溶麦谷蛋白的数量及其结合的脂质减少，所以这些乳化剂可能与蛋白质和脂质反应，形成一种酸不溶的复合体。

单独使用聚氧乙烯（20）甘油脂肪酸酯，或与单甘油脂肪酸酯和硬脂酰乳酸钠复配使用，都能抑制面包中的脂质结合，其作用方式是乳化剂取代面包结合位置上的一些脂质。非离子型聚氧乙烯（20）甘油脂肪酸酯对单和双半乳糖甘油二酸酯、游离脂肪酸以及单甘油脂肪酸酯的作用比对其他脂质成分大。聚氧乙烯（20）甘油脂肪酸酯可以使极性脂类或非极性脂类与麦谷蛋白相结合。

7.3.7　乳化剂在巧克力中的应用

7.3.7.1　巧克力起霜的原因及防止办法

巧克力制品从表面起白色斑点或有薄薄一层白霜，直到全部变成灰白色，这个过程称为起霜，或称为"发花"。起霜虽然对人体不致任何影响，但巧克力外观受到严重损害，因此在制造及贮存巧克力时，应尽量避免。

（1）起霜的原因

巧克力制品起霜原因可分为两种：一是因脂质起霜，二是因糖分起霜。

在一定的条件和前提下，凝固的巧克力表面上会形成所谓的脂霜。巧克力在制造过程中，由于调温不当，可可脂产生同质异构现象，即在产品制成后不久，便会直接发生起霜现象。常见的主要有如下几种类型。

① 巧克力在制造过程中调温不完全，缺乏适当稳定之结晶型。

② 巧克力原料在贮藏温度不适应情况下，造成脂肪与其他物料的分层，生成灰白色的脂霜。

③ 巧克力在成型之后冷却时，由于操作环境相对湿度过高，冷却后的成品到达露点而导致湿气冷凝，结雾在巧克力产品上。

④ 在熔点以上高温情况下，造成脂肪与其他物料的分层，生成灰白色的脂霜。

⑤ 在加工过程中夹杂有与可可脂不同性质的其他油脂，彼此不兼容，因此引起油脂析出。

⑥ 在熔点以上高温情况下，巧克力制品内含脂肪溶出，以及再降温或升温带来的温度波动造成与其他成分分离，其表面会出现一层深褐色的脂霜。

糖霜与脂霜现象有所差异。糖霜是由于巧克力制品吸潮，引起砂糖溶解，然后再结晶就会形成白色的糖霜，外观上与脂霜相似。不同点是，手触感觉糖霜较粗，容易剥落。糖霜的生成初期呈斑状，时隐时现，水分吸收过程即吸湿时霜呈隐性，水分减少溶解的砂糖再结晶形成霜，若反复几次糖霜呈黄褐色，其结晶在低倍显微镜下很易看到。糖霜的生成，水分是重要因素。各种巧克力制品在相对湿度 50％时，极易起霜。冷冻巧克力制品在常温下存放过久，湿度间的差异易引起吸湿起霜。

（2）起霜的防止方法

防止巧克力制品起霜（脂霜形成），主要有两种途径。

① 优化调温工艺　对于不同的巧克力原料和配方，有必要优化调温工艺中温度、时间及操作过程，以提高调温效果。调温工艺优化原理相同，应通过仪器测定结合流变性、脱模性、脆性、光泽、口感、抗霜性等方面进行综合选择，找出特定的优化条件。

② 添加乳化剂　在巧克力生产中，单纯依靠调温工艺优化不能完全保证巧克力品质，往往需要添加乳化剂。乳化剂是亲油亲水的两性物质，可使巧克力形成稳定的乳化状态，有效降低巧克力料黏度，提高流散性，有些还可延缓巧克力晶型衍变和阻抑油脂迁移，抑制巧克力起霜。

巧克力生产中常用的乳化剂有：磷脂、单硬脂酸甘油酯、蔗糖脂肪酸酯、司盘、吐温、辛酸甘油酯、癸酸甘油酯、聚甘油脂肪酸酯等，但使用最普遍的还是磷脂。

目前采用的乳化剂主要是化学合成的，消费者对其安全性存在担忧。在研究功能性巧克力中，添加适当茶叶粉末、香菇粉末等生物活性乳化物质可使巧克力界面张力下降，巧克力黏度降低，有利于巧克力体系更稳定，且可以延缓晶型衍变，抗霜效果良好。随着人们对天然、营养、保健食品的追求不断提高，天然乳化剂在巧克力中将得到广泛应用。

7.3.7.2　部分乳化剂在巧克力中的应用

（1）卵磷脂

在巧克力制品制造、贮藏和食用过程中，乳化剂对巧克力浆料及成品都能起特定的作用。巧克力生产中使用时间最长的乳化剂是卵磷脂，约从 1930 年巧克力生产中就开始使用。添加卵磷脂可加速可可脂在巧克力糖浆中的溶解度，并且使之完全溶解，均匀分布于巧克力糖浆中；同时也可大大降低巧克力浆料的黏度，这为巧克力加工过程提供了极大方便，特别是在含有块状添加物的巧克力和巧克力涂饰料中更为突出。此外还能节省价格贵的可可脂原料。加入 0.30％～0.50％卵磷脂，在保持同样的巧克力浆料黏度下可节省 5％的可可脂。

（2）多聚蓖麻醇酸酯

多聚蓖麻醇酸酯可以改变熔化巧克力的流动性，并能防止由少量水而引起的黏度增大。此外，它还可使熔化的巧克力具有良好的黏度稳定性，减少对高温的敏感性和缩短生产时间。

多聚蓖麻醇酸酯与卵磷脂复配混合使用，对巧克力浆料的流变性有协同作用，也就是说，添加多聚蓖麻醇酸酯能够进一步改进用最佳卵磷脂浓度获得的结果。获得最低黏度和流变极限的最有利混合比为 2 份卵磷脂和 1 份多聚蓖麻醇酸酯。这种混合型乳化剂能够替代至其本身添加量 3 倍的可可脂。多聚蓖麻醇酸酯（如三聚蓖麻醇酸酯）与固形物粒子表面，特别是糖粒子表面相互作用，是这类乳化剂产生一系列作用的基础。另外，它也可使脂肪的表面张力降低。

（3）蔗糖脂肪酸酯

蔗糖脂肪酸酯可以防止巧克力浆料在调温时黏度增加，达到降黏的目的，故可节省 2％～3％的可可脂，还能防止巧克力起霜，改进光泽，提高耐热性，改善口味和在口中的熔化性能。在巧克力生产中，蔗糖脂肪酸酯添加量一般为 0.30％～0.80％。

（4）山梨醇酐脂肪酸酯

在巧克力制品生产中，山梨醇酐脂肪酸酯（Span）差不多都与聚氧乙烯（20）山梨醇酐脂肪酸酯（Tween）复配使用，以防止巧克力起霜，或把脂起霜抑制到最低程度。单独使用山梨醇酐三硬脂酸酯，在 0.40％～1.00％浓度时可以改进热稳定性，并能明显地抑制脂起霜。添加

1%由聚氧乙烯（20）山梨醇酐单硬脂酸酯和山梨醇酐单硬脂酸酯按60：40复配的混合乳化剂，效果更好。使用这种混合型乳化剂，不仅能抑制脂起霜，同时也能改进成品的光泽。乳化剂在巧克力制品中的作用见表7-9。

表7-9　乳化剂在巧克力制品中的作用

物理作用	工艺作用或改进产品质量作用
改善粉状成分在脂肪中的分散	缩短混合时间
降低黏度	节省可可脂
降低由水分造成的黏度增加	增大黏度稳定性
降低由温度太高引起的黏度增大	增加工艺过程温度耐受性
改善脂肪相的凝固性	提高调温过程的耐受性，改善结构和质地、外观以及贮藏性，防止起霜

7.3.8　乳化剂在糖果中的应用

凡油脂含量较高的糖果，如奶糖、奶油糖、高级夹心糖等产品的生产都必须使用乳化剂。乳化剂的主要作用是使组成糖果的甜味料（糖类）、油脂、水等均匀混合乳化，形成高度稳定的均一乳状液，从而能够得到均匀、细腻的糖组织和良好的色香味，并能防止各种物料在贮存过程中发生分离或析出。

许多种高级夹心糖果及其夹心馅中都含有水和脂肪。当脂肪没有充分和足够稳定地分布于焦糖混合物中时，脂肪就会迁移到糖果表面，进而发生酸败和生成脂霜，影响糖果的口味、外观等感官质量。对这类水分含量较高的糖果产品，使用卵磷脂、甘油单硬脂酸酯等乳化剂可解决上述问题，但它们的作用机理与在巧克力制品中截然不同。

在乳脂类糖果生产时，乳化过程是与熬糖过程结合在一起进行的。将甜味剂、油脂、水等物质混合加热，在加热过程中加入一定量乳化剂，并不停地、均匀地搅拌，直到油脂以极小的脂肪球分布于糖液中。奶糖、太妃糖制造中，添加甘油单硬脂酸酯、聚甘油单和二硬脂酸酯、卵磷脂、山梨醇酐单硬脂酸酯等乳化剂，不仅可使糖和脂肪类原料迅速均匀混合，而且冷却后也不分离，从而防止了起纹、粒化和走油等现象发生。由于脂肪类原料不能渗透到糖果的表面上，所以保持了糖果的新鲜不变味。此外，乳化剂在熬糖时又能抑制泡沫、防止黏着，从而提高了生产效率。乳化剂还能防止制品粘牙、黏附和变形，以及提高制品的防潮性。

口香糖、泡泡糖是将植物性树脂、合成树脂、酯胶、蜡类及乳化剂混合作为基料，再加入糖类、有机酸、无机粉末、香精和色素等而制成的。一般所采用的工艺，首先是把树脂（胶基）分成小块，然后放入溶胶锅加热进行软化。当树脂受热软化后加入白蜡，再加入乳化剂，促使树脂与水结合而形成乳状液。口香糖、泡泡糖制造中，使用甘油单乙酸酯（用量0.5%）、蔗糖脂肪酸酯、山梨醇酐单硬脂酸酯（用量0.4%）、聚氧乙烯（20）山梨醇酐单硬脂酸酯（用量0.4%）、聚甘油脂肪酸酯等乳化剂，可以改善其混炼性能、降低混炼温度、缩短混炼时间，使糖的内部结构均匀、质地细腻、柔软性和可塑性增加、口感风味提高，而且防止产生苦味、不粘牙。食品级氢化松香甘油酯在口香糖制造中是优良的柔软剂和保香剂，可增加口香糖的咀嚼次数，久嚼不散；用于泡泡糖制造，可提高产品成膜性。

糯米糖、饴糖等软糖因含有大量淀粉而易老化，添加甘油单硬脂酸酯、甘露糖醇单硬脂酸酯等乳化剂可有效防止老化，而且可降低熬糖时的黏度，防止食用时粘牙。

糖片（片状糖果）、锭剂制造中，以低HLB值的蔗糖脂肪酸酯作为润滑剂，能够形成均质制品，有助于脱模，并能提高产量和改善产品的外观质量。使用时，同粉体或其他原料配合，用量为 1.00%～1.50%。熬好的糖果放在冷板上冷却时，为了防止粘连在冷板上，常常要在冷板上涂上油。

在油脂中添加一定量的卵磷脂、山梨醇酐脂肪酸酯等，可改进糖果成型，提高生产效率，并使产品具有优良的耐潮性能。

7.3.9　乳化剂在油脂及乳化脂肪制品中的应用

人造奶油又称人造黄油，是由食用油脂、乳化剂及其他添加剂与牛乳或水混合而制成的油包水（W/O）型的含 80% 油和 16% 以下水的可塑性的乳状液。

乳化剂的乳化作用及稳定作用在人造奶油的生产中极为重要。乳化剂通过降低界面张力使水相和油相易于混合而形成乳状液，因此采用简单的设备就能够制造人造奶油。生产奶油时的乳化剂一般为亲油性乳化剂，并要加工成外油相。这样能够避免由乳状液稳定性以及结晶转化引起的"砂质感"而造成的人造奶油质量下降。此外，单体乳化剂在人造奶油中的使用效果存在明显差异。

（1）卵磷脂

卵磷脂是人造奶油生产中长期使用的天然乳化剂。应用卵磷脂使乳化变得更容易，其在0.20%～0.25% 浓度时有助于形成油包水（W/O）型乳状液。此外，由于急骤发生的冷却现象，卵磷脂在人造奶油制造时会延缓脂肪的结晶过程。结晶延迟进行，使结晶时产生的结晶热不在制造过程中排出，而在贮藏时放出。这样，结晶热促进混合晶体溶解，而使人造奶油的感官性质变差。但是，卵磷脂的抗氧化作用在人造奶油贮藏中是有益的。

人造奶油中含有的沉淀成分如酪蛋白和乳糖，在煎炸时被坚固的卵磷脂膜覆盖，从而防止了这些物质烧损。此外，卵磷脂还能使人造奶油在煎炸时少起泡沫，从而避免了泡沫过多造成的麻烦，并能赋予人造奶油类似蛋黄的色泽和优良的褐变性能。这些作用效果在含乳人造奶油中比所谓的加水人造奶油中明显。

卵磷脂作为抗溅剂用于人造奶油中也特别重要。但是，卵磷脂的抗溅作用不是通过防止水滴聚结来实现的，而是在加热时卵磷脂形成细小的沉淀物，以沉淀物作为晶核形成连续逸出的微小水蒸气气泡来实现的。除抗溅作用外，卵磷脂同时还使人造奶油中含有的蛋白质固形物分布得更微细，并通过与蛋白质相互作用使褐变更均匀、口味更好。每种人造奶油都要求特殊的卵磷脂质量。在食盐含量高的人造奶油中，天然卵磷脂的磷脂是有效的抗溅剂；而在低盐和无盐人造奶油中，磷脂由于与水的钙离子反应以及乳蛋白的絮凝作用而部分钝化。因此，只有钙敏感性较小的专用磷脂如磷脂胆碱以及酶处理的磷脂，才适用于低盐和无盐人造奶油。此外，卵磷脂还能够使低热量人造奶油的敏感油包水（W/O）型乳状液稳定，然而对口感却产生不利的影响。

综上所述，在人造奶油生产中使用卵磷脂不仅可以起乳化作用和稳定作用，而且能够改善家庭用人造奶油的涂抹性，烘烤用人造奶油的起酥性、煎炸性和感官性质，还能抗溅和防止发生棕色反应。卵磷脂在人造奶油中的添加量一般为 0.15%～0.50%。

（2）单，双甘油脂肪酸酯

单，双甘油脂肪酸酯作为乳化剂，对乳状液稳定性所起的效果，主要取决于其中所含的脂肪酸种类，即合成时使用的甘油三酯的种类。一般最常用的是软脂酸、硬脂酸、油酸的单，双甘油脂肪酸酯。采用蒸馏单甘油脂肪酸酯可以降低人造奶油的生产成本。单甘油脂肪酸酯为油溶性乳化剂，通常熔点较高，因此在使用时要先与脂肪混合。单甘油脂肪酸酯在0.01% 的添加量时，就可以改进人造奶油乳状液的稳定性和人造奶油的塑性。当把单甘油硬脂酸酯的添加量提高到 0.10% 时，则可明显改进流变性，特别是不饱和脂肪酸部分高的脂肪塑性。

使用饱和的单甘油脂肪酸酯可制得很细密和稳定的人造奶油乳状液，但口味欠佳。采用不饱和单甘油脂肪酸酯时，制得的人造奶油乳状液细度差一点，但口味较完美。羟基脂肪酸单甘油酯也适合于制备人造奶油乳状液，其效果比饱和单甘油脂肪酸酯更好。虽然单甘油脂肪酸酯能够加速脂肪的结晶过程，并对人造奶油的晶体结构造成影响，但不能完全阻止过冷却现象。

25% 饱和单甘油脂肪酸酯和 75% 不饱和单甘油脂肪酸酯组成的混合乳化剂，可用于制造低热量人造奶油，其添加量为最终产品的 0.20%～1.00%。混合单甘油脂肪酸酯用量的选择，以所达到的乳状液细度既要保证足够的稳定性，又要保证产生良好的口味为标准。单甘油脂肪酸酯含量较高，乳状液稳定性较大，但口感较差；单甘油脂肪酸酯含量低，口感较好，然而乳状液稳定性小。在含蛋白质的低热量人造奶油中，添加 0.40% 单甘油脂肪酸酯为最佳。加入单甘油脂肪酸酯的人造奶油在贮存期间还具有稳定作用，因此有助于防止人造奶油中水的渗出或者返油。

(3) 复合乳化剂

在人造奶油生产中，乳化剂可以单独使用，也可以几种复配使用。一般来讲，几种乳化剂复配使用能够获得更好的使用效果，不仅可以起到稳定人造奶油乳状液的效果，在煎炸时还可起到抗溅作用。

人造奶油中添加 0.10%～1.00% 的乳化剂就可起到稳定乳状液的作用，而对于特殊用途的人造奶油也能添加较高剂量的乳化剂。例如，在烘焙食品用的人造奶油时，可添加 6%～25% 的单，双甘油脂肪酸酯，卵磷脂，柠檬酸单，双甘油脂肪酸酯或双乙酰酒石酸单，双甘油脂肪酸酯，除油脂作用外还能在烘焙食品中起到乳化剂作用。

为了减少人造奶油在煎炸时的飞溅，生产煎炸用人造奶油时需要选用有效的乳化剂。乳化剂的主要作用是降低油、水之间的界面张力，以获得微小水滴，并使它们均匀地分散在人造奶油中。但这不是获得良好的煎炸用人造奶油的唯一因素。一般认为加盐有助于减少飞溅现象，含盐量较高的人造奶油飞溅作用较小。此外，水相的 pH 也是重要的因素，高 pH 的乳状液和含可溶性蛋白质的产品比低 pH 的产品飞溅作用小。

7.4 乳化剂的发展趋势

近年来，食品添加剂的生产和研究获得长足进步，在食品添加剂总量中，乳化剂用量占到近一半。作为最重要的食品添加剂之一，食品乳化剂不但具有维持食品稳定乳化状态的典型表面活性作用，还可以使食品形成均一、稳定的结构，从而进一步改善食品的口感，延长产品的保质期，因而在食品工业中占有重要地位，并得到越来越广泛的应用。

新版《食品安全国家标准　食品添加剂使用标准》(GB 2760—2024) 中规定使用的食品乳化剂有 50 种，与旧版标准 GB 2760—2014 中 40 种食品乳化剂相比，越来越多的乳化剂被开发出来以应用到食品中。结合国内外现状，食品乳化剂的发展趋势主要有：①利用高新技术开发天然高效的食品乳化剂；②开发使用方便、多用途、多功能的乳化剂；③开发具有营养、保健功能的乳化剂；④发展复配型乳化剂，加强复配技术理论研究与实际应用的结合。以下主要针对近年来开发的新型乳化剂及其应用作简要介绍。

(1) 新型蛋白质基乳化剂

蛋白质是由氨基酸以肽键连接而成的长链高分子，既有亲水基又有亲油基，能够吸附在油-水或空气-水界面上。决定蛋白质的乳化能力的因素包括：溶解度、疏水性、扩散到界面的速率、分子间相互作用、表面电荷和水合度、解卷积结构的速率等。各种蛋白质乳化剂的研发都是以这些因素为出发点。制取蛋白质乳化剂的原料分为动物源蛋白质和植物源蛋白质。动物源蛋白质主要有乳清蛋白、酪蛋白等。与动物源蛋白质相比，植物源蛋白质具有来源广泛、生产成本低等特点，值得重点研究开发。如豆类中含有丰富的蛋白质（35%～40%）。其中大豆中蛋白质含量几乎是肉、蛋、鱼的2倍，相当于小麦的3倍，玉米的4倍，稻米的5倍，而且大豆所含蛋白质的氨基酸组成较全面，与动物源蛋白质相近似。所以，目前国内开发应用程度最大的为大豆蛋白，国外除了大豆蛋白外，开发的还有豌豆蛋白、鹰嘴豆蛋白、大麻蛋白和藜麦蛋白等。但是，由于植物基蛋白质溶解度差，通常需要对蛋白质进行改性以增加其乳化性，常见的改性方法有：脱酰胺改性、酶水解改性、磷酸化改性、糖基化改性及蛋白质的接枝共聚等。脱酰胺改性通过将植物蛋白分子中的酰胺基脱除，从而增加其乳化特性。磷酸化改性一方面是向蛋白质分子中引入磷酸基团，增加蛋白质溶解度；另一方面，磷酸化蛋白质中含有大量负电荷，在形成乳液时，会使液滴表面附带大量电荷，增加了乳液滴之间的排斥力，从而增强了乳化体系的稳定性。蛋白质糖基化改性是基于美拉德反应机理的羰氨缩合反应，该过程不需任何化学催化剂参与，通过美拉德反应即可使蛋白质分子的ε-氨基与糖分子的还原性末端羰基进行共价结合而实现，将糖分子引入蛋白质分子上面后，一方面改进了蛋白质表面的电荷分布，增加了形成乳液滴之间的排斥力；另一方面，糖分子中亲水基的引入也增加了蛋白质的溶解性，蛋白质的乳化性也得到一定提升。此外，糖的多分支结构也能起到空间位阻作用，从而提升乳液滴的稳定性。

与化学改性相比，酶法改性具有专一性强、效率高、毒副作用小等优点，成为目前最主要的改性手段。酶水解的程度不同，蛋白质水解产物的物化特性也有改变，研究发现利用蛋白酶对蛋白质的限制性水解可显著提高蛋白质的乳化活性和乳化稳定性。在蛋白质的酶法改性当中，蛋白酶的限制性降解改性的研究最为透彻。国外早在20世纪70年代，就广泛地采用不同来源的蛋白酶降解食物蛋白质，利用蛋白酶降解蛋白质生产水解物已成为一种较为成熟的技术，国内大豆蛋白生产厂家也广泛使用酶解方法生产高分散性大豆蛋白质。大豆蛋白质经过限制性酶解改性后，溶解性、分散性及乳化性得到明显改善，黏度和凝胶性降低，产品可用于饮料或乳品等液态食品体系。

（2）新型亲水胶体类乳化剂的开发

亲水性胶体在食品工业中主要作为增稠剂用于乳制品和饮料等液态食品中，以改善液态食品的稳定性和保质期。许多水溶性胶体不但具有乳化性能，而且具有增加水溶液黏度而表现出稳定乳状液的能力，因此这些胶体在乳状液体系中能够作为稳定剂、增稠剂，并通过它们的成膜性、位阻作用和静电作用在乳状液饮料中得到广泛的应用。例如改性淀粉、天然多糖、改性纤维素及果胶等已广泛用于食品乳状液的制备。

可溶性大豆多糖（SSPS）是从豆渣中提取的含蛋白质的天然阴离子多糖，其主链由鼠李糖半乳糖醛酸和聚半乳糖醛酸组成，支链为中性，组成包括β-1,4-半乳聚糖、α-1,3-和α-1,5-阿拉伯糖。可溶性大豆多糖的应用十分广泛，大量研究表明其能在饮料中做乳化剂，且稳定相同水包油乳状液所需SSPS浓度比甘油脂肪酸酯（GA）和辛烯基琥珀酸酐改性淀粉（OSA-S）低，同时其形成的乳状液稳定性不受pH值和盐离子浓度影响。

淀粉（包括改性淀粉）是一种常见的食品原料，在众多植物来源中，淀粉颗粒的大小、形状和组成存在很大的差异。通常天然淀粉的结构不适合吸附在油-水界面，因此一定程度的改性更适合于稳定乳状液。通常可以进行物理改性，包括研磨、非溶剂沉淀、超声处理、高压处理，以减小淀粉的尺寸。降低淀粉的粒径通常与提高其Pickering乳液的贮存稳定性有关。辛烯基琥珀酸酐改性是最常用的化学改性方法，可提高淀粉的疏水性，是一种常用的作为乳化剂的食品原料。辛烯基琥珀酸改性淀粉（OSA-S）于 1953 年由 Caldwell 和 Wurzburg 成功研制并且申请了专利，1972 年在美国成为新型食品添加剂，1997 年出现在中国食品添加剂规定范畴之内，并且可按需求添加。辛烯基琥珀酸改性淀粉是用辛烯基琥珀酸酐对支链或直链淀粉进行酯化得到的化学改性产品。酯化改性的同时引入了亲水的羧酸基团和疏水的长链烯烃基团，两种基团的比例为稳定的 1∶1。酯化改性使得淀粉变成了两亲性的高聚物，可用作有效的界面稳定剂和乳化剂。相比于阿拉伯胶，辛烯基琥珀酸改性淀粉具有价格便宜、来源广泛、货源充足的特点，能被广泛应用于食品中，被认为是阿拉伯胶最有希望的替代品。

微晶纤维素（microcrystallin cellulose，MCC）是食品工业中最常用的纤维素衍生物之一。微晶纤维素是一种典型的水不溶性天然高分子，但是其能够在油水界面进行吸附。颗粒分布尺寸小于 0.2μm，对油和水都有很强的亲和力，可形成网络结构，游离的 MCC 的胶体结构会使乳液液滴之间的水相黏度增加，进而抑制乳液的聚结和絮凝。

微米/纳米尺度范围内的纤维素晶体通常用于制备 Pickering 乳液，如果颗粒适当分散，纤维素纳米晶体可以有效地稳定 Pickering O/W 型乳状液长达几个月。胶体 MCC（11% MCC 与 1%羧甲基纤维素钠混合）还用于通过在乳液周围形成网络来稳定 O/W 型乳状液和 W/O/W 多重乳状液。在这样的乳状液体系中，MCC 的功能是定位在油-水界面，从而为油滴的聚结提供物理屏障，而体系中的其他材料则主要充当 MCC 的分散和保护性胶体。

（3）其他生物型乳化剂的开发

目前，在食品产业中对于皂苷的应用变得越来越多。皂苷（saponin）又称为皂素，由皂苷元和糖构成。由于苷元具有不同程度的亲脂性，糖链具有较强的亲水性，因此，皂苷同样具有表面活性。相关研究表明，在皂皮树中提取出的皂苷具有很好的乳化性，可以作为一种天然的乳化剂应用于乳状液的制备中。由于皂苷的分子质量较低（约为 1.67kDa），这意味着它会迅速地吸附到液滴表面从而形成薄的带电界面层。此外在皂苷中极性与非极性基团的比例较好，因此，皂苷具有更高的表面活性，可以作用于油-水界面，从而降低界面张力。

生物乳化剂是指一种由细菌新陈代谢所产生的表面活性化合物，一般是蛋白质、多糖、脂蛋白、脂多糖中的一种或是几种的复合体所组成的生物表面活性剂。生产生物表面活性剂的微生物包括细菌、真菌。其中对假单胞菌 Pseudomonas spp.、不动杆菌 Acinetobacter spp.、芽孢杆菌 Bacillus sp.、假丝酵母 Candida lipolytica、链霉菌 Streptomyces spp.、红球菌 Rhodococcus spp.、无色杆菌 Achromobacter spp.、短杆菌 Brevibacterium spp.、节杆菌 Arthrobacter spp. 等微生物生产生物表面活性剂研究较多。生物乳化剂具有稳定界面膜的作用，没有毒害作用，可以进行生物降解，是一种环境友好型材料，目前在石油开采、污染治理、农药开发、化妆品及食品等领域具有广阔的发展前景。生物表面活性剂的种类很多，根据其亲水基的不同，可分为糖脂系、氨基酸类脂系、磷脂系、脂肪酸系和高分子表面活性剂五类。在当前技术条件下，生物乳化剂的生理特性和作用机理尚未完全了解，限制了生物表面活性剂的广泛应用与开发。由发酵法生产的糖脂类生物表面活性剂可能较易被接受为食品乳化剂，这是因为其结构与化学合成的糖脂十分相似。目前生物表面活性剂还有很多品种处于实验研究阶段，只有少数产品走向了市场，这主要是由于其生产成本较高，据估计生物表面活性剂的成本比化学合成表面活性剂的成本高 3～10 倍。因此，选育高产菌株，改进发酵工艺，降低生产成本是进一步研究开发生物表面活性剂的主要方向。

1. 什么是食品乳化剂? 常见的食品乳化剂有哪些?
2. 影响乳化剂效果的因素有哪些?
3. HLB 值代表什么? HLB 值的大小与食品的亲水亲油性有什么联系?
4. 乳化剂在食品加工中具有什么作用?
5. 食品乳化剂的复配一般遵循什么原则?
6. 巧克力、面包、香肠等食品中一般都有哪些食品乳化剂?
7. 食品乳化剂的发展趋势是什么?

第 7 章　思考题答案

第8章

食品调味剂

导言

　　调味技术和调味剂的发展是广大劳动人民追求幸福生活和饮食风味多样化的结果，是向往美好生活愿望的结晶。千百年来人们可选用的调味剂从简单的天然调味物料发展到现有复杂多样的调味料体系，正是人们不断追求科学进步的成果。食品从业者和相关领域的研究人员在保证食品营养和安全的前提下，不断开发新的食品调味剂和调味剂使用新方向，从而不断开发出新的饮食产品，不断提升人们的味觉体验。我们正在越来越多地享受科技发展带来的高品质生活体验。作为食品专业的学生，我们更应该努力学习科学知识，为科技发展贡献自己的力量！

8.1　概述

　　良好的风味是构成食品质量的重要因素之一。风味一般包括味感和嗅感。味感（也称味觉）是食品中的成分刺激味觉感受器所引起的感觉，又称食品的滋味。虽然各种食物都有其独特的味道，但因人们的偏爱和口味有所不同，常在食品中添加一些物质来调和成适当的口味，以满足人们的不同习惯，促进人们的食欲，这些食品添加剂就称为调味剂。

　　我国习惯上将味感分为酸、甜、苦、辣、咸、鲜、涩七味，七味之中甜、酸、苦、咸、鲜是五种基本味，属于独立的味道，在味觉神经中有专门的传导线。基本味的组合可以千变万化，探寻风味组合规律，巧妙运用调味基本原理及风味组合规律，实现"五味调和百味香"的妙笔之效，努力达到调味之"大味必巧，巧而无痕"的最高境界。

　　甜、酸、苦、咸、鲜这五味在调味剂中是主要的。辣味、涩味都是物理的刺激作用，不算独立的味道。在食品中，甜味一般是补充热量的反映；酸味一般是新陈代谢加速的反映；咸味是帮助保护体液平衡的反映；苦味一般是有害物质危害的反映；鲜味一般是蛋白质营养源的反映。食品中的各种风味是一定物质存在的信号，依据这些知识和理论来合理制造食品，可以在一定程度上使食品味道可口，营养丰富。但是，单纯依靠食品中原有的风味物质，往往达不到消费者对食品风味的要求，为了改善和增强食品的香与味，在加工中常常需要加入各类调味剂。

8.1.1 味觉与嗅觉的关系

食品的味觉主要是食品中的有味成分刺激味蕾，再经过味觉神经达到大脑的味觉中枢，经过大脑的分析，产生味感。味蕾是人的味觉感受器官，主要分布在舌头上。当舌头接触食品时，味觉感受器最容易被刺激而兴奋，呈味物质在味觉感受器上可以有不同的结合位置，而且对于某些味道，感觉还具有严格的空间专一性，因此产生了千般的味道。

只有溶于水或唾液的物质才能刺激味蕾，干燥的呈味物质放在干燥的舌面上是感觉不到味道的。食品的坚硬程度、温度及咀嚼运动对味觉都有一定影响。另外，食物滋味的不同，对分泌唾液成分的刺激也不同。例如，对于鸡蛋黄，口腔中可分泌出较浓的富有酶的唾液；对于醋，口腔只能分泌出较稀的含有少量酶的唾液。唾液是呈味物质的天然溶剂，而且还可以洗涤味蕾，使其更精确地辨别味道。

味道的感受有快慢和是否敏感之分。实验证明，咸味的感觉最快而苦味最慢，人们对于苦味的敏感性比甜味的敏感性大。在味的标准中，有一个以数量衡量敏感性的标准：阈值。它表示感受到某种物质味道的最低浓度，阈值越低，其感受性越高。表 8-1 中列出了几种物质的呈味阈值。

表 8-1 各种物质的呈味阈值

名称	味道	阈值/(mol/L)	名称	味道	阈值/(mol/L)
蔗糖	甜	0.03	味精	鲜	0.0016
食盐	咸	0.01	硫酸奎宁	苦	0.00008
柠檬酸	酸	0.003			

人们对于某种味有愉快感，对某种味又有不愉快感。例如，在很大浓度范围的甜味都能带来愉快感；而在阈值之上的任何浓度的单纯苦味差不多都带来不愉快感；而酸味和咸味，在适当的浓度范围有愉快感。所以，愉快感（即口感）和阈值是使用调味剂时要掌握好的指标。

8.1.2 味的相互作用

风味物质间的相互作用发生在 3 个层面，即化合物混合时的化学反应、一种物质对另一种物质滋味受体的影响、混合物质在大脑中的综合感知。其中研究较多的是滋味物质在第二层面上的相互作用。

8.1.2.1 风味物质间的相互作用

有人将"五味"之间的搭配（调味关系）与中国传统的"五行"相对应，存在相生相克的现象，具体概述如下。

（1）相生现象

① 协同增效作用　协同增效作用又称味的相乘现象或味的强化原理，即一种味的加入会使另一种味得到一定程度的增强。这两种味可以是相同的，也可以不同，而且同味强化的结果会远大于两种味感的叠加。谷氨酸钠与 5′-肌苷酸二钠/5′-鸟苷酸二钠（IMP/GMP）一同使用会显著增强 L-谷氨酸一钠（MSG）的鲜味，如果再添加适量柠檬酸或琥珀酸，鲜味增强效果会更加明显；在 150g/kg 蔗糖水溶液中添加 17mg 的食盐，会感到甜味较不加盐时

甜；麦芽酚也能增强糖果、饮料的甜度。

② 派生作用　派生作用又称变调效应，即两种味混合后会产生第三种味道。如番石榴与甜橙相混合产生粒粒橙的香味；又如焦枯味与豆腥味相结合能够产生肉鲜味。

③ 味反应作用　食品的原味成分相同，但食品的物理或化学状态会致使人们的味感发生改变，如食品的黏稠度和醇厚度能增强味感，细腻的食品能改善口感，pH＜3 的食品会导致鲜味下降等。

（2）相克现象

① 消杀现象　又称掩蔽原理，即一种味的加入使另一种味的强度减弱甚至消失。如鲜味、甜味可以掩盖苦味；葱、姜的辛辣味可以掩盖鱼、肉的腥味等。研究表明，可以利用马来酸溴苯那敏（苦味物质）与单宁酸的络合来掩蔽儿童药品中的苦味。谷氨酸钠在中等浓度或高浓度时对甜味和苦味有抑制作用，高浓度时能增强食盐的咸味。

② 干扰现象　即一种味的加入导致另一种味的失真。如尝过盐水后喝无味清水，会感到有些甜味，又如在红茶中加入菠萝汁会使红茶变得苦涩。

8.1.2.2　风味物质与食品组分的相互作用

风味物质应用到不同的食品中，会产生不同的香气。因为食品基质中的不同组分，如蛋白质、多糖、脂类物质等，与风味化合物之间存在相互作用，从而影响风味的释放。研究发现风味物质与食品基质之间主要存在物理性和化学性两种相互作用的模式。物理性的相互作用主要是指，风味物质在不同的介质中所表现出来的不同的分配系数和分子迁移系数对风味释放的影响；化学性的相互作用是指，某些食品基质会使风味物质的分子结构发生变化，从而影响风味释放和风味感知。

（1）风味物质与蛋白质的相互作用

蛋白质与风味化合物之间具有可逆或不可逆的相互作用。比如醛类物质可与蛋白质发生共价不可逆的结合，同时也存在疏水相互作用。模式体系的研究表明：蛋白质与食品风味化合物之间的相互作用程度取决于很多因素，主要包括风味化合物的化学本质、温度、离子条件、蛋白质的结构及媒介条件等。

在研究与风味物质相互作用的众多蛋白质中，β-乳球蛋白受到最多的关注。蛋白质可与许多风味化合物相互作用，如酯类、醛类、酮类、醇类等系列的风味化合物，这些化合物最可能的结合部位是蛋白质的疏水基团。此外，蛋白质的疏水基团也可与脂肪酸结合。

（2）风味物质与碳水化合物的相互作用

碳水化合物广泛存在于各类食品中，对食品风味的保留和释放有重要影响。碳水化合物主要包括单糖、双糖、寡糖和多糖，不同种类碳水化合物与风味物质的相互作用机理不同。单糖与双糖因为羟基的存在，易溶于水；与食物基质中的水分子强烈作用，从而改变食物的理化特性。同时，水合作用使得体系中的游离水减少，风味物质的相对浓度增加，从而影响平衡后不同区域风味物质的浓度，气相区的浓度增加。相反，单糖、双糖干扰风味物质的扩散，从而降低释放速率。多糖则主要是由于其羟基、羧基与风味物质的极性基团之间形成氢键以及亲水性较弱的极性分子、弱极性分子之间的疏水作用而发挥作用。

（3）风味物质与脂类的相互作用

脂类广泛存在于各类食品基质中，这些天然存在的脂类物质不仅是重要的食品成分，还影响食品的感官品质。大部分风味物质，尤其是香气类物质，属于脂溶性成分，因此食品中的脂类是风味物质良好的溶剂及载体。此外，脂质分子由于其特殊的结构，容易形成多种形态的聚合体，为风味物质包埋提供稳定贮存和可控释放的条件，在风味物质贮藏和释放过程中发挥重要作用。用脂类作为包埋体系的材料，一直是食品风味包埋的研究热点。

在食品加工和贮藏的过程中，脂类还充当食品风味的前体。脂类通过氧化或裂解，产生可挥发性短链化合物，人体对这些化合物的阈值普遍较低。脂类参与风味形成的反应，对含油食品的生产和加工极为重要。

（4）风味物质与其他小分子的相互作用

酚类化合物可以改变风味释放特性与风味特征。通过过滤与沉降法除去葡萄酒的多酚类物质会改变其风味平衡。在水醇溶液中，加入儿茶酚，由于疏水相互作用可以降低不同葡萄酒风味化合物的活度系数。在醇溶液中，多酚类物质与柠檬精油间未发生结合作用，可能是由于其无法接近柠檬精油分子的结合部位。

盐类物质通常被加入水溶液中以增加风味化合物在蒸汽相中的浓度，这种作用对醇类风味物质影响尤其显著，其次是醛类，再次是酯类物质，这种区别最终将导致实际风味感知的变化。

（5）味与味之间的相互作用

味与味之间可相互作用，例如，在甜味剂中加入适量咸味剂，会感到其甜味要更强一些。鲜味剂的鲜味在有食盐存在时，其鲜味会增加。这些现象称为味的增效。还有相反的现象，例如在食盐、奎宁、盐酸之间，将其中两种以适当浓度混合，会使其中任何一种，比单独被使用时给人的味觉都弱，这叫味的消杀现象。当尝过食盐或奎宁以后，即饮无味的水，会稍感甜味，这种现象称为味的变调现象。另外，还有味的相乘作用（协同效应）与阻碍作用。例如，味精与核苷酸共存时，会使鲜味成倍地增强，而不仅仅是两者相加；把增香剂和鲜味剂用于加强调味剂或香精的味道，就是利用了味的相乘作用。阻碍作用也是调味剂与味觉之间的作用，这是由于阻塞某种神经部位而引起的。

温度对味觉也有影响，各种味觉在低温时都有味感变钝的现象。所以，调味剂的各种味觉指标都在常温下测试。

食品的香气是通过嗅觉实现的。嗅觉是食品中挥发性物质的微粒悬浮于空气中，经过鼻孔刺激嗅觉神经，然后传至大脑而引起的感觉。嗅觉也有阈值，是指在与空白试验作比较时，能用嗅觉辨出该种物质存在的最低浓度。

8.1.3　食品调味剂的分类

食品调味剂按其作用可分为甜味剂、酸味剂、咸味剂、苦味剂、鲜味剂、涩味剂及辣味剂。其中咸味剂一般使用食盐，在我国并不作为食品添加剂管理；而苦味剂、涩味剂及辣味剂应用较少，故调味剂主要指甜味剂、酸味剂及鲜味剂。

（1）甜味剂

甜味剂是指使食品呈现甜味的食品添加剂。甜味剂按其来源可分为天然甜味剂和化学合成甜味剂；按其营养价值可分为营养型甜味剂及非营养型甜味剂；按其化学结构和性质可分为糖类甜味剂及非糖甜味剂；按其甜度又可分为一般甜味剂及强力甜味剂等。

在这些甜味剂中，蔗糖、葡萄糖、果糖、麦芽糖、果葡糖浆、淀粉糖浆及异麦芽酮糖等习惯上统称为糖，通常视为食品原料，在我国不列入食品添加剂范畴。糖醇类的甜度与蔗糖差不多，但因其热值较低，或因其和葡萄糖有不同的代谢过程而有某些特殊的用途，一般被列为食品添加剂。其他类甜味剂的甜度很高，热值很低，有些又不参加代谢，常称为非营养型或低热值甜味剂，是甜味剂中的重要品种。随着科研工作的深入开展，一些新的甜味剂将不断问世。

甜味剂应具备以下5个特点：①很高的安全性；②良好的味觉；③较高的稳定性；④较

好的水溶性；⑤较低的价格。

（2）酸味剂

酸味剂是指能赋予食品酸味的食品添加剂，其作用除了赋予食品酸味外，有时还可调节食品的 pH，用作抗氧化剂的增效剂，防止食品氧化褐变，抑制微生物生长及防止食品腐败等，并可增进食欲、促进消化吸收。

酸味剂按其组成分为两大类：有机酸和无机酸。食品中天然存在的主要是有机酸，如柠檬酸、酒石酸、苹果酸、乳酸、乙酸等。目前，作为酸味剂使用的主要为有机酸。无机酸类酸味剂允许使用的仅有磷酸。现在我国食品添加剂标准中将酸味剂列入酸度调节剂部分。

（3）鲜味剂

鲜味剂是指补充或增强食品鲜味的食品添加剂，又称为增味剂或风味增强剂。鲜味剂按其化学性质的不同主要有三类：氨基酸类、核苷酸类及其他。氨基酸类主要是指 L-谷氨酸单钠盐，核苷酸类主要有 5′-肌苷酸二钠和 5′-鸟苷酸二钠。另外，琥珀酸二钠盐也具有鲜味。

此外，近年来人们也开发出许多复合鲜味料。利用天然鲜味抽提物如肉类抽提物、酵母抽提物、动物蛋白水解物及植物蛋白水解物等和谷氨酸钠、5′-肌苷酸钠和 5′-鸟苷酸钠等以不同的组合配比，制成适合不同食品使用的天然复合鲜味剂，可使味道更鲜美、自然，深受人们欢迎。

8.1.4 调味技术

调味就是指使用各种调味料和各种调味方法获得满意产品风味的过程。调味是决定食品质量的关键因素之一。各种调味料、添加剂的正确使用及掌握适宜添加顺序才能生产出各具特色风味的食品。具体而言，调味一般分如下三个步骤。

（1）基本调味

调味的第一阶段，主要是使原料具有一个基本味，一般是指在加热熟制前通过食盐、味精、料酒及合适的辛香料对原料进行腌制等预处理。

（2）决定性调味

调味的第二阶段，指在加热熟制过程中用调味料对食品调味，确定食品风味，是食品形成特有风味和质量的关键。

（3）辅助调味

通过此阶段的调味来增加食品的滋味，以弥补第一、第二阶段调味的不足。

加工食品的调味与中式烹饪相似，产品的开发应根据食品本身的原料、目标消费群、销售区域及季节等进行不同的风味设计。但"食无定味，适口者珍"，随着反季节消费的流行，人员流动频率的加快，加工食品的风味更多的是依赖市场消费者的调研结果进行最终确定。目前调味品市场及食品工业的发展，令以上调味步骤间的区分非常模糊。

8.1.5 影响调味效果的因素

（1）水溶性

我们尝出味道的首要因素就是要有水溶性，这样我们才能在口腔中感受到味道，一般溶解越快的物质我们感受到味道所需的时间越短。

（2）温度

温度的变化对食物的香味也有影响，加热过的食物比冷却的食物具有更强的香味。

（3）食物颗粒度

食物的颗粒度是食物的特征性质，通常来说，细度越大，食物颗粒越小，越有利于呈味成分的释放，同时对口腔的触动较柔和，对味觉的影响有利，所以细腻的食物可以美化口感。

（4）油脂

油脂不起直接的呈味作用。它对味感的影响是间接的、隐性的。食物中的油脂会减弱甚至能够短暂地改变食物的味道。

（5）风味物质的搭配

鲜味与咸味的合理搭配往往能够对食品起到增味作用。此外，在酸味食品中，由于食品体系的 pH 较低，谷氨酸钠解离不彻底，所以添加于其中的味精的鲜味体现不足，因而在酸味食品中可以不使用增鲜剂。

（6）食品原料成分

如畜肉原料中存在的磷酸酯酶对肌苷酸和鸟苷酸会产生水解，从而影响调味效果。

影响调味效果的不仅仅是人主观对食品的感受，还有调味本身存在的问题。味的组合千变万化，巧妙组合搭配各种调味料才能得到理想的风味。

8.2　食品甜味剂

甜味剂是指能使食品呈现甜味的物质。甜味是各类食品风味的基础，是由具有甜味的成分赋予的。对于人类及其他许多动物而言，甜味是最重要的味感之一。人类对甜味的反应与生俱来，几乎大部分甜味化合物都能产生一种令人愉悦的、享乐的感知。蔗糖、葡萄糖、果糖、麦芽糖和乳糖等甜味物质，被人类食用历史久远，而且还是人类维持生命活动重要的营养素，消费量大，因此通常被视为食品的范畴。人们常说的甜味剂（sweetener）是赋予食品以甜味的物质，其生产、使用受到相关国家标准的规范。故而，甜味剂不包含蔗糖、葡萄糖、果糖、麦芽糖和乳糖等。

8.2.1　甜味与甜味剂特性

甜味是大多数人喜好的基本味感之一，是调整和协调平衡风味、掩蔽异味、增加适口性的重要因素。呈甜味的物质很多，由于组成和结构的不同，产生的甜感也有很大的不同，主要表现在甜味强度和甜感特色两个方面。

甜味的高低、强弱称为甜度。测定甜度只能凭人们的味觉来判断，不能用物理和化学方法来测定其绝对值，所以迄今为止尚无一定的标准来表示甜度的绝对值。蔗糖是非还原糖，在水中较稳定。且蔗糖的甜味纯，甜度高低适当，刺激舌尖味蕾 1s 内产生甜味感觉，很快达到最高甜度，约 30s 后甜味消失，这种甜味的感觉是愉快的，因而成为确定不同甜味剂甜度和甜感特征的标准物。通常的方法是以 5％或 10％的蔗糖水溶液为参照物，在 20℃的条件下某种甜味剂水溶液与参照物相等甜度时与参照物的浓度比，也称为比甜度或甜度倍数。

一般而言，糖的甜度随浓度的增加而提高，但各种糖的甜度提高程度不同，大多数糖的甜度随浓度增高的程度都比蔗糖大，尤其以葡萄糖最为明显，如葡萄糖含量在 8％时甜度为0.53，35％时为 0.88，一般讲葡萄糖的甜度比蔗糖低，是指在较低浓度情况下。当蔗糖的含量在小于 40％的范围内时，其甜度比葡萄糖大；但当两者的含量大于 40％时，甜度却几乎没有差别。

在较低的温度范围内，大多数糖的甜度受温度影响并不明显，尤其对蔗糖和葡萄糖的影响很小；但果糖的甜度受温度的影响却十分显著。在浓度相同的情况下，当温度低于 40℃时，果糖的甜度较蔗糖大，在 0℃时果糖比蔗糖甜 1.4 倍；而在大于 50℃时，其甜度反而比蔗糖小，在 60℃时则只是蔗糖甜度的 0.8 倍。这是因为果糖环形异构的平衡体系受温度影响较大，温度高，甜度大的 β-D-吡喃果糖的含量下降，而不甜的 β-D-呋喃果糖含量增加。

各种糖的溶解度不相同，甜感就有差别。果糖溶解度最高，其次是蔗糖、葡萄糖。

将各种糖液混合使用时，甜度表现出相乘效果。葡萄糖对蔗糖甜度的影响随浓度增加稍有加强。将蔗糖与果糖或将果糖与糖精共用，均能相互提高甜度。但糖精与蔗糖共用时，相乘效果与浓度有关，随糖精浓度提高相乘效果逐渐减弱，到 0.1% 为止，超过 0.1% 就不呈甜味。在糖液中加入少量多糖增稠剂，例如在 1%～10% 的蔗糖液中加 2% 的淀粉或少量树胶，不仅使黏度提高，也能使其甜度增加。

8.2.2　甜味剂的分类及特点

由中华人民共和国国家标准 GB 2760—2024《食品安全国家标准　食品添加剂使用标准》规范管理的甜味剂共 20 种。按来源可分为天然甜味剂和人工合成甜味剂两大类，天然甜味剂包括糖类甜味剂和非糖甜味剂，人工合成甜味剂是采用化学合成、改性等技术得到的各种有不同特性的人工甜味剂。按能量的高低可分为营养型甜味剂和非营养型甜味剂或是填充型甜味剂。蔗糖具有较高的能量（16.7kJ/g），一般将与蔗糖等甜度时能量值低于蔗糖能量 2% 的甜味剂称为非营养型甜味剂，非糖类天然甜味剂和人工合成甜味剂都是低热量或无热量的，归属为非营养型甜味剂。

甜味剂的甜度远高于蔗糖，但是不同的甜味剂甜感特点不同。有些甜味剂带有酸味、苦味等不愉快的后感，促进了复配甜味剂的发展。复配甜味剂一般将多种甜味剂按不同比例混合，并通过添加其他食品添加剂以消除甜味剂固有的不愉快后感。

8.2.3　甜味剂在食品中的作用

（1）甜味剂的营养作用

一些天然甜味物质对人体的营养有着重要作用，是能量最适合最高效的来源。其中天然糖类甜味剂的来源充足，纯度高，价格相对较低，食入后会很快被消化吸收，转化为血糖，成为人体尤其是人脑最主要的能源。

（2）甜味剂的其他功能

① 调节和增强风味。在饮料中，风味的调整就有"糖酸比"一项，酸味、甜味相互作用，可使产品获得新的风味，又可保留新鲜的味道。

② 掩蔽不良风味。甜味和许多食品的风味是相互补充的，许多产品的味道就是由风味物质和甜味剂相结合而产生的，所以许多食品和饮料中都加入甜味剂。

③食品的甜味不仅可以满足人们的嗜好要求，而且还能改进食品的可口性和食品的其他工艺特性。

8.2.4　常用甜味剂的特点与应用

（1）糖精钠（sodium saccharin）

糖精钠是二水邻磺酰苯甲酰亚胺钠的商品名，又称可溶性糖精或水溶性糖精，分子式 $C_7H_4O_3NSNa \cdot 2H_2O$，分子量 241.21。结构式如下。

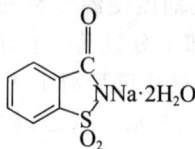

形状与性能：糖精钠为无色至白色的结晶或结晶性粉末，无臭，微有芳香气。味浓甜带苦，在空气中缓慢风化，失去约一半结晶水而成为白色粉末。易溶于水，略溶于乙醇。水溶液呈微碱性。其在水溶液中的热稳定性强，于100℃加热2h无变化。将水溶液长时间放置，甜味慢慢降低。在酸性介质中加热，甜味消失，并可形成邻氨基磺酰苯甲酸而呈苦味。

甜度与甜感特征：低浓度糖精钠的水溶液，甜度为蔗糖的200～500倍。糖精钠在水中离解出来的阴离子有极强的甜味，但分子状态却无甜味而反有苦味，故高浓度的水溶液亦有苦味。因此，使用时浓度应低于0.02%。

毒性：ADI为0～2.5mg/kg（以体重计）（FAO/WHO，1994）。糖精钠安全性一直存在争议。1997年加拿大的一项实验发现大剂量的糖精钠可导致雄性大鼠膀胱癌；1993年JECFA根据现有的流行病学资料认为糖精钠的摄入与人膀胱癌无关；2001年5月美国国家环境健康研究所的报告显示"糖精钠导致老鼠患癌的情况不适用于人类"。

应用与限量：糖精钠在诸多加工工艺过程中均非常稳定，具有较长的保质期，应用广泛，可用于饮料、蜜饯、果糕类、冰淇淋、复合调味料等的生产，并且可以用于大多数的药品和特殊食品中。糖精钠不参与体内代谢，不产生热量，适合用作糖尿病患者、心脏病患者、肥胖者等可食用的甜味剂，以及用于低热量食品生产；在食品生产中不会引起食品染色和发酵。然而，由于钠有轻微金属性或苦的后味，并且这种不良后味可以通过使用乳糖或将糖精钠与阿斯巴甜混合使用的方法加以修饰，同时糖精钠与阿斯巴甜、甜蜜素等甜味剂复配时，通常具有协同增甜的效果，在减少非营养型甜味剂的添加量、节约成本的同时，还能保证产品中甜味剂添加量不超标。

糖精钠使用争议及限定见二维码8-1。

（2）环己基氨基磺酸钠

又名甜蜜素，分子式为 $C_6H_{12}NNaO_3S$，分子量为201.22，结构式如下。

二维码 8-1

二维码 8-2

性状与性能：甜蜜素为白色结晶或结晶性粉末，无臭。味甜，易溶于水，水溶液呈中性，几乎不溶于乙醇等有机溶剂，对热、光、空气及酸、碱都很稳定。为非营养型甜味剂。甜蜜素有一定的后苦味，与糖精以9:1或10:1的比例混合使用，可使味质提高。与天冬酰苯丙氨酸甲酯混合使用，也有增强甜度、改善味质的效果。

甜度与甜感特征：其甜度是蔗糖的30～80倍，优点是甜味纯正，风味自然，不带异味。甜味刺激来得较慢，但持续时间较长。其浓度大于0.4%时带苦味。溶于亚硝酸盐、亚硫酸盐含量高的水中时，会产生石油或橡胶样的气味。

毒性：用含1.0%甜蜜素的饲料喂养大鼠2年，无异常现象。甜蜜素不参与体内代谢，摄入后由尿（40%）和粪便（60%）排出，无营养作用。

应用与限量：严格遵循《食品安全国家标准　食品添加剂使用标准》（GB 2760—2024）规定。

甜蜜素使用争议见二维码8-2。

（3）乙酰磺胺酸钾（acesul fame-K）

乙酰磺胺酸钾又称AK糖、安赛蜜。分子式 $C_4H_4KNO_4S$，分子量201.24。其结构式如下。

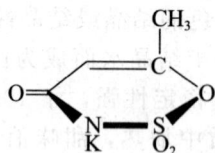

性状与性能：乙酰磺胺酸钾呈白色结晶状粉末，无臭。味甜，易溶于水，难溶于乙醇等有机溶剂，无明确的熔点。对热、酸均很稳定，缓慢加热至225℃以上才会分解。安赛蜜味质较好，没有不愉快的后味。甜味感觉快，味觉不延留。与甜蜜素（1:5）、阿斯巴甜（1:1）共用时，会产生明显的协同增效作用，但与糖精的协同增效作用较小。与糖醇、蔗糖、果糖、葡萄糖或异构化糖混合使用时其甜味特性甚佳，可取得稠度较大（饮料）、口感特性不同的效果。

甜度与甜感特征：安赛蜜甜度约为蔗糖的200倍，甜味纯正而强烈，味质较好，没有不愉快的后味。甜味感觉快，味觉不延留。其水溶液甜度不随温度的上升而下降。高浓度时会感到略带些苦味。

毒性：骨髓微核试验、埃姆斯（Ames）试验，均无致突变性。美国食品与药物管理局将其列为一般公认安全物质。安赛蜜不参与任何代谢作用。在动物或人体内很快被吸收，但很快会通过尿排出体外，不提供热量。

应用与限量：严格遵循《食品安全国家标准　食品添加剂使用标准》（GB 2760—2024）规定。

（4）天门冬酰苯丙氨酸甲酯（aspartame）

天门冬酰苯丙氨酸甲酯商品名为阿斯巴甜，国内有人称甜味素或蛋白糖。分子式$C_{14}H_{18}N_2O_5$，分子量294.31。其结构式如下。

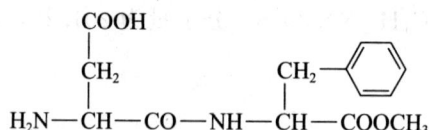

性状与性能：阿斯巴甜为无味的白色结晶状粉末，无臭。它微溶于水，难溶于乙醇，不溶于油脂。仅在pH值为3~5的环境中较稳定，在强酸碱及中性水溶液中或高温加热后易水解，不仅甜味下降或消失，而且生成苦味的苯丙氨酸（对苯丙酮尿症的患者有一定毒性）或2-嗪哌酮，特别是在104℃下2min即可全部破坏。因此在使用时需考虑这些缺陷对食品质量的影响。

甜度与甜味特征：甜度为蔗糖的200倍，甜味近似蔗糖，具有清爽的甜味，没有合成甜味剂通常具有的苦涩味或金属后味。

毒性：美国食品与药物管理局将阿斯巴甜列为一般公认安全物质。阿斯巴甜进入机体内很快就分解为苯丙氨酸、天冬氨酸和甲醇，经正常途径代谢，排出体外，不会蓄积于组织中。

应用与限量：严格遵循《食品安全国家标准　食品添加剂使用标准》（GB 2760—2024）规定。添加阿斯巴甜的食品应标明："阿斯巴甜（含苯丙氨酸）"。

由于阿斯巴甜消化吸收后，在机体内代谢提供的能量值很低，可作糖尿病、肥胖症等患者的疗效食品甜味剂，亦可作防龋齿食品的甜味剂。阿斯巴甜是一种二肽化合物，进入人体可被消化吸收，因此FDA将之列入营养型甜味剂。与填充型甜味剂不同的是，阿斯巴甜只给食品带来甜味，并不能同时赋予其他物化性质。如果食品需要甜味以外的物化性质，如应用在冰淇淋或巧克力中，则需配合使用填充剂（如葡聚糖）或填充型甜味剂（如糖醇）。

（5）山梨糖醇（sorbitol）

山梨糖醇，又名山梨醇，为六碳多元糖醇，分子式为 $C_6H_{14}O_6$，分子量为 182.17，结构式如下。

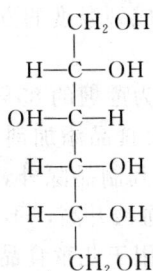

$$
\begin{array}{c}
CH_2OH \\
H-C-OH \\
OH-C-H \\
H-C-OH \\
H-C-OH \\
CH_2OH
\end{array}
$$

性状与性能：白色吸湿性粉末或晶状粉末、片状或颗粒，无臭。溶于水，微溶于甲醇、乙醇和乙酸等，在水溶液中不易结晶析出，能螯合各种金属离子。由于其结构中没有还原性基团，在通常条件下有稳定的化学性质，不会与酸、碱反应，不易在空气中氧化，也不易与可溶性氨基化合物发生美拉德反应。山梨糖醇对热稳定性较好，比相应的糖高很多，对微生物的抵抗力也较强，含量在 60% 以上就不易受微生物侵蚀。

甜度与甜感特征：其甜度是蔗糖的 60%～70%，热值与蔗糖相近，具有清凉爽快的甜味。

毒性：美国食品与药物管理局将山梨糖醇列为一般公认安全物质。

应用与限量：《食品安全国家标准 食品添加剂使用标准》（GB 2760—2024）中规定在生湿面制品中最大用量为 30g/kg，冷冻水产糜及其制品中最大用量为 20g/kg，在其他食品中均可根据生产需要适量使用。人体摄入山梨糖醇后在血液中不转化为葡萄糖，其代谢过程不受胰岛素控制。安全性高，人体长期每天摄入 40g 无异常，但超过 50g 时，因在肠内滞留时间过长，可导致腹泻。

山梨糖醇分子环状结构外围的羟基呈亲水性，而环状结构内部呈疏水性，具有良好的保湿性能，且与其他糖醇类共用时呈现吸湿性增加的相乘现象，可防止糖、盐等析出结晶，能保持甜、酸、苦味强度的平衡，增强食品的风味。由于它是不挥发的多元醇，所以还有保持食品香气的功能。其具有良好的吸湿性和保湿性，可以保持食品具有一定水分，以调整食品的干湿度，防止食品干燥、老化，延长产品货架期。山梨糖醇不适宜作为酥、脆食品和粉末食品的甜味剂。除了作甜味剂外，山梨糖醇还可作为润湿剂、多价金属螯合剂、稳定剂与黏度调节剂等。

（6）麦芽糖醇（maltitol）

麦芽糖醇，又名氢化麦芽糖，化学名称为 4-O-α-D-吡喃葡萄糖基山梨糖醇，分子式为 $C_{12}H_{24}O_{11}$，分子量为 344.31，结构式如下。

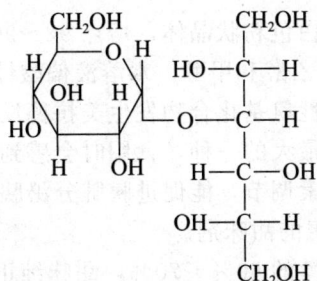

性状与性能：麦芽糖醇为白色结晶性粉末或无色透明的中性黏稠液体，易溶于水，不溶于甲醇和乙醇。吸湿性很强，一般商品化的是麦芽糖醇糖浆。具有耐热性、耐酸性、保湿性等特点。由于麦芽糖醇分子中无还原性基团，不会发生美拉德反应。麦芽糖醇水溶液的黏度比蔗糖或蔗糖-葡萄糖水溶液低，因此它对加工过程中食品物料的流变学特性有影响。例如，在硬糖制造过程中，需要采用适当改变成型温度的方法调整糖浆黏度。麦芽糖醇的保湿性能比山梨糖醇好。

甜度与甜感特征：麦芽糖醇的甜度为蔗糖的 85%～95%，甜味特性接近于蔗糖。

应用与限量：《食品安全国家标准　食品添加剂使用标准》（GB 2760—2024）中规定为根据生产需要适量使用（冷冻水产糜及其制品除外，其最大用量为 0.5g/kg）。在体内不被消化吸收，热值仅为蔗糖的 5%，不使血糖升高，不增加胆固醇，不被微生物利用，为糖尿病、肥胖症等患者食品的理想甜味剂。用于儿童食品，可防龋齿。

实际生产中，麦芽糖醇主要作为甜味剂、湿润剂、稳定剂使用。用于乳酸饮料，利用其难发酵性，可使饮料甜味持久；用于果汁饮料，还可作为增稠剂；用于糖果、糕点，其保湿性和非结晶性可避免干燥和结霜；麦芽糖醇兼有改善糖精钠风味的作用。

在各类糖果中应用时，麦芽糖醇具有很好的优势。用于生产硬糖，结晶麦芽糖醇制出的糖果有玻璃质外观，而且甜度和口感等品质均较好。液体麦芽糖醇含较多的麦芽三糖醇及其他高级糖醇，所以制出的糖果吸湿性小，且抗结晶的能力大，但仍需用防水性好的包装材料以保证达到要求的产品货架寿命。

用结晶或液体麦芽糖醇制出的太妃糖和棉花糖其品质都很好，不需另外添加强力甜味剂；麦芽糖醇对微生物的抵抗力强，用它制造的果酱、果冻产品的货架寿命长，品质好。

但在生产过程中，必须将熬糖温度提高至 135～140℃，而使用蔗糖则为 120～124℃，但是成型温度必须低些，一般为 30～35℃。用结晶麦芽糖醇生产巧克力时，需对传统生产工艺略作改变。在粗磨、精磨、精炼及调温缸中的温度都不应超过 46℃，因为温度上升会迅速提高黏度而使产品质构恶化。恶化程度还会随水分的增加而加重，因此要格外注意避免水分。用麦芽糖醇生产可可巧克力的调制温度不应超过 31℃，制奶油巧克力时不应超过 28℃。

（7）木糖醇（xylitol）

木糖醇是五碳多元糖醇，分子式为 $C_5H_{12}O_5$，分子量为 152.15，结构式如下。

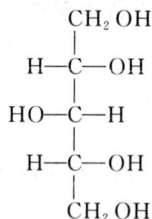

$$
\begin{array}{c}
CH_2OH \\
| \\
H-C-OH \\
| \\
HO-C-H \\
| \\
H-C-OH \\
| \\
CH_2OH
\end{array}
$$

性状与性能：一种有甜味的白色粉状晶体，熔点 92～96℃，沸点 216℃。在水中溶解度很大，达到 1.6g/mL，还易溶于乙醇和甲醇。水溶液偏酸性，10%水溶液的 pH 值为 5～7。木糖醇的热稳定性好，不与可溶性氨基化合物发生美拉德反应。木糖醇溶于水中会吸收很多能量，是所有糖醇甜味剂中吸热最大的一种，食用时会感到一种凉爽、愉快的口感。木糖醇有防龋齿的作用，代谢不受胰岛素调节，能促进胰脏分泌胰岛素，在人体内代谢完全，热值为 16.72kJ/g，是糖尿病患者理想的甜味剂。

甜度与甜感特征：甜度是蔗糖的 60%～70%，甜味纯正，甜味特性良好。

毒性：美国食品与药物管理局将木糖醇列为一般公认安全物质。木糖醇食用过多时会引起肠胃不适。

应用与限量：《食品安全国家标准　食品添加剂使用标准》（GB 2760—2024）中规定为根据生产需要适量使用。木糖醇作为一种功能性甜味剂，主要作为防龋齿糖果（如口香糖、糖果、巧克力和软糖等）和糖尿病患者等专用食品的甜味剂，也用于医药品和洁齿品。

实际生产中，木糖醇可作为甜味剂、湿润剂使用。用于食品的参考用量为：巧克力，43%；口香糖，64%；果酱、果冻，40%；调味番茄酱，50%。木糖醇还可用于炼乳、太妃糖、软糖等。用于糕点时，不产生褐变。制作需要有褐变的糕点时，可添加少量果糖。木糖醇能抑制酵母的生长和发酵活性，故不宜用于发酵食品。

（8）赤藓糖醇（erythritol）

赤藓糖醇化学名称为1,2,3,4-丁四醇（1,2,3,4-butanetetrol），分子式为$C_4H_{10}O_4$，分子量为122.12。

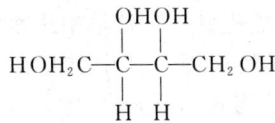

$$HOH_2C-\underset{\underset{H}{|}}{\overset{\overset{OH}{|}}{C}}-\underset{\underset{H}{|}}{\overset{\overset{OH}{|}}{C}}-CH_2OH$$

性状与性能：结晶性好、吸湿性低，对热、酸、碱十分稳定。不引起牙齿龋变。不会影响正常的糖代谢，适合糖尿病患者食用。发热量为蔗糖的10%，适于肥胖症患者食用。而且赤藓糖醇进入人体后会很快被小肠吸收，而后又很快随尿排出体外，可避免引起胃肠不适，故其耐受量高、副作用小。赤藓糖醇在糖果配方中用于替代蔗糖等，除可明显降低热量外，还可改善低热量糖果的消化耐受性，同时改善产品风味、组织以及贮存稳定性。特别是赤藓糖醇能和液体麦芽糖醇混合生产出品质良好的各种硬糖、软糖和口香糖。在水中的溶解热约为葡萄糖的3倍，山梨糖醇的1.8倍，清凉感强。

甜度与甜感特征：赤藓糖醇属于填充型甜味剂，甜度是蔗糖的60%～70%，使用时有一种凉爽的口感特性。其甜味纯正，甜味特性良好，与蔗糖的甜味特性十分接近，无不良后苦味。与糖精、阿斯巴甜、安赛蜜共用时的甜味特性也很好，可掩盖强力甜味剂通常带有的不良味感或风味，与甜菊糖苷以1000：（1～7）混合使用，可掩盖甜菊糖苷的苦后味。

应用与限量：《食品安全国家标准　食品添加剂使用标准》（GB 2760—2024）中规定，最大使用量为根据生产需要适量使用。赤藓糖醇是所有糖醇中最好、最适合生产无糖糖果的甜味剂。

我国《食品安全国家标准　食品添加剂使用标准》（GB 2760—2024）中允许使用的糖醇还有：D-甘露糖醇，可用于糖果的甜味剂、乳化剂、膨松剂、稳定剂和增稠剂，可按生产需要适量使用。乳糖醇，为乳糖的加氢产物，甜度只有蔗糖的40%，不引起牙齿龋变，也不影响血糖和胰岛素水平，代谢特性类似于膳食纤维，其物理特性比山梨糖醇更接近于蔗糖，在绝大多数食品中的用量没有限制，按生产需要适量使用。

（9）甜菊糖苷（steviol glycosides）

甜菊糖苷简称甜菊糖、甜菊苷，它是从菊科植物 *Stevia rebaudiana* 叶子中提取出来的一种甜苷，该植物在我国称作甜叶菊。甜叶菊原产于巴拉圭和巴西，1977年在江苏、山东等省引进成功。其甜味成分包含甜菊苷、瑞鲍迪苷A、瑞鲍迪苷B、瑞鲍迪苷C、瑞鲍迪苷D、瑞鲍迪苷E、瑞鲍迪苷F、瑞鲍迪苷M、瑞鲍迪苷N、瑞鲍迪苷O、杜克苷A、甜茶苷及甜菊双糖苷。甜菊苷可用水从干叶子中提取、澄清和结晶，实际生产中获得了3种类型，分别是粗提物和纯度为 50% 及 90% 的产品。甜菊糖苷的分子式为 $C_{38}H_{60}O_{18}$，分子量为 804.86。

性状与性能：甜菊糖为白色或微黄色粉末，易溶于水（室温下的溶解度超过 40%）、乙醇和甲醇，不溶于苯、醚、氯仿等有机溶剂。在空气中会迅速吸湿。在一般食品加工条件下，对热、酸、碱、盐稳定。在 pH 大于 9 或小于 3 时，长时间加热（100℃）会使之分解，甜味降低。不使食物着色。

甜度与甜感特征：甜菊糖味极甜，甜度约为蔗糖的 200 倍。甜味纯正，残留时间长，后味可口，有轻快凉爽感，对其他甜味剂有改善和增强作用。与柠檬酸或甘氨酸并用，味道良好，与蔗糖、果糖等其他甜味料配合，味质也好。

应用与限量：《食品安全国家标准　食品添加剂使用标准》（GB 2760—2024）中规定了最大使用量。甜菊糖苷食用后不被吸收，不产生热能，具有非发酵性，故为糖尿病、肥胖症患者良好的天然甜味剂。用于糖果，还有防龋齿作用。甜菊糖还可作为甘草苷的增甜剂。

（10）甘草类甜味剂

甘草类甜味剂是从中国常用传统药材——甘草中用水浸取精制的甘草酸盐。包括：甘草酸、甘草酸胺、甘草酸一钾和甘草酸三钾。其中甘草酸（别名甘草素或甘草苷）分子式 $C_{42}H_{62}O_{16}$，分子量为 822.93。其结构式如下。

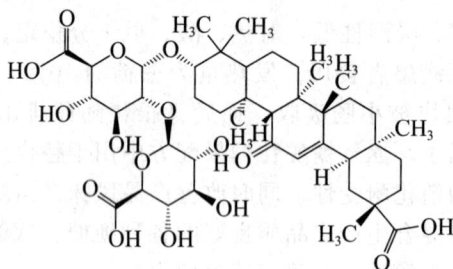

性状与性能：甘草酸盐的甜度约为蔗糖的 200 倍，其甜味不同于蔗糖，其甜刺激来得较慢，去得也较慢，甜味持续时间较长，有特殊风味。因不能被微生物利用，在腌制品中用甘草素代替糖，可避免加糖出现的发酵、变色、硬化等现象。

毒性：甘草自古以来作为解毒剂及调味品，使用历史悠久，未发现对人体有危害，正常使用量是安全的。FDA 将其列为一般公认安全物质。甘草是国务院卫生行政部门会同国务院食品安全监督管理部门制定、公布的既是食品又是中药材的物质，是《中华人民共和国食品安全法》第三十八条规定的可以在食品中添加使用的物质。

应用与限量：《食品安全国家标准　食品添加剂使用标准》（GB 2760—2024）中规定为根据生产需要适量使用。实际生产中，甘草酸盐有特殊风味，一般不应单独使用，而且应该在需要其特殊风味的食品中使用。使用甘草酸盐可以克服使用白糖所引起的发酵、酸败等缺点，还可使啤酒的发泡力增强。用于糖果、巧克力、口香糖，兼有润喉、消炎、洁齿的功效。用于酱油及腌制品，可以抑制咸味，增强风味；用于面包、蛋糕、饼干等食品，具有味甜、柔软、疏松、增泡的效果。

（11）罗汉果甜苷（lo-han-kuo-extract）

罗汉果甜苷又称罗汉果甜，化学式为 $C_{60}H_{102}O_{29} \cdot 2H_2O$，是与 5～6 个葡萄糖连接的三萜类苷结合体，是一种三萜烯葡萄糖苷，其配糖苷元是三萜烯醇，属葫芦素烷型化合物。

性状与性能：浅黄色粉末，易溶于水和乙醇。熔点 197～201℃。对光、热稳定。

甜度与甜感特征：甜度为蔗糖的 300 倍，有罗汉果特征风味，适于特殊风味食品的调配。浓度越低，其相对甜度越大。具有清热润肺镇咳、润肠通便之功效，对肥胖、便秘、糖尿病等具有预防作用。罗汉果皂苷与甜蜜素和蛋白糖有一定程度的负协同效应，但可改善口感；与阿斯巴甜之间的协同作用不明显，与 AK 糖之间有明显的增效作用，且能大大地改善口感和风味。

毒性：FDA 将罗汉果甜苷列为一般公认安全物质。

应用与限量：《食品安全国家标准　食品添加剂使用标准》（GB 2760—2024）中规定为根据生产需要适量使用。

(12) N-[N-(3,3-二甲基丁基)]-L-α-天门冬氨-L-苯丙氨酸 1-甲酯）（neotame）

N-[N-(3,3-二甲基丁基)]-L-α-天门冬氨-L-苯丙氨酸 1-甲酯），商品名：纽甜。分子式 $C_{20}H_{30}O_5N_2$，分子量 378.52。其结构式如下。

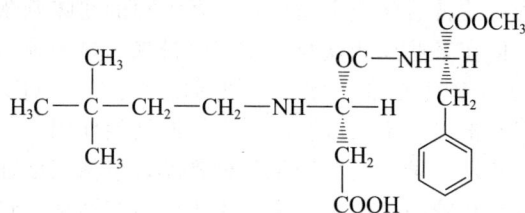

性状与性能：白色粉状结晶，含 4.5% 的结晶水。25℃时在水中的溶解度为 12.6g/L，在乙醇中的溶解度为 950g/L。既可形成酸式盐，也可形成碱式盐，并可与金属形成复合物，从而改善其稳定性和其他特性。风味特性与蔗糖相近，显出清凉的感觉，在食品中添加可以使甜味、咸味、酸味等良好风味得到保持甚至提高，而对苦味、涩味等不良味道及某些刺激性气味则有减轻和掩盖的作用。

纽甜是在阿斯巴甜的天冬氨酸的—NH₂上连接 3,3-二甲基丁基化合物。甜度远超阿斯巴甜，摄入人体后不会被分解为单个氨基酸，而是以二肽复合物形式从粪便中排出，苯丙酮尿症患者也可服用。纽甜是阿斯巴甜的升级换代产品。

甜度与甜感特征：纽甜的甜度是蔗糖的 7000～13000 倍，具有纯正的、类似于蔗糖的甜调味类食品添加剂味。甜度为阿斯巴甜的 30～60 倍，热稳定性明显提高，还具有风味增强效果。它几乎不含苦味、金属味、酸味和咸味等杂味。特别突出的是其甜味随浓度的增高而增强，但不适味感却不会增加。

毒性：纽甜吸收很快，但只是部分地被吸收。在体内，它的主要代谢途径是通过去酯化形成脱酯化纽甜和微量甲醇。被很快地从血浆中清除，最后经过粪便和尿液完全地排出体外。由于纽甜分子中含有 3,3-二甲基丁基，能够几乎完全地阻断相关肽酶的作用，减少了苯丙氨酸的形成，可用于苯丙酮尿症的患者而不需要特殊的商标注明。

纽甜没有靶器官毒性，致畸、致癌作用，对生殖系统也没有影响。此外，用细菌和哺乳动物做试验没有发现有致突变作用，也没有发现对各种器官组织的药理作用。用健康人群做的耐受试验证实纽甜不影响人体的临床或生化指标，并且与安慰剂相比没有副作用。进一步的试验证实纽甜对 2 型糖尿病患者的血糖或胰岛素浓度没有影响。多项试验的结果确认纽甜可以安全地用于包括儿童、孕妇和哺乳期的母亲以及糖尿病患者在内的所有人群。

应用与限量：《食品安全国家标准　食品添加剂使用标准》（GB 2760—2024）中规定了在各类食品中的最大使用量。

(13) L-α-天冬氨酰-N-(2,2,4,4-四甲基-3-硫化三亚甲基)-D-丙氨酰胺

L-α-天冬氨酰-N-(2,2,4,4-四甲基-3-硫化三亚甲基)-D-丙氨酰胺，也称天冬氨酰丙氨酰胺，商品名为阿力甜（alitame）。分子式 $C_{14}H_{25}O_4N_3S \cdot 2.5H_2O$，分子量 376.47。其结构

式如下。

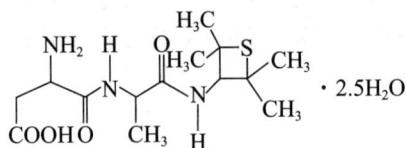

$\cdot 2.5H_2O$

性状与性能：白色结晶性粉末。无臭或微有特征性臭味，不吸水，易溶于乙醇（61%）、甘油（53.7%）、甲醇（41.9%）和水（13.1%），微溶于氯仿。性质稳定，尤其是对热、酸的稳定性大。

甜度与甜感特征：甜度是蔗糖的 2000 倍。阿力甜甜味品质很好，甜味特性类似于蔗糖，没有强力甜味剂通常所带有的苦后味或金属后味。阿力甜的甜味刺激来得快，与甜味素相似的是其甜味觉略有绵延。但在某些风味饮料中使用会带来明显的硫味。

应用与限量：《食品安全国家标准　食品添加剂使用标准》（GB 2760—2024）中规定了最大使用量。阿力甜与安赛蜜或甜蜜素混合时发生协同增效作用，与其他甜味剂（包括糖精钠）复配使用甜味特性也甚好。可广泛应用于各种食品，包括其他强力甜味剂至今尚未有成功的应用领域，如焙烤食品和硬糖。但是，不宜用于面包和酒精饮料。

（14）蔗糖衍生物

蔗糖衍生物类甜味剂主要是三氯蔗糖，又名三氯半乳蔗糖、蔗糖素，分子式为 $C_{12}H_{19}Cl_3O_8$，分子量为 397.64，结构式如下。

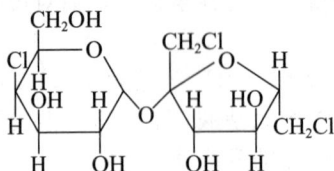

性状与性能：通常为白色结晶性粉末，无臭。不吸湿，熔点（分解）125℃，稳定性高。极易溶于水、乙醇和甲醇，微溶于乙醚。10%水溶液的 pH 为 5～8。耐高温、耐酸碱，温度和 pH 值对它几乎无影响，适于食品加工中的高温灭菌、喷雾干燥、焙烤、挤压等工艺。无热量、不致龋齿。pH 值适应性广，适用于酸性至中性食品，对涩、苦等不愉快味道有掩盖效果。溶解时不容易产生起泡现象，适用于碳酸饮料的高速灌装生产线。

甜度与甜感特征：三氯蔗糖的甜度为蔗糖的 600 倍，甜味与蔗糖相似，无不良后味。

应用于限量：《食品安全国家标准　食品添加剂使用标准》（GB 2760—2024）中规定了最大使用量。其中用于饮料、腌渍的蔬菜、复合调味料、配制酒、冷冻饮品（食用冰除外）、焙烤食品、水果罐头等时，最大用量为 0.25g/kg；用于糖果、蜜饯类时，最大用量为 1.5g/kg；用作餐桌甜味料可按生产需要适量使用。

（15）异麦芽酮糖 [isomaltulose（palatinose）]

异麦芽酮糖也称帕拉金糖，被誉为益寿糖。

性状与性能：白色结晶，无臭，味甜，熔点 122～124℃，比旋光度 $[\alpha]^{20}D=97.2°$，耐酸，耐热，不易水解（20%溶液在 pH2.0 时 100℃加热 60min 仍不分解，蔗糖在同样条件下可全部水解），热稳定性比蔗糖低，有还原性，易溶于水，在水中的溶解度比蔗糖低，20℃时为 38.4%，40℃时为 78.2%，60℃为 133.7%，其水溶液的黏度亦比同等浓度的蔗糖略低。异麦芽酮糖在肠道内可被酶解，由机体吸收利用。对血糖值影响不大，不致龋齿。

甜度与甜感特征：甜度约为蔗糖的 42%，甜味纯正，无不良后味。

毒性：ADI 无须规定。天然存在于蜂蜜、甘蔗中，安全性高。许多欧洲国家已批准使用，但尚未得到美国 FDA 的认可。而异麦芽酮糖在进入口腔后，唾液并不能将其水解，只有到达肠内以后，才能经肠内微生物缓慢分解。分解十分缓慢，所以使人体对糖的吸收和利用达到了平衡，不会使血糖浓度提高。这种糖能为肠道内有益菌群供给能量，具有益生作用。

应用与限量：《食品安全国家标准　食品添加剂使用标准》（GB 2760—2024）中规定使用量为根据生产需要适量使用。相比于其他糖醇，异麦芽糖醇甜味纯正、性质稳定、能重结晶且吸湿性低，可用在硬糖生产上，但溶解度只有蔗糖的一半，用在果酱和果冻产品中时会出现结晶析出现象，偶见过敏反应。批准用于雪糕、冰棍、糖果、饮料、糕点、面包、饼干、果酱和配制酒等食品中。

8.3　食品酸味剂

酸味剂（sourer）能赋予食品酸味，给人爽快的感觉，可增进食欲，促进唾液的分泌，有助于钙、磷等物质的溶解，促进人体对营养素的消化、吸收，同时还具有一定的防腐、抑菌作用和络合金属离子的作用等。酸味剂广泛用于食品加工生产中，我国允许使用的酸味剂有柠檬酸、乳酸、酒石酸、苹果酸、偏酒石酸、磷酸、醋酸、富马酸、己二酸等。其中柠檬酸是目前世界上应用最广泛、用量最大的酸味剂。食物中的酸味剂为食品风味构建发挥了关键性作用。

8.3.1　酸味与酸味剂特性

一般来说，具有酸味的食品添加剂在溶液中都能解离出 H^+（反之不一定）。酸味是味蕾受到 H^+ 刺激的一种感觉。酸味剂的阈值与 pH 的关系是：无机酸的阈值在 pH 3.4～3.5，有机酸在 pH 3.7～4.9 之间。但是酸味感的时间长短并不与 pH 成正比，解离速度慢的酸味维持时间久，解离快的酸味剂的酸味会很快消失。

酸味剂解离出 H^+ 后的阴离子，也影响酸味。有机酸的阴离子容易吸附在舌黏膜上，中和舌黏膜中的正电荷，使得氢离子更容易与舌味蕾相接触，而无机酸的阴离子易与口腔黏膜蛋白质相结合，对酸味的感觉有钝化作用，故一般地说，在相同的 pH 时，有机酸的酸味强度大于无机酸。由于不同有机酸的阴离子在舌黏膜上吸附能力的不同，酸味强度也不同。

酸味剂的阴离子对酸味剂的风味也有影响，影响的大小取决于阴离子上有无羟基、氨基、羧基以及它们的数目和位置。如柠檬酸、抗坏血酸和葡萄糖酸等的酸味带爽快感；苹果酸的酸味带苦味；乳酸和酒石酸的酸味伴有涩味；醋酸的酸味带有刺激性臭味；谷氨酸的酸味有鲜味。在使用中，酸味剂与其他调味剂的作用是：酸味剂与甜味剂之间有消杀现象，两者易互相抵消，故食品加工中需要控制一定的糖酸比。酸味与苦味、咸味一般无消杀现象。酸味剂与涩味物质混合，会使酸味增强。

8.3.2　酸味剂在食品中的作用

（1）调节食品体系的酸碱性

如在凝胶、干酪、果冻、软糖、果酱等产品中，为了取得产品的最佳性状和质构特征，必须正确调整 pH 值，果胶的凝胶、干酪的凝固都与其 pH 密切相关。酸味剂降低了体系的

pH 值，可以抑制许多有害微生物的繁殖，抑制不良的发酵过程，并有助于提高酸性防腐剂的防腐效果，减少食品高温杀菌温度和时间，从而减少高温对食品结构与风味的不良影响。

（2）可用作香味辅助剂

酸味剂广泛用于调香。许多酸味剂都构成特定的香味，如酒石酸可以辅助葡萄的香味，磷酸可以辅助可乐饮料的香味，苹果酸可辅助许多水果和果酱的香味。酸味剂能平衡风味、修饰蔗糖或甜味剂的甜味。

（3）可作螯合剂

某些金属离子如 Ni、Cr、Cu、Se 等在食品中的存在能加速氧化作用，对食品产生不良的影响，如变色、腐败、营养素的损失等。许多酸味剂具有螯合这些金属离子的能力。酸与抗氧化剂、防腐剂、还原性漂白剂复配使用，能起到增效的作用。

（4）可作膨松剂

酸味剂遇碳酸盐可以产生 CO_2 气体。这是化学膨松剂产气的基础，而且酸味剂的性质决定了膨松剂的反应速度。此外，酸味剂有一定的稳定泡沫的作用。

（5）酸味剂具有还原性

酸味剂在水果、蔬菜制品的加工中可以用作护色剂，在肉类加工中可作为护色助剂。

（6）酸水解作用

蔗糖的转化。

（7）控制色泽作用

天然色素在不同酸度下色泽不同。

8.3.3 酸味剂的使用注意事项

酸味剂在使用时必须注意以下 4 点。

① 酸味剂大都电离出 H^+，它可以影响食品的加工条件，可与纤维素、淀粉等食品原料作用，也同其他食品添加剂相互影响。所以在食品加工工艺中一定要有加入酸味剂的程序和时间，否则会产生不良后果。

② 当使用固体酸味剂时，要考虑它的吸湿性和溶解性。因此，必须采用适当的包装材料和包装容器。

③ 阴离子除影响酸味剂的风味外，还能影响食品风味，如盐酸、磷酸具有苦涩味，会使食品风味变劣。而且酸味剂的阴离子常常使食品产生另一种味，这种味称为副味，一般有机酸可具有爽快的酸味，而无机酸一般酸味不很适口。

④ 酸味剂有一定的刺激性，能引起消化系统的疾病，因此使用时注意添加量。

8.3.4 常用酸味剂的特点与应用

（1）柠檬酸（citric acid）

柠檬酸，又名枸橼酸，化学名称为 3-羟基-3-羧基戊二酸。商品柠檬酸有一水柠檬酸和无水柠檬酸。柠檬酸和柠檬酸钠、钾盐等是最常用的酸味剂，常用的柠檬酸盐酸味剂有柠檬酸钠、柠檬酸一钠、柠檬酸钾 3 种形式。一水柠檬酸分子式为 $C_6H_8O_7 \cdot H_2O$，分子量210.14，结构式如下。

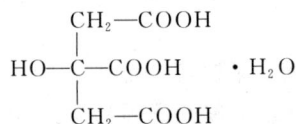

性状与性能：柠檬酸为无色半透明结晶或白色颗粒或白色结晶粉末，无臭。易溶于水，20℃时在水中的溶解度为 59%，其 2%水溶液的 pH 为 2.1。柠檬酸具有强酸味，酸味柔和爽快，入口即达到最高酸感，后味延续时间较短。其刺激阈的最大值为 0.08%，最小值为 0.02%。易与多种香料配合而产生清爽的酸味，适用于各类食品的酸化。与其他酸如酒石酸、苹果酸等合用，可使产品风味丰满；与蔗糖合用，加热时可促使蔗糖转化，既可防止食品中蔗糖析晶、发砂，又易使食品吸湿。

柠檬酸抑制细菌繁殖的效果较好，它螯合金属离子的能力较强，能与本身质量的 20%的金属离子螯合，可作为抗氧化增效剂，延缓油脂酸败，也可作色素稳定剂，防止果蔬褐变。柠檬酸与柠檬酸钠、钾盐等配成缓冲液，可与碳酸氢钠配成起泡剂及 pH 调节剂等。

酸度与酸感特征：柠檬酸是食品酸度的标准物。其酸味圆润滋美、爽快可口，最强酸感来得快，后味时间短。由于是水果的成分之一，能赋予食品水果的风味。

毒性：为人类长期食用的成分，FDA 将柠檬酸列为一般公认安全物质。ADI 无须规定。柠檬酸是三羧酸循环的中间体，参与体内正常代谢。

应用与限量：《食品安全国家标准 食品添加剂使用标准》（GB 2760—2024）中规定使用量为根据生产需要适量使用。柠檬酸广泛用于清凉饮料、水果罐头、糖果、果汁粉等的生产。还能使甜味剂、色素、香精相互协调，通常用量为 0.1%～1.0%。同时还有增溶、抗氧化、缓冲及螯合不良金属离子的作用。在肉制品中还可脱腥脱臭。使用时与柠檬酸钠共用味感更好。

柠檬酸不应与防腐剂山梨酸钾、苯甲酸钠等溶液同时添加，必要时可分别先后添加，以防止形成难溶于水的山梨酸-苯甲酸结晶，影响食品的防腐效果。

（2）乳酸（lactic acid）

乳酸的化学名为 2-羟基丙酸，分子式 $C_3H_6O_3$，分子量 90.08。商品乳酸的含量为 85%～92%，是乳酸和乳酸酐的混合物。乳酸在果蔬中很少见，为发酵乳品和蔬菜的特征酸，存在于发酵食品、腌渍物、果酒、清酒、酱油及乳制品中。用于清凉饮料、乳饮料、合成酒、合成醋等的调味。有防腐作用，用其调味泡菜或酸菜，还可防止杂菌繁殖，有良好的杀菌作用。其结构式如下。

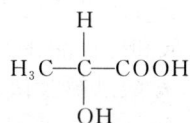

$$H_3C-\overset{\overset{\displaystyle H}{|}}{\underset{\underset{\displaystyle OH}{|}}{C}}-COOH$$

性状与性能：商品乳酸实际上为乳酸和乳酰乳酸（$C_6H_{10}O_5$）的混合物。为无色到浅黄色固体或糖浆状澄明液体，几乎无臭或稍臭，有吸湿性。纯乳酸熔点 18℃，沸点 122℃（1999.8Pa），相对密度 1.249（d_{15}^{15}）。可溶于水、乙醇，稍溶于乙醚，不溶于氯仿、石油醚、二硫化碳。将其煮沸浓缩时缩合成乳酰乳酸，并呈平衡状态，稀释并加热水解成乳酸，通常使用时应按规格标准用水稀释成乳酸使用。

酸度与酸感特征：酸味柔和，有后酸味，有特异收敛性酸味，酸味阈值 0.004%。

毒性：FDA 将乳酸列为一般公认安全物质。乳酸异构体有 DL 型、D 型和 L 型三种，L 型为哺乳动物体内正常代谢产物，在体内分解为氨基酸及二羧酸物。3 月龄以下婴儿不宜用 DL 型及 D 型乳酸。

应用与限量：《食品安全国家标准 食品添加剂使用标准》（GB 2760—2024）中规定使用量为根据生产需要适量使用。用于乳酸饮料和果味露中时，多与柠檬酸并用。用于果酒调酸和白酒调香时，在葡萄酒中使酒的总酸浓度达 5.5～6.5g/kg（以酒石酸计）；在玉冰烧酒和曲香白酒中分别添加 0.7~0.8g/kg 和 0.05~0.2g/kg。乳酸具有较强的杀菌作用，能防止杂菌生长，抑制异常发酵。

（3）酒石酸（tartaric acid）

酒石酸，又名 2,3-二羟基琥珀酸，是葡萄的特征酸。分子式 $C_4H_6O_6$，分子量 150.09。

性状与性能：为白色或荧白色粉末、粒状或结晶，无臭，熔点 168~170℃。结晶品含 1 分子结晶水，有吸湿性，有旋光性，易溶于水，20℃时溶解度 55.5%，0.3% 水溶液的 pH 为 2.4；可溶于乙醇。具有金属离子螯合作用。

酸度与酸感特征：酸味比柠檬酸强，有涩感。

毒性：FDA 将酒石酸列为一般公认安全物质。

使用与限量：《食品安全国家标准 食品添加剂使用标准》（GB 2760—2024）中规定了最大使用量。在固体复合调味料、油炸面制品中最大用量为 10.0g/kg；在各种饮料中为 5.0g/kg；葡萄酒中为 4.0g/L。酒石酸有典型的葡萄风味的酸味特征。很少单独使用，多与柠檬酸、苹果酸等并用，特别适合于添加到葡萄汁及其制品中，也可作为速效合成膨松剂的酸味剂使用。

（4）苹果酸（malic acid）

苹果酸，主要包括 L-苹果酸（L-malic acid）、L-苹果酸钠 ［L-（－）-malic acid disodium salt］、DL-苹果酸（DL-malic acid）、DL-苹果酸钠（DL-malic acid disodium salt），又名羟基琥珀酸、羟基丁二酸，分子式为 $C_4H_6O_5$，分子量 134.09。

性状与性能：苹果酸为白色结晶或结晶性粉末，不含结晶水，易溶于水，20℃时溶解度 55.5%。有吸湿性。无臭或稍有特异臭，有特殊的刺激性酸味。苹果酸在水果中使用有很好的抗褐变作用。相对密度 1.601，1% 水溶液的 pH 为 2.4。

酸度与酸感特征：酸味较柠檬酸强约 20%，别致爽口，略带刺激性，稍有苦涩感，呈味时间长，呈味缓慢，保留时间较长。与柠檬酸合用可增强酸味，改善酸感。

应用与限量：《食品安全国家标准 食品添加剂使用标准》（GB 2760—2024）中规定最大使用量为根据生产需要适量使用。L-苹果酸天然存在于食品中，是三羧酸循环的中间体，可参与机体正常代谢。

常用于调配饮料、果冻等。与柠檬酸合用可强化酸味。苹果酸理论上可以全部或大部分取代用于食品及饮料中的柠檬酸，苹果酸和柠檬酸在获得同样效果的情况下，用量平均可比柠檬酸少 8%~12%（质量分数）。但柠檬酸已被公认为食品酸的标准。苹果酸能掩盖一些蔗糖的替代物所产生的后味。

（5）冰醋酸（acetic acid）

冰醋酸是乙酸高浓度产品的名称，乙酸俗称醋酸，是一种有机一元酸，是食醋的主要成分。分子式 $C_2H_4O_2$，分子量 60.05。

性状与性能：冰醋酸一般指纯度在 98% 以上的醋酸（乙酸），在 16.6℃ 结成冰状固体。醋酸是无色液体，无限溶于水、乙醇、乙醚等，沸点 117.9℃。其水溶液呈弱酸性且腐蚀性强，对金属有强烈腐蚀性，蒸汽对眼和鼻有刺激性作用。

酸度与酸感特征：酸味较柠檬酸强，有强烈的刺激性。

毒性：为人类长期食用的成分，ADI 无须规定。

应用与限量：《食品安全国家标准 食品添加剂使用标准》（GB 2760—2024）中规定最大使用量为根据生产需要适量使用。冰醋酸使用时应稀释使用。

（6）富马酸（fumaric acid）

富马酸，又名延胡索酸、反丁烯二酸，分子式为 $C_4H_4O_4$，分子量 116.07。

性状与性能：富马酸为白色颗粒或结晶性粉末，无臭。有特殊酸味，酸味强，约为柠檬酸的 1.5 倍。相对密度 1.635，熔点 287℃，沸点 355.5℃（常压下）。200℃以上升华，加热至 230℃时失水而成顺丁烯二酸酐，与水共煮生成 DL-苹果酸。可溶于乙醇，微溶于水和乙醚，难溶于氯仿。3％水溶液的 pH 为 2.0～2.5。

酸度与酸感特征：富马酸有涩味，是固体酸中酸性最强的酸之一。因其在水中的溶解度低，应用较少。但其吸水率低，有助于延长粉末制品等的保存期。成为富马酸钠后，水溶性及风味均更好。

毒性：ADI 无须规定，富马酸为三羧酸循环的中间体，参与机体正常代谢。

应用与限量：《食品安全国家标准　食品添加剂使用标准》（GB 2760—2024）中规定了最大使用量。富马酸可用于碳酸饮料，最大使用量为 0.3g/kg；果蔬汁（浆）类饮料、生湿面制品，最大使用量为 0.6g/kg。实际生产中，富马酸可作为酸度调节剂、酸化剂、抗氧化助剂、腌制促进剂、香料使用。

（7）偏酒石酸（metatartaric acid）

偏酒石酸，分子式为 $C_8H_8O_{10}$，分子量为 264.14。

性状与性能：偏酒石酸为微黄色轻质多孔性固体，无味，有吸湿性，难溶于水，水溶液呈酸性。有络合作用，可与酒石酸盐的钾或钙离子结合成可溶性络合物，使酒石酸盐处于溶解状态，可因酸度、温度等因素影响而出现沉淀。受热过度易分解成酒石酸。

应用与限量：《食品安全国家标准　食品添加剂使用标准》（GB 2760—2024）中规定，偏酒石酸可以用于水果罐头的生产，其最大使用量为根据生产需要适量使用。在生产应用中，偏酒石酸对酒石酸盐中钾或钙离子的络合作用，可用于抑制水果罐头中酒石酸沉淀形成。葡萄罐头中的实际添加量约 20g/kg。

（8）磷酸（phosphoric acid）

磷酸，又名正磷酸，是唯一可以用于食品调味的无机酸。同时磷酸及其盐还可作为水分保持剂、膨松剂、酸度调节剂、稳定剂、凝固剂、抗结剂等在食品中添加使用。分子式 H_3PO_4，分子量 98.0。结构式如下。

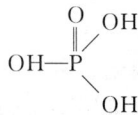

$$\begin{array}{c} O \quad OH \\ \| \\ OH-P \\ | \\ OH \end{array}$$

性状与性能：商品食用磷酸为含量 85％～98％的无色透明黏稠状液体，无臭，味酸。85％磷酸相对密度为 1.59，易吸水，极易溶于水和乙醇，若加热到 150℃时则成为无水物，200℃时缓慢变成焦磷酸，300℃以上变成偏磷酸。通常以含量为 85％左右的商品出售。

酸度与酸感特征：磷酸属强无机酸，其酸度比柠檬酸高 2.3～2.5 倍，有强烈的收敛味和涩味。

毒性：FDA 将磷酸列为一般公认安全物质。用含 0.4％、0.75％磷酸的饲料喂养大鼠，经 90 周 3 代试验。结果发现对生长和生殖没有不良影响，在血液及病理学上也没有发现异常，磷酸参与机体正常代谢，磷最终可由肾脏及肠道排泄。过多摄入会影响人体对钙的吸收。

使用与限量：《食品安全国家标准　食品添加剂使用标准》（GB 2760—2024）中规定了最大使用量。多用于可乐型饮料，最大使用量为 5.0g/kg。用于加工干酪，以磷酸根计最大允许用量为 14g/kg。

实际生产中，磷酸风味不如有机酸好，在一般的食品中应用很少。主要用于可乐饮料等饮料类食品。磷酸还可适量用于糖果、焙烤食品等，以及作为一般食用油脂的抗氧化剂（单用或与柠檬酸异丙酯混合物、柠檬酸单甘油酯合用）。磷酸在酿酒时还可作为酵母的磷酸源，加强其发酵能力并能防止杂菌生长。高浓度磷酸有腐蚀性。

8.4 食品增味剂

增味剂，又称风味增强剂或鲜味剂，是指能补充或增强食品原有风味的物质。鲜味剂种类很多，但对其分类还没有统一的规定。如可按来源分成动物性鲜味剂、植物性鲜味剂、微生物鲜味剂和化学合成鲜味剂等；也可按化学成分分成氨基酸类鲜味剂、核苷酸类鲜味剂、有机酸类鲜味剂和其他鲜味剂等。常用的增味剂有 L-谷氨酸钠（MSG）、5′-肌苷酸二钠（IMP）和 5′-鸟苷酸二钠（GMP）。我国目前应用最广的鲜味剂是谷氨酸钠（味精，氨基酸类）、5′-肌苷酸及 5′-鸟苷酸（核苷酸类）。肌苷酸钠或鸟苷酸钠等与谷氨酸钠混合后，鲜味可增加几倍到几十倍，具有强烈增强风味的作用，目前已在食品中得到较广泛的应用。

8.4.1 鲜味与鲜味特性

鲜味与酸、甜、咸、苦四种基本味中的任何一种均不同，味觉受体也不同；鲜味不能通过混合任何四种基本味的化合物实现。鲜味不会影响其他任何风味刺激，但会增强如持续性（continuity）、影响力（impact）、温和性（mildness）等风味特征，使食品变得更美味。因此，鲜味也是一种基本味。

1996 年乔杜里等通过逆转录 PCR 分析技术和抗原抗体检测技术，发现了第一个鲜味受体——谷氨酸代谢型受体（mGluR4），并进一步确认其特异性表达在杯状和叶状味蕾细胞中。

（1）鲜味的呈味机理

鲜味物质的通用结构式为 $^-O—(C)_n—O^-$，$n=3\sim9$。就是说，鲜味物质分子需要有一条相当于 $3\sim9$ 个碳原子长的脂链，而且两端都带有负电荷，当 $n=4\sim6$ 时鲜味最强。脂链不限于直链，也可为脂环的一部分；其中的 C 可被 O、N、S、P 等取代。保持分子两端的负电荷对鲜味至关重要，若将羧基经过酯化、酰胺化，或加热脱水形成内酯、内酰胺后，均会将降低其鲜味。但其中一端的负电荷也可用一个负偶极替代，例如，口蘑氨酸和鹅膏蕈氨酸等，其鲜味比味精强 $5\sim30$ 倍。这个通式能将具有鲜味的多肽和核苷酸都概括进去。目前出于经济效益、副作用和安全性等方面的原因，作为商品的鲜味剂主要是谷氨酸型和核苷酸型。

已知食品中的鲜味物质种类有限，其对鲜味的贡献程度也有不同，并通过相互作用影响食品的风味。

（2）鲜味阈值

鲜味阈值是衡量增味剂敏感性的标准，是增味剂能被人的味觉器官所辨认时的最低浓度。L-谷氨酸、L-谷氨酸钠、L-天冬氨酸、琥珀酸二钠、IMP 和 GMP 的鲜味阈值分别是 0.030%、0.012%、0.160%、0.030%、0.025% 和 0.0125%。MSG 的风味强度与其浓度之间呈线性关系，但其斜率不如其他 4 种基本味的高。此外，当 IMP 浓度增大到一定值后，其风味强度几乎不发生变化。

（3）增味剂间相互作用

增味剂之间存在协同作用（相乘作用），谷氨酸型增味剂（MSG）和肌苷酸型增味剂

（IMP）之间的协同作用可以简单地表示为 $y=u+1200wv$，其中 u 和 v 分别为 MSG 和 IMP 在混合物中的浓度，y 为同等鲜味强度单独所需 MSG 的浓度。MSG-IMP 混合物的风味强度随浓度增加而呈指数增加，其协同作用的强度依赖 IMP 占 MSG 的比例。表 8-2 所示为鲜味强度随 IMP 浓度在 IMP-MSG 混合物中变化的关系，当 MSG 为 50％时，鲜味强度达到最大，混合物的风味强度是 MSG 的 7 倍，这种放大倍数依赖于浓度，且浓度越高越明显。

表 8-2　MSG-IMP 和 MSG-GMP 混合物的鲜味强度

MSG：IMP（质量比）	相对鲜度	MSG：GMP（质量比）	相对鲜度
1：0	1.0	1：0	1.0
1：1	7.0	1：1	30.0
10：1	5.0	10：1	18.8
20：1	3.5	20：1	12.5
50：1	2.5	50：1	6.4
100：1	2.0	100：1	5.4

注：MSG、IMP、GMP 溶液的浓度均为 0.05g/100mL，按体积比混合后所得溶液的鲜味。

增味剂的协同效应在四种基本味的溶液体系中不受影响，当体系含碱性氨基酸（如精氨酸和组氨酸）时，增味剂的协同效应将受到抑制。另外，增味剂的复合使用还会影响食品的整体感受，如 5′-IMP 与 5′-GMP 等比例混合时可以抑制食品的苦味和酸味，提升甜味和咸味。

8.4.2　氨基酸类增味剂

氨基酸类增味剂属脂肪族化合物，呈味基团是分子两端带负电荷的基团，如—COOH、—SO₃H、—SH、—C—O 等，而且分子中一定带有亲水性辅助基团，如—NH、—OH、C—C 等。例如谷氨酸、组氨酸、天冬氨酸的肽中，凡是与谷氨酸分子中氨基相连的亲水性氨基酸构成的肽，均有鲜味，如谷氨酸同甘氨酸、天冬氨酸的肽有鲜味。反之，谷氨酸与疏水性氨基酸构成的肽无鲜味。

氨基酸类所呈的味，都不是单纯的，是多种风味的复合体，或称为综合味感，例如：味精的味是鲜 71.4％，咸 13.5％，酸 3.4％，甜 9.8％，苦 1.7％；组氨酸的味是鲜 53.4％，甜 8.8％，苦 2.1％；天冬氨酸的味是鲜 53.4％，酸 6.8％；谷氨酸本身是酸 64.2％，鲜 25.1％，咸 2.2％，甜 0.8％，苦 5.5％。

（1）谷氨酸钠（mono sodium glutamate）

谷氨酸的一钠盐有鲜味，二钠盐呈碱性无鲜味。市售的谷氨酸钠即指一钠盐，又名味精或味素，简称 MSG，商品名为味精。分子式 $C_5H_8NO_4Na \cdot H_2O$，分子量 187.13，结构式如下。

$$NaOOC—CH_2—CH_2—\overset{\overset{\displaystyle H}{|}}{\underset{\underset{\displaystyle NH_2}{|}}{C}}—COOH \cdot H_2O$$

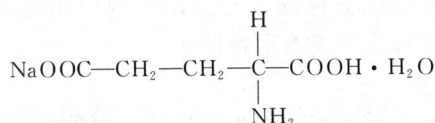

性状与性能：无色至白色的结晶或结晶性粉末，无臭，有特有的鲜味。易溶于水，微溶于乙醇，不溶于乙醚。相对密度 1.635，熔点 232℃，但加热至 120℃开始逐渐失去结晶水，

150℃时完全失去结晶水。210℃时发生吡咯烷酮化，生成焦谷氨酸，270℃左右时分解。无吸湿性，对光稳定。水溶液加热也比较稳定。在碱性条件下加热发生消旋作用，呈味力降低。在pH＜5的酸性条件下加热亦发生吡咯烷酮化，形成焦谷氨酸，呈味力也下降。在中性条件下加热则不易变化。5%水溶液pH为6.7～7.2。

市售味精按谷氨酸钠含量不同，一般可分为99%、98%、95%、90%、80% 5种，其中含量为99%的呈颗粒状结晶，而含量为80%的呈粉末状或微小晶体状。味精一般使用浓度为0.2%～0.5%。试验表明，当谷氨酸钠质量占食品质量的0.2%～0.8%时，能最大程度地增进食品的天然风味。所以味精是广泛用于食品菜肴的调味品。

鲜度与鲜感特征：谷氨酸钠具有强烈的肉类鲜味，特别是在微酸性溶液中味道更鲜；用水稀释至原来浓度的1/3000，仍能感觉出其鲜味，其鲜味阈值为0.014%。

谷氨酸钠的呈味能力与其离解度有关，当pH为3.2（等电点）时，呈味能力最低；pH大于6、小于7时由于它几乎全部电离，鲜味最高；pH大于7时，由于形成二钠盐，鲜味消失。谷氨酸钠在酸性和碱性条件下呈味能力降低，是由于$\alpha-NH_3$和$-COO-$两基团之间因静电吸引形成的五元环状结构被破坏，具体地说，在酸性条件下氨基酸的羧基变为$-COOH$；在碱性条件下氨基酸的氨基变为$-NH_2$，它们都使氨基与羧基之间的静电引力减弱，五元环状结构遭破坏，因而鲜味呈现力降低，甚至消失。

谷氨酸有缓和咸、酸、苦味的作用，能减弱糖精的苦味，并能引出食品中所具有的自然风味。如在葡萄酒中添加0.015%～0.03%的谷氨酸，能显著提高其自然风味。

谷氨酸钠与$5'$-肌苷酸二钠或$5'$-鸟苷酸二钠合用，可显著增强其呈味作用，并以此生产"强力味精"等。谷氨酸钠与$5'$-肌苷酸二钠之比为1∶1的鲜味强度，可高达谷氨酸钠的16倍。

毒性：FDA将谷氨酸钠列为一般公认安全物质，ADI无须规定，谷氨酸钠被机体吸收后参与正常代谢，包括氧化脱氨、转氨、脱羧和酰胺化等，并在能量代谢中起一定作用。

食用谷氨酸钠曾被认为可引起一时性头晕等主观症状的所谓"中国餐馆病"，后经研究及流行病学调查等予以否定。1987年JECFA再次对其评价后，除取消原数字ADI外，还删除了不宜用于12周龄婴儿的限制。

应用限量：我国《食品安全国家标准　食品添加剂使用标准》（GB 2760—2024）中规定，谷氨酸钠可在各类食品中按生产需要适量使用。

使用建议：食盐中添加少量味精就有明显的鲜味，一般1g食盐与0.1～0.15g味精共用时，味精的呈味效果最佳。味精还有缓和苦味的作用，如糖精的苦味，加入味精后可缓和其不良苦味。

（2）L-丙氨酸（L-alanine）

L-丙氨酸又称L-氨基丙酸，分子式$C_3H_7NO_2$，分子量89.09。属于构成天然蛋白质的二十种氨基酸之一。

性状与性能：无色或白色结晶性粉末，易溶于水，不溶于乙醇，200℃以上开始升华。

鲜度与鲜感特征：基本味感是甜稍酸。

应用限量：我国《食品安全国家标准　食品添加剂使用标准》（GB 2760—2024）中规定，L-丙氨酸可在各类食品中按生产需要适量使用。

（3）甘氨酸（glycine）

甘氨酸系统名称氨基乙酸，是构成天然蛋白的二十种氨基酸之一，分子式$C_2H_5NO_2$，分子量75.08。

性状与性能：白色单斜晶系或六方晶体，或白色结晶性粉末，易溶于水，极难溶于乙醇。

鲜度与鲜感特征：基本味感是甜稍酸。

应用限量：我国《食品安全国家标准 食品添加剂使用标准》（GB 2760—2024）中规定，在肉制品中最大使用量 3.0g/kg，在调味品和饮料中最大使用量 1.0g/kg（固体饮料可按稀释倍数增加用量）。

使用建议：甘氨酸常用于肉制品、植物蛋白饮料和调味品的生产。

8.4.3 核苷酸类增味剂

核苷酸类增味剂是一类具有相似结构的芳香杂环化合物，属于酸性离子型有机物，呈味基团是亲水的核糖-5′-磷酸酯，辅助基团是芳香杂环上的疏水取代基 X，肌苷酸是这类增味剂的典型代表。它们的基本结构骨架如下。

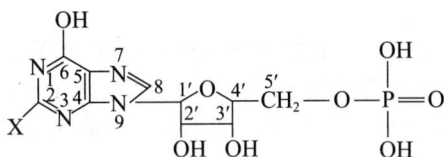

$X=H$（5′-肌苷酸）；$X=NH_2$（5′-鸟苷酸）；$X=OH$（5′-腺苷酸）

其核糖和磷酸部分是必不可少的呈味骨架。有鲜味的核苷酸的结构特点是：①嘌呤环第 6 位碳上有羟基；②核糖第 5′ 位碳上要有磷酸酯。根据这一规律，又相继合成了许多 α-取代-5′-核苷酸，它们都有鲜味，这些衍生物的特点是 α-位取代基上含有硫。

（1）5′-鸟苷酸二钠（disodium-5′-guanylate）

5′-鸟苷酸二钠，又名 5′-鸟苷酸钠、鸟苷-5′-磷酸钠、鸟苷酸二钠，简称 GMP，分子式为 $C_{10}H_{12}N_5Na_2O_8P \cdot 7H_2O$，分子量 533.26。

性状与性能：5′-鸟苷酸二钠为无色或白色结晶或白色粉末，含约 7 分子结晶水。无臭，吸湿性较强，易溶于水，微溶于乙醇，几乎不溶于乙醚。水溶液稳定，在酸性溶液中，高温时易分解；可被磷酸酶分解破坏而失去呈味能力。

鲜度与鲜感特征：5′-鸟苷酸二钠有类似香菇的鲜味，其鲜味阈值为 0.0125g/100mL，鲜味强度为肌苷酸钠的 2.3 倍，与谷氨酸钠合用有很强的协同作用，在 0.1%谷氨酸钠水溶液中，其鲜味阈值为 0.00003%。

毒性：FDA 将其列为一般公认安全物质，ADI 无须规定。

应用与限量：我国《食品安全国家标准 食品添加剂使用标准》（GB 2760—2024）中规定，5′-鸟苷酸二钠可在各类食品中按生产需要适量使用。

实际生产中，5′-鸟苷酸二钠通常很少单独使用，而多与谷氨酸钠等合用。混合使用时，其用量为谷氨酸钠总量的 1%～5%；酱油、食醋、肉、鱼制品、速溶汤粉、速煮面条及罐头食品等均可添加，其用量为 0.01～0.1g/kg。也可与赖氨酸盐酸盐等混合后，添加于蒸煮米饭、速煮面条、快餐中，用量约为 0.5g/kg。

5′-鸟苷酸二钠还可与 5′-肌苷酸二钠以 1：1 配合，构成的混合物简称 I+G，是呈现动植物鲜味融合一体所形成的一种较为完全的鲜味剂。在食品加工中多应用于配制强力味精、特鲜酱油和汤料等。添加 2% I+G 于味精中，可使鲜味提高 4 倍，而成本增加不到 2 倍。这种复合味精鲜味更丰厚、滋润，鲜度比例可任意调配，广泛应用于各类食品。

肌苷酸和鸟苷酸是构成核酸的成分，所组成的核蛋白是生命和遗传现象的物质基础，故它对人体是安全而有益的。人体摄入5'-核苷酸后引起血清和尿液中尿酸水平上升，表明有部分分解，但即使每人每天摄食约15mg核苷酸，也并不引起痛风。

1993年，JECFA评估确认，5'-鸟苷酸二钠和5'-肌苷酸二钠无致癌、致畸性，对繁殖无危害；评估认为人们从鲜味剂中接触的嘌呤（每人每天约4mg）比从膳食中摄取天然存在的核苷酸（估计每人每天可达2g）要低得多，因此无须规定ADI，同时撤销以前提出添加这些物质应标明的意见。

（2）5'-肌苷酸二钠（disodium 5'-inosinate）

5'-肌苷酸二钠又称肌酸磷酸钠、肌苷5'-磷酸二钠、次黄嘌呤核苷-5'-磷酸钠，分子式 $C_{10}H_{11}N_4Na_2PO_8 \cdot 7.5H_2O$，分子量为527.20。

性状与性能：5'-肌苷酸二钠为无色至白色结晶，或白色结晶性粉末，无臭，约含7.5分子结晶水。不吸湿，40℃开始失去结晶水，120℃以上成无水物。易溶于水，微溶于乙醇，不溶于乙醚。对酸、碱、盐和热均稳定，在酸性溶液中加热易分解。可被动植物组织中的磷酸酶分解破坏而失去呈味力。

鲜度与鲜感特征：5'-肌苷酸二钠有特异鲜鱼味，鲜味阈值为0.025g/100mL，鲜味强度低于鸟苷酸钠，但两者合用有显著的协同作用。当两者以1:1混合时，鲜味阈值可降至0.0063%。与0.8%谷氨酸钠合用，其鲜味阈值更进一步降至0.000031%。有特殊的类似鱼肉的鲜味，其鲜味阈值0.012%。核苷酸类增味剂需与氨基酸类鲜味物质同时使用，才能充分发挥其呈鲜效果，而且是倍增的呈鲜效果。以5%～12%的含量并入谷氨酸钠混合使用，其呈味作用比单用谷氨酸钠高约8倍，有"强力味精"之称。

毒性：FDA将5'-肌苷酸二钠列为一般公认安全物质，ADI无须规定。

应用与限量：我国《食品安全国家标准　食品添加剂使用标准》（GB 2760—2024）中规定，5'-肌苷酸二钠可在各类食品中按生产需要适量使用。

实际生产中，5'-肌苷酸二钠通常很少单独使用，而多与谷氨酸钠等合用。混合使用时，其用量为谷氨酸钠总量的1%～5%。

（3）5'-呈味核苷酸二钠（disodium 5'-ribonucleotide）

5'-呈味核苷酸二钠又称5'-核糖核苷酸二钠或核糖核苷酸钠，是5'-鸟苷酸二钠、5'-肌苷酸二钠、5'-尿苷酸二钠和5'-胞苷酸二钠的混合物，主要是前两种的混合物，5'-尿苷酸二钠和5'-胞苷酸二钠的呈味力较弱。

性状与性能：5'-呈味核苷酸二钠的性状也与其他核苷酸钠相似，为白色至米黄色结晶或粉末，无臭，味鲜，与谷氨酸钠合用有显著的协同作用，鲜度明显提高。溶于水，微溶于乙醇和乙醚。

鲜度与鲜感特征：呈味阈值为0.0063%。与0.8%谷氨酸钠合用时，呈味阈值为0.000031%。5'-呈味核苷酸二钠可直接加入食品中，起增鲜作用，是较为经济而且效果最好的新一代核苷酸类食品增鲜剂。

毒性：5'-呈味核苷酸二钠的毒理学特性与5'-鸟苷酸二钠和5'-肌苷酸二钠相同，ADI无须规定。

应用与限量：我国《食品安全国家标准　食品添加剂使用标准》（GB 2760—2024）中规定，5'-呈味核苷酸二钠可在各类食品中按生产需要适量使用。

实际生产中，5'-呈味核苷酸二钠常与谷氨酸钠合用。5'-肌苷酸二钠可被生鲜动、植物组织中的磷酸酶分解，失去呈味力，应经加热钝化酶后使用。近米，已发展特殊的包衣加工技术，以保护其不受鱼肉等食品中磷酸酶的分解并使其发挥最大的呈味能力。5'-呈味核苷酸二钠还对迁移性肝炎、慢性肝炎、进行性肌肉萎缩和各种眼部疾患有一定的辅助治疗作用。

8.4.4 有机酸类增味剂

琥珀酸二钠（disodium succinate）

琥珀酸二钠又称丁二酸二钠，俗称"干贝素"。分子式 $C_4H_4Na_2O_4$，分子量 162.05。琥珀酸二钠除作为食品工业中的鲜味剂外，还用作饲料添加剂。

性状与性能：无色或白色结晶性粉末，易溶于水（25℃下 100g 水溶解 35g），水溶液呈中性或微碱性，微溶于乙醇，不溶于乙醚。在空气中稳定。

鲜度与鲜感特征：有特殊贝类滋味，认为是海鲜类风味的基础之一。还作为天然等同香料使用。

应用与限量：我国《食品安全国家标准　食品添加剂使用标准》（GB 2760—2024）中规定了适用范围和最大使用量，其在允许使用的食品中的添加量为 20.0g/kg。

使用建议：琥珀酸二钠通常与谷氨酸钠配合使用，一般使用量为谷氨酸钠量的 10% 左右。

8.4.5 其他增味剂

（1）植物蛋白水解物

主要以豆粕粉、玉米蛋白、面筋、花生饼及棉籽等植物蛋白为原料，通过酸或酶水解将蛋白质分解成各种氨基酸和短肽的中间混合胶体溶液，再经加工处理后得到的产物。

性状与性能：淡黄色液体、糊状物、粉状体或颗粒。

鲜度与鲜感特征：制品的鲜味程度和风味因原料和加工工艺而异。

毒性：无毒性，安全性高。

使用建议：用于各种食品加工和烹饪中或与其他调味品配合使用。

（2）动物蛋白水解物

主要以鸡肉、猪肉、牛肉等动物蛋白为原料，通过酸或酶水解将蛋白质分解成各种氨基酸及短肽。水溶性好，极易被人体吸收利用，是一种优质的蛋白源。

性状与性能：淡黄色至黄色的酱状或粉末状物质。

鲜度与鲜感特征：制品的鲜味程度和风味，因原料和加工工艺而异。

毒性：采用酶法生产工艺制得的产品安全性高。

使用建议：蛋白质水解物的应用范围非常广泛，可用于多种多样需要增加风味的食品和用于制造食品的原料中，如小吃食品、糖果、调味汁、罐头食品、肉类加工、医药和保健品等。

（3）酵母抽提物

又叫酵母味素、酵母精、酵母浸膏，是以食用酵母为原料，利用现代生物技术将酵母菌体内的蛋白质、核酸类物质进行降解，再经过一些精制工序得到的粉状、膏状或液体状的产品，富含维生素 B_1、维生素 B_2、维生素 B_6、维生素 B_{12}、尼克酸、叶酸、泛酸、生物素等，含氮 4%～8%（约合粗蛋白 25%～50%），含有 19 种氨基酸，以谷氨酸、甘氨酸、丙氨酸、缬氨酸等较多，另含 5′-核苷酸等，具有强烈的呈味性能，是一种天然的高级调味品。

广泛应用于各种加工食品，如汤类、酱油、香肠、焙烤食品等中。如在酱油、蚝油、鸡精、各种酱类、腐乳、食醋等中加入 1%～5% 的酵母抽提物，可与调味料中的动植物提取物以及香辛料配合，引发出强烈的鲜香味，具有相乘效果；向榨菜、咸菜、梅菜等中添加 0.8%～1.5% 酵母抽提物，可以起到降低咸味的效果，并可掩盖异味，使酸味更加柔和，风味更加香浓持久。

1. 酸度调节剂在食品中起什么作用？
2. 饮料中常使用哪些酸度调节剂？举例说明。
3. 列举常用天然甜味剂、合成甜味剂的名称和应用范围。
4. 简述鲜味剂的定义和我国批准使用的种类。
5. 试举例说明风味物质之间的相互作用。

第 8 章　思考题答案

第9章

食品营养强化剂

导言

我国幅员辽阔，东西、南北跨度大，海拔高度差大。这些地理因素造成了人们的耕作特点和饮食习惯存在较大差异，再加上不同地区水和土壤中矿物质元素含量的差异，导致人们从日常饮食中获取的营养物质不够均衡，或多或少存在部分营养素的缺乏。研究食品营养强化剂，并因地制宜地制定营养强化方针政策，是利国利民的百年大计，科学合理地使用营养强化剂对保障人民健康、提高国民身体素质有非常重要的作用。

9.1 食品营养强化剂概述

食品营养强化剂指"为了增加食品的营养成分（价值）而加入食品中的天然或人工合成的营养素和其他营养成分"。其中，营养素指食物中具有特定生理作用，能维持机体生长、发育、活动、繁殖以及正常代谢所需的物质，包括蛋白质、脂肪、碳水化合物、矿物质、维生素等；其他营养成分指除营养素以外的具有营养和（或）生理功能的其他食物成分。而特殊膳食用食品指为满足特殊的身体或生理状况和（或）满足疾病、紊乱等状态下的特殊膳食需求，专门加工或配方的食品，这类食品的营养素和（或）其他营养成分的含量与可类比的普通食品有显著不同。根据 GB 14880—2012《食品安全国家标准 食品营养强化剂使用标准》及原卫生部的后续公告，营养强化剂分为氨基酸类、维生素类、矿物质类、多不饱和脂肪酸类及其他类。

9.1.1 食品中使用营养强化剂的原因

人类的营养需要是多方面的，但是传统的食品并不是营养俱全的。为了弥补天然食品的营养缺陷及补充食品在加工、贮藏中营养素的损失，适应不同人群的生理需要和职业需要，世界上许多国家对有关食品采取了营养强化。

（1）天然食品营养成分不全导致营养不均衡

人类的天然食物，几乎没有一种单纯食物可以满足人体的全部营养需要。例如，新鲜果蔬含有丰富的维生素 C，但其蛋白质、能量欠缺；含丰富优质蛋白质的肉、蛋、乳等食物，其维生素含量大多不能满足人类需要等。诸多营养素缺乏的问题都需要添加营养强化剂进行食品营养强化。

（2）食品加工过程会导致部分营养素缺失

食品在加工、贮藏和运输中往往会损失某些营养素，如在碾米和小麦磨粉时有多种维生素的损失，而且加工精度愈高，损失愈大，有的维生素损失高达 70％ 以上，又如在水果、蔬菜的加工过程中，很多水溶性和热敏性维生素均被损失 50％ 以上。在实际生产中，应该尽量减少食品营养素在加工过程中的损耗，或者通过添加相应的营养强化剂加以弥补。

（3）地理、环境、生活习惯等因素，可能导致部分营养素缺乏或不足

由于各国人民的膳食习惯，地区的食物收获品种及生产、生活水平等的限制，往往会出现某些营养上的缺陷。根据营养调查，各地普遍缺少维生素 B_2；食用精白米、精白面的地区缺少维生素 B_1；果蔬缺乏的地区常有维生素 C 缺乏；而内地往往缺碘。这些问题如能在当地的基础膳食中有的放矢地通过营养强化剂来解决，就能减少和防止疾病的发生，增强体质。

（4）不同生理人群和不同职业人群对营养素的要求也不同

人类婴儿期生长发育最快，需要有大量充足的营养素供应。不能以母乳喂养或母乳不足时，就需要有"母乳化奶粉"，即以牛奶为主要原料，按人乳的营养素组成，通过添加或提取出某些成分，使其组成成分在数量、质量上都接近母乳。如：改变乳清蛋白和酪蛋白的比例，降低矿物质的含量，增加不饱和脂肪酸、乳糖和可溶性多糖的含量，同时，适当增加维生素等微量营养素等。军人以及从事矿井、高温、低温作业及某些易引起职业病的工作人员，由于劳动条件特殊，均需要高能量、高营养的特殊食品。每一种工作对某些特定营养素都有特殊的需要，可针对特殊需要添加营养强化剂，以满足营养需求。

9.1.2 食品营养强化的基本原则

食品营养素（food nutrient）即正常作为食品组成成分而被消费的物质，食品营养素具有如下特点：①提供能量；②对人的生长、发育和保持健康提供基本物质；③缺乏时会导致典型的生化或生理方面的改变。其中，必需营养素（essential nutrient）是生长发育和维持生命必需的，并且人体自身不能合成足够量的物质。强化营养素（fortification/enrichment）即不论食物中是否天然存在，为了预防或纠正正常人群或特殊人群一种或多种营养素缺乏，而在食物中添加的一种或几种营养素。营养补充（supplement）或营养补偿（restoration）是指向食物中添加在其加工过程、储藏或处理过程中所损失的必需营养素，使其达到食物可食部分损失前的营养素水平。食品营养素强化对人群的健康促进作用包括：①预防或减轻人群中微量营养素缺乏的风险；②减轻或消除特定人群中已经发生的微量营养素缺乏；③维持和改善健康状况（富含某些微量营养素可能帮助预防癌症和其他疾病）。

食品营养强化通常被认为是在特定食物中直接添加一种或几种微量营养素，可以提高相应的微量营养素的摄入，有利于健康并且预防或减轻微量营养素的缺乏。食品营养强化剂的添加首要考虑的情况是，人群中已经被确定有增加某种必需营养素的需要，这种缺乏应有临床证据或者亚临床的证据，即表明营养素摄入较少或者由于改变饮食习惯而可能发生的缺乏。食品强化要考虑人群健康问题涉及的范围、强化的食物载体和应用的范围。首先要控制人群中流行最广的、对健康影响最大的微量营养素缺乏。

食品营养强化应遵循以下几个原则：①允许在食品中强化的营养素，必须根据我国历年来营养调查的情况和某些地区已暴露出来的与营养缺乏有关的健康问题，或满足特殊人群对某些营养素供给量需要的原则来确定；②营养强化剂的使用范围和使用量，必须根据应用的对象、地区、营养素的需要及载体的性质、工艺等特点来决定；③营养强化剂的使用不应导致人群食用后营养素及其他营养成分摄入过量或不均衡，不应导致任何营养素及其他营养成

分的代谢异常；④添加到食品中的营养强化剂应能在特定的贮藏、运输和食用条件下保持质量的稳定；⑤强化添加的微量营养素应该在食品中是可生物利用的；⑥添加到食品中的营养强化剂不应导致食品的一般特性（如色泽、滋味、气味、质地、烹调特性）等发生明显不良改变，也不能不适度地缩短食品的货架期；⑦应该有合理的技术和加工设备来保证食物中营养强化剂的添加途径；⑧不应通过使用营养强化剂夸大强化食品中某一营养成分含量或作用误导和欺骗消费者；⑨营养强化剂的使用不应鼓励和引导与国家营养政策相悖的食品消费模式；⑩应该有一套明确的方法来确定和控制食品中添加的微量营养素的含量；⑪应该遵循有关的法规和食品标准。

9.1.3　食品营养强化剂的作用

从营养科学角度看，向加工食品或原料食品中添加营养强化剂或进行食品营养强化的目的主要有以下三方面内容。

① 补充因地域资源和饮食习惯原因或某些天然食物成分的限制造成的某些营养素不足，使人的营养趋于全面和均衡。如远离海洋的内陆山区缺碘容易引起甲状腺肿和地方性克汀病。

② 弥补和复原食品在加工过程中由于过度熟化和精细处理而造成的营养素损失，以维持食品中的天然营养组成和特性。比如在碾米、小麦磨粉时造成 B 族维生素、维生素 E 等损失，加工精度越高，损失越大。果蔬的加工过程中很多水溶性、热敏性维生素均有损失。

③ 提高食品的整体营养价值，增补不同人群对特定营养素的需要，防止因缺乏天然营养素而导致的各种特定疾病。利用食品营养强化剂可以生产出符合如婴幼儿、运动员、海员、宇航员和病愈康复患者等特殊生理需要的食品，以及各种营养成分平衡的健康食品。

食品营养强化剂不仅可以提高食品的营养质量，还可以减少和预防很多营养缺乏症及因营养缺乏引起的其他并发症，有些营养强化剂还兼有提高食品的感官质量和保藏性能的作用。如维生素 C、维生素 E 既有维生素的作用，在食品中还具有良好的抗氧化性能，当它们在肉制品（和亚硝酸盐）中使用时，还具有阻止亚硝胺生成的作用；维生素 C、维生素 PP 是肉制品的良好护色剂；一些氨基酸类营养强化剂可以提高加工制品的风味；磷酸氢钙还可以作为发酵助剂和疏松剂等；β-胡萝卜素和核黄素（维生素 B_2）既有维生素的作用，又可作为食品着色剂使用，达到改善食品色泽的目的。

9.1.4　食品营养强化剂的使用要求与规定

食品营养强化剂的使用和添加量应符合《中华人民共和国食品安全法》和相关法规、标准的规定。生产使用中应重点注意以下几个方面。

① 食品营养强化剂的使用不得超过允许的最高添加量。

② 食品营养强化剂的添加应达到营养增补的目的，不能滥用，不能超出允许的范围。

③ 食品营养强化剂的添加应使用安全、有效的食品营养强化剂，不得使用未经检验的食品添加剂。

④ 食品营养强化剂的添加应注意食品成分及营养素的比例，不得改变食物的原有营养成分。

⑤ 食品营养强化剂的添加应注意食品的安全性，不得添加有害物质。

⑥ 食品营养强化剂的添加应注意食品的质量，不得添加不合格的食品添加剂。

9.1.5 营养强化剂的强化方法

选择营养强化剂的两个主要标准是产品自身的稳定性及与目标食品产品的可混合性。为确保符合第二个标准，添加时机的准确把握非常重要。食品营养素强化的方法可分为如下几种方式。

① 在原料或者主要食物中添加强化剂，例如面粉、谷物、饮用水、食盐等。凡是规定添加强化剂的食品以及具有其营养内容的强化，都可以使用这个方法，但食物和食品原料在加工和储藏过程中会有一定程度的损失。

② 在食品加工过程中添加强化剂，例如焙烤制品、各类糖果、糕点、婴儿食品、饮料、罐头等都可采用这种方法，注意找到适合营养素稳定的加工工艺，以保证食品营养素的稳定性。

③ 在成品中加入强化剂，如在成品的最后工序中加入，这样能更进一步减少原料加工前处理和加工过程中的损失，例如乳粉类、压缩食品类及一些救急食品都可采用此种方法。

④ 生物学添加方法，先用生物作载体吸收携带微量营养素，然后再将这类含有强化剂的有机体加工成产品或者直接食用，例如富含亚麻酸的鸡蛋、富硒茶等。也可用发酵的方法获取，例如高维生素发酵制品等。

⑤ 用物理方法添加，如把富含微量元素的材料制成饮食器具（饮具、茶杯等），缓慢向食物中施放微量元素。亦如用紫外线照射使牛乳中的麦角固醇变成维生素 D_3。

根据食品营养素本身的物理化学特性，强化方法还可分为：①干式混合法，食品微量营养素以片剂或粉剂的形式加入；②湿式混合法，以溶液、乳剂或悬浮液的形式加入；③加入饮食器具中或加入供食用的动、植物生长摄入环境间接提供；④通过转基因技术使供食用的动、植物富含微量营养素。

9.2 常用的食品营养强化剂

9.2.1 维生素类营养强化剂

维生素是人体所需七大营养素之一，按溶解性可分为脂溶性维生素和水溶性维生素两类，它们几乎不能由人体合成，必须通过外界供给。其特点如下。

① 不能在体内合成或合成数量较少，必须经常性地由食物提供。

② 这些化合物或其前身都天然存在于食物中，但没有一种食物含有全部维生素类物质。

③ 这些化合物不直接提供能量，也不构成机体成分，但机体又必须含有一定数量维生素以维持正常生理功能。

因此，长期摄入单调的食物，必将造成某种或某些维生素的缺乏，导致组织中特定维生素储备数量下降，造成生理功能异常，出现各种临床症状。所以，强化维生素可通过摄入较少种类和数量的食物就获得必需的维生素，以维持正常生理功能。

人体维生素的不足或缺乏分为原发性和继发性两种，前者是由于膳食中含量不足，后者主要由于维生素的吸收和贮留发生某种障碍或者体内对该类物质的消耗增加而不足。对食品进行维生素强化对这两种情形均有效果。

目前，《食品安全国家标准 食品营养强化剂使用标准》（GB 14880—2012）允许的维生素类营养强化剂共 16 种，包括 5 种脂溶性维生素（维生素 A、维生素 D、维生素 E、维生素 K、β-胡萝卜素），11 种水溶性维生素（维生素 B_1、维生素 B_2、维生素 B_6、维生素 B_{12}、维生素 C、烟酸、叶酸、泛酸、生物素、胆碱、肌醇）。

9.2.1.1 脂溶性维生素

（1）维生素 A（vitamin A）

维生素 A 是一类具有与全反式视黄醇结构相似的物质总称，包括视黄醇、视黄醛、视黄酸及其酯。维生素 A 存在于动物性食物中。在动物体内以视黄醇（retinol，维生素 A_1）和脱氢视黄醇（dehydroretinol，维生素 A_2）两种形式存在，维生素 A_2 的活性大约只有维生素 A_1 的一半。在体内视黄醇可以被氧化为视黄醛（retinal），视黄醛可进一步氧化为视黄酸（retinoic acid），因视黄醇、视黄醛、视黄酸性质不稳定，维生素 A 在自然界中主要以乙酸酯和棕榈酸酯形式存在，即视黄酯是主要的储存形式。视黄醛是维生素 A 的主要活性形式。视黄醇和脱氢视黄醇结构如下。

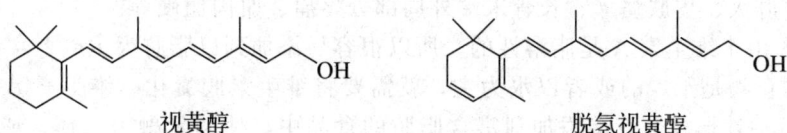

视黄醇　　　　　　　　　　　　　　　脱氢视黄醇

植物中并不含有维生素 A，但许多蔬菜和水果却都含有维生素 A 原——胡萝卜素，它在小肠中可分解为维生素 A，其中 1 分子 β-胡萝卜素可分解为 2 分子维生素 A，而 1 分子 α-胡萝卜素或 γ-萝卜素只能产生 1 分子维生素 A。

① 理化性质　维生素 A 为淡黄色油溶液，可以结晶成为针状晶体，几乎无臭或微有鱼腥味，无酸败味，极易溶于三氯甲烷或酯中，溶于无水乙醇和植物油，不溶于水和甘油。维生素 A 化学性质活泼，易被空气氧化而失去生理活性，紫外线照射亦可失效，在碱性条件下稳定，遇酸不易稳定，一般烹调方法对食物中维生素 A 无严重的破坏作用。

② 生理作用　维生素 A 能促进人体生长。缺乏时，则生殖功能衰退、骨髓生长不良及生长发育受阻等。维生素 A 能维持上皮细胞结构的完整性。维生素 A 缺乏时，可引起上皮组织改变，其中以眼、呼吸道、消化道及生殖系统等上皮受影响最明显，机体抗微生物侵袭的能力降低、易感染疾病，产生眼干燥症、角膜软化、皮肤毛囊角化、毛发脱落、女性阴道上皮角化、男性睾丸退化等病症。其可能的作用机制是：维生素 A 有可能参与糖基转移酶系统的功能。当维生素 A 不足时，会抑制黏膜细胞中糖蛋白的生物合成，从而影响黏膜的正常功能。维生素 A 还可构成视觉细胞内感光物质的成分——视紫红质。缺乏时，视网膜杆细胞合成视紫红质减少，对弱光敏感度降低，即暗适应能力降低，产生夜盲症。

维生素 A 缺乏的原因：一是膳食中维生素 A 的摄入不足，比如，乳制品、鸡蛋、果蔬、肉类摄入量不足；二是维生素 A 属于脂溶性维生素，在消化吸收方面要经过一些复杂程序，胆汁和胰腺酶分泌减少，或者患有消化系统疾病，都会导致维生素 A 吸收障碍，引起体内维生素 A 缺乏；三是肝脏功能出现障碍，也会影响维生素 A 在体内储存，造成维生素 A 缺乏。另外，维生素 A 很难通过胎盘进入胎儿体内，所以新生儿肝脏和血清中的维生素 A 会明显低于母体，如果出生时没有及时得到补充，就容易导致维生素 A 缺乏。

③ 安全性　FDA（1985）将维生素 A 列为一般公认安全物质。维生素 A 毒性甚低，但是一次大量或长期大量摄取也导致中毒。维生素 A 的常用单位是国际单位（IU），一个国际单位维生素 A 相当于 $0.33\,\mu g$ 视黄醇或视黄醇当量（RAE）。胡萝卜素强化可折算成维生素 A 表示，$1\,\mu g$ β-胡萝卜素等于 $0.167\,\mu g$ 视黄醇。我国营养学会 2023 年制定的中国居民膳食营养素参考摄入量（DRIs）中建议：$0\sim0.5$ 岁婴儿的维生素 A 推荐摄入量为 $300\,\mu gRAE/d$；$0.5\sim1$ 岁婴儿为 $350\,\mu gRAE/d$；$1\sim3$ 岁男性幼儿为 $340\,\mu gRAE/d$，女性幼儿为 $330\,\mu gRAE/d$；$4\sim6$ 岁男性幼儿为 $390\,\mu gRAE/d$，女性幼儿为 $380\,\mu gRAE/d$；$7\sim8$ 岁男童

为 430μgRAE/d，女童为 390μgRAE/d；9～11 岁男童为 560μgRAE/d，女童为 540μgRAE/d；12～14 岁男性青少年为 780μgRAE/d，女性青少年为 730μgRAE/d；15～17 岁男性青少年为 810μgRAE/d，女性青少年为 670μgRAE/d。成年男性和女性维生素 A 的推荐摄入量分别为 770μg RAE/d 和 660μgRAE/d；此外，孕晚期孕妇和哺乳期妇女均需要在原有基础上分别增加 70μgRAE/d 和 600μgRAE/d。婴儿对维生素 A 的可耐受最高摄入量（UL）为 600μg/d，成人（包括孕妇、乳母）对维生素 A 的 UL 为 3000μg/d，儿童和青少年对维生素 A 的 UL 采用成人的 UL 按体重比例推算。一次或多次连续摄入大量的维生素 A（成人大于可耐受最高摄入量的 100 倍，儿童大于可耐受最高摄量 20 倍），会产生急性中毒现象，主要症状为恶心、呕吐、眩晕、头痛、肌肉失调、视觉模糊等。当连续大量摄入维生素 A（剂量为可耐受最高摄入量的 10 倍）3～6 个月以上时，可引起慢性中毒，常见症状为脱发、头痛、肝大、皮肤瘙痒、长骨末端外周部分疼痛、肌肉僵硬等。

④ 应用 由于维生素 A 是脂溶性的，所以很容易添加到以脂肪为主或者含油的食品中。如果被强化的食物是干燥的或者以水为主，就需要将维生素胶囊化。维生素 A 强化剂可以分为两类：a. 油性形式，直接添加到富含脂肪的食品中，使两者融为一体，或者将其添加到以水为主的食品中，形成乳化液（比如调制乳）；b. 干性形式，以干燥物质的形式与食品直接混合（比如大米、小麦粉、糕点原料等），或者将其分散在水中。

我国维生素 A 强化一般用于乳制品、婴幼儿食品和食用油等。这些营养强化食品将对改善我国居民的维生素 A 营养状况发挥重要作用。使用严格遵循《食品安全国家标准 食品营养强化剂使用标准》（GB 14880—2012）规定。

（2）维生素 D（vitamin D）

维生素 D 为一组存在于动植物组织中的类固醇的衍生物，目前已知的维生素 D 至少有 10 种，但最重要的是维生素 D_2（麦角钙化醇）和维生素 D_3（胆钙化醇），果蔬酵母和真菌中常见的麦角固醇及动物组织中的胆固醇分别是它们的前体。维生素 D 的两种形式在体内的代谢途径相似，功效相等。结构式如下。

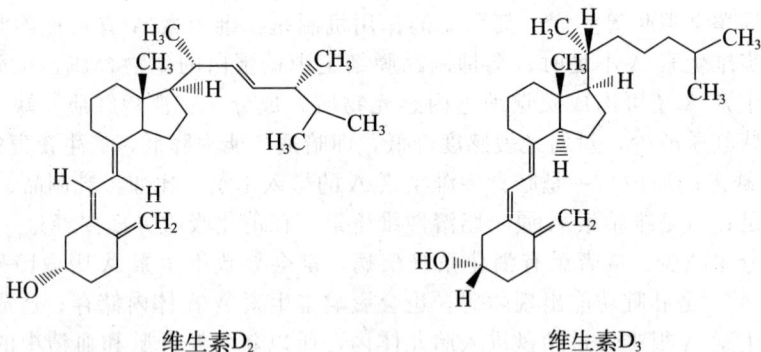

维生素D_2 维生素D_3

① 理化性质 维生素 D_2（ergocalciferol，麦角钙化醇）和维生素 D_3（cholecalciferol，胆钙化醇）均为无色针状结晶或白色结晶性粉末，无臭，无味，不溶于水，微溶于植物油，易溶于乙醇、乙醚、丙酮，极易溶于氯仿，均对热相当稳定，但在空气中易氧化，对光不稳定，还会与矿物质反应。市售维生素 D 是干粉状，其中含有抗氧化剂（通常是生育酚），可以不受矿物质的影响，保持其稳定。

② 生理作用 维生素 D 可促进小肠对钙、磷的吸收，保持血中钙、磷的正常比例，使钙变成磷酸钙等向骨骼和组织中沉积。维生素 D 摄入不足，则导致佝偻病、骨质软化病，

特别是会导致幼儿发育不良或畸形。而在成人阶段缺乏维生素 D 会导致骨质疏松症。

维生素 D 缺乏是较普遍的，特别是婴幼儿、老年人更容易发生。母亲体内储存不足或者日照不足（特别是冬天）都会造成婴儿维生素 D 缺乏。居住在北半球较高纬度地区的儿童，在紫外线下的暴露较少，尤其在冬天，因此很容易患佝偻病。生活在高纬度地区的成年人也容易缺乏维生素 D。老年人皮肤维生素 D 合成较慢，因此对膳食中维生素 D 的需要量增加。因此，针对上述人群的食品进行维生素 D 强化非常必要。

③ 安全性　维生素 D 的活性以维生素 D_3（胆钙化醇）为参考标准。$1\mu g$ 胆钙化醇等于 40IU 维生素 D，亦即 1IU 维生素 D 等于 $0.025\mu g$ 胆钙化醇。我国推荐维生素 D 的日供给量，成人与儿童为 $10\mu g$。维生素 D 在食品中通常与维生素 A 合用，即使用含有这两者的鱼肝油或其浓缩物。但各人对维生素 D 的耐受量不同，对维生素 D 过敏的儿童日服 1500IU（$37.5\mu g$）可出现中毒症状。一般成人每日摄入 10 万～15 万 IU（$2500\sim3750\mu g$），小儿每日 2000IU/kg（$50\mu g/kg$）连服 2～3 个月可发生中毒。注射比口服更容易发生中毒。维生素 D 中毒症状主要由高钙血症及由此引起的肾功能损害及软组织钙化所致。临床表现有食欲减退，无力，心搏徐缓，心律失常，恶心、呕吐，烦渴，便秘，多尿等。

④ 应用　使用严格遵循《食品安全国家标准　食品营养强化剂使用标准》（GB 14880—2012）规定。可作为维生素 D 来源的营养强化剂包括麦角钙化醇（维生素 D_2）和胆钙化醇（维生素 D_3）。

（3）维生素 E

维生素 E 又称生育酚，是由生育酚类（tocopherol）和三烯生育酚类（tocotrienol）所构成一组化合物的总称。维生素 E 的基本化学结构由一个可被取代的羟基环连接一个侧链组成。生育酚与三烯生育酚的区别在于侧链中是否有双键，没有双键的称为生育酚，有三个双键的称为三烯生育酚。维生素 E 包括四种生育酚和四种三烯生育酚共八种化合物，即 α-、β-、γ-、δ-生育酚和 α-、β-、γ-、δ-三烯生育酚。α-、β-、γ-、δ-生育酚和三烯生育酚的区别在于苯环上的甲基数目和位置。虽然维生素 E 的这八种化合物的化学结构极为相似，但其生物学活性却相差甚远。其中 α-生育酚的生物活性最高，是自然界中分布最广泛、含量最丰富、活性最高的维生素 E 的形式，所以通常以 α-生育酚作为维生素 E 的代表。维生素 E（α-生育酚）的化学结构式如下。

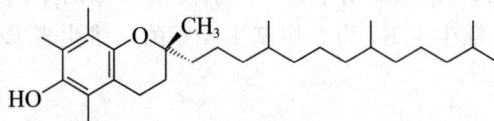

维生素 E 侧链的化学结构如下。

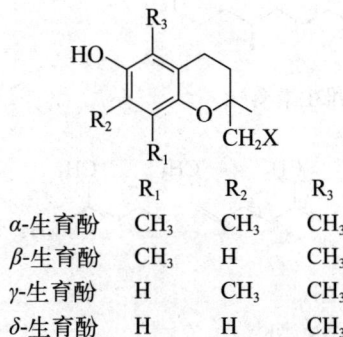

	R_1	R_2	R_3
α-生育酚	CH_3	CH_3	CH_3
β-生育酚	CH_3	H	CH_3
γ-生育酚	H	CH_3	CH_3
δ-生育酚	H	H	CH_3

① 理化性质　八种维生素 E 均为浅黄色黏性油质状，溶于乙醇和脂肪溶剂，不溶于水。熔点 2.5～3.5℃，沸点 200～220℃。维生素 E 对酸、热稳定，而暴露于氧、紫外线、碱、铵盐和铅盐下即遭破坏，经酯化后可提高其稳定性。生育酚的羟基与醋酸、琥珀酸、烟酸等的酯化反应可保护生育酚分子不被氧化，而且酯化的生育酚呈粉状，便于应用。最常用的是醋酸生育酚和琥珀酸生育酚，酯化的生育酚酯在消化道中酯酶的作用下分解释放具有活性的 α-生育酚。

② 生理作用　维生素 E 参与维持细胞膜的完整，并维持骨骼肌、心肌、平滑肌和心血管系统的正常功能，具有抗氧化作用，增强免疫功能，促进许多激素、抗坏血酸和血红素的合成等，延缓衰老。维生素 E 在自然界中普遍存在，在植物中普遍含量很高，在油脂和小麦胚芽中含量尤其高。维生素 E 除了作营养强化剂外，还可以用作抗氧化剂。

③ 安全性　维生素 E 的生物活性可以用国际单位（IU）或 α-生育酚当量（α-TE）表示。1mg RRR-α-生育酚被定义为 1 个 α-TE 活性，相当于 1.49IU。中国营养学会 2023 年制定的中国居民膳食维生素推荐摄入量中建议：我国 0～5 月龄婴儿维生素 E 的每日摄入量为 3mg α-TE，6～12 月龄婴儿维生素 E 的每日摄入量为 4mg α-TE。各年龄儿童和青少年维生素 E 的每日摄入量为：1～3 岁为 6mg α-TE、4～6 岁为 7mg α-TE、7～8 岁为 9mg α-TE、9～11 岁为 11mg α-TE、12～14 岁为 13mg α-TE、15～17 岁为 14mg α-TE。成年人、老人和孕妇维生素 E 的每日摄入量为 14mg α-TE，而哺乳期妇女维生素 E 的每日摄入量则增加至 17mg α-TE。

④ 应用　我国《食品安全国家标准　食品营养强化剂使用标准》（GB 14880—2012）规定，维生素 E 可用于调制乳、调制乳粉、植物油、人造黄油及其类似制品、豆粉、豆浆粉、豆浆、胶基糖果、即食谷物［包括碾轧燕麦（片）］、饮料类（14.01，14.06 涉及品种除外）、固体饮料、果冻等。可作为维生素 E 来源的营养强化剂包括 D-α-生育酚、DL-α-生育酚、D-α-乙酸生育酚酯、DL-α-乙酸生育酚酯、混合生育酚浓缩物、维生素 E、琥珀酸钙、D-α-琥珀酸生育酚和 DL-α-琥珀酸生育酚。

（4）维生素 K

维生素 K 是具有异戊二烯类侧链的萘醌类化合物，包含维生素 K$_1$、维生素 K$_2$、维生素 K$_3$ 和维生素 K$_4$ 四种。其中，维生素 K$_1$ 和维生素 K$_2$ 是天然的，维生素 K$_1$ 来源于植物。维生素 K$_2$ 由几种含不饱和侧链的化合物组成，来源于微生物。从化学结构上看，维生素 K$_1$ 和维生素 K$_2$ 都是 2-甲基-1,4-萘醌的衍生物，区别仅在 R 基的不同。而维生素 K$_3$ 和维生素 K$_4$ 是人工合成的，其中，维生素 K$_3$ 为 2-甲基 1,4-萘醌，维生素 K$_4$ 是维生素 K$_3$ 的氢醌型。以上四者的分子结构如下。

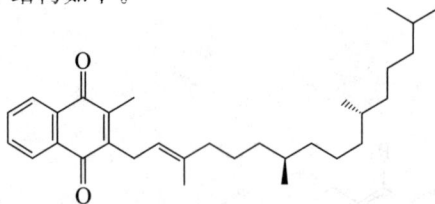

维生素 K$_1$

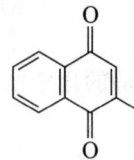

维生素 K$_3$

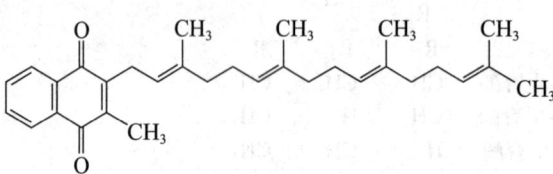

维生素 K$_2$

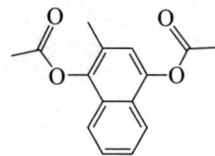

维生素 K$_4$

① 理化性质　天然存在的维生素 K 是一种黄色油状物，而人工合成的则是一种黄色结晶粉末。维生素 K 熔点为 $-20℃$，其中维生素 K_1 和维生素 K_2 不溶于水，能溶于油脂及醚等有机溶剂，而人工合成的维生素 K_3 和维生素 K_4 能溶于水。所有维生素 K 的化学性质都较稳定，能耐酸、耐热，但对光敏感，也易被碱和紫外线分解。天然维生素 K 不溶于水且对热稳定，因此在一般的烹调过程中不易损失。

② 生理作用　维生素 K 促进凝血。维生素 K 既是凝血因子 γ-羧化酶的辅酶，又是凝血因子 2、7、9、10 合成的必需物质。人体缺少维生素 K，凝血时间会延长，严重者会导致流血不止，甚至死亡。对女性来说，维生素 K 可减少生理期大量出血，还可防止内出血及痔疮。另外，维生素 K 参与骨骼代谢。其属于骨形成的促进剂，临床和实验已经证明其有明确的抗骨质疏松作用。目前，维生素 K 可以改善中老年骨质疏松症患者的状态，从而达到抗骨质疏松的作用。

健康人对维生素 K 的需要量低而膳食中含量比较多，且维生素 K 可以由肠内微生物合成，原发性维生素 K 缺乏不常见，但婴儿因肠胃处的微生物生长不完善可能会有缺乏症。绿叶蔬菜是维生素 K_1 的良好来源，如菠菜、菜花、圆白菜等。水果和番茄中的维生素 K_1 含量较少，种子植物中的维生素 K 的量很少。动物肝脏是维生素 K 的良好来源，但是其他动物组织（如牛乳、蛋）中维生素 K 的量很少。

③ 安全性　984 年，Suttie 提出人体每日摄入 $0.5\sim1.0\mu g/kg$（以体重计）的维生素 K 比较合适。在美国，维生素 K_1 是唯一允许使用的维生素 K 食品添加剂。天然维生素 K_1 的毒性迄今还没有发现，长期大量服用未发现副作用，但是维生素 K_1 和它的一些水溶性同系物由于和巯基反应造成溶血性贫血和肝脏损害。

④ 应用　《食品安全国家标准　食品营养强化剂使用标准》（GB 14880—2012）规定，维生素 K 可用于调制乳粉（包括仅限儿童用乳粉和仅限孕产妇用乳粉）、特殊膳食用食品。允许作为维生素 K 来源的营养强化剂为植物甲萘醌（维生素 K_1）。

9.2.1.2　水溶性维生素

（1）维生素 B_1

维生素 B_1，又称硫胺素，含有一个嘧啶和噻唑环，嘧啶和噻唑之间以一个亚甲基相连。维生素 B_1 广泛分布于植物和动物体中，在 α-酮基酸和碳水化合物的中间代谢中起着十分重要的作用。常使用的化学形式为盐酸硫胺素和硝基硫胺素。硫胺素的主要功能形式是焦磷酸硫胺素，即硫胺素焦磷酸酯，然而各种结构式的硫胺素都具有活性，其结构式如下。

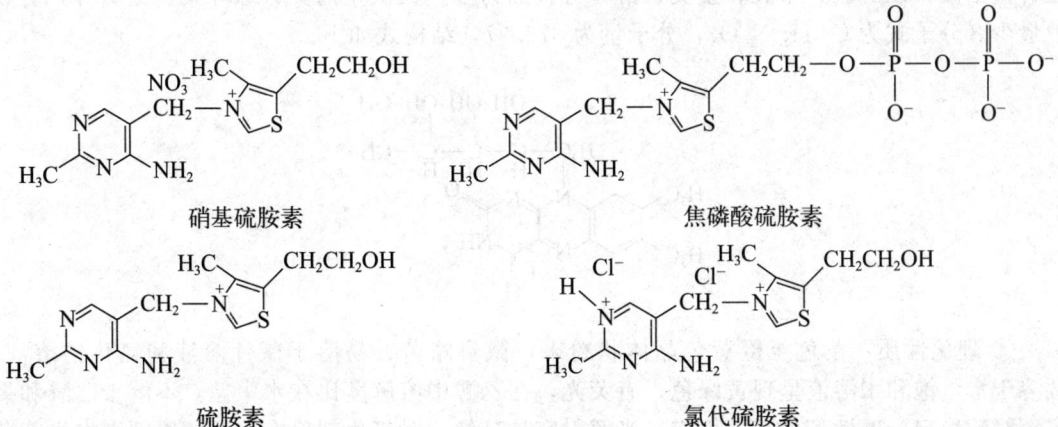

硝基硫胺素　　　　　　　　　　　　　　焦磷酸硫胺素

硫胺素　　　　　　　　　　　　　　氯代硫胺素

① 理化性质　维生素 B_1 为白色针状结晶或结晶性粉末，具有米糠样臭味和苦味，熔点 246～250℃。极易溶于水，略溶于乙醇，不溶于乙醚和苯。干燥状态在空气中稳定，但如吸湿会缓慢分解着色。在酸性条件下即使加热时也极其稳定，中性、碱性条件下不稳定，如在 pH＞7 的条件下煮沸可使其大部分或全部破坏，其热分解可形成具有特殊气味的成分，可在烹调食物中产生"肉"的香味。另外，氧化还原作用可使维生素 B_1 失活，紫外线使维生素 B_1 分解，因此需要贮存于遮光密闭的容器内。

② 生理作用　维生素 B_1 在机体内参与碳水化合物和脂肪的代谢，在能量代谢中起辅酶作用，简言之，没有硫胺素就没有能量；此外，维生素 B_1 提供神经组织所需要的能量，防止神经组织萎缩和退化，预防和治疗脚气病。维生素 B_1 对人体的直接功能有：维持正常的食欲、肌肉的弹性和健康的精神状态。

缺乏维生素 B_1 易患脚气病或多发性神经炎，产生肌肉无力、感觉障碍、神经痛、影响心肌和脑组织的结构和功能，并且还会引起食欲减退、体重降低、厌食、心脏扩大和精神状况消沉、注意力不集中和记忆力减退等。硫胺素的主要来源有小麦胚芽、酵母提取物、多数动物的内脏、豆类、坚果仁类等。因此造成硫胺素缺乏的主要原因就是动物性食品、奶制品和豆类摄入过少，而精制大米和谷物摄入过多。膳食中富含抗硫胺素成分也是另外一个诱因，比如生鱼肉中含有硫胺酶，食用过多的生鱼也会导致维生素 B_1 缺乏症。长期过量饮酒也可以造成硫胺素的缺乏。

③ 安全性　一般的摄取量没有毒性，也未曾发现过剩症。过多摄取维生素 B_1 由尿排出，不在体内积蓄。维生素 B_1 日需量与来自糖的热量需要有关，且因性别、代谢等而有所差别。我国 11 岁以上人群维生素 B_1 的每日推荐量为 1.2～1.5mg，乳母维生素 B_1 的每日推荐量为 1.5mg。强化食品中含有高浓度的硫胺素不会产生毒性作用，几百倍于每日推荐用量的维生素 B_1 不会产生副作用，但有时口服高剂量维生素 B_1 导致胃部功能紊乱。

④ 应用　《食品安全国家标准　食品营养强化剂使用标准》（GB 14880—2012）规定，维生素 B_1 可用于调制乳粉（包括仅限儿童用乳粉和仅限孕产妇用乳粉）、豆粉、豆浆粉、豆浆、胶基糖果、大米及其制品、小麦粉及其制品、杂粮粉及其制品、即食谷物［包括碾轧燕麦（片）］、面包、西式糕点、饼干、含乳饮料、风味饮料、固体饮料类、果冻、植物蛋白饮料、果蔬汁（肉）饮料（包括发酵型产品等）、特殊膳食用食品等。可作为维生素 B_1 来源的营养强化剂有盐酸硫胺素和硝酸硫胺素。

（2）维生素 B_2

维生素 B_2，又称核黄素，由核糖醇和二甲基异咯嗪缩合而成，在动植物中分布很广，但含量很微，以肝脏、牛乳、蛋类、酵母等食品为多，其次是肉类、绿叶菜、豆类等，谷物中最少。分子式为 $C_{17}H_{20}N_4O_6$，分子量为 376.37，结构式如下。

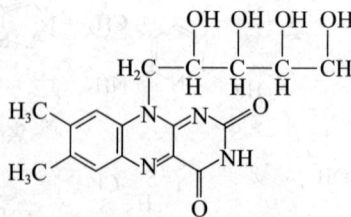

① 理化性质　黄色至橙黄色晶体状粉末，微臭略苦；易溶于碱性溶液和氯化钠溶液，微溶于水，饱和水溶液呈现黄绿色，有荧光，在乙醇中溶解度比在水中差，不溶于乙醚和氯仿；对酸稳定，碱性条件下不稳定，光照射容易分解；对氧化剂稳定，遇还原剂则失去黄色

和荧光；干品不受光影响，但液体在光线下可致变质，在酸性或中性溶液中，受辐射可形成具有蓝色荧光的光色素和不等量的光黄素。光黄素是一种比核黄素更强的氧化剂，能加速其他维生素的破坏，特别是抗坏血酸的破坏。

② 生理作用　维生素 B_2 是许多核苷酸的前体，其中最重要的是黄素单核苷酸（flavin mononucleotide，FMN）和黄素腺嘌呤二核苷酸（flavin adenine dinucleotide，FAD），它们作为黄素酶类的辅酶，参与体内生物氧化，可循环往复地氧化还原，起着传递氢的作用，因此对物质和能量代谢过程有重大影响。对神经细胞、视网膜代谢、脑垂体促肾上腺皮质激素的释放和胎儿的生长发育也有影响；碳水化合物、脂肪和氨基酸的代谢与核黄素密切相关。

维生素 B_2 缺乏时，可出现恐光、流泪、眼部疲劳和视力敏锐度降低、舌炎、口角炎、脂溢性皮炎和阴囊炎、眼结膜炎，以及儿童发育迟缓、成人性欲减退、月经停止等症状。核黄素缺乏也会减少铁的吸收和利用，是造成贫血的一个原因。上述症状的一部分也不是维生素 B_2 缺乏的特有症状，如口唇炎等在尼克酸、锌等缺乏时也会发生，必须有 2～3 种及以上症状才能判断是否是维生素 B_2 缺乏症。维生素 B_2 的缺乏主要是机体摄取维生素 B_2 不足所致，成人每天需要 15～20mg，体内的肠道细菌虽能合成少量维生素 B_2，但主要靠食物提供。机体贮存一部分，多余部分随尿液排出。由于维生素 B_2 缺乏症很少单独出现，常伴有 B 族维生素缺乏，可用复合维生素 B 进行防治。

③ 安全性　迄今尚未见维生素 B_2 对机体有害的报道。但摄取过多，可能引起瘙痒、麻痹、流鼻血、灼热感、刺痛等。假如正在服用抗癌药，如氨甲蝶呤（methotrexate）的话，则过量的维生素 B_2 会降低这些抗癌剂的效用。

④ 应用　使用严格遵循《食品安全国家标准　食品营养强化剂使用标准》（GB 14880—2012）规定，可作为维生素 B_2 来源的营养强化剂有核黄素和核黄素-5′-磷酸钠。

（3）烟酸

烟酸（nicotinic acid）包括尼克酸（即吡啶-β-羧酸）和尼克酰胺（或称为烟酸和烟酰胺）、烟酰胺腺嘌呤二核苷酸（nicotinamide adenine dinucleotide，NAD）和它的磷酸盐（nicotinamide adenine dinucleotide phosphate，NADP），通称为烟酸。常使用的化学形式为烟酸和烟酰胺。烟酸又称尼克酸或维生素 B_3，分子式为 $C_6H_5NO_2$，分子量为 123.11；烟酰胺又称尼克酰胺，分子式为 $C_6H_6N_2O$，分子量为 122.13，它们的结构式如下。

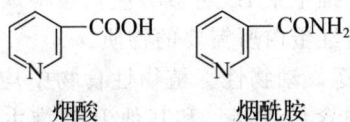

烟酸　　　　烟酰胺

① 理化性质　烟酸呈白色结晶或结晶性粉末，无臭或有微臭，味微酸。易溶于热水、热乙醇和碱性水中，但几乎不溶于乙醚，1%的水溶液 pH 为 3.0～4.0。熔点 234～237℃。烟酸无吸湿性，在干燥状态下对光、空气和热相当稳定。在稀酸、碱溶液中几乎不分解。

烟酰胺为白色结晶粉末，无臭、味苦。熔点 128～131℃。易溶于水、乙醇和甘油；不溶于苯和乙醚。10%的水溶液 pH 为 6.5～7.5。烟酰胺在干燥状态下对光、空气和热极稳定。在无机酸和碱性溶液中加热转变为烟酸。

② 生理作用　烟酸和烟酰胺生理作用相同。它们在机体内是合成 NAD（辅酶Ⅰ），和 NADP（辅酶Ⅱ）的主要原料，而 NAD 和 NADP 都是脱氢酶的辅酶，是组织中的重要递氢体，参与葡萄糖的酵解、脂类代谢、丙酮酸代谢、戊糖合成及高能磷酸键的形成等。因此，在机体代谢中起着十分重要的作用。烟酸能有效促进消化系统的健康，减轻胃肠障碍，使皮肤更健康；预防和缓解严重的偏头痛；促进血液循环，使血压下降；减轻腹泻现象；使人体

能充分地利用食物增加能量；治疗口腔、嘴唇炎症，防止口臭；降低胆固醇及甘油三酯水平。烟酸可以由体内的色氨酸转化生成，人体一般不易发生烟酸缺乏症，但是当主食不含烟酸，或是主食中存在分解烟酸的物质时，则会发生口炎、舌炎、皮炎、癞皮病及记忆力衰退、精神抑郁、肠炎、腹泻等症状。

③ 安全性　FDA（1985）将烟酸和烟酰胺列为一般公认安全物质。烟酸相对来说没有毒性，在人体内很容易经代谢后随尿液排出体外。以每天超过3g的剂量过量摄入是治疗酒精中毒和胆固醇含量过高的一种方法，但也会有一些副作用如发热、痒、反胃、呕吐和头疼；服用剂量减少后会缓解不良反应。迄今未发现因过量摄入烟酸而致死的例子。

④ 应用　使用严格遵循《食品安全国家标准　食品营养强化剂使用标准》（GB 14880—2012）规定，可作为烟酸（尼克酸）来源的营养强化剂有烟酸和烟酰胺。

（4）维生素 B_6

维生素 B_6 又称吡哆素，其包括三个自然存在的物质即吡哆醇、吡哆醛及吡哆胺，三种物质在吡啶环的4位上取代基不同，均有生物活性。吡哆醇分子式 $C_8H_{11}NO_3$，分子量169；吡哆醛分子式 $C_8H_9NO_3$，分子量167；吡哆胺分子式 $C_8H_{12}N_2O_2$，分子量168。它们的化学结构式如下。

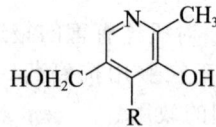

吡哆醛（PL），R＝—CHO；吡哆醇（PN），R＝—CH₂OH；吡哆胺（PM），R＝—CH₂NH₂

① 理化性质　白色至淡黄色结晶或者结晶粉末，无臭，味微苦。易溶于水和丙二醇，溶于乙醇，不溶于乙醚、氯仿。维生素 B_6 的三种形式都具有热稳定性，在酸性条件下很稳定，遇碱则分解。其中吡哆醛最为稳定，通常用来强化食品，维生素 B_6 在氧存在下、紫外线照射下可转变为无生物活性的4-吡哆酸。

② 生理作用　维生素 B_6 的三种自然存在的物质均可被磷酸化，最终氧化生成吡哆醛-$5'$-磷酸（pyridoxal-$5'$-phosphate，PLP）。PLP是羰基反应的辅酶，可参与氨基酸、碳水化合物及脂肪的正常代谢。此外，维生素 B_6 还参与色氨酸将烟酸转化为5-羟色胺的反应，并可刺激白细胞的生长，是形成血红蛋白所需要的物质。

维生素 B_6 的食物来源很广泛，动物性、植物性食物中均含有。通常肉类、全谷类产品（特别是小麦）、蔬菜和坚果类中含量较高。和其他B族维生素缺乏的原因相似，动物性食品摄入不足与精制谷物摄入过多是其缺乏的主要原因。同样，长期酗酒也是维生素 B_6 缺乏的原因。维生素 B_6 缺乏会出现一些非特异症状，例如神经性病变（如癫痫性惊厥）、皮肤病变（如皮肤炎、舌炎、口角炎）或有贫血。维生素 B_6 缺乏也可以引起血高半胱氨酸的含量升高。

③ 安全性　维生素 B_6 相对无毒性，代谢后可转化为4-吡哆酸随尿液排出。健康成年人每日摄入50～200mg不会产生不良反应，但长期每日摄入高达2～6g时，产生运动性失调和感官神经紊乱等症状。

④ 应用　《食品安全国家标准　食品营养强化剂使用标准》（GB 14880—2012）规定，维生素 B_6 可用于调制乳粉、即食谷物［包括碾轧燕麦（片）］、饼干、其他焙烤食品、饮料类（14.01、14.06涉及品种除外）、固体饮料类、果冻、特殊膳食用食品等。可作为维生素 B_6 来源的营养强化剂有盐酸吡哆醇和 $5'$-磷酸吡哆醇。

（5）维生素 B_{12}

维生素 B_{12} 又叫钴胺素，是一种含有 3 价钴的多环系化合物，4 个还原的吡咯环连在一起变成为 1 个咕啉大环（与卟啉相似），是唯一含金属元素的维生素。维生素 B_{12} 是必需氨基酸甲硫氨酸（methionine）合成的辅助因子，是化学结构最复杂的维生素。其化学结构式如下。

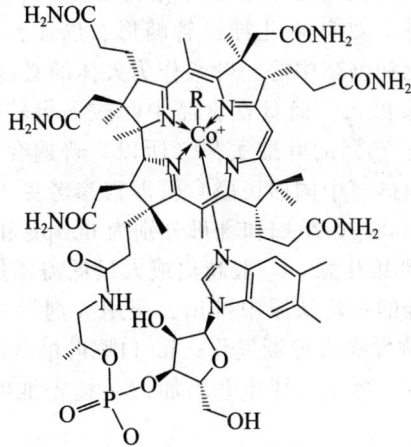

上述结构式中 R 分别为—CN、—OH、—CH_3、—5′-脱氧腺苷时，该结构表示的相应维生素 B_{12} 的形式为氰钴维生素、羟基钴胺素、甲基化钴胺素、5′-脱氧腺苷钴胺素。

① 理化性质　维生素 B_{12} 为红色结晶粉末，无臭无味，溶于水，难溶于乙醇，不溶于丙酮、氯仿和乙醚，在 pH 值 4.5～5.0 弱酸条件下最稳定，强酸（pH<2）或碱性溶液中分解，遇热可有一定程度破坏。低浓度的巯基化合物等还原剂，能防止维生素 B_{12} 破坏，但用量较多以后，则又起破坏作用。维生素 B_{12} 和抗坏血酸、亚硫酸盐、硫胺素、烟酸相结合都会遭到破坏。铁与来自硫胺素中具有破坏作用的硫化氢结合，可以保护维生素 B_{12}，低价铁盐导致维生素 B_{12} 的迅速破坏，而三价铁盐有稳定作用。高等动植物不能制造维生素 B_{12}，自然界中的维生素 B_{12} 都是微生物合成的。

② 生理作用　维生素 B_{12} 作为甲基转移酶的辅因子，参与甲硫氨酸合成和叶酸的代谢，因此维生素 B_{12} 缺乏时，可导致巨幼细胞贫血，免疫力低下，婴幼儿的生长发育不良和大脑发育迟缓，肝功能异常，消化功能障碍，疲劳，精神抑郁，记忆力衰退，皮肤粗糙和皮炎等症状。

③ 安全性　不论是药物注射还是进食过量维生素 B_{12}，未发现危害病例。

④ 应用　使用严格遵循《食品安全国家标准　食品营养强化剂使用标准》（GB 14880—2012）规定，可作为维生素 B_{12} 来源的营养强化剂有氰钴铵、盐酸氰钴铵和羟钴胺。

（6）叶酸（folic acid）

叶酸是一组化学结构相似、生化特征相近的化合物的统称，由蝶啶、对氨基苯甲酸与 1 个或多个谷氨酸结合而成。天然存在的量很少，从人体对叶酸的需要量看，叶酸是维生素中需求量较大的维生素。分子式是 $C_{19}H_{19}N_7O_6$，分子量为 441.4，其化学结构如下。

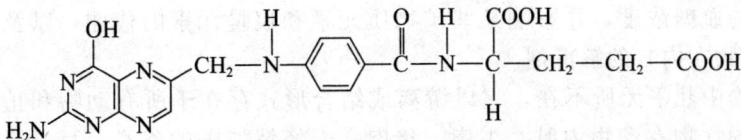

① 理化性质　叶酸呈淡橙黄色结晶或是薄片，无臭，无明确熔点，于约 250℃发生碳化，溶于热稀盐酸和硫黄，略溶于乙酸、酚吡啶、氢氧化碱及碳酸碱溶液，在乙醇、丁醇、醚、丙酮、氯仿和苯溶液中不溶。100g/L悬浮液 pH 为 4.0～4.8。叶酸对光和氧敏感，对热不稳定。

② 生理作用　叶酸作为甲基供体参与了许多重要的生物化学反应过程，特别在维生素 B_{12} 和维生素 B_6 合成、修复，以及嘌呤嘧啶和甲基化 DNA 的合成等方面发挥着重要作用。缺乏叶酸会引起诸多健康问题，如新生儿神经管畸形、癌症、心血管疾病、巨幼红细胞贫血、动脉硬化、急性心肌梗死和脑卒中等。叶酸作为人体的必需营养成分之一，却不能在人体内合成，需通过日常饮食来摄入。而日常食品中叶酸含量较低，又容易在加工过程中损失，如小麦在研磨中大约会有 75% 的叶酸丢失。所以，普遍存在叶酸摄入不足的问题，中国北方是叶酸的重缺乏区。根据《中国居民膳食营养素参考摄入量（2023 版）》，正常成年人的每日叶酸推荐摄入量为 400μg，孕妇和乳母分别为 600μg 和 550μg。

③ 安全性　叶酸是水溶性维生素，一般超出成人最低需要量 20 倍也不会引起中毒。凡超出血清与组织中和多肽结合的量均从尿中排出。服用大剂量叶酸可能产生的毒性作用有：a. 干扰抗惊厥药物的作用，诱发病人惊厥发作；b. 口服叶酸 350mg 可能影响锌的吸收，而导致锌缺乏，使胎儿发育迟缓，低出生体重儿增加；c. 掩盖维生素 B_{12} 缺乏的早期表现，而导致神经系统受损害。

④ 应用　使用严格遵循《食品安全国家标准　食品营养强化剂使用标准》（GB 14880—2012）规定，可作为叶酸来源的营养强化剂有叶酸（蝶酰谷氨酸）。

（7）泛酸（pantothenic acid）

泛酸，又称维生素 B_5，在生物界中分布广泛。其化学名 D(+)-N-(2,4-二羟基-3,3-二甲基丁酰)-β-丙氨酸，分子式 $C_9H_{17}NO_5$，分子量 219.23，天然的泛酸均为右旋异构体。食品添加剂中常用其钙盐，泛酸钙的分子式 $C_{18}H_{32}CaN_2O_{10}$，分子量 476.54。它们的结构式如下。

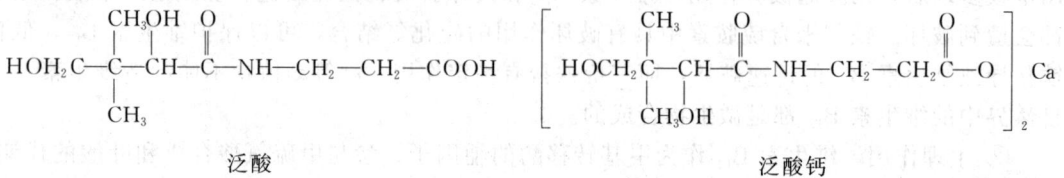

泛酸　　　　　　　　　　　　　　　　　泛酸钙

① 理化性质　纯游离泛酸是一种淡黄色黏稠的油状物，具酸性，易溶于水和乙醇，不溶于苯和氯仿。在酸、碱、光及热等条件下都不稳定，故在实际应用中常用其衍生物。泛酸钙（calcium pantothenate, CP）是泛酸的主要商品形式，具有旋光性，只有 D 型（右旋）泛酸钙具有生理活性。泛酸钙为无臭、稍有苦味的白色粉末，熔点 195～196℃（分解）；溶于水和甘油，微溶于乙醇、氯仿和乙醚；在酸性和碱性条件下不稳定，但在中性（pH=5.0～7.0）条件下很稳定；对光、热稳定。

② 生理功能　泛酸是辅酶 A 的重要组成成分，参与脂肪、碳水化合物和氨基酸代谢过程的乙酰化反应。泛酸可以促进 DNA 和 RNA 的合成，维持正常的基因表达和细胞分裂；泛酸参与体内许多神经递质的合成，如乙酰胆碱等，有助于维持神经系统的正常运作；泛酸可以作为肠道菌群的营养物质，促进有益菌的生长繁殖，有助于维持肠道菌群的平衡；泛酸还能维持正常的血糖浓度，并影响某些矿物质元素和痕量元素的代谢，以及用作某些药物（包括磺胺类药物在内）的解毒剂。

泛酸在食物中几乎无所不在，它以游离或结合形式存在于所有动物和植物细胞中。其中，富含泛酸的食物有动物内脏、牛肉、猪肉、未经精加工的谷类、豆类、坚果、啤酒酵母、蜂王浆、蘑菇、绿叶蔬菜等。人体内很少缺乏泛酸，除非营养极度不良时才会在短时期内出现。泛酸缺乏症表现为：体重减轻、疲劳、失眠、神经紊乱和抽筋，当调整泛酸摄入量后症状减轻乃至消失。

③ 安全性　泛酸对人体没有毒副作用，摄入高达 10~20g/d 会因腹泻而导致脱水。

④ 应用　《食品安全国家标准　食品营养强化剂使用标准》（GB 14880—2012）规定，泛酸可用于调制乳粉（包括仅限儿童用乳粉和仅限孕产妇用乳粉）、即食谷物〔包括碾轧燕麦（片）〕、碳酸饮料、风味饮料、茶饮料类、固体饮料类、果冻、特殊膳食用食品等。可作为泛酸来源的营养强化剂有 D-泛酸钠、D-泛酸钙。

（8）维生素 C（vitamin C）

维生素 C，别名 L-抗坏血酸，为一类多羟基活性物，维生素 C 的化学式为 $C_6H_8O_6$，分子量为 176.13，维生素 C 的化学结构如下。

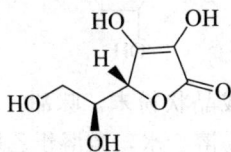

① 理化性质　抗坏血酸为白色结晶或结晶性粉末，溶于水和乙醇，不溶于氯仿、乙醚和苯，熔点 190℃。它的分子结构中含有其两个相邻的烯醇式羟基，容易释放出 H^+，因此在水中呈现较强酸性，5% 水溶液 pH 为 2.2~2.5。维生素 C 还原性很强，结晶状态的维生素 C 较稳定，水溶液状态下则极不稳定，光、热、氧气、金属离子等都会促进对维生素 C 的氧化而影响其活性。

② 生理作用　维生素 C 能够增强中性粒细胞的趋化性和变形能力，提高其杀菌能力；还可以促进干扰素的产生，抑制病毒的增生，因此具有提高人体免疫力的作用。维生素 C 作为还原剂能使难以吸收的三价铁还原为易吸收的二价铁或与铁形成络合物，从而促进肠道对铁的吸收，提高肝脏对铁的利用率，有助于治疗缺铁性贫血。维生素 C 可促进胆固醇的羟化和排泄，防止胆固醇在动脉内壁沉积，甚至可以使沉积的粥样斑块溶解，发挥预防动脉硬化的作用。维生素 C 是强有力的抗氧化剂，可以保护其他抗氧化剂，如维生素 A、维生素 E、不饱和脂肪酸免受氧化破坏。还可抑制脂质过氧化自由基生成，阻断脂质过氧化，防止自由基对人体的伤害。同时，维生素 C 还能使生育酚自由基重新还原成生育酚，因此生育酚和维生素 C 在体内可协同清除自由基。维生素 C 能增强毛细血管韧性，预防坏血病。维生素 C 是合成胶原蛋白的重要基质，胶原蛋白是形成软骨、骨质、牙釉质及血管上皮的必不可少的物质，也构成结缔组织的细胞间质，所以它可以维持结缔组织的正常结构，因此具有预防牙龈萎缩出血、骨质疏松等作用。维生素 C 被誉为万能解毒剂，可促进肝脏肝糖原的形成，而肝糖原在肝脏解毒中起着重要作用。维生素 C 还可与金属离子，如铅、汞、镉、砷等结合由尿排出体外，减少重金属对机体产生的危害。另外，药物或毒物要在体内生物转化解毒，这种生物转化需要一种氧化酶来完成，而维生素 C 能使这种酶的活性升高，从而增强药物或毒物的解毒过程。

③ 安全性　根据中国居民膳食营养素推荐摄入量（2023），成年人每日摄入维生素 C 的量为 100mg/d。维生素 C 的过量摄入将导致不良后果：a. 引起高铁红细胞贫血；b. 可减少肠道对维生素 B_{12} 的吸收，使巨幼红细胞贫血加剧恶化；c. 可引起肠蠕动亢进、腹泻、腹痛、溃疡疼痛加剧，严重时导致消化道出血；d. 会提高血液的凝结度，增加形成血栓的概率。

④ 应用　使用严格遵循《食品安全国家标准　食品营养强化剂使用标准》（GB 14880—

2012）规定。用于普通营养强化食品的维生素 C 源营养强化剂包括：L-抗坏血酸、L-抗坏血酸钙、L-抗坏血酸钠、维生素 C 磷酸酯镁、L-抗坏血酸钾、L-抗坏血酸-6-棕榈酸酯（抗坏血酸棕榈酸酯）等。其中，L-抗坏血酸、L-抗坏血酸钠、L-抗坏血酸钙、L-抗坏血酸钾、抗坏血酸-6-棕榈酸酯（抗坏血酸棕榈酸酯）还可以用于特殊膳食用食品的营养强化。

（9）肌醇（inositol）

肌醇，又名环己六醇，广泛分布在动物和植物体内，是动物、微生物的生长因子，最早从心肌和肝脏中分离得到。肌醇在自然界存在多个顺、反异构体，天然存在的异构体为顺-1,2,3,5-反-4,6-环己六醇，分子式 $C_6H_{12}O_6$，分子量 180.16，结构式如下。

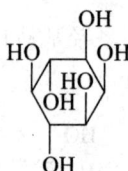

① 理化性质　肌醇为白色结晶或晶状粉末，味甜，无臭，其密度是 1.7529g/cm³，熔点是 224～227℃，沸点是 319℃。肌醇易溶于水，微溶于乙醇、冰醋酸、甘油和乙二醇，不溶于乙醚、氯仿、丙酮等有机溶剂。对热、酸及碱稳定。可被硝酸和高碘酸盐等强氧化剂所氧化。

② 生理作用　肌醇和胆碱协同利用脂肪与胆固醇，促进脂肪代谢，降低胆固醇，预防脂肪肝和动脉硬化；促进毛发生长，防止脱发；预防湿疹；有镇静作用。

③ 安全性　肌醇通常以毫克为计量单位，尚未建立推荐摄入量标准。过量的肌醇通常通过尿液排出，没有过高剂量肌醇导致毒副作用的报道。

④ 应用　《食品安全国家标准　食品营养强化剂使用标准》（GB 14880—2012）规定，肌醇可用于调制乳粉（仅限儿童用乳粉）、果蔬汁（肉）饮料（包括发酵型产品等）、风味饮料、特殊膳食用食品等。

（10）胆碱

胆碱又称神经毒碱，通常被称为维生素 B_4，其分子式为 $C_5H_{15}NO_2$，分子量 121.18。常用于食品营养强化剂的胆碱有氯化胆碱和酒石酸氢胆碱，氯化胆碱分子式为 $C_5H_{14}ClNO$，分子量 139.62，酒石酸氢胆碱 $C_9H_{19}NO_7$，分子量 253.25。它们的结构式如下。

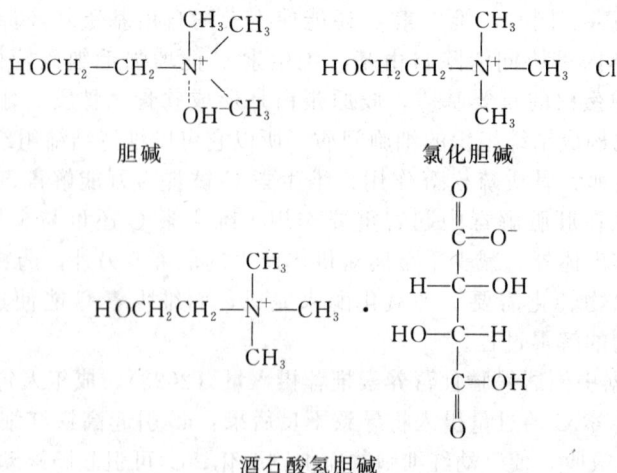

① 理化性质　氯化胆碱为白色吸湿性结晶，有鱼腥臭，熔点 305℃。10% 水溶液 pH5～6，在碱液中不稳定。本品易溶于水和乙醇，不溶于乙醚、石油醚、苯和二硫化碳。

酒石酸氢胆碱为白色、吸潮性结晶粉末。有酸味，无臭或有不愉快的三甲胺臭。易溶于水，微溶于乙醇，不溶于氯仿、乙醚及苯。

② 生理作用　胆碱是磷脂酰胆碱和神经鞘磷脂的关键组成成分，作为机体可变的甲基（或一碳单位）的来源参与甲基供体的合成与代谢。胆碱能促进脂肪的代谢，防止脂肪在肝脏中的积累。研究表明，胆碱及其代谢物具有维持神经元活性、延缓年龄增长导致的认知功能下降和预防和缓解认知功能障碍的效果。胆碱有促进肝脏功能的作用，帮助人体排除毒素和药物，有镇定作用。

③ 安全性　胆碱常以毫克为计量单位，成人每日适宜摄入量为 500mg。高剂量（如 20g/d）摄入胆碱可导致一些不良效果，包括出汗、恶心、痢疾和抑郁。长期的健康障碍包括神经和心脏血管系统的损伤，但没有关于胆碱摄入过量致死的报道。

④ 应用　《食品安全国家标准　食品营养强化剂使用标准》（GB 14880—2012）规定，胆碱可用于调制乳粉（包括仅限儿童用乳粉和仅限孕产妇用乳粉）、果冻、特殊膳食用食品等。可作为胆碱来源的营养强化剂有氯化胆碱和酒石酸氢胆碱。

(11) 生物素 (biotin)

生物素又称维生素 H、辅酶 R 和维生素 B_7，是含硫的一种水溶性维生素。分子式为 $C_{10}H_{16}N_2O_3S$，分子量为 244.3，具有咪唑环和含硫的四氢噻吩环，四氢噻吩环连接一个戊酸侧链。生物素含有三个手性碳原子，可以产生八个可能的立体异构体。然而，只有全顺式的 D-生物素具有维生素活性，它被命名为：六氢-2-氧-1H 噻诺并［3,4-D］咪唑-4-戊酸。D-生物素化学结构如下。

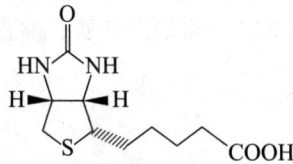

① 理化性质　生物素是无色、无臭、无味白色或类白色结晶性粉末，熔点为 232～233℃。易溶于热水、氨水、稀碱溶液，微溶于冷水。在醇、甲苯、氯仿中几乎不溶，通常情况下，生物素相当稳定，不被酸或碱所破坏，对热稳定，只有在强碱、强酸、甲醛及紫外线处理后才会降解。

② 生理作用　生物素是人体内多种酶的辅酶，参与体内的脂肪酸和碳水化合物的代谢；促进蛋白质的合成；还参与维生素 B_{12}、叶酸、泛酸的代谢；促进尿素合成与排泄。人体不会发生生物素缺乏，但生食过多鸡蛋可能导致生物素缺乏，蛋清中含有易与生物素结合的抗生物素糖蛋白。当生物素与抗生物素蛋白结合后，生物素变成不可吸收的物质，并失去生物活性。人体若缺乏 D-生物素则会引起皮炎、食欲不振、恶心呕吐、贫血、血中胆固醇升高和精神抑郁等病症。

③ 安全性　成人每日推荐摄取 40μg 生物素。大剂量摄取生物素未发现任何毒副作用。

④ 应用　《食品安全国家标准　食品营养强化剂使用标准》（GB 14880—2012）规定，生物素可用于调制乳粉（仅限儿童用乳粉）、特殊膳食用食品等。可作为生物素来源的营养强化剂为 D-生物素。

9.2.2　氨基酸及含氮化合物营养强化剂

蛋白质是人体重要的营养素，在体内主要作用是构成肌肉组织，它还有调节生理机能和提供热量的作用。从食品中摄取的蛋白质在人体内全部分解成氨基酸，再被人体各个组织吸收利用，也有部分转变为热能，或以尿素、铵盐的形式排出体外。蛋白质的营养价值取决于氨基酸组成，组成蛋白质的氨基酸有 20 多种，其中只有一部分可以在体内合成，其余的则不能合成或合成速度慢。人体不能合成或合成速度不能满足机体需要、必须从食物中直接获得的氨基酸称为必需氨基酸。已知人体的必需氨基酸有 9 种，它们是异亮氨酸、亮氨酸、赖氨酸、甲硫氨酸、苯丙氨酸、苏氨酸、色氨酸、缬氨酸和组氨酸。

人体在蛋白质的代谢过程中，对每种必需氨基酸的需要和利用都有一定范围。某种氨基酸过多或不足会影响其他一些氨基酸的利用，同时蛋白质的营养价值，也取决于组成蛋白质的氨基酸以及各种氨基酸含量的比例，尤其是必需氨基酸的含量。为满足蛋白质合成的要求，各种氨基酸尤其必需氨基酸的摄入要达到一定的需要量。如果膳食中某种必需氨基酸的含量低于需要量，那么也会影响其他氨基酸的利用，从而降低蛋白质正常合成，这种必需氨基酸也称为限制氨基酸，是决定膳食中蛋白质营养价值的重要因素。

作为营养强化剂的氨基酸多是一些必需氨基酸及其盐类。食物强化氨基酸主要目的是补充食物蛋白质中缺乏或者加工过程中损失的必需氨基酸。氨基酸以游离态、盐酸盐或钾盐形式存在时相当稳定，但在还原糖存在下，受热时易发生美拉德反应，反应程度与糖浓度、加热温度和时间成正比。与所有营养物质相似，当人体摄入氨基酸过多时，就表现出一定的副作用，这一点对婴儿已有定论。建立在动物研究上的证据表明氨基酸的毒性作用将不会对成人产生影响，除非摄食 10 倍正常添加量的氨基酸。

《食品安全国家标准　食品营养强化剂使用标准》（GB 14880—2012）允许的氨基酸和蛋白质类营养强化剂有 8 种，包括 5 种氨基酸（L-赖氨酸、L-甲硫氨酸、L-色氨酸、L-酪氨酸和牛磺酸）和 3 种蛋白质（乳铁蛋白、酪蛋白钙肽、酪蛋白磷酸肽）。

9.2.2.1　氨基酸类

（1）L-赖氨酸

L-赖氨酸（L-lysine），分子式为 $C_6H_{14}N_2O_2$。结构式如下。

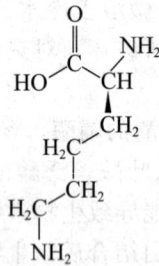

游离的 L-赖氨酸很容易潮解，易发黄变质，并且具有刺激性腥臭味，难以长期保存。而 L-赖氨酸-盐酸盐则比较稳定，不易潮解，便于保存，所以一般商品都以赖氨酸-盐酸盐的形式销售。

L-赖氨酸-盐酸盐，分子式为 $C_6H_{15}ClN_2O_2$，分子量为 182.65，结构式如下。

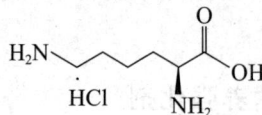

① 理化性质　L-赖氨酸-盐酸盐为白色或无色结晶性粉末，无味，口感略带苦涩味和有

酸味。熔点约 263℃（发泡分解）。易溶于水，水溶液呈中性至微酸性，溶于甘油，微溶于丙二醇，几乎不溶于乙醇和乙醚等有机溶剂。一般情况下较稳定，但高湿情况下易结块，与维生素 C 共存时易着色。在酸性条件下稳定，碱性条件下或直接与还原糖共存时加热则分解。

② 生理作用　L-赖氨酸是人体必需的氨基酸，它能增强胃液分泌，起到增进食欲、促进幼儿生长与发育的作用；还具有提高机体造血机能，使白细胞、血红蛋白和丙种球蛋白增加的功能；添加 L-赖氨酸-盐酸盐具有提高蛋白质利用率、保持蛋白质代谢平衡、增强机体抗病能力等作用。赖氨酸还能提高钙的吸收及其在体内的积累，从而加速骨骼生长。赖氨酸对幼儿脑发育有利，可显著提高幼儿智能指数。缺少赖氨酸时易发生蛋白质代谢障碍或机能障碍。

赖氨酸是组成蛋白质的成分之一，但赖氨酸在人体内不能自行合成，因此必须从食品中摄取。一般富含蛋白质的食物中都含有赖氨酸，富含赖氨酸的食物有动物性食物（如畜禽类的瘦肉、鱼、虾、蟹、贝类、蛋类和乳制品）、植物性食物（如豆类及其制品）。此外，杏仁、榛子、花生仁、南瓜子仁等坚果中赖氨酸含量也比较多。谷类食物中赖氨酸含量很低，且易在加工过程中被破坏，因此赖氨酸是谷类的第一限制性氨基酸。有研究表明，赖氨酸强化的小麦粉可明显促进儿童身高、体重的增长，并改善儿童及成人的免疫功能。在中国的膳食结构中，植物性蛋白质的供给约占 70%，所以在大米、玉米、小麦粉之类的谷类农作物食品中强化赖氨酸是十分必要的。

③ 安全性　美国食品与药物管理局（1985）将其列为一般公认安全物质。人体对氨基酸的需要有一个均衡的问题，过多添加赖氨酸，会影响其他氨基酸的吸收和代谢。

④ 应用　根据《食品安全国家标准　食品营养强化剂使用标准》（GB 14880—2012）规定，L-赖氨酸作为营养强化剂可用于面包、大米及其制品、小麦粉及其制品和杂粮粉及其制品，使用限量为 1～2g/kg。可作为 L-赖氨酸来源的营养强化剂有 L-盐酸赖氨酸和 L-赖氨酸天门冬氨酸盐。

（2）牛磺酸（taurine）

牛磺酸，又名 2-氨基乙基磺酸，分子式为 $C_2H_7NSO_3$，分子量为 125.15，结构式如下。

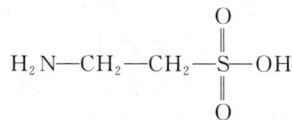

$$H_2N-CH_2-CH_2-\overset{\displaystyle O}{\underset{\displaystyle O}{S}}-OH$$

① 理化性质　牛磺酸为白色结晶或结晶性粉末，无旋光性，熔点 328℃，无臭，味微酸，可溶于水，在乙醇、乙醚或丙酮中不溶。在水溶液中呈中性，对热稳定。

② 生理作用　牛磺酸是调节机体正常生理活动的活性物质，具有消炎、镇痛、维持机体渗透压平衡、维持正常视觉功能、调节细胞钙平衡、降血糖、调节神经传导、参与内分泌活动、调节脂类消化与吸收、增加心脏收缩能力、提高机体免疫能力、增强细胞膜抗氧化能力、保护心肌细胞等广泛的生物学功能。牛磺酸并非组成蛋白质的氨基酸，在人体内以游离状态存在。它对促进儿童（尤其对婴幼儿）大脑、身高、视力等的生长、发育有着重要作用。尽管在人体中它可由甲硫氨酸或半胱氨酸代谢的中间产物磺基丙氨酸脱羧形成，但婴幼儿体内此种脱羧酶活性很低，其合成受限，而应予补充。特别是用牛乳喂养的婴幼儿，因牛乳中几乎不含牛磺酸，故必须进行适当的营养强化。

③ 应用　使用严格遵循《食品安全国家标准　食品营养强化剂使用标准》（GB 14880—2012）规定，可作为牛磺酸来源的营养强化剂有牛磺酸（氨基乙基磺酸）。

9.2.2.2 蛋白质类

(1) 乳铁蛋白

乳铁蛋白是一个大约由 700 个氨基酸残基构成的分子量约为 80000 的单体糖蛋白，属于转铁蛋白家族。因其晶体呈红色，故也有学者称之为"红蛋白"。

① 理化性质　乳铁蛋白与铁离子的亲和力很高，是转铁蛋白的 250～300 倍。根据乳铁蛋白结合铁离子的差异，可以将其分为 3 种类型：缺铁型、铁半饱和型和铁饱和型。不同类型的乳铁蛋白具有不同的抗巴氏杀菌热变性的能力，其中铁饱和型抗性最强，缺铁型抗性最弱。乳铁蛋白热稳定性较强，研究发现，72℃保温 20s 或 135℃保温 8s 的热处理几乎不影响乳铁蛋白的铁结合能力，但若在两种温度下处理的时间延长则会降低铁结合能力。85℃保温 10min 的热处理强度不会影响乳铁蛋白的抑菌活性。另外，有研究表明在 pH2.0 或者 pH3.0 的条件下，120℃处理 5min 后，乳铁蛋白发生降解但是降解产物的抑菌活性比处理前要高。

② 生理作用　a. 促进铁的吸收与代谢，乳铁蛋白通过它的氨基和羧基末端两个铁结合区域能高亲和性地、可逆地与铁结合，并维持铁在一个较广的 pH 范围内而完成铁在十二指肠细胞的吸收和利用；b. 广谱抗菌作用，既能抑制需铁的革兰氏阴性细菌，也抑制革兰氏阳性细菌，但不能抑制对铁需求不高的细菌；c. 抗病毒作用，乳铁蛋白对许多病毒均有较强的抗病毒活性，如轮状病毒、阿尔法病毒、脊髓灰质炎病毒、疱疹病毒、呼吸道合胞病毒、细胞巨化病毒及腺病毒等，乳铁蛋白在病毒感染早期起作用，即与病毒结合，从而阻断病毒与宿主细胞的结合，其抗病毒活性的另一机制是与病毒的受体或辅助受体的宿主细胞分子结合；d. 抗氧化作用，乳铁蛋白能抑制铁诱导的脂质过氧化过程所产生的硫代巴比妥酸和丙二醛的生成，因此可降低人体自由基对动脉血管壁弹性蛋白的破坏，达到预防动脉粥样硬化和冠心病的目的；e. 调节机体免疫反应，乳铁蛋白具有调节巨噬细胞活性和刺激淋巴细胞合成的能力，对抗体生成、T 淋巴细胞成熟、淋巴细胞中自然杀伤细胞比例具有调节作用；f. 调节肠道菌群，在婴幼儿体内，乳铁蛋白能够抑制多种肠道细菌的繁殖，间接筛选和调节婴幼儿肠道菌群，有利于保护和促进婴幼儿的肠道发育。同时，乳铁蛋白还是促进双歧杆菌的生长因子，而双歧杆菌对于肠道屏障功能和免疫调节具有正面影响。

③ 应用　《食品安全国家标准　食品营养强化剂使用标准》（GB 14880—2012）规定，乳铁蛋白可应用于调制乳、风味发酵乳、含乳饮料、调制乳粉、婴幼儿配方食品。

(2) 酪蛋白钙肽（casein calcium peptide，CCP）

酪蛋白钙肽是来自牛乳酪蛋白的含有磷酸丝氨酸残基的生物活性多肽，其中酪蛋白磷酸钙约占 12.5%，平均分子量约为 3000。

① 理化性质　白色或淡黄色粉末，具有独特芳香味，溶于水呈透明状，水溶液加热 120℃、30min 无沉淀。

② 生理作用　酪蛋白钙肽在小肠内可防止钙、铁等矿物元素沉淀，促进小肠对钙、铁等的吸收。CCP 还具有防止光褪色的功能和抗氧化作用。将其添加到花色牛乳中，能保证产品在保质期内维持其特有的色泽；将其用于营养强化牛乳中，可防止脂溶性维生素、DHA、EPA 等功能性油脂光、氧降解，从而有利于它们发挥抗氧化作用。

③ 应用　《食品安全国家标准　食品营养强化剂使用标准》（GB 14880—2012）规定，酪蛋白钙肽可应用于粮食和粮食制品（包括大米、面粉、杂粮、淀粉等）、饮料类（14.01 涉及品种除外）、婴幼儿配方食品和婴幼儿辅助食品。

(3) 酪蛋白磷酸肽（casein phosphopeptides，CPP）

酪蛋白磷酸肽（CPP）是以牛乳酪蛋白为原料，通过生物技术制得的具有生物活性的多肽。CPP 分子由二十到三十多个氨基酸残基组成，其中包括 4～7 个成簇存在的磷酸丝氨酰基。

① 理化性质　CPP 为乳白色粉末，易溶于水。在 pH4.5 和 pH7.0 的条件下，CPP 溶液经 120℃高温处理 15min，其功能仍能分别保持 99%、97% 和 94%。高纯度 CPP 在酸性条件下，具有极佳的稳定性和透明度，不会产生沉淀。CPP 在 5℃ 和 25℃ 均可保持 2 年，其防止钙沉淀的功能指标基本无变化。

② 生理作用　CPP 能提高机体对钙、铁、锌等矿物质的吸收利用，促进牙齿、骨骼中钙的沉积和钙化，此外它还能提高动物体外受精率和增强机体免疫力。

③ 应用　《食品安全国家标准　食品营养强化剂使用标准》（GB 14880—2012）规定，酪蛋白磷酸肽可应用于调制乳、风味发酵乳、粮食和粮食制品［包括大米、面粉、杂粮、淀粉等（06.01 及 07.0 涉及品种除外)]、饮料类（14.01 涉及品种除外）、强化婴幼儿配方食品和婴幼儿辅助食品。

9.2.3　矿物质类营养强化剂

矿物质常被称作无机盐或灰分，矿物质类营养强化剂是指含有有益于人体营养的元素的物质的统称。人体不能合成矿物质，必须全部从膳食中摄取，因此，长期食用单调食物容易出现矿物质缺乏症状。此外，以不同形式存在的矿物质对人体吸收、利用率的影响很大，不同生长时期对各种矿物质的营养需求差异也较大，因此，完全有必要通过对食品强化矿物质以维持人体的正常生理功能。

《食品安全国家标准　食品营养强化剂使用标准》（GB 14880—2012）允许使用的矿物质类营养强化剂有 9 种，主要包括：铁、钙、锌、硒、镁、铜、锰、钾、磷等物质，此外，碘、钼、铬等元素仅允许在特殊膳食用食品中强化。矿物质类营养强化剂一般以一种或多种盐的形式存在。对矿物质的分析可以利用火焰分光光度计、原子吸收光谱或等离子发射光谱。除价格上的考虑外，选择强化剂时需考虑生物利用率、溶解度（或者混合性）及对最终产品品质的潜在影响三方面因素。

9.2.3.1　钙盐类

钙（calcium，Ca）是人体中含量最多的无机盐组成元素，健康成人体内钙总量为 1000～1300g，占体重的 1.5%～2.0%。其中 99% 的钙以骨盐形式存在于骨骼和牙齿中，其余分布在软组织中，细胞外液中的钙仅占总钙量的 0.1%。机体内的钙，一方面构成骨骼和牙齿，另一方面则可参与各种生理功能和代谢过程，包括凝血、细胞黏附、防止肌肉萎缩、激素和神经递质释放、糖原代谢、细胞增殖和分化等，影响各个器官组织的活动。

钙是人体生命活动的必不可少的营养成分，缺钙会导致骨质疏松、骨质增生、儿童佝偻病、手足抽搐症以及高血压、肾结石、结肠癌、阿尔茨海默病等疾病。日常生活中，如果钙摄入不足，人体就会出现生理性钙透支，造成血钙水平下降。在缺钙初期，缺钙程度比较轻的时候，只是发生可逆性生理功能异常，如心脏出现室性早搏、情绪不稳定、睡眠质量下降等反应。持续的低血钙，特别是中年以后，人体长期处于负钙平衡状态，导致甲状旁腺分泌亢进，首当其冲的是骨骼，骨钙持续大量释出，导致骨质疏松和骨质增生。另一方面，在甲状旁腺素持续升高的情况下，甲状旁腺素能促使细胞膜上钙通道开启而关不住，以及阻抑钙泵，使钙泵功能减弱，造成细胞内钙含量升高。持续的细胞内高钙，激发细胞像失控的野马，无节制亢进，造成细胞能量耗竭。与此同时，代谢废物又得不到及时消除，便会构成自身伤害，致使细胞趋向反常的钙化衰亡。

使用严格遵循《食品安全国家标准　食品营养强化剂使用标准》（GB 14880—2012）规

定。可作为钙源的营养强化剂包括：碳酸钙、葡萄糖酸钙、柠檬酸钙、乳酸钙、L-乳酸钙、磷酸氢钙、L-苏糖酸钙、甘氨酸钙、天门冬氨酸钙、柠檬酸苹果酸钙、醋酸钙（乙酸钙）、氯化钙、磷酸三钙（磷酸钙）、维生素 E 琥珀酸钙、甘油磷酸钙、氧化钙、硫酸钙、骨粉（超细鲜骨粉）等。

（1）碳酸钙

碳酸钙是一种无机化合物，分子式为 $CaCO_3$，分子量为 100.09，是石灰石、大理石等的主要成分。碳酸钙通常为白色晶体，无味，基本上不溶于水，易与酸反应放出二氧化碳。根据碳酸钙生产方法的不同，可以将碳酸钙分为重质碳酸钙、轻质碳酸钙、胶体碳酸钙和晶体碳酸钙。我国作为食品添加剂使用的多为轻质碳酸钙。

① 理化性质　碳酸钙为白色结晶粉末，无臭、无味。520℃转变为方解石，825℃分解为氧化钙和二氧化碳。可溶于稀乙酸、稀盐酸、稀硝酸产生二氧化碳，难溶于稀硫酸，几乎不溶于水和乙醇，微溶于氯化铵溶液。在空气中稳定，但易吸收臭味。

② 安全性　对眼睛有强烈刺激作用，对皮肤有中度刺激作用。碳酸钙的 ADI 不作限制性规定。

（2）柠檬酸钙

柠檬酸钙，分子式为 $Ca_3(C_6H_5O_7)_2 \cdot 4H_2O$，分子量为 570.50，结构式如下。

$$\left[\begin{array}{c} CH_2COO^- \\ | \\ HO-C-COO^- \\ | \\ CH_2COO^- \end{array} \right]_2 Ca_3^{2+} \cdot 4H_2O$$

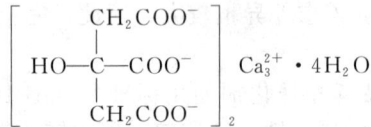

① 理化性质　柠檬酸钙为白色结晶性粉末，无臭，稍吸湿。难溶于水、不溶于乙醇。加热至 100℃逐渐失去结晶水，至 120℃则完全失去结晶水。理论钙含量为 21.08%。

② 安全性　FAO/WHO（1994）规定，ADI 不作限制性规定。

（3）葡萄糖酸钙

葡萄糖酸钙是一种有机钙盐，分子式 $C_{12}H_{22}CaO_{14} \cdot H_2O$，分子量为 430.38（无水物）。葡萄糖酸钙主要用作食品的钙强化剂与营养剂、缓冲剂、固化剂、螯合剂。结构式如下。

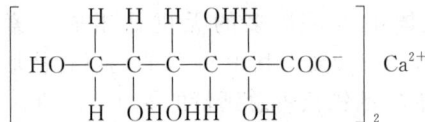

$$\left[\begin{array}{c} H\ H\ H\ OHH \\ | \ | \ | \ | \ | \\ HO-C-C-C-C-C-COO^- \\ | \ | \ | \ | \ | \\ H\ OHOHH\ OH \end{array} \right]_2 Ca^{2+}$$

① 理化性质　葡萄糖酸钙外观为白色结晶性或颗粒性粉末，熔点 201℃（分解），无臭，无味，易溶于沸水（20g/100mL），略溶于冷水（3g/100mL，20℃），不溶于乙醇或乙醚等有机溶剂。水溶液显中性（pH 约 6～7）。理论钙含量为 9.31%。

② 安全性　FAO/WHO（1994）规定，ADI 为 0～50mg/kg。

（4）乳酸钙

乳酸钙，分子式为 $C_6H_{10}CaO_6 \cdot 5H_2O$，分子量为 308.3。常用作补钙剂，具有促进骨骼及牙齿的钙化形成、维持神经与肌肉的正常兴奋性和降低毛细血管通透性等作用。因其溶解度较小，一般仅供口服给药。结构式如下。

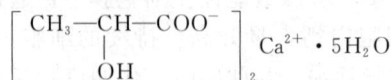

$$\left[\begin{array}{c} CH_3-CH-COO^- \\ | \\ OH \end{array} \right]_2 Ca^{2+} \cdot 5H_2O$$

① 理化性质　乳酸钙为白色或类白色结晶性或颗粒性粉末，几乎无臭。加热至 20℃成为无水物。在热水中易溶，在水中溶解，呈透明或微浊的溶液，水溶液的 pH 为 6.0～7.0。

在乙醇、氯仿和乙醚中几乎不溶。

② 安全性　美国食品与药物管理局（1985）将乳酸钙列为一般公认安全物质。FAO/WHO（1985）规定，ADI不作限制性规定。

9.2.3.2　铁盐类

成人体内铁的总量为 $4 \sim 5g$，其中 72% 以血红蛋白、3% 以肌红蛋白、0.2% 以其他化合物形式存在；其余则为储备铁，以铁蛋白的形式储存于肝脏、脾脏和骨髓的网状内皮系统中，约占总铁量的 25%。铁在机体内参与氧的运转、交换和组织呼吸过程。如果铁的数量不足或铁的携氧能力受阻，则产生缺铁性或营养性贫血。缺铁性贫血是世界卫生组织确认的四大营养缺乏症之一。虽然"缺铁"和"缺铁性贫血"经常被同时使用，但实际上并不相同。铁缺乏严重时会导致血液中血红蛋白浓度降低，发生缺铁性贫血（iron deficiency anemia）。

造成铁缺乏的主要因素包括：肉、鸡、鱼类来源的血红素铁摄入不足；果蔬来源的维生素C摄入不足（维生素C促进膳食中铁的吸收）；膳食中富含质酸（phytic acid）（豆类和谷物）或酚类化合物（存在于咖啡、茶、高粱和小米）导致铁吸收率下降；处在需铁量增加的阶段（如生长和怀孕）；月经或者寄生虫感染造成的严重失血；感染性疾病及其微量营养素如维生素A、维生素 B_{12}、叶酸和核黄素缺乏，也同样增加了贫血的可能性。

铁缺乏的主要影响是贫血，还可引起心理活动和智力发育的损害及行为改变。铁缺乏（尚未出现贫血时的缺乏）还可损害儿童的认知能力，而且在以后补充铁后也难以恢复。世界卫生组织建议供铁（铁食品）量为成年男子 $5 \sim 9mg$；成年女子 $14 \sim 28mg$。中国营养学会推荐婴儿至9岁儿童每天需铁 $10mg$，10至12岁儿童（儿童食品）需铁 $12mg$、13至18岁的少年男性（男性食品）需铁 $15mg$，少年（少年食品）女性 $20mg$，18岁以上每天 $12mg$，但成年女性（女性食品）为 $18mg$。乳母、孕妇（孕妇食品）为 $28mg$。

使用严格遵循《食品安全国家标准　食品营养强化剂使用标准》（GB 14880—2012）规定，可作为铁源的营养强化剂包括：硫酸亚铁、葡萄糖酸亚铁、柠檬酸铁铵、富马酸亚铁、柠檬酸铁、乳酸亚铁、氯化高铁血红素、焦磷酸铁、铁卟啉、甘氨酸亚铁、还原铁、乙二胺四乙酸铁钠、羰基铁粉、碳酸亚铁、柠檬酸亚铁、延胡索酸亚铁、琥珀酸亚铁、血红素铁、电解铁等。

（1）硫酸亚铁

硫酸亚铁，分子式为 $FeSO_4 \cdot 7H_2O$，分子量为 151.91（无水物），278.02（七水物）。硫酸亚铁可用于色谱分析试剂、点滴分析测定铂、硒、亚硝酸盐和硝酸盐。硫酸亚铁还可以作为还原剂、制造铁氧体、净水、聚合催化剂、照相制版以及蔬菜和水果的护色剂使用等。

① 理化性质　外观为白色粉末，无气味。其结晶水合物为在常温下为七水合物，俗称"绿矾"，浅绿色晶体，在干燥空气中风化，在潮湿空气中表面氧化成棕色的碱式硫酸铁，在 $56.6℃$ 成为四水合物，在 $65℃$ 时成为一水合物。硫酸亚铁可溶于水，几乎不溶于乙醇。其水溶液冷时在空气中缓慢氧化，在热时较快氧化。

② 安全性　硫酸亚铁与一般重金属相同，可凝固蛋白质，具有收敛作用及防腐作用。大量吸收，则发生中毒、呕吐、腹泻、中枢神经麻痹及肾炎。

（2）乳酸亚铁

乳酸亚铁，分子式为 $C_6H_{10}FeO_6 \cdot 3H_2O$，分子量为 288.04，结构式如下。

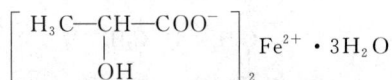

$$\left[\begin{array}{c} H_3C-CH-COO^- \\ | \\ OH \end{array} \right]_2 Fe^{2+} \cdot 3H_2O$$

乳酸亚铁用于强化食品，具有易吸收，对消化系统无刺激、无副作用，对食品的感官性能和风味无影响的特点。用作药物有治疗贫血的功能。

① 理化性质　乳酸亚铁常温常压下稳定，为绿白色结晶性粉末或结晶。稍有异臭，略有甜的金属味。本品受潮或其水溶液氧化后变为含正铁盐的黄褐色。光照可促进氧化。铁离子与其他食品添加剂反应易着色。易溶于柠檬酸，呈绿色溶液。溶于水，呈带绿色的透明液体，呈酸性。几乎不溶于乙醇。

② 安全性　美国食品与药物管理局将其列为一般公认的安全物质。

（3）柠檬酸铁

柠檬酸铁，也叫作柠檬酸三铁，分子式为 $FeC_6H_5O_7 \cdot 2.5H_2O$，分子量为 244.95（无水物），是一种可食用的柠檬酸盐。也可用作医药方面。

① 理化性质　柠檬酸铁为红褐色透明小薄片结晶，或结晶性粉末。在冷水中溶解缓慢，极易溶于热水，不溶于乙醇，水溶液呈酸性，可被光或热还原逐渐变成柠檬酸亚铁。因为柠檬酸铁呈褐色，故不适合用于不易着色的食品。

② 安全性　FAO/WHO（1994）规定，ADI 不作限制性规定。

（4）葡萄糖酸亚铁

葡萄糖酸亚铁，分子式为 $C_{12}H_{22}FeO_{14} \cdot 2H_2O$，分子量为 482.18（二水物），446.15（无水物）。结构式如下。

$$\left[HOCH_2CH-CHCHCHC \overset{\overset{\displaystyle OH}{|}}{\underset{\underset{\displaystyle OH}{|}}{}} \overset{\overset{\displaystyle O}{\parallel}}{\underset{\underset{\displaystyle O^-}{}}{}} \right]_2 Fe^{2+} \cdot 2H_2O$$

在食品中可用作护色剂、营养强化剂，可由还原铁中和葡萄糖酸而制成。葡萄糖酸亚铁的特点是生物利用率高，在水中溶解性好，风味平和无涩味，在乳饮料中强化较多，但也容易引起食品色泽和风味变化，一定程度上限制了其应用。

① 理化性质　葡萄糖酸亚铁为黄灰色或浅黄绿色晶体颗粒或粉末，稍有焦糖气味。1g约溶于 10mL 温水中，5%的水溶液呈酸性，几乎不溶于乙醇，理论含铁量 12%。葡萄糖亚铁易吸收，对消化系统无刺激、无副作用，并且对食品的感官性能和风味无影响，同时可作为药物有治疗贫血的功能。

② 安全性　葡萄糖酸亚铁是可溶性的、生物可利用的亚铁盐。该物质被吸收后，其铁部分比葡萄糖部分有较大的潜在毒性威胁。由葡萄糖酸亚铁来源的铁应包含在所有其他铁源内，总铁源不应超过此值。

（5）铁卟啉

铁卟啉，又名 1,3,5,8-四甲基-2,4-乙基-6,7-二丙酸铁卟啉，分子式为 $C_{34}H_{36}O_4N_4Fe$，分子量为 620，结构式如下。

铁卟啉为深咖啡色粉末或结晶，无味。

9.2.3.3　锌盐类

锌作为人体必需的微量元素广泛分布于人体的所有组织和器官中，成人体内锌含量 2～2.5g，主要分布在肝、肾、肌肉、视网膜、前列腺、骨骼和皮肤中。就其含量而言，视网膜内含量最高，其次是前列腺。血液中的锌，75%～85%分布在红细胞中，3%～5%分布于白细胞中，其余在血浆中。锌（zinc，Zn）是许多酶所必需的成分，参与蛋白质合成，对细胞生长和分化快的组织（如免疫系统和消化道）发育起重要作用。锌的生理功能为参与人体的代谢，如体内的糖代谢、蛋白质代谢、维生素 A 及视色素代谢等。目前已知人体内含锌的酶有 70 余种，锌还与肾上腺、甲状腺、甲状旁腺分泌有关。

缺锌可引起味觉减退及食欲不振，出现异食癖，还会出现皮肤干糙、免疫功能降低等症状。严重缺锌时，即使肝脏中有一定量维生素 A 贮备，亦可出现暗适应能力降低。儿童长期缺锌可导致侏儒症。

锌缺乏主要是膳食中锌不足或者植酸过多，吸收不良（如肠道寄生虫和腹泻）造成的。食物（如精制谷物和豆类）中植酸含量高会影响锌的吸收。有实验表明植酸和锌的物质的量之比小于 18，食物中锌的吸收率为 27%（男性）至 25%（女性）；物质的量之比大于 18 时，吸收率降为 19%（男性）至 26%（女性）。添加动物蛋白可以增加含有植酸的膳食中锌的生物利用率。例如，在以大米和小麦为主食的膳食中加入动物性食品，可以使中国年轻女性锌的摄入量增加约两倍。

使用严格遵循《食品安全国家标准　食品营养强化剂使用标准》（GB 14880—2012）规定，可作为锌源的营养强化剂包括：硫酸锌、葡萄糖酸锌、甘氨酸锌、氧化锌、乳酸锌、柠檬酸锌、柠檬酸锌（三水）、氯化锌、乙酸锌、碳酸锌等。

（1）氧化锌

氧化锌，又名锌白、锌氧粉，分子式为 ZnO，分子量为 81.39。广泛地应用于食品、化工等领域。

① 理化性质　氧化锌为白色粉末或六角晶系结晶体，无臭无味。受热变为黄色，冷却后重又变为白色，加热至 1800℃时升华。熔点大于 1800℃。密度为 $5.6g/cm^3$。不溶于水、乙醇，溶于酸、浓氢氧化碱、氨水和铵盐溶液。

② 安全性　美国食品与药物管理局将其列为一般公认的安全物质。

（2）硫酸锌

硫酸锌，分子式为 $ZnSO_4 \cdot 7H_2O$，分子量为 161.45（无水物），287.56（七水物）。口服硫酸锌可纠正锌缺乏，恢复酶系统的功能。药用硫酸锌适用于治疗锌缺乏引起的肠病性肢端皮炎、口疮、慢性溃疡、结膜炎等。但与青霉胺共用可使后者作用减弱。一水硫酸锌在饲料中可作为锌元素增补剂。

① 理化性质　硫酸锌为无色或白色晶体、颗粒或粉末，无气味。熔点为 100℃，味涩。25℃下，密度为 $1.957g/cm^3$。易溶于水，水溶液呈酸性，5%水溶液 pH 为 4.4～6.0；微溶于乙醇和甘油。硫酸锌于室温干燥空气中可粉化；迅速加热可在 50℃熔化，100℃时失去 6分子结晶水，200℃时成无水盐，500℃时可分解成氧化锌。

② 安全性　美国食品与药物管理局将其列为一般公认的安全物质。

（3）葡萄糖酸锌

葡萄糖酸锌，分子式为 $C_{12}H_{22}O_{14}Zn$，分子量为 455.69（无水物），509.73（三水物），结构式如下。

$$\left[HO-\underset{\underset{H}{|}}{\overset{\overset{H}{|}}{C}}-\underset{\underset{OH}{|}}{\overset{\overset{H}{|}}{C}}-\underset{\underset{OH}{|}}{\overset{\overset{H}{|}}{C}}-\underset{\underset{H}{|}}{\overset{\overset{OH}{|}}{C}}-\underset{\underset{OH}{|}}{\overset{\overset{H}{|}}{C}}-COO^- \right]_2 Zn^{2+}$$

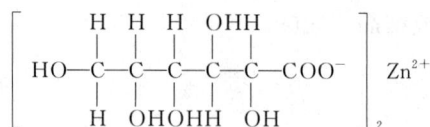

葡萄糖酸锌临床上适用于小儿厌食症、各种皮肤痤疮、复发性阿弗他口炎等缺锌性疾病。

① 理化性质　葡萄糖酸锌是葡萄糖酸的锌盐，常温下为白色结晶或颗粒性粉末，无臭，味微涩。在沸水中极易溶解，在水中溶解，在无水乙醇、三氯甲烷或乙醚中不溶。本品于体内吸收率高，对胃肠无刺激。

② 安全性　美国食品与药物管理局将其列为一般公认安全物质。

9.2.3.4　碘盐类

碘是人体必需的微量元素，健康成人体内的碘的总量为 30mg（20～50mg），其中 70%～80% 存在于甲状腺组织内，国家规定在食盐中添加碘的标准为 20～30mg/kg。碘是甲状腺激素合成的必不可少的成分，并通过甲状腺激素发挥不同生理功能，主要包括：促进生长发育、参与脑发育、调节新陈代谢等。

碘缺乏会导致许多功能异常，统称为"碘缺乏病（iodine deficiency disorder 或 iodine deficiency disease）"，最明显的是甲状腺肿和呆小病，其他还包括甲状腺机能减退、生育能力降低、婴幼儿死亡率增加等。

缺碘造成甲状腺激素合成分泌不足，引起垂体促甲状腺激素代偿性合成分泌增多，从而刺激甲状腺组织增生、肥大。孕妇严重缺碘可影响胎儿神经、肌肉的发育并可导致胎儿死亡率上升。碘的严重缺乏如果发生在胎儿期至出生后三个月，会导致不可逆转的脑功能障碍，表现为智力落后、生长发育落后、听力障碍、斜视、甲状腺功能减退、运动功能障碍等。

碘缺乏在任何年龄段都可能发生，胎儿、婴儿和儿童缺乏碘将导致不可治愈的呆小病，而众所周知的碘缺乏症——甲状腺肿，可通过摄入足量的碘治愈。食品中的碘化盐能够被机体快速吸收。碘的其他食物来源包括海鱼、土豆、菠菜和杏仁。食盐是应用最广泛的碘强化食品。食盐是人们每天都要消费的食品，而且碘加入食盐中不会影响其感官性状。碘的最大耐受摄入量为 1mg/d。碘酸钾和碘化钾作为食盐强化剂没有发现任何明显的毒副作用，它们是控制碘缺乏症的有效预防措施。

《食品安全国家标准　食品营养强化剂使用标准》（GB 14880—2012）规定：碘源营养强化剂包括碘酸钾、碘化钾、碘化钠。

（1）碘化钾

碘化钾，分子式为 KI，分子量为 166.00。药用作利尿剂，加适量于食盐中可防治甲状腺疾病。

① 理化性质　碘化钾呈无色或白色结晶性粉末，无臭，有浓苦咸味。密度 $3.13g/cm^3$，熔点 618℃，沸点 1345℃，易溶于水和乙醇。干燥空气中稳定，潮湿空气中有吸湿性；遇光及空气时，析出游离碘而呈黄色，酸性水溶液中更易变黄。水溶液见光变暗，并游离出碘。

② 安全性　美国食品与药物管理局将其列为一般公认的安全物质。第 37 届 JECFA 会议认可碘化钾为膳食碘来源。

（2）碘酸钾

碘酸钾，分子式为 KIO_3，分子量为 214.00。碘酸钾含碘量为 59.30%，除作为碘盐的强化剂外，还可用于水果催熟剂及面团品质改良剂。

① 理化性质　碘酸钾为白色结晶性粉末，无臭，密度为 $3.93g/cm^3$，熔点 560℃，部分

分解。碘酸钾溶于水、稀硫酸，溶于碘化钾溶液，不溶于乙醇、液氨。

② 安全性　美国食品与药物管理局将其列为一般公认的安全物质。FAO/WHO（1994）规定，ADI 不作限制性规定。

9.2.3.5　硒盐类

硒是维持人体正常生理活动的微量元素，但遍布于人体各组织器官和体液中，硒主要贮存于肌肉、肾脏、肝脏和血液中。硒在人体中构成含硒蛋白质与含硒酶，具有抗氧化、维持正常免疫功能、维持正常生育能力等诸多作用。在食品加工时，硒会因精制和烧煮过程而有所损失，所以越是精制的和长时间烧煮加工的食品，其含硒量越少。

缺硒是发生克山病的重要原因，缺硒也被认为是发生大骨节病的重要原因。大骨节病是一种地方性、多发性、变形性骨关节病。它主要发生于青少年，严重地影响骨发育和日后劳动生活能力。过量的硒可引起中毒。表现为头发变干变脆、极易脱落，指甲变脆、有白斑及纵纹、易脱落，皮肤损伤及神经系统异常，严重者死亡。

《食品安全国家标准　食品营养强化剂使用标准》（GB 14880—2012）规定：硒源营养强化剂可应用于调制乳粉、大米及其制品、小麦粉及其制品、杂粮粉及其制品、面包、饼干、含乳饮料等食品。可作为硒源的营养强化剂包括：硒酸钠、亚硒酸钠、硒蛋白、富硒食用菌粉、L-硒-甲基硒代半胱氨酸、硒化卡拉胶（仅限用于 14.03.01 含乳饮料）、富硒酵母（仅限用于 14.03.01 含乳饮料）等。

（1）亚硒酸钠

亚硒酸钠，又名亚硒酸二钠，分子式为 Na_2SeO_3，分子量为 172.95（无水物），263.026（五水物）。

亚硒酸钠为白色结晶性粉末，熔点为 350℃，在空气中稳定，易溶于水，不溶于乙醇。五水物易在空气中风化失去水分，加热至红热时分解。理论含硒量 45.7%。

（2）硒化卡拉胶

20 世纪 50 年代，美国营养学家施瓦茨在研究肝坏死过程中发现，有一种神奇的护肝因子——"因素 3"。经测定，"因素 3"就是硒化卡拉胶，这一研究明确了硒化卡拉胶在肝病中的重要作用。硒化卡拉胶是有机硒化物，毒性比无机硒化物低，且有更好的生物可利用性和生理增益作用。作为营养强化剂硒源，必须在省级有关部门指导下使用。

① 理化性质　灰白色、淡黄色至土黄色粉末，微有海藻腥味，在水中形成黄色澄清溶液。水溶液呈酸性，在甲醇、乙醇等有机溶剂中几乎不溶。

② 安全性　Ames 试验、骨髓微核试验及小鼠精子畸形试验，均未见致突变作用。无明显蓄积毒性作用。

9.2.3.6　铜盐类

铜是机体的组成成分和人体必需的微量元素之一，正常人体内的含铜总量为 50～120mg，其中 50%～70% 在肌肉和骨骼中，20% 在肝脏中，5%～10% 在血液中，少量存在于铜酶中。

铜是机体内蛋白质和酶的重要组成部分，许多重要的酶需要微量铜的参与和活化。铜在体内的生理生化作用，主要通过酶的形式表现出来。目前已知的含铜酶有十余种，且都是氧化酶，如铜蓝蛋白、细胞色素氧化酶、超氧化物歧化酶、多巴胺-β-羟化酶、酪氨酸酶、赖氨酸氧化酶等，参与体内的氧化还原过程，有着重要的生理功能。

研究表明，缺铜会导致血浆胆固醇升高，增加动脉粥样硬化的危险，因而是引发冠状动脉心脏病的重要因素。科学家还发现，营养性贫血、白癜风、骨质疏松症、胃癌及食管癌等疾病的产生也都与人体缺铜有关。严重缺铜和长期边缘性缺铜，还会引发小儿发育不良和一些地方病。人体缺乏铜会引起贫血，毛发异常，骨和动脉异常，甚至脑障碍。但如果过剩，会引起肝硬化、腹泻、呕吐、运动障碍和知觉神经障碍。一般来说，牛肉、葵花籽、可可、黑椒、羊肝等都有丰富的铜质。

《食品安全国家标准　食品营养强化剂使用标准》（GB 14880—2012）规定：可作为铜源的营养强化剂包括硫酸铜、葡萄糖酸铜、柠檬酸铜、碳酸铜。

（1）硫酸铜

硫酸铜，分子式为 $CuSO_4 \cdot 5H_2O$，分子量为 249.69。

硫酸铜为透明的深蓝色结晶或粉末，在 0℃水中的溶解度为 316g/L，不溶于乙醇，几乎不溶于其他大多数有机溶剂。在甘油中呈宝石绿色，空气中缓慢风化，含杂质多时呈黄色或绿色，无气味。硫酸铜（$CuSO_4 \cdot 5H_2O$）在加热后失去结晶水，加热到 102℃失去两个结晶水；113℃失去三个结晶水；258℃失去全部结晶水；当加热温度达 653℃时，开始分解生成 CuO 和 SO_3，在 720℃时分解结束。

（2）葡萄糖酸铜

葡萄糖酸铜，分子式为 $C_{12}H_{22}CuO_{14}$，分子量为 453.84，结构式如下。

$$\left[HOCH_2-\overset{\overset{H}{|}}{\underset{\underset{OH}{|}}{C}}-\overset{\overset{H}{|}}{\underset{\underset{OH}{|}}{C}}-\overset{\overset{OH}{|}}{\underset{\underset{H}{|}}{C}}-\overset{\overset{H}{|}}{\underset{\underset{OH}{|}}{C}}-COO^- \right]_2 Cu^{2+}$$

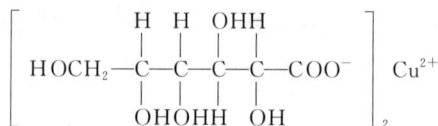

理化性质：葡萄糖酸铜为淡蓝色粉末，易溶于水，难溶于乙醇。含铜量 11.68%。

9.2.4　多不饱和脂肪酸类营养强化剂

脂肪酸（fatty acid）是含有碳原子的长直链（碳原子上连接有氢原子），在（水溶性）末端含有酸性成分（羧酸），脂肪酸的其余部分是油溶性的，另一个末端是甲基。脂肪酸在体内的存在形式有游离的形式如游离脂肪酸，结合的形式如与三分子甘油连接形成的甘油三酯（triglyceride），或者与磷脂酸分子连接形成的磷脂（phospholipid）。

不同的脂肪酸，不仅碳原子的数目不同，而且碳原子之间的双键数也不同。只有单键的脂肪酸称为饱和（saturated）脂肪酸，因为它们含有的氢已经达到最大值。含有一个双键的脂肪酸称为单不饱和（mono-unsaturated）脂肪酸。含有多个双键的脂肪酸称为多不饱和（poly-unsaturated）脂肪酸。omega-3（ω-3 或 n-3）脂肪酸和 omega-6（ω-6 或 n-6）脂肪酸都是多不饱和脂肪酸（polyunsaturated fatty acids，PUFAs）。由于人体内的酶不能在距离羧基端超过 9 个碳的位置上添加双键，所以人体不能合成 ω-3 族和 ω-6 族脂肪酸，必须从膳食中获得，因此被称为必需脂肪酸（essential fatty acids，EFAs）。

目前国家允许在食品中强化的必需脂肪酸有亚麻酸、花生四烯酸、二十二碳六烯酸和 1,3-二油酸-2-棕榈酸甘油三酯等。

油脂（包括油和脂肪）是不溶于水的常量营养素，是机体能量来源的最集中形式。油脂主要以甘油三酯的形式存在于日常饮食中，每克油脂可提供 37.7kJ（9kcal）的能量，而每克碳水化合物和蛋白质仅提供 16.7kJ（4kcal）的能量。油脂在人体小肠内吸收，然后被转运到机体的不同部位，当机体需要能量时被氧化并释放能量，当能量充足时就以脂肪的形式贮存或沉积。油脂不仅是机体结构的组成物质，还参与许多重要生化反应如合成、氧化和交换等。

尽管机体可以合成大部分脂肪酸，但一些重要的脂肪酸必须从食物中摄取，如亚油酸

（LA）和 α-亚麻酸（ALA），因而被认为是人体生长的必需脂肪酸。人体缺乏 LA 和 ALA 将会出现皮肤干裂呈鱼鳞状、水摄入量过多、生长迟缓、不孕等一系列必需脂肪酸缺乏症。必需脂肪酸缺乏症不仅与必需脂肪酸的摄取不足有关，也与其代谢产物——长链多不饱和脂肪酸（long-chain polyunsaturated fatty acids，LC-PUFAs）的缺乏紧密相关。与维生素缺乏症类似，摄入少量的 LA 和 ALA 可以缓解并治愈这些症状，人体缺乏脂肪酸的事件鲜有报道。

随着人类饮食习惯的渐变，不同必需脂肪酸间的比例变化很大。为了达到健康和长寿的目的，需要对食品原料进行脂肪酸强化，使食品为人类提供最佳的必需脂肪酸配比。本部分将围绕功能性食品中的必需脂肪酸强化剂展开介绍。

（1）亚麻酸

亚麻酸（linolenic acid，LNA）是含有三个双键的多不饱和脂肪酸，常以甘油酯的形式存在于绿色植物中，分为 α 和 γ 两种晶型。α-亚麻酸和 γ-亚麻酸是含有十八个碳原子、三个双键的直链脂肪酸，分子量为 278.438。其中 γ-亚麻酸又名顺式-6,9,12-十八碳三烯酸，分子式为 $C_{18}H_{30}O_2$，与 α-亚麻酸属同分异构体，差异仅在于其中一个双键的位置不同，结构式如下。

① 理化性质　常温下呈无色或淡黄色油状液，不溶于水而易溶于乙醚、正己烷、石油醚等非极性溶剂，熔点 -11～-10℃，沸点 443.4℃。在空气中不稳定，尤其在高温下易发生氧化反应，在碱性条件下易发生双键位置及构型异构化反应，形成共轭多烯酸。

② 生理作用　a. 亚麻酸是高度不饱和脂肪酸，其高度不饱和性与顺式双键结构是保证细胞膜的流动性和必要的表面活性以保证物质输送的基础；b. 使胆固醇酯化，从而降低体内血清和肝脏胆固醇水平，高度不饱和脂肪酸熔点较低，低熔点的不饱和脂肪酸胆固醇酯易乳化、运输和代谢，不易在动脉血管壁上积集沉淀从而能预防动脉硬化、高血压等心血管疾病；c. 亚麻酸是合成生命活性物质前列腺素的前驱物质，也是细胞生物膜的构建成分之一；d. 临床结果显示它对甘油三酯、胆固醇、β-脂蛋白下降总有效率分别是 81.5%、68.2%、64.8%，并具有提高高密度脂蛋白（HDL）的功效；e. 此外，亚麻酸还有抗脂质过氧化、减肥、抑制溃疡、增强胰岛素作用和抗血栓等作用，也有较强抗癌活性。

③ 应用　《食品安全国家标准　食品营养强化剂使用标准》（GB 14880—2012）规定，γ-亚麻酸可应用于调制乳粉、植物油、饮料类（14.01，14.06 涉及品种除外）等。

（2）二十碳四烯酸（花生四烯酸）

二十碳四烯酸（arachidonic acid，AA 或 ARA），又称花生四烯酸、全顺式-5,8,11,14-二十碳四烯酸，化学式 $C_{20}H_{32}O_2$，分子量 304.46，是一种 ω-6 多不饱和脂肪酸，结构式如下。

①　理化性质　室温下无色至淡黄色油状液体，沸点 407.5℃，熔点－49.5℃，溶于乙醇、醚、丙酮、苯和其他有机溶剂，不溶于水，碘值 333.50g，紫外吸收峰 257nm、268nm、315nm，常温常压下稳定，避免与强氧化剂接触。

②　生理作用　高纯度的二十碳四烯酸是合成前列腺素（prostaglandins）、血栓烷素（thromboxanes）和白细胞三烯（leukotrienes）等二十碳衍生物的直接前体，这些生物活性物质对人体心血管系统及免疫系统具有十分重要的作用。花生四烯酸是人体大脑和视神经发育的重要物质，对提高智力和增强视敏度具有重要作用。此外花生四烯酸具有酯化胆固醇、增加血管弹性、降低血液黏度、调节血细胞功能等一系列生理活性功能。

③　应用　《食品安全国家标准　食品营养强化剂使用标准》（GB 14880—2012）规定，二十碳四烯酸源营养强化剂可应用于调制乳粉（仅限儿童用乳粉）。可作为二十碳四烯酸源的营养强化剂仅指来源于高山被孢霉 *Mortierella alpine* 的花生四烯酸油脂，可用于强化婴幼儿谷类辅助食品。

（3）二十二碳六烯酸

二十二碳六烯酸（docosahexaenoic acid，DHA），是人体所必需的一种多不饱和脂肪酸，在鱼油中含量较多。分子式为 $C_{22}H_{32}O_2$，分子量 328.5，是一种含有 22 个碳原子和 6 个双键的直链脂肪酸。其结构式如下。

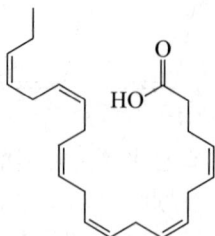

①　理化性质　DHA 为无色至淡黄色油状液体，有刺鼻腥臭味。熔点－44℃，沸点 447℃。无色无味，常温下呈液态，易溶于有机溶剂，不溶于水，低温下仍能保持较高的流动性。

②　生理作用　DHA 是大脑细胞膜的重要构成成分，参与脑细胞的形成和发育，对神经细胞轴突的延伸和新突起的形成有重要作用，可维持神经细胞的正常生理活动，参与大脑思维和记忆形成过程。DHA 还具有抗氧化、抗衰老作用。DHA 能抑制血小板聚集，使血栓形成受阻、血液黏度下降，血液循环改善，并使血压下降。可用于预防脑血栓、下肢闭塞性动脉硬化症。DHA 能降低血清总胆固醇及低密度脂蛋白胆固醇，增加高密度脂蛋白胆固醇，可治疗高脂血症、动脉粥样硬化等。

③　应用　《食品安全国家标准　食品营养强化剂使用标准》（GB 14880—2012）规定，DHA 源营养强化剂可应用于调制乳粉（包括仅限儿童用乳粉和仅限孕产妇用乳粉）、婴幼儿谷类辅助食品等。可作为 DHA 源的营养强化剂包括来源于裂壶藻 *Schizochytrium* sp.、吾肯氏壶藻 *Ulkenia amoeboida*、寇氏隐甲藻 *Crypthecodinium cohnii* 和金枪鱼油的 DHA。

（4）1,3-二油酸-2-棕榈酸甘油三酯

作为甘油三酯的一种，1,3-二油酸-2-棕榈酸甘油三酯（OPO）是一种国家批准的健康食品添加剂，有着特殊的结构以及生理功能，是一种安全、绿色、营养价值高的婴幼儿配方奶粉添加剂。其分子量为 859.39，结构式如下。

$$
\begin{array}{l}
\quad\quad\quad\quad\quad\quad O \\
\quad\quad\quad\quad\quad\quad \parallel \\
O \quad H_2C-O-C-(CH_2)_7CH=CH(CH_2)_7CH_3 \\
\parallel \quad\quad\quad\quad | \\
CH_3(CH_2)_{14}-C-O-CH \\
\quad\quad\quad\quad\quad\quad | \\
\quad\quad\quad\quad\quad\quad H_2C-O-C-(CH_2)_7CH=CH(CH_2)_7CH_3 \\
\quad\quad\quad\quad\quad\quad\quad\quad \parallel \\
\quad\quad\quad\quad\quad\quad\quad\quad O
\end{array}
$$

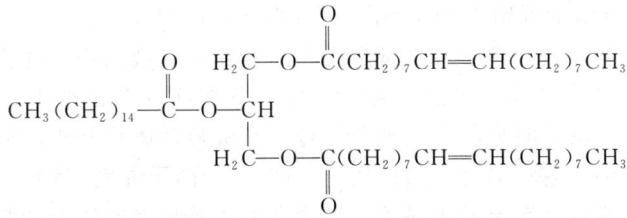

① 理化性质　白色固体，无异味。

② 生理作用　OPO 具有增强脂肪酸吸收、增强矿物质钙吸收、增强骨质强度、改善便秘、增强免疫功能、增强记忆力、降低炎症和改善肠道菌群的作用。

③ 应用　《食品安全国家标准　食品营养强化剂使用标准》（GB 14880—2012）规定，可应用于调制乳粉（包括仅限儿童用乳粉、液体按稀释倍数折算），添加量为 24～96g/kg。还可以应用于婴儿配方食品、较大婴儿和幼儿配方食品以及特殊医学用途婴儿配方乳粉。

9.3　营养强化剂的应用

9.3.1　营养强化剂稳态技术

为提高营养强化剂的生物利用率，需要提高其溶解度，增强吸收能力、稳定性及缓释能力。因此，食品营养强化剂稳态化技术将成为营养强化剂应用技术开发的趋势。稳态化技术是指能有效防止食品质量裂变，并能够延长产品保质期的技术的总称。营养功能因子的稳态化技术是对功能因子进行多种形式的包埋，阻断不利因素的侵袭，达到保护营养功能因子的目的。营养强化剂的稳态化技术是在不造成食品物料化学性质特异性变化的前提下，改变物料的物理形态，通过控制环境条件，如温度、pH、离子力、压力、剪切力、浓度和体系组成比等，利用界面反应，如吸附、凝聚、聚集、成胶及成膜等现象，形成性能可控的空间网络结构，如囊壳、凝胶、膜等。稳态化技术除了对其包埋的营养功能因子有保护作用外，还因空间网络结构的性能具有控制性，实现带有智能特点的功能因子的缓释和靶向释放。营养强化剂的稳态化常用的技术是纳米乳化技术、微胶囊技术及脂质体包埋技术。

（1）纳米乳化技术

纳米乳液（nanoemulsion），又称微乳液（microemulsion），是由水、油、表面活性剂和助表面活性剂等自发形成粒径为 1～100nm 的热力学稳定、各向同性、透明或半透明的均相分散体系。一般来说，纳米乳液分为 3 种类型：水包油型纳米乳液（oil in water，O/W）、油包水型纳米乳液（water in oil，W/O）及双连续型纳米乳液（B.C）。食品工业常见的纳米乳液为水包油型，能够改善多种脂溶性活性成分在水相食品中的溶解性和分散性。纳米乳液的优势包括：① 粒径小，具有较高的动力学稳定性，失稳速率较慢；② 乳滴粒径小于入射光波长，散射光较弱，在合适的粒径及油水相组成时，能够获得具有一定光学透性的产品；③ 乳化后界面面积增大，利于消化液作用，改善功能活性成分的生物利用度。有研究者利用大豆分离蛋白（SPI）/壳聚糖（CS）复合凝聚物制备了富含 ω-3 多不饱和脂肪酸二十二碳六烯酸（DHA）与二十碳五烯酸（EPA）的微藻油乳液，发现利用微生物谷氨酰胺转氨酶（TGase）交联明显改善了微藻油乳液的物理稳定性及氧化稳定性，并显著提高了微藻油的乳化效率，其认为通过此方法制备的微藻油乳液产品可应用于豆奶等液体蛋白饮料从而达到强化 DHA 的目的。另有研究者以食品级生物大分子辛烯基琥珀酸酯化淀粉（OSA变性淀粉）为乳化剂构建了负载番茄红素的纳米乳液体系，该纳米乳液在 4℃ 避光充氮气条件下储存 28d，番茄红素的保留率为 41%，具有良好的稳定性。

乳液的耐酸性较强，且盐离子和蔗糖分子不会对纳米乳液的稳定性造成太大的影响。有研究者利用高压均质法以酪蛋白酸钠（SC）为乳化剂构建叶黄素纳米乳液，发现制备的纳米乳液 4℃储存 30d 未发生明显的失稳现象，且与有机溶剂体系相比，纳米乳液体系显著减缓了储存期间叶黄素的降解。另外，pH（2.0～12.0）、离子强度（100～500mmol/L NaCl）和热处理对叶黄素稳定性的影响并不显著，纳米乳液体系也能够改善叶黄素的自由基清除活性，模拟消化后纳米乳液中叶黄素的生物利用度为 81.72%，显著大于油水混合相中叶黄素的生物利用度（51.48%）。另有研究者以乳清分离蛋白作为乳化剂，采用橄榄油、橙油和 α-生育酚制备鱼油纳米乳液，用于强化酸奶，以增加其营养价值。纳米乳化鱼油强化的酸奶，其中多不饱和脂肪酸的含量比普通酸奶高 5.23%，且具有比普通酸奶更紧密的特性、更好的可接受性和感官属性。另有研究者选用乳清分离蛋白（WPI）和阿拉伯胶（GA）分别作为纳米乳液的内层和外层包材，通过高压均质制备了 DHA 藻油双层纳米乳液。该双层纳米乳液热稳定性、冻融稳定性、对盐的耐受性、对酸碱的耐受性及贮藏稳定性均较高。研究发现用糖化大豆分离蛋白（GSPI）构建携带 β-胡萝卜素的纳米乳液，在 28 天的贮存过程中 β-胡萝卜素的保留率大于 80%。同时，GSPI 纳米乳液中 β-胡萝卜素的生物利用度提高至 70% 以上。

（2）微胶囊技术

微胶囊技术是指利用天然或合成高分子材料，将分散的固体、液体、气体物质包裹起来，形成具有半透性或密封性囊膜的微小粒子的技术。营养强化剂经微胶囊包埋后，可以改变物质的色泽、性状、体积、溶解性、反应性、耐热性和贮藏性等，并且在一定程度上能够起到控制芯材释放的速度。微胶囊常用的制备方法有喷雾干燥、喷雾冷却等。有研究机构公布专利"一种叶黄素微胶囊的制备方法及叶黄素微胶囊速溶饮料"，以叶黄素为芯材，酪蛋白酸钠为壁材，所得微胶囊中叶黄素的包埋率高达 97%，在水中的溶解速度为 44s，消化率和吸收率均高于天然叶黄素。又以叶黄素微胶囊、黄玉米糁和杏仁为主要原料，以甜菊糖苷作为甜味剂制作功能饮料，饮料满足口感好的同时，主要营养物质玉米黄素和叶黄素的含量也很高，每日只需冲很少量即可满足 FAO/WHO 对健康成年人叶黄素 10mg/d 的推荐摄入量。另有研究者以壳聚糖和阿拉伯胶为壁材，三聚磷酸钠为交联剂，通过复凝聚法对维生素 A 进行分子包埋，并以维生素 A 微胶囊为添加物强化主食食品，以保留率为参考，测定并观察微胶囊加入对主食粉外观及保水力的影响，并在单因素试验基础上，研究蒸、煎、煮 3 个因素对维生素 A 保留率的影响。结果表明，营养强化后的小麦粉、荞麦粉、燕麦粉及马铃薯全粉的感官品质受到影响，经包埋后的维生素 A 保留率为 75%，而未经包埋的维生素 A 保留率为 10%。维生素 A 分子包埋技术为食品营养强化提供重要保障。有研究者研究了植物甾醇酯微胶囊在夸克干酪中的强化，植物甾醇酯具有降低血浆总胆固醇和低密度脂蛋白胆固醇的功效。另有研究者采用喷雾冷却法制备了以十二烷基琥珀酸酐酯化琼脂糖为原料的 DHA 微胶囊，在模拟肠胃条件下具有良好的氧化稳定性和释放特性。有研究机构公布了专利"一种 β-胡萝卜素营养强化奶及其制备方法"，通过对 β-胡萝卜素进行水溶性处理，以鱼明胶作为壁材，利用喷雾干燥法制备 β-胡萝卜素微胶囊，将 β-胡萝卜素微胶囊、牛奶和稳定剂混合后，依次循环进行剪切、均质，以及巴氏杀菌后，得到稳定性好的 β-胡萝卜素营养强化奶。制备的 β-胡萝卜素营养强化奶口感微甜、营养丰富、人体吸收利用率高，其中添加的 β-胡萝卜素在人体内可被有效转化为维生素 A，有助于保护眼睛和皮肤。

（3）脂质体包埋技术

脂质体是一种具有双层结构的微小球形颗粒，颗粒大小从纳米到微米不等，是由具有疏水相和亲水相的脂质组成的小膜气泡。脂质体中具有疏水生物活性的非极性结构域位于表面活性剂形成的双层膜之间，而极性结构域位于脂质体的水内部。表面活性剂双分子层可以由磷脂、磷脂酰胆碱等天然成分和 Tweens 等合成成分制成。脂质体在生物活性化合物的封装过程中起着重要作用，主要用于提高生物活性化合物的可持续释放性和稳定性。研究发现在脂质体中用磷脂酰乙醇胺（PE）包裹 DHA 可以提高 DHA 的稳定性和对脂质过氧化的抵抗力。另有研究利用反相蒸发法在磷脂酰胆碱中制备甘氨酸螯合铁纳米脂质体，此纳米脂质体包封率较高，并且呈现均匀的球形，通过体外模拟胃肠液消化吸收实验，此纳米脂质体在其中稳定存在 5h，说明甘氨酸螯合铁纳米脂质体适宜添加在食品中用于铁强化。另有研究者采用薄膜分散法制备乳铁蛋白脂质体，研究表明脂质体的包封作用可保护乳铁蛋白，避免其在胃液消化时受胃蛋白酶的影响，而使其在小肠部位进行消化吸收，进而达到控制释放的效果及提高乳铁蛋白的利用率。另有研究者用纳米脂质体包封鱼油，并将封装的鱼油用于强化酸奶。发现在 4℃下保存三周期间，纳米脂质体包封使酸度、沉淀率和过氧化物值显著降低。气相色谱分析结果显示，在储存 21 天后，含纳米脂质体鱼油的酸奶的 DHA 和 EPA 含量高于含游离鱼油的酸奶。有研究者建立了一种基于相反转的冷水稀释法，首先将癸酸单酯/癸酸甘油三酯、Leciva S70、柯利福 HS® 15、维生素 D_3、氯化钠和水混合均匀制备成 W/O 乳液，然后采用热冷循环的方法制备 O/W 乳液，最后采用 4℃的水稀释上述 O/W 乳液，从而将维生素 D_3 封装在纳米结构的脂质体载体（NLC）中。通过对 41 种配方测试，发现 NLC-19 最适合封装维生素 D_3，然后用其强化"Lassi"（一种牛奶饮料），感官评估及其可接受性均较好，进一步证实了 NLC-19 在"Lassi"中强化维生素 D_3 的适用性。

9.3.2 营养强化剂在食品工业中的应用

食品营养强化剂是指为增加营养成分而加入食品中的天然的或人工合成的属于营养素范围的食品添加剂。食品中需要强化的营养素是依据历年来对我国人群膳食与营养状况调查证实人群中普遍供给不足的，或由于地域环境因素造成地区性缺乏的，或满足生活环境和生理状况变化的特殊人群对某些营养素供给量特殊需要的营养素。目前，国内营养强化对象或载体主要为粮食和调味品，如调味品强化（如碘盐、铁强化酱油），主食强化（如面粉、大米），配方乳粉（如婴幼儿配方乳粉），饮料（如果汁）；膳食补充剂如补充维生素和矿物质的片剂、胶囊、口服液等。目前的营养强化主要是强化维生素类、矿物质类、蛋白质和氨基酸类（如牛磺酸和赖氨酸）、多不饱和脂肪酸类（如 DHA）等，可单一或多种营养素混合进行营养强化，营养强化的科学依据是营养平衡。营养强化需要合适的强化量，既不能过少也不能过多，过多同样会造成营养不平衡而不利于健康。所以，合理地使用和选择营养强化剂是非常重要的。

（1）维生素类营养强化剂的应用

维生素是促进人体生长发育和调节生理功能所必需的一类低分子有机物的总称，维生素大多不能在体内合成，或合成量甚微，在体内的储存量也很少，因此必须经常由食物供给。一般情况下应强化人体易缺乏的、食物中含量较少的及人体自身无法合成却是必需的维生素。常用的维生素强化剂有维生素 A、维生素 C、维生素 D、维生素 E、维生素 K、B 族维生素、烟酸、叶酸、胆碱等。在发展中国家，95% 以上的主食都来自谷物和薯类等，它们价格相对低廉，种植和消费范围广，因此被认为是营养强化的首选载体。面粉是我国居民的主食原料，可对其实行营养强化，补充维生素和铁、锌、钙等矿物质。面粉营养强化一般包括三个方面：添加氨基酸、矿物质和维生素。而维生素是面粉中应用最早，也是应用最广泛的一种强化剂。在面粉中，添加的维生素主要有维生素 A、维生素 D、维生素 C、维生素 B_1、维生素 B_2、维生素 B_6、烟酸、泛酸和叶酸。

"7+1"营养强化面粉配方见二维码9-1。

有研究者发现小麦粉、荞麦面、燕麦面、马铃薯全粉经维生素A微胶囊营养强化后，其原料组织状态、气味及色泽并未改变。维生素A营养强化后的小麦粉、荞麦粉、燕麦粉及马铃薯全粉的保水力均稍有增加，膨胀率及溶解度相差不大，说明少量微胶囊的加入，并未对原料品质带来不良影响。维生素A营养强化食品经过热加工处理后，维生素A保留率均可达75%以上，维生素A在食品加工中未产生较大损失，微胶囊技术对维生素

A起到良好保护效果。另有企业发明了一种添加肌醇烟酸酯营养强化剂的面粉，是在每吨面粉中添加肌醇烟酸酯35～40g、膳食纤维35～40g、50%维生素E粉5～10g。这种面粉，是将各添加剂原料组分经过混合搅拌、制湿颗粒、干燥、制得颗粒后，加入面粉中搅拌均匀而制得的。本发明的产品强化了面粉的营养成分，具有润肠和滋补的功能，能增强人体免疫力，提高抗病能力，延缓衰老，对预防糖尿病、高脂血症、心脑血管病及癌症有一定辅助作用。

（2）矿物质类营养强化剂的应用

矿物质类营养强化剂按其来源可分为天然的和合成的两大类，其形态还可分为无机盐和有机盐两类。一般来说，天然的矿物质比合成的易吸收，有机的矿物质比无机的生物利用率高，易溶解的比难溶解的吸收率高，颗粒细小的比颗粒粗大的易吸收。一种好的矿物质强化剂应满足四个条件：一是生物利用率高；二是对其他营养素摄取的影响小；三是矿物质营养素含量高；四是滋味平和、无异味。常用的矿物质强化剂有铁、钙、锌、碘、硒、镁、铜等各种化合物。

矿物质类营养强化剂主要用于饮料中。强化维生素和矿物质的乳饮料已出现于国内市场，最有名的是AD钙奶。目前国内市场上液态乳制品中，既强化维生素又强化矿物质的牛乳，主要以学生奶为主。有研究者发明并公开了一种纳米维生素矿物质保健饮料，将强化了人体每天必须摄入的维生素、矿物质和稀土元素特别是地球上人体内奇缺和分散的硒锗元素，强力清除人体自由基的金属硫蛋白，营养全面丰富的蜂花粉及松花粉，释放微量元素负离子的饮料供人们经常饮用，可弥补一日三餐摄入维生素、矿物质的不足，达到预防疾病的目的。

此外，调味品也经常用作矿物质强化的载体。常见的有强化食盐如碘强化食盐、铁强化食盐、硒强化食盐等以及其他强化调味品。有研究机构报道了一种富含有机硒的复合调味盐及其制备方法：将氯化钠、氯化钾、富硒酵母、酵母抽提物、氨基酸于搅拌釜中混合均匀；加入去离子水溶解；升温至80℃，搅拌至完全溶解；加入精制动物油、鸡肉粉、硒化卡拉胶、香菇粉、鸡枞菌粉等，搅拌30min；采用离心式喷雾干燥塔喷雾干燥，得颗粒产品。本发明调味盐低钠富钾，富含有机态硒。另有研究者公开了一种铁强化南极磷虾酱及其制备方法，铁强化南极磷虾酱的组分包括南极磷虾肉、南极磷虾肽亚铁螯合物、食盐以及碱性蛋白酶。制备方法包括主料制备、南极磷虾肽亚铁螯合物制备、酶解发酵、主辅料调配的工艺过程，以南极磷虾肉为主料，食盐、风味蛋白酶、鸡精、花椒和南极磷虾肽亚铁螯合物为辅料，加工制成具有补铁功能的南极磷虾酱。本发明可以提高人体对铁的吸收率，制备出既能补铁又能补充优质蛋白质的营养水产调味品，且相较传统制作方法含盐量低，浓稠不稀，风味鲜香，方便即食。

（3）脂肪酸类营养强化剂的应用

常用的脂肪酸包括花生四烯酸等几种不饱和脂肪酸。有研究者通过微胶囊技术将鱼油制成微粉，并将其作为曲奇饼干的原料，增加饼干中所含的营养成分含量，提高其营养价值。所用壁材乳清蛋白、β-环状糊精、阿拉伯胶比例为1∶1∶1时，鱼油微粉的包埋率可达85.44%。微胶囊鱼油曲奇饼干经优化后的最佳配方为：鱼油微粉7.18g、低筋面粉100g、黄油60.67g、糖40.38g、鸡蛋31.31g、焙烤温度上下火190℃，烘烤10min，得到的产品中包含全部18种氨基酸，种类齐全并且含量较高，必需氨基酸也占一定比例，占全部氨基

酸含量的 32.21％。微胶囊鱼油曲奇饼干中的脂肪酸种类丰富，并且不饱和脂肪酸占绝大部分，特别是 DHA。经试验确定微胶囊鱼油曲奇饼干产品在室温保藏条件下的保质期为 4 个月。另有企业制备了一种强化高油酸成分的调和油，该调和油中油酸的质量分数大于 75％，单不饱和脂肪酸质量分数大于 90％，饱和脂肪酸质量分数小于 10％，并且亚油酸与亚麻酸的质量比为 46∶1。该调和油油酸含量高，脂肪酸比例合理，可降低心血管疾病风险，满足民众对食用油营养健康的需求。与市售调和油相比，本发明提供的调和油用于煎炸食品色泽更好，煎炸薯条油烟少、起泡少，过氧化物、极性化合物增加缓慢，耐煎炸、稳定性好。另有研究机构采用了微囊化技术，制备得到具有高靶向释放率和贮藏稳定性的 DHA 微囊粉，该微囊粉可广泛应用于婴幼儿营养强化食品、青少年功能饮品和中老年保健品领域中。

（4）氨基酸类营养强化剂的应用

常用的氨基酸及含氮化合物包括八种人体必需氨基酸（及其衍生物）和牛磺酸。北京东方兴企食品工业技术有限公司发明了一种由多种氨基酸组合在一起，用于补充赖氨酸等必需氨基酸的营养强化剂，按以下成分和组分（质量分数）配比：L-赖氨酸 40％～59％、L-精氨酸 40％～59％、L-甲硫氨酸 0.1％～10％、L-苏氨酸 0.1％～5％、L-缬氨酸 0.1％～5％，在常温下无菌操作，混合而成。该营养强化剂可用于食物中氨基酸的强化，直接食用能补充缺乏的氨基酸，也可用于调整食物蛋白质中氨基酸的配比含量，以促进蛋白质中各种氨基酸的均衡利用，从而达到促进食物中氨基酸成分吸收的目的。有研究以香蕉皮提取物混合氨基酸，制备氨基酸生物钙营养强化剂，由以下组分组成：氨基酸 20％～40％，牡蛎壳粉 45％～65％，羧甲基纤维素钠 10％～20％，维生素 D 0.02％～0.05％，维生素 E 0.5％～0.8％。该营养强化剂技术可广泛用于糖果、糕点、强化食品、烧烤食品等，用量少，效果好，具有很好的市场前景。有研究者将富含氨基酸和长链多不饱和脂肪酸的鲑鱼鱼粉添加到面粉中制备意大利面，大大增加了其中必需氨基酸的含量，且使不饱和脂肪酸 n-6∶n-3 的比例分别从 19∶1（对照面食）降至（5∶1）～（3∶1）。

思考题

1. 简述营养强化剂定义及分类。
2. 食品营养强化剂的作用有哪些？
3. 食品营养强化的基本原则有哪些？
4. 举例说明日常生活中常见的营养强化食品有哪些？并说明其中添加营养强化剂的种类及作用。
5. 你认为目前在中国还有没有必要对食品进行营养强化？

第 9 章　思考题答案

第 10 章

食品膨松剂、稳定剂和凝固剂、抗结剂以及水分保持剂

导言

膨松剂、稳定剂和凝固剂、抗结剂以及水分保持剂等其他食品添加剂在改善食品的外观、品质、质地等方面发挥了重要的作用。然而，随着我国食品营养和食品安全领域研究的发展，需要开发精准高效、安全有营养的食品添加剂。

10.1 食品膨松剂

10.1.1 定义与功能

馒头、油条、饼干、蛋糕等食品具有海绵状多孔组织的特点，因此口感柔软、酥脆。这类食品之所以具有这些特点，是因为在制作过程中面团里含有足量的气体，气体受热膨胀使产品体积增大。这些气体除少量来自制作过程中混入的空气和物料中所含水分在烘焙时受热所产生的水蒸气外，绝大多数则是由膨松剂提供的。

膨松剂（leavening agent），又称疏松剂，是指在食品加工过程中加入，能使产品发起形成致密多孔组织，从而使制品具有膨松、柔软或酥脆性质的物质。食品膨松剂不仅能使食品产生松软的海绵状多孔组织，使之口感柔软可口、体积膨大，而且咀嚼食品时产生的唾液会很快渗入制品的组织中，以溶出制品内可溶性物质，刺激味觉神经，使之迅速反映该食品的风味。当食品到达胃部之后，各种消化酶能快速进入食品组织，使食品更容易、快速地被消化、吸收，避免营养损失。

10.1.2 分类及其特点

膨松剂的有效成分主要是碳酸盐及产酸类物质，如碳酸氢钠、碳酸氢铵与硫酸铝钾等。它们在化学反应中能产生气体，主要用于面团的发泡。将膨松剂添加到以小麦粉为主的焙烤食品中，它会在加工过程中受热分解，产生气体，使面坯膨胀，形成致密多孔组织，从而使制品具有膨松、柔软或酥脆感。我国规定允许使用的膨松剂有：碳酸氢钠（钾）、碳酸氢铵、轻质碳酸钙（碳酸钙）、硫酸铝钾（钾明矾）、硫酸铝铵（铵明矾）、磷酸氢钙、酒石酸氢钾、焦磷酸二氢二钠等。

通常膨松剂可分为生物膨松剂、碱性膨松剂和复合膨松剂。

10.1.2.1 生物膨松剂

随着食品工业和食品添加剂的发展，生物膨松剂也逐渐应用到食品工业中。生物膨松剂中最重要的是单细胞真菌球形酵母，主要用来制作面包、馒头、包子、花卷及饼干、糕点类等面制品，在和面时加入可使成品多孔酥脆或膨松。

酵母在自然界广泛存在，使用历史悠久、安全无毒、培养方便、廉价易得、使用效果好。在发酵过程中，酵母在面团中生长繁殖，在自身的酶作用下进行糖发酵产生二氧化碳、水、风味成分和营养物质。风味成分有醇类（乙醇、丙醇等）、有机酸（醋酸、乳酸、琥珀酸）、醛类（乙醛、丙醛）、酯类等。故酵母类膨松剂不仅可以使制品体积膨松，组织呈海绵状，而且能提高面制品的营养价值和风味。此外酵母还含有蛋白质、碳水化合物、脂肪和维生素，使食品的营养价值大大提高。酵母的不足之处是发酵时间较长，有时制得成品的海绵状结构过于细密、体积不够大。

面制品的酵母主要分类详见二维码 10-1。

10.1.2.2 碱性膨松剂

碱性膨松剂也称膨松盐，主要有碳酸盐和碳酸氢盐，常用的为碳酸氢钠和碳酸氢铵。它们受热后直接发生分解产生 CO_2 等气体，使食品体积膨大，不需要酸作用。碱性膨松剂具有价格低廉、保存性较好、使用稳定性较高等优点，所以它仍在饼干、糕点中单独用作膨松剂。

（1）**碳酸氢钠**（sodium hydrogen carbonate，CNS 号为 06.001，INS 号为 500ii）

① 性状　别名小苏打、重碳酸钠、酸式碳酸钠。为白色晶体粉末，无臭，味咸，熔点 270℃。加热至 50℃时开始产生二氧化碳。270～300℃加热 2h 转变为碳酸钠。在干燥空气中稳定，在潮湿空气中缓慢分解失去二氧化碳。易溶于水，水溶液呈弱碱性，pH 为 8.3，遇弱酸则强烈分解。水溶液放置稍久，或振摇，或加热，碱性均增强，不溶于乙醇。

② 毒性　ADI 不做特殊规定（FAO/WHO，1985）。

③ 应用　碳酸氢钠可作为膨松剂、酸度调节剂（碱剂、缓冲剂）。碳酸氢钠受热分解放出二氧化碳，使食品产生多孔海绵状疏松组织，但由于产气过快，容易使食品出现大孔洞。此外，碳酸氢钠分解后形成的碳酸钠，使食品的碱性增加，不但影响口味，还会破坏某些维生素；甚至导致食品发黄或者有黄斑，使食品质量降低，最好复配后使用。

④ 应用与限量　GB 2760—2024《食品安全国家标准　食品添加剂使用标准》规定，碳酸氢钠可作为膨松剂用于各类食品中，按生产需要适量使用。本品是配制复合膨松剂的基本原料之一，可配合不同的酸性物质用于糕点。

（2）**碳酸氢铵**（ammonium hydrogen carbonate，CNS 号为 06.002，INS 号为 503ii）

① 性状　别名重碳酸铵、酸式碳酸铵、食臭粉。为白色晶体粉末，有氨臭，相对密度 1.586，熔点 36～60℃。性质不稳定，在 36℃以上分解为二氧化碳、氨和水，60℃可完全分解，在室温下相当稳定。在空气中易风化，有吸湿性，潮解后分解加快。易溶于水，水溶液呈碱性，0.08％水溶液的 pH 为 7.8。溶于甘油，不溶于乙醇。

② 毒性　ADI 值无须规定（FAO/WHO，1994）。碳酸氢铵的分解产物二氧化碳和氨均为人体代谢物，适量摄入对人体健康无害。

③ 应用　GB 2760—2024《食品安全国家标准　食品添加剂使用标准》规定，碳酸氢铵可作为膨松剂用于各类食品中，按生产需要适量使用。碳酸氢铵受热后分解产生二氧化碳和

氨气，使食品形成海绵状疏松结构体。碳酸氢铵分解时产生的氨气溶于食品的水中生成氢氧化铵，可使食品的碱性增加，还可影响食品的风味，有氨的臭味。本品部分溶于水，残留后可使食品带有异臭，影响口感，故宜用于含水量较少的食品，如饼干等；本品与碳酸铵一样，以分解释放氨及二氧化碳而对食品起蓬松作用。但本品的分解温度比碳酸铵高，宜在加工温度较高的面团中使用。

碳酸氢铵作为膨松剂，通常与碳酸氢钠复配使用，也可单独使用。与碳酸氢钠复配时用于食品的配方如下。

酥性饼干：碳酸氢铵 0.2%～0.3%，碳酸氢钠 0.5%～0.6%。

韧性饼干：碳酸氢铵 0.35%～0.54%，碳酸氢钠 0.7%～0.8%。

甜性饼干：碳酸氢铵 0.15%～0.2%，碳酸氢钠 0.3%～0.4%。

酥性糕点：碳酸氢铵 0.2%～0.6%，碳酸氢钠 0.16%～0.45%。

亦可与发酵粉复配使用。

(3) 碳酸钙（包括轻质碳酸钙和重质碳酸钙，calcium carbonate，CNS 号为 13.006，INS 号为 170i）

① 性状　碳酸钙分子式 $CaCO_3$，白色细微粉状，无定形结晶，无臭，无味，碳酸钙的相对密度 2.5～2.7，在 825～896.6℃时分解。碳酸钙难溶于水和乙醇，稍有吸湿性，在干燥空气中稳定，遇稀硫酸、稀盐酸等易迅速发生反应。轻质碳酸钙系指用化学沉淀法制得的碳酸钙产品，而重质碳酸钙系指用优质的方解石或石灰石为原料经机械粉碎制得的碳酸钙产品。

② 毒性　ADI 不做特殊规定（FAO/WHO，1994）。

③ 应用　可用作膨松剂、面粉处理剂、稳定剂。GB 2760—2024《食品安全国家标准 食品添加剂使用标准》规定，碳酸钙（包括轻质和重质碳酸钙）可作为膨松剂用于各类食品中，按生产需要适量使用。

10.1.2.3　复合膨松剂

复合膨松剂又称发酵粉、发泡粉。复合膨松剂的特点是消除碱性膨松剂的不良现象（如制品有异味、表面或内部组织有黄色斑点），使制品不残留碱性物质，提高产品质量。它是目前实际应用最广泛的膨松剂，一般由三部分组成，即碱剂、酸剂和助剂。碱剂通常使用碳酸盐，常用的是碳酸氢钠，用量占 20%～40%，其作用是产生 CO_2 气体；酸剂常用的有酒石酸氢钾、酸性磷酸钙、明矾及有机酸，用量占 35%～50%，作用是与碱剂发生化学反应产生气体，控制气体的产生速度和作用效果，调整食品的酸碱度；助剂，主要有淀粉、脂肪酸、食盐等，用量占 10%～40%，其作用是用于控制和调节 CO_2 气体产生的速度，使气泡产生均匀，延长膨松剂的保存性，防止吸潮、失效，也能改善面团的性能，增强面筋的强韧性和延伸性，也能防止面团因失水而干燥。

常见复合膨松剂的原料如下。

(1) 硫酸铝钾（aluminium potassium sulfate，CNS 号为 06.004，INS 号为 522）

① 性状　别名钾明矾、烧明矾、明矾、钾矾。为无色透明结晶，或白色结晶性粉末、片、块，无臭。相对密度 1.757，熔点 92.5℃，略有甜味和收敛涩味。在空气中可风化成不透明状，加热至 200℃以上因失去结晶水而成为白色粉状的烧明矾。能溶于水，其溶解度随水温升高而显著增大。溶液对石蕊呈酸性，1%水溶液的 pH 为 4.2。在水中可水解生成氧化铝胶状沉淀。可缓慢溶于甘油，几乎不溶于乙醇。

② 毒性　ADI 无须规定（FAO/WHO，1994）。过量使用时可导致呕吐、腹泻。铝盐

可与蛋白质结合而影响吸收。

③ 应用　实际使用中，用于油炸食品，如油条，用量为 10～30g/kg，用量多，制品质地硬而脆，用量过多会给食品带上涩味；在虾片中参考用量为 6g/kg；在果蔬加工中可用作保脆剂，用量为 1g/kg。

（2）硫酸铝铵（aluminium ammonium sulfate，CNS 号为 06.005，INS 号为 523）

① 性状　别名铵明矾、铝铵矾。为无色透明坚硬的晶体颗粒或粉末，无臭，味微甜带涩，有较强的收敛性，相对密度 1.645，熔点 94.5℃，加热至 120℃失去 10 个结晶水，至 250℃成为无水物，250℃后开始分解。它溶于水和甘油，在水中溶解度为 5g/100mL。水溶液呈酸性。不溶于乙醇。

② 毒性　ADI 为 0～0.6mg/kg（FAO/WHO，1994）。

③ 应用　硫酸铝铵可作为膨松剂、中和剂。硫酸铝铵是硫酸铝和硫酸铵的复盐，水解生成弱酸、强酸，水溶液呈酸性，其性能与钾明矾相同。本品常与碳酸氢钠等作为焙烤食品的复合膨松剂应用。在某些食品中利用铵明矾的收敛作用，可改善食品的咀嚼感。因铝对人体健康不利，应注意控制使用。使用范围和最大使用量参照硫酸铝钾。

《食品安全国家标准　食品添加剂使用标准》（GB 2760—2024）规定：硫酸铝钾和硫酸铝铵可用于豆类制品、面糊（如用于鱼和禽肉的拖面糊）、裹粉、煎炸粉、油炸面制品、粉丝、粉条、虾味片、焙烤制品、腌制水产品（仅限海蜇），按生产需要适量使用，铝的残留量≤100mg/kg（干样品），其中，腌制水产品中铝的残留量≤500mg/kg（以即食海蜇中 Al 计）。

（3）磷酸氢钙（calcium hydrogen phosphate，CNS 号为 06.006，INS 号为 341ii）

① 性状　别名磷酸一氢钙。为白色晶体粉末，无臭，无味，在空气中稳定不发生变化。它微溶于水，25℃下，溶解度为 0.02g/100mL，不溶于乙醇，易溶于稀盐酸、稀硝酸和柠檬酸铵溶液。微溶于稀乙酸。加热至 75℃以上失去结晶水，成为无水盐，强热则变为焦磷酸盐。

② 毒性　ADI 为 0～70mg/kg（以磷计磷酸盐总量，FAO/WHO，1994）。

③ 应用　GB 2760—2024《食品安全国家标准　食品添加剂使用标准》规定，磷酸氢钙可作为膨松剂用于即食谷物、方便米面制品、焙烤食品等，按生产需要适量使用，不超过最大使用量。

（4）酒石酸氢钾（potassium bitartarate，CNS 号为 06.007，INS 号为 336）

① 性状　别名酸式酒石酸钾、酒石。为白色晶体粉末，无臭，有爽口的清凉酸味，相对密度 1.956，常温下微溶于水、乙醇；溶于热水，17℃下饱和水溶液的 pH 为 3.66。

② 应用　酒石酸氢钾可作为膨松剂，其性能与磷酸氢钙相似，产气较缓慢。GB 2760—2024《食品安全国家标准　食品添加剂使用标准》规定，酒石酸氢钾可作为膨松剂用于小麦粉及其制品及焙烤食品中，按生产需要适量使用。

（5）磷酸氢二铵（diammonium hydrogen phosphate，CNS 号为 06.008，INS 号为 342ii）

① 性状　磷酸氢二铵分子式 $(NH_4)_2HPO_4$，是一种无机化合物，为无味无色透明单斜晶体或白色粉末，易溶于水，不溶于醇、丙酮、氨，水溶液呈碱性，10g/L 溶液 pH 为 8，与氨水反应生成磷酸三铵。

② 毒性　磷酸氢二铵对皮肤和黏膜有轻度刺激，吸入或食入体内会引起严重腹泻。

③ 应用　《食品安全国家标准　食品添加剂使用标准》（GB 2760—2024）规定，磷酸氢二铵可用于米粉、小麦粉及其制品、生湿面制品、食用淀粉、方便米面制品等产品。

(6) 磷酸氢二钾（dipotassium hydrogen phosphate，CNS 号为 15.009，INS 号为 340ii）

① 性状　磷酸氢二钾，结晶水形式为三水合磷酸氢二钾，分子式 $K_2HPO_4 \cdot 3H_2O$，外观为白色结晶或无定形白色粉末，易溶于水，水溶液呈微碱性，微溶于醇，有吸湿性，温度较高时自溶。相对密度为 2.338，204℃时分子内部脱水转化为焦磷酸钾。

② 应用　《食品安全国家标准　食品添加剂使用标准》（GB 2760—2024）规定，磷酸氢二钾可用于乳及乳制品、米粉、小麦粉及其制品、生湿面制品、食用淀粉、方便米面制品等产品中。磷酸氢二钾还可作为水分保持剂、稳定剂、酸度调节剂、凝固剂和抗结剂使用。

10.1.2.4　复合膨松剂可根据碱性盐的组成和反应速度分类

(1) 根据碱性盐的组成分三类

① 单一剂式复合膨松剂　即 $NaHCO_3$，与其他会产生 CO_2 气体的酸性盐作用产生 CO_2 气体，膨松剂中只有一种原料产生 CO_2。

② 二剂式复合膨松剂　以两种能产生 CO_2 气体的膨松剂原料和酸性盐一起作用而产生 CO_2 气体。

③ 氨类复合膨松剂　除能产生 CO_2 气体外，还会产生 NH_3 气体。

(2) 根据反应速度分为三类

复合膨松剂根据所用酸性物质不同而有产气快慢之别。

① 快性发粉　在食品未烘焙前已产生膨松效果。如果酸性物质为有机酸、磷酸氢钙等，产气反应较快。

② 慢性发粉　在食品未烘焙前只产生较少气体，大部分气体和膨松效果均在加热后才出现。如果使用硫酸铝钾、硫酸铝铵等则反应较慢，通常需要在高温下发生作用。

③ 双重反应发粉　含有快性和慢性膨松剂，两者配合而成。

复合膨松剂的配方很多，依具体食品生产需要而有所不同。通常依所用酸性物质的不同可有产气快慢之别。例如，速效发泡粉是以小苏打、酒石酸氢钾和淀粉组成的白色粉末，性质较稳定，无异味，膨松性强。营养发泡粉是以小苏打、酸性磷酸钙和淀粉组成的白色粉末，起发稍慢。而使用硫酸铝钾、硫酸铝铵等，则反应较慢，通常适用在高温时发生作用。

10.1.2.5　复合膨松剂配制原则

(1) 根据产品要求选择产气速度恰当的酸性盐

复合膨松剂的产气速度依赖于酸性盐与碳酸氢钠的反应速度，不同的产品要求发粉的产气速度不尽相同。如蛋糕类使用的发粉应为双重发粉，因为在烘焙初期产气太多，体积迅速膨大，此时蛋糕组织尚未凝结，成品易塌陷且组织较粗，而后期则无法继续膨大；若慢性发粉太多，初期膨胀慢，制品凝结后，部分发粉尚未产气，使蛋糕体积小，失去膨松意义。馒头、包子所用发粉由于面团相对较硬，需要产气稍快，若凝结后产气过多，成品将出现"开花"现象。而像油条这样的油炸食品，需要常温下尽可能少产气、遇热产气快的发粉。

(2) 根据酸性盐的中和值确定 $NaHCO_3$ 与酸性盐的比例

"中和值"是指每 100 份某种酸性盐需要多少份 $NaHCO_3$ 去中和，此 $NaHCO_3$ 的份数，即为该酸性盐的中和值。在复合膨松剂配制中，应尽可能使 $NaHCO_3$ 与酸性盐反应彻底，一方面可使产气量大，另一方面能使发粉的残留物为中性盐，保持成品的色、味。因此酸性盐和 $NaHCO_3$ 的比例在复合膨松剂配制中需特别注意。

配制复合膨松剂时，应将各种原料成分充分干燥，并粉碎过筛，使颗粒细微，以便混合均匀。碳酸盐与酸性物质混合时，碳酸盐使用量最好适当高于理论量，以防残留酸味。产品最好密闭贮存于低温干燥处，以防分解失效。同时，应尽可能使碳酸氢钠与酸性盐的反应完全，一方面可使产气量大，另一方面能使发粉的残留物为中性盐，保持成品的色、味。同时为避免氮的残留，碳酸氢铵及酸性铵盐仅用于饼干等低水分焙烤食品。家庭蒸食和面包制作使用的发粉则以碳酸氢钠为主。不同的发粉对温度的敏感程度是不一样的。对温度不太敏感的发粉，只有在接近最高焙烤温度时，才显示出较剧烈的作用。例如，磷酸氢钙，它是一种微碱性酸式盐，在室温混合下并不与碳酸氢钠发生反应；可是，在焙烤温度升至 60℃ 以上时，它可在水的作用下释放出氢离子。

10.1.3　新型复合膨松剂

10.1.3.1　无铝复合膨松剂

复合膨松剂在面团混合时，遇水后开始释放 CO_2 气体，并在加热过程中释放出更多的 CO_2 气体，使产品达到膨胀和松软的效果。一般来说，在冷面团里，气体的产生速度较慢，加热时，则能均匀地产生大量气泡。有的焙烤食品的面团需要经过调制、醒发和焙烤等工序，还要求膨松剂具有"二次膨发特性"。在面制品的整个加工过程中膨松作用都必须得到有效控制。食用碱会延缓 CO_2 的分解作用，而且在其分解后使食品呈碱性，若使用不当或过量，将使食品表面出现黄色的斑点及带来不良气味。添加明矾则能降低食品的碱性，调整食品酸碱度，消除异味，并控制反应速度，充分提高膨松剂的效能。使用时，两者必须按反应需要进行平衡，明矾添加过多则会带来酸味，甚至还会有苦味。

传统膨松剂中的明矾中含有铝，在生产中若控制不当可导致铝超标，可致阿尔茨海默病，造成脑、心、肝、肾和免疫功能的损害。我国面制食品中铝限量应小于 $100mg/kg$。根据原国家卫生与计划生育委员会等 5 部门《关于调整含铝食品添加剂使用规定的公告》(2014 年第 8 号)，各省级食品药品监督管理局、质量技术监督局不再受理食品添加剂酸性磷酸铝钠、硅铝酸钠和辛烯基琥珀酸铝淀粉生产许可申请。为了满足"天然、营养、多功能"食品添加剂的发展方向，以及国际上提倡"回归大自然、天然、营养、低热能、低脂肪"的食品添加剂发展趋势，为了便于食品生产企业在生产中的有效控制，充分提高产品的膨松效果，应大力研究开发和推广能替代明矾的新型安全、高效、方便的无铝复合膨松剂。

无铝复合膨松剂主要由食用碱、柠檬酸、葡萄糖酸-δ-内酯、酒石酸氢钾、磷酸二氢钙、蔗糖脂肪酸酯和食盐等混合制成。如：食用碱 33%，葡萄糖酸-δ-内酯 17.46%，食盐 15%，柠檬酸 10.78%，酒石酸氢钾 9.83%，蔗糖脂肪酸酯 8.08%，碳酸二氢钙 5.85%。

无铝复合膨松剂的优点如下。

(1) 加速二氧化碳气体的产生

利用柠檬酸代替明矾，不但使食用碱在遇酸受热时能即时产生强烈反应，加快二氧化碳气体的产生，其膨松效果甚至超过使用明矾的效果，更为重要的是，柠檬酸本身不含铝，在生产应用中不易造成铝超标，不会对人体产生毒害作用。

(2) 口感佳，加工性能良好

为了避免直接加酸会在瞬间就产生大量二氧化碳气体而影响制品质量，在无铝膨松剂中还使用了酒石酸氢钾、磷酸二氢钙等酸性盐类，用以调整食品酸碱度，控制膨松剂的产气速度，充分地发挥气体的膨胀作用，而且磷酸二氢钙对成品的口味与光泽均有帮助，还兼具营养强化的作用。复合无铝膨松剂的成本虽然较高，但其制成品的口味好，组织柔软而膨松，加工性能也较佳，是理想的面食加工配料。

（3）具有抗氧化和抗老化作用

葡萄糖酸-δ-内酯具有抗氧化作用，尤其适用于油炸类食品，而且葡萄糖酸-δ-内酯在加热时会产生水解作用而呈酸性，用以配制膨松剂，也能使制品口味良好，组织细致。蔗糖脂肪酸酯是一种乳化剂，用于面包、蛋糕的生产中，能起抗老化作用，用于饼干加工中，能提高饼干的起酥性；用于油炸食品中，能使制品体积比不添加时增加10％左右，明显提高制品的质量。

配制无铝复合膨松剂时，应将各种原料成分充分干燥，粉碎过筛，以使颗粒细微，有助于均匀混合。贮存时最好密闭存放于低温干燥处，其中的柠檬酸及磷酸二氢钙等酸性物质，可单独包装，使用时再将其与其他物质混合，以防贮存时分解失效，也易于调节pH。碳酸盐与酸性物质混合时，碳酸盐使用量最好适当高于理论量，以防残留酸味。

无铝膨松剂的优点很多，安全、高效、方便，适应于消费者的需求，也是近年来食品膨松剂的主要发展趋势，应逐步成为食品企业使用膨松剂的首选。目前，新型复合膨松剂多用于蛋糕、油条及其他面制品产品中。

10.1.3.2 微胶囊技术

传统的复合膨松剂一般以淀粉为填充剂隔离小苏打和酸性物质，以防止这两种物质过早接触反应而影响效果。但淀粉的隔离效果并不十分显著，而且产气也不稳定。采用微胶囊技术将小苏打或酸性物质包埋起来，使其在一定温度下释放出来与另一种物质反应而产生气体。选择不同的微胶囊壁材可以有效控制产气时间、速度和温度，进而延长膨松剂有效期，提高产品质量。

此外，食品微胶囊技术应用于膨松剂，可极大地改善膨松剂的作用效果。利用微胶囊对膨松剂进行包埋，可有效地控制气体的产生速度，在保证产品品质的前提下为减少膨松剂的使用量提供了可能。

10.1.4 膨松剂的案例分析

铝是自然界中含量最多的金属元素，广泛应用于包括食品、食品接触材料、厨具、食品添加剂、药品、净水剂在内的各个领域。在毒理学上，铝属于低毒的微量元素，但进入人体细胞后可与多种蛋白质、酶、腺苷三磷酸等生物活性物质结合，在人体内蓄积并产生慢性毒性。目前，除自然界中的元素积累和食品接触材料中元素迁移外，食品中铝的主要污染来源为膨松剂和着色剂使用的食品添加剂。其中硫酸铝钾和硫酸铝铵等含铝膨松剂的不合理使用是食品中铝残留量超标的主要因素之一。市场上常见的复合泡打粉、馒头改良剂、面包改良剂等复合膨松剂作为食品生产企业常用食品添加剂，被用于面包、包子、馒头、糕点等发酵米面制品、油炸面制品的快速膨松发酵，起到了使产品组织致密多孔、口感膨松、柔软或酥脆的作用。其中，生产膨松剂的厂家不按标准生产或标注产品，存在标注为无铝膨松剂中添加硫酸铝钾或硫酸铝铵的情况，使得食品生产企业无法正确掌握添加剂的添加情况，造成了食品安全隐患。同时，我国目前尚未有针对复合食品膨松剂中铝的检测标准，使得在该监管领域存在不足。

10.2 稳定剂和凝固剂

早在东汉时期，就有使用盐卤作凝固剂制作豆腐的记载，民间也流传着"卤水点豆腐，一物降一物"的谚语。明代医学家李时珍在《本草纲目·谷部》中就记载了"豆腐之法，始于汉淮南王刘安”，并详细介绍了豆腐的制作方法。汉淮南王刘安和当时八位著名的方士寻求长生不老之药，他们在炼丹中以黄豆汁培育丹苗，当豆苗与石膏偶然相遇后，成为白嫩的豆腐，这就是史称“八公山豆腐”的雏形。其主要成分为硫酸钙的石膏和氯化镁、硫酸镁、氯化钠的盐卤，实际上就是大豆蛋白的凝固剂，属于食品添加剂。

现代工业化生产豆腐不是使用传统的盐卤，而是使用葡萄糖酸-δ-内酯来凝固豆腐，生产的就是我们熟悉的内酯豆腐。盐卤、石膏、葡萄糖酸-δ-内酯这些都是凝固剂。热天大家都爱吃清凉的东西，尤其是一些啫喱果冻类的，因外观晶莹、色泽鲜艳、口感软滑、清甜滋润而深受大家的喜爱，这些产品中也都用到了凝固剂。

凝固剂是使食品结构稳定、使加工食品的形态固化、使其流动性降低或消除的一类食品添加剂。其作用方式通常是使食品中的果胶、蛋白质等溶胶凝固成不溶性凝胶状物质，从而达到增强食品中黏性固形物的强度、提高食品组织性能、改善食品口感和外形等目的。凝固剂在食品生产中有广泛的应用，如利用氯化钙等钙盐使可溶性果胶酸成为凝胶状不溶性果胶酸钙，可保持果蔬加工制品的脆度和硬度，在果蔬罐头等产品中经常使用；或与低酯果胶交联成低糖凝胶，用于生产具有一定硬度的果冻食品等。盐卤、硫酸钙、葡萄糖酸-δ-内酯等均为蛋白质凝固剂。蛋白质加热后，其立体结构发生变化，从而引起蛋白质的物理、化学、生物化学的性质变化，这种现象称为蛋白质热变性。大豆蛋白质热变性是：豆浆加热后，随着蛋白质分子运动加快，在相互撞击下，构成蛋白质的多肽链的侧链断裂，变为开链状态，大豆蛋白质分子原来有序的紧密结构变为疏松的无规则状态。这时加入凝固剂，变性的蛋白质分子相互凝聚、相互穿插缠结成网状的凝聚体，水被包在网状结构的网眼后，转变成蛋白质凝胶。在豆腐生产过程中，此工艺过程称为点脑、点卤或点浆。

总之，稳定剂和凝固剂的作用主要有：①稳定剂和凝固剂的分子中多含有钙盐、镁盐或带多电荷的离子团，在促进蛋白质变性而凝固时，这种添加剂可起到破坏蛋白质胶体溶液中的夹电层，使悬浊液形成凝胶或沉淀的作用；②有些稳定剂和凝固剂如乳酸钙等盐，在溶液中可与水溶性的果胶结合，生成难溶的果胶酸钙；③有些稳定剂和凝固剂如葡萄糖酸-δ-内酯可在水解过程与蛋白质胶体发生反应后，形成稳定的凝胶聚合体物质。

10.2.1　稳定剂和凝固剂的作用机理

蛋白质分子量介于一万到几百万之间，故其分子的大小达到胶粒范围值（$1 \sim 100nm$）。溶液中蛋白质可能形成分子内盐而分散或利用亲水基与水形成的溶剂化效应，使蛋白质分子表面发生极化而形成胶体形态。这种不稳定的胶体形式影响蛋白质颗粒的相互聚集。因此水相中的蛋白质基本呈离散状态。当加入一些盐类物质后，相应离子就会与蛋白质结合而沉淀聚集，酸类物质也会破坏其分子内盐而聚集。随着蛋白质胶体形式或其中的夹电层的逐渐消失，分散的蛋白质颗粒会发生聚集和凝固。这就是制备豆腐或沉淀奶酪的技术原理。

豆腐的原料黄豆富含蛋白质，蛋白质含量 $36\% \sim 40\%$。经水浸、磨浆、除渣、加热，得到蛋白质的胶体浆液。点豆腐就是设法使蛋白质发生凝聚而与水分离。传统使用的盐卤为结晶氯化镁的水溶液，可中和胶体微粒极化或电离产生的电荷，使蛋白质分子凝聚起来得到豆腐，既然点豆腐是让蛋白质发生凝聚，所采用的凝胶剂就不一定非盐卤不可，其他如石膏、柠檬酸等都有相同的作用。有些非离子型物质是通过水解产生酸或盐，然后再与蛋白质胶体结合产生凝团蛋白质的效果，如葡萄糖酸-δ-内酯在制备内酯豆腐过程中的作用。另外有些稳定剂和凝固剂如乳酸钙、氯化钙等盐，在溶液中可与水溶性的果胶结合，生成难溶的果胶酸钙。

10.2.2 稳定剂和凝固剂的分类

稳定剂和凝固剂分为两类：无机类稳定剂和凝固剂与有机类稳定剂和凝固剂。无机类稳定剂和凝固剂一般指金属盐类，有机类稳定剂和凝固剂主要分为盐类稳定剂和凝固剂与酸类稳定剂和凝固剂。盐类稳定剂和凝固剂主要有硫酸钙、氯化钙、氯化镁，酸类稳定剂和凝固剂主要是葡萄糖酸-δ-内酯。

10.2.2.1 金属盐类凝固剂

金属盐类凝固剂是最早使用的豆腐凝固剂，主要包括石膏（主要成分硫酸钙）和盐卤（主要成分是氯化镁）等。石膏在水中的溶解度小，因此凝固速率慢，凝固操作容易掌握，做成的豆腐保水性能好，组织光滑细腻，出品率高，但制品难免会有一定的硫酸钙残留，而带有苦涩味；用盐卤制作的豆腐风味鲜美，但是豆腐持水性差，而且产品放置时间不宜过长。为解决盐卤点卤时蛋白质凝固速率过快，不易操作的问题，日本公司开发了可延迟蛋白质凝固的微胶囊包埋型卤水凝固剂。

有些凝固剂如乳酸钙、氯化钙等盐类，在溶液中可与水溶性的果胶结合，形成凝胶状不溶性果胶酸钙。低甲氧基果胶的胶凝是两个分子链间的羧基通过钙桥实现离子连接以及氢键共同作用的结果，果胶和钙体系通常一经冷却就发生这种连接，但在冷藏条件下果胶介质中通过钙的缓慢释放也可获得此种连接。低甲氧基果胶分子上带的羧基比高甲氧基果胶相对较多，分子间难以自身形成结合区，很易与钙离子等形成桥联作用，在此种桥联作用中，配对果胶链间的主要反应可能是钙离子形成的桥架作用，结合在它们的配位层中，配位层中的两个具有多个阴离子的氧原子来自一个果胶分子，另两个多阴离子的氧原子来自另一个果胶链。这种"桥联"模型随钙离子浓度的增加，能组建越来越多的结合区，呈连续的立体分布，构成凝胶的三维空间网状结构，网孔内充满液体，外观形似固体，非常稳定，称为凝胶。钙桥在高酯果胶胶凝时也能发挥一定作用，特别是在酯基以嵌段形式分布在果胶分子中留下大段游离氨基酸时。

关于盐类凝固剂的凝固机理，目前有三种看法。第一种是离子桥学说，认为豆浆凝固时，盐类凝固剂的二价阳离子（如 Ca^{2+}、Mg^{2+}）与蛋白质分子结合，充当"桥"的作用。第二种是基于盐析理论，即盐中的阳离子与热变性大豆蛋白表面带负电荷的氨基酸残基结合，使蛋白质分子间的静电斥力下降形成凝胶。又由于盐的水合能力强于蛋白质，所以加入盐类后，争夺蛋白质分子的表面水合层导致蛋白质稳定性下降而形成胶状物。第三种认为，豆浆中加入中性盐后，豆浆的 pH 下降，在 pH 6 左右，豆浆凝固成豆腐。但以上三种解释具有各自的合理性和局限性。

（1）硫酸钙（calcium sulfate，CNS 号 18.001，INS 号 516）

① 性状 硫酸钙分子式 $CaSO_4$，俗称石膏或生石膏，为白色结晶性粉末，无臭，有涩味，相对密度 2.32，熔点 1450℃。微溶于水。硫酸钙加热至 100℃成为含半水的煅石膏（$CaSO_4 \cdot 0.5H_2O$），加热至 194℃以上成为无水物。

② 毒性 ADI 值无须规定（FAO/WHO，1994）。

③ 应用 本品对蛋白质凝固性缓和，所生产的豆腐质地细嫩，持水性好，有弹性。但因其难溶于水，易残留涩味和杂质。《食品安全国家标准 食品添加剂使用标准》（GB 2760—2024）规定：硫酸钙可用于豆类制品、小麦粉制品、面包、糕点、饼干、腌腊肉制品（如咸肉、腊肉、板鸭、中式火腿、腊肠）（仅限腊肠）、肉灌肠类。

（2）氯化钙（calcium chloride，CNS 号 18.002，INS 号 509）

① 性状　为白色坚硬块状结晶或晶体颗粒，无臭，味微苦。极易吸湿而潮解，它易溶于水，易溶于乙醇。5%水溶液的 pH 值为 4.5～8.5。水溶液的冰点下降显著，可降至 -55℃。加热至 260℃脱水形成无水物。

② 毒性　ADI 无须规定（FAO/WHO，1994）。钙盐、氯离子均为人体内正常成分，参与人体代谢。

③ 应用　《食品安全国家标准　食品添加剂使用标准》（GB 2760—2024）规定，氯化钙可用于水果罐头、果酱、蔬菜罐头、豆类制品等。氯化钙主要是使可溶性果胶凝固为不溶性果胶酸钙，以保持果蔬加工制品的脆度和硬度。此外，与硫酸钙一样，也可用作豆制品生产中的凝固剂。

（3）氯化镁（magnesium chloride，CNS 号 18.003，INS 号 511）

① 性状　氯化镁盐凝固剂主要是指以含氯化镁为主的盐卤和卤片。盐卤亦称苦卤和卤水，为淡黄色液体，味涩、苦，其主要成分为氯化钠、氯化钾、氯化镁和氯化钙以及硫酸镁、溴化镁等。卤片为无色单斜结晶，或小片状体或颗粒，无臭，味苦。常温下为六水合物，随温度升高逐渐失去水分，100℃时失去 2 分子结晶水，110℃时放出部分盐酸气，高温下分解成含氧氯化镁。极易吸湿，极易溶于水，溶于乙醇。六水合氯化镁分子式 $MgCl_2 \cdot 6H_2O$，为无色无臭的小片、颗粒、块状式单斜晶系晶体，味苦。氯化镁有吸潮性，水溶液呈中性。本品加热至 100℃时失去结晶水，加热至 110℃时放出部分氯化氢，高温时分解。无水物为无色六方结晶，相对密度 2.177，熔点 708℃。

② 毒性　ADI 无须规定（FAO/WHO，1994）。

③ 应用　GB 2760—2024《食品安全国家标准　食品添加剂使用标准》规定，氯化镁可作为稳定剂和凝固剂用于豆类制品中可按生产需要适量使用。盐卤豆腐具有独特的豆腐风味，用盐卤点浆时，盐卤相对于豆浆的最适用量为 0.7%～1.2%，以纯 $MgCl_2$ 计，其最适用量为 0.13%～0.22%。盐卤一般用来制作老豆腐、豆腐干，难以制作嫩豆腐。

10.2.2.2　酸类凝固剂

葡萄糖酸-δ-内酯（glucono delta-lactone，CNS 号 18.007，INS 号 575）

① 性状　白色结晶或结晶性粉末，几乎无臭，味先甜后酸（与葡萄糖酸的味道不同）。易溶于水（60g/100mL），稍溶于乙醇（1g/100mL），几乎不溶于乙醚，在水中水解为葡萄糖酸及 δ-内酯和 γ-内酯的平衡混合物。1%水溶液 pH 等于 3.5，2h 后 pH 变为 2.5。本品用 5%～10%的硬脂酸钙涂覆后，即使用于吸湿性产品中，也很稳定，其约于 153℃分解。

② 毒性　ADI 无须规定（FAO/WHO，1994）。人服用本品，剂量为 167mg/kg，7h 后由尿排出 7.7%～15%，未发现尿有异常。

③ 应用　GB 2760—2024《食品安全国家标准　食品添加剂使用标准》规定，葡萄糖酸-δ-内酯作为稳定剂和凝固剂可在各类食品中按生产需要适量使用。

相对于豆浆的最适用量为 0.25%～0.26%，内酯盒装豆腐是当今唯一能连续化生产的豆腐，其生产方式是将煮沸的豆浆冷却到 40℃以下，然后加入内酯，用封口机装盒密封，隔水加热至 80℃，保持 15min，即可凝固成豆腐。内酯的特点是在水溶液中能缓慢水解，具有特殊的迟效作用，使 pH 降低，豆腐凝乳是在进入模具后产生的，豆腐因具有质地细腻、滑嫩可口、保水性好、防腐性好、保存期长等优点，一般在夏季放置 2～3d 不变质。其缺点是豆腐稍带酸味。

葡萄糖酸-δ-内酯作为一种多功能性食品添加剂在国外备受重视，我国葡萄糖酸-δ-内酯的生产及应用研究也取得一定成绩，但总的来说，尚处于较低的发展水平，存在葡萄糖酸-δ-内酯产品质次价高、应用不广泛（仅有 10％豆腐产品用葡萄糖酸-δ-内酯作为凝固剂）等问题。

10.2.2.3　其他凝固剂

（1）丙二醇（propylene glycol，CNS 号 18.004，INS 号 1520）

① 性状　丙二醇分子式 $C_3H_8O_2$，别名 1,2-丙二醇，无色透明糖浆状液体，无臭，略有辛辣味和甜味，在潮湿空气中易吸水。相对密度 1.0381，沸点 188.2℃，凝固点－59℃，闪点 104℃，20℃黏度 0.056Pa·s，外观与甘油相似。有吸湿性，能与水、醇等多数有机溶剂任意混合，混溶于水、丙酮、醋酸乙酯和氯仿，溶于乙醚，可溶解许多精油，但与石油醚、石蜡和油脂不能混溶。对热、光稳定，低温时更稳定。

② 毒性　ADI，0～25mg/kg（FAO/WHO，1994）。美国食品和药物管理局（1985）将本品列为一般公认安全物质。小鼠、大鼠摄入量过多，会使动物中枢神经兴奋、内脏器官瘀血。

③ 应用　主要用作难溶于水的食品添加剂的溶剂，也可用作糖果、面包、包装肉类、干酪等的保湿剂、柔软剂。加工面条添加丙二醇，能增加弹性，防止面条干燥崩裂，增加光泽，添加量为面粉的 2％；加工豆腐添加丙二醇 0.06％，可增加风味、白度及光泽，油煎时体积膨大；可用作抗冻液，对食品有防冻作用。

GB 2760—2024《食品安全国家标准　食品添加剂使用标准》规定：丙二醇可作为稳定剂和凝固剂、抗结剂、乳化剂、水分保持剂、增稠剂使用。

（2）乙二胺四乙酸二钠（disodium ethylene-diamine-tetra-acetate，CNS 号 18.005，INS 号 386）

① 性状　别名 EDTA 二钠，为白色结晶性颗粒和粉末，无臭，无味。易溶于水，微溶于乙醇，不溶于乙醚。2％水溶液 pH 为 4.7，常温下稳定，100℃时结晶水开始挥发，120℃时失去结晶水而成为无水物，有吸湿性，熔点 240℃（分解）。

② 毒性　ADI 为 0～2.5mg/kg（FAO/WHO，1994）。当 EDTA 缓慢进入体液时，主要与体内钙离子络合，迅速由尿排出，大部分在 6h 内排出；如系口服，则绝大部分由粪便排出；如体内有重金属存在，则有一部分排泄物是重金属络合物。

③ 应用　乙二胺四乙酸二钠可作为凝固剂、螯合剂、防腐剂和抗氧化剂。GB 2760—2024《食品安全国家标准　食品添加剂使用标准》规定：可用于果脯、罐头，最大使用量0.25g/kg。其可用于防止由金属引起的变质、变色、变浊及维生素 C 的损失；提高油脂的抗氧化作用；作水处理剂。

（3）柠檬酸亚锡二钠（disodium stannous citrate，CNS 号 18.006）

① 性状　柠檬酸亚锡二钠又叫 8301 护色剂，为白色结晶，极易溶于水，易吸湿潮解，极易氧化，加热至 250℃开始分解，260℃开始变黄，283℃变成棕色。

② 毒性　致突变试验，Ames 试验，骨髓微核试验及小鼠精子染色体畸变试验，均未见致突变性。

③ 应用　柠檬酸亚锡二钠是一种还原剂，在罐头产品中能逐渐消耗残余氧，Sn^{2+} 氧化成 Sn^{4+}，具有抗氧化、防腐蚀和护色作用，因在罐头中能逐渐消耗残余氧气，起到抗氧防腐作用，保持食品的色质与风味，所以广泛用作罐头食品的护色剂。使用方法为按比例直接添加到汤汁中溶解即可。

我国 GB 2760—2024《食品安全国家标准　食品添加剂使用标准》规定的使用范围和最

大使用量为：可用于食用菌及藻类罐头、果蔬罐头中，最大使用量为 0.3g/kg。其用于涂料罐头蘑菇的护色，加入 0.02%，就可使之与马口铁罐头蘑菇的色泽相近，而不影响蘑菇的组织和风味。涂料铁罐头加入本品 0.06%，罐内锡含量低于马口铁罐头，可保存 2 年。

（4）谷氨酰胺转氨酶（glutamine transaminase，CNS 号 18.013）

① 性状　白色至浅灰色粉末，无异味，是一种球状单体蛋白质，亲水性高，分子量约为 38000，在 pH 值 6～7 的范围内具有较高的活性，在温度低于 40℃ 时保持稳定，50℃ 以上活性稍有下降，失活温度高达 75℃，最佳使用温度为 45～55℃。

② 应用　可用作稳定剂和凝固剂。我国《食品安全国家标准　食品添加剂使用标准》（GB 2760—2024）规定：用于豆类制品，最大使用量 0.25g/kg。

③ 用途　用于肉类，可提高肉丸弹性、质地、口味及风味，改善罐装肉质地和外观，提高冻肉弹性、质地、口味及风味，改善火腿肉的风味以及使储藏期延长。用于谷类，可改善质地，增强韧性、弹性、防潮。改善焙烤食品质地、增大体积。提高米制品弹性、黏性。提高豆制品弹性、不易破碎。提高酸奶黏稠度、改善乳制品口感。水油状脂肪乳化制品，按生产需要适量使用。

（5）可得然胶（curdlan，CNS 号 20.042；INS 号 424）

① 性状　可得然胶分子式为 $(C_6H_{10}O_5)_n$，$n > 250$（400～500），又名凝胶多糖或热凝胶，为白色至近白色粉末，无臭，具有良好的流动性，在干燥状态下保持极强的稳定性。可得然胶是由微生物产生的、以 β-1,3-糖苷键构成的水不溶性葡聚糖，是一类将其悬浊液加热后既能形成硬而有弹性的热不可逆性凝胶又能形成热可逆性凝胶的多糖类的总称。

可得然胶不溶于水，但在冷水中很容易分散，经高速搅拌处理后能形成更均匀的分散液；可得然胶能溶解于碱性水溶液，可完全溶解于氢氧化钠、磷酸三钠、磷酸三钙等 pH12 以上的碱性水溶液中，不溶于酒精及其他几乎所有的有机溶液。

可得然胶可根据加热程度分别形成低度胶和高度胶两种不同性质的胶体。当把可得然胶分散液从 55℃ 加热到 65℃ 后再冷却到 40℃ 以下时，形成热可逆凝胶。把低度胶再加热到 60℃ 时，就能恢复到原有的分散液状态。当把可得然胶分散液加热到 80℃ 时，形成坚实的热不可逆性凝胶。可得然胶的胶体构造不会因冷冻-解冻而发生变化，故也能应用在冷冻食品中。为改善食品品质和口感，提高热稳定性、保水性，可添加可得然胶的粉末、分散液或膨润/溶解液。也可以直接利用可得然胶胶体制造形成食品。通常用于生干面制品、生湿面制品、方便面制品、豆腐类制品、熟肉制品、西式火腿、肉灌肠类。

② 毒性　ADI 不做特殊规定（FAO/WHO，2001）。

③ 应用　用作稳定剂和凝固剂、增稠剂。我国《食品安全国家标准　食品添加剂使用标准》（GB 2760—2024）规定，豆腐类、生湿面制品（如面条、饺子皮、馄饨皮、烧麦皮）、生干面制品、方便米面制品、熟肉制品、冷冻水产糜及其制品（包括冷冻丸类产品等）、果冻（也可用于果冻粉）、其他（仅限人造海鲜产品，如人造鲍鱼、人造海参、人造海鲜贝类等），按生产需要适量使用。

二维码 10-2

④ 用途　详见二维码 10-2。

10.2.2.4　复合凝固剂和酶凝固剂

（1）复合凝固剂

传统豆腐生产过程中，主要采用石膏和盐卤作单一凝固剂，用石膏作凝固剂的豆腐因制品含有一定的残渣而带有苦涩味，缺乏大豆香味；用盐卤做成的豆腐持水性差，而且产品放置时间不宜过长。葡萄糖酸-δ-内酯做成的豆腐品质较好，质地滑润爽口，口味鲜美，营养价值高，但内酯豆腐偏软，不适合煎炒。

复合凝固剂就是人为地用两种或两种以上的成分加工成的凝固剂。这些凝固剂都是随着豆制品生产的工业化、机械化、自动化的进程而产生的，它们与传统的凝固剂相比都有其独特之处。人们开发了以葡萄糖酸-δ-内酯为主、石膏为辅助的内酯混合盐型复合凝固剂，即葡萄糖酸-δ-内酯中混入无机盐类凝固剂或有机酸盐类凝固剂，用量为大豆干重的 $1\%\sim2\%$，使用方法同无机盐凝固剂一样。用复合凝固剂做出的豆腐基本克服了传统豆腐的缺点，既保持了内酯豆腐的细腻爽口、存放期长、豆腐失水率较小的特点，又增强了豆腐的硬度，使豆腐弹性更佳，提高了豆腐的质量和产量。近几年，为弥补单一凝固剂使用过程中的缺陷，许多学者进行了复合凝固剂的研究。

（2）酶凝固剂

随着人们对蛋白质胶凝认识的不断深入，采用一些酶处理也可诱导蛋白质形成凝胶，包括转谷氨酰胺酶、木瓜蛋白酶、菠萝蛋白酶、碱性蛋白酶等。关于蛋白酶使蛋白质凝结的机理目前尚不完全清楚，但现有的研究证实蛋白酶作用产生的大豆蛋白质凝胶主要是水解得到的肽段经非共价键，尤其是疏水相互作用而交联的结果。

目前，对于豆乳凝固酶的研究工作虽然已取得很大进展，但仍存在不少的问题。主要有：①蛋白酶凝固的豆浆强度低，导致应用效果差，成为限制这一技术应用的瓶颈；②评价蛋白酶凝固豆浆能力的标准方法不完善；③凝固机理还不完全清楚；④由自然界筛选到的菌株活力偏低等。因此，需要更进一步地深入研究，以研究清楚凝固剂的凝固特性和作用机理以及其他因素对豆腐凝胶过程的影响，为豆腐生产工业化提供理论依据，开发出新型的豆腐凝固剂，生产品质高、味道好、成本低的豆腐。

酶凝固剂中研究最多而且已进入实用阶段的是转谷氨酰胺酶（transglutaminase），它是一类催化蛋白质中赖氨酸残基上的 ε-氨基和谷氨酰胺残基上 γ-羧酰氨基之间结合反应的聚合性酶。有关实验表明，大豆蛋白（主要为 7S 和 11S 球蛋白）是转谷氨酰胺酶的优良底物，经过酶处理后的球蛋白稳定性得到明显提高。

10.2.2.5 豆腐凝固剂案例分析

豆腐是我国传统美食，研究人员对豆腐凝固剂的研发一直在进行探索和尝试。研究人员利用我国传统非发酵凝胶类豆制品在成型过程中会产生大量副产物黄浆水的特性，经天然发酵制取酸浆。酸浆可作为豆腐的凝固剂，从而实现黄浆水的"变废为宝"，且降低了豆制品厂的污水处理成本。目前，有关标准化发酵黄浆水的研究不多，酸浆豆腐的规模化生产较少。浙江工商大学的陈晴等选用工业化植物乳杆菌发酵豆干生产中产生的黄浆水作为豆腐凝固剂进行豆腐制作。采用液相色谱法、质构仪，结合人员感官评价，探究黄浆水最优发酵工艺条件，发酵前、后有机酸含量变化及其对酸浆豆腐品质的影响，结果表明试制的酸浆豆腐感官品质稳定，其整体可接受度较高，为新型豆腐凝固剂及豆腐的制作提供了一条新的思路。

10.3 抗结剂

10.3.1 抗结剂概述

抗结剂（anticaking agent）又称抗结块剂，是用于防止颗粒或粉状食品聚集结块，保持其松散或自由流动的物质。抗结剂的主要特点是颗粒细小，粒径 $2\sim9\mu m$；表面积大，比表面积 $310\sim675m^2/g$；比体积 $80\sim465m^3/kg$，具有微细多孔性，吸附能力很强，易吸附水分和其他物质使产品膨松，流动性好。

我们日常所食用的食盐、小麦粉、蔗糖、元宵粉等是容易吸湿结块的食品原料，需要添加颗粒细微、松散多孔、吸附力强的食品抗结剂，吸附原料中容易形成结块的水分、油脂等，来保持食品的粉末或颗粒状态，以利于使用。粉状或粒状食品中主要有两种食品容易受潮结块：一种是具有强烈吸水性成分的食品，如食盐，其氯化钠很易吸收空气中的水分而结块，可用抗结剂柠檬酸铁铵等；另一种是含糖量较高的食品，如奶粉，其乳糖含量可高达30%左右，乳糖吸收水分后，增加表面黏度而结块，可用抗结剂硅酸钙等。

10.3.2　抗结剂种类与特点

（1）种类

抗结剂的种类很多，我国 GB 2760—2024《食品安全国家标准　食品添加剂使用标准》规定，目前可以使用的拮抗剂有以下种类：巴西棕榈蜡、丙二醇、二氧化硅、硅酸钙、聚甘油脂肪酸酯、可溶性大豆多糖、酒石酸铁、碳酸镁、柠檬酸铁铵、亚铁氰化钾、亚铁氰化钠、硬脂酸钙、硬脂酸钾、硬脂酸镁、纤维素、微晶纤维素、磷酸及焦磷酸二氢二钠等各种磷酸盐。

亚铁氰化钾，俗称黄血盐，是国内外广泛使用的食盐抗结剂。亚铁氰化钾中的铁和氰化物之间结构稳定，只有在高于 $400℃$ 才可能分解产生氰化钾，日常烹调温度低于 $340℃$，因此亚铁氰化钾分解的可能性极小，按照规定限量标准添加，不会对人体健康造成危害。

（2）特点

各类抗结剂具有各自的物性，例如硬脂酸钙的润滑作用十分优良，而二氧化硅和硅酸盐的润滑作用较差，甚至添加这些抗结剂反而会使食品颗粒的内摩擦力增大，硅酸盐类的抗结剂通过提供阻隔食品颗粒表面液滴作用达到抗结块的效果。所以，选用的抗结剂种类只有与食品颗粒物性相匹配才能收到良好的效果。

抗结剂的基本特点是颗粒细小，比表面积大，比体积高，呈微小多孔状，具有极高的吸附能力。抗结剂能吸附引起结块的水分或液体油脂，从而使颗粒或粉末食品的表面保持干爽、无油腻，达到防止食品结块的目的。也有的将抗结剂称为流动调节剂、润滑剂、抗结块剂或滑动剂等，但本质都是改善基料流动性和提高其抗结块能力的添加剂。抗结剂主要用于涂覆用蔗糖粉、葡萄糖粉、发酵粉、食盐、面粉及汤料，也可用于奶粉、可可粉等。

10.3.3　抗结剂作用机理

抗结剂必须黏附在主基料颗粒的表面，才能影响主基料颗粒的物性。这种黏附作用是由抗结剂颗粒和主基料颗粒之间存在的亲和力产生的，其程度可以是覆盖住颗粒的全部表面，也可以是颗粒的部分表面。一旦抗结剂颗粒与食品颗粒黏附，就会通过以下途径达到改善食品流动性和提高抗结性的目的。

（1）物理阻隔

当食品颗粒表面被抗结剂颗粒完全覆盖以后，由于抗结剂之间的作用力较小，形成的抗结剂层自然成了一种阻隔主基料颗粒相互作用的物理屏障。这种物理屏障将导致以下两种结果：①抗结剂阻挡了主基料表面的亲水性，隔断了因吸湿或原残存游离水分形成的颗粒间的液桥；②抗结剂吸附在主基料表面，使其更为光滑，从而降低了颗粒间的摩擦力，增加了颗粒的流动性,也被称为润滑作用。由于各种抗结剂自身性质各异,所以它们提供的润滑作用也不同。

(2) 竞争吸湿

通过与主基料颗粒竞争吸湿,改善主基料颗粒的吸湿结块倾向。抗结剂因其颗粒细微、松散多孔而具有很大的吸湿能力,在与主基料竞争吸湿的情况下,会减少主基料因吸湿性而导致的结块倾向。

(3) 消除电荷和分子作用力

通过消除主基料表面的静电荷和分子作用力来提高主基料颗粒的流动性。主基料颗粒带有的电荷一般相同,彼此之间会相互排斥,防止结块。但是这些静电荷常会与生产装置或包装材料的摩擦静电相互作用而使颗粒流动性下降。添加抗结剂后,抗结剂会中和主基料颗粒表面的电荷,从而改善主基料粉末的流动性。这种作用常用来解释当抗结剂与主基料颗粒之间的亲和力不是很大,抗结剂只是零星分散在主基料颗粒的表面却能很好地改善其流动性的现象。

(4) 改变晶格

通过改变主基料结晶体的晶格,形成一种易碎的晶体结构。当主基料中能结晶的物质的水溶液中或已结晶的颗粒的表面存在抗结剂时,它不仅能抑制晶体的生长,还能改变其晶体结构,从而产生一种在外力作用下十分易碎的晶体,使原本易形成坚硬团块的主基料蓬松,结团现象减少,改善其流动性。

10.3.4 抗结剂在食品工业中的应用

(1) 鸡精

鸡精调味料作为一种新型调味品近几年发展比较快,鸡精替代味精成为家庭调味品的发展趋势。鸡精储存太久或受潮会产生结块现象,抗结剂(如二氧化硅或磷酸钙)的使用可延缓此现象发生,极大地提高鸡精产品的品质。

(2) 微胶囊化油脂制品

近年来,微胶囊化的油脂制品是高附加值油脂产品领域中令人关注的热点之一,具有十分广阔的应用前景。目前,我国市场已有各种高质量的微胶囊化粉末油脂应用在汤料、冰淇淋粉及固体饮料等方面。微胶囊化的各种粉末油脂制品在货架期内都会不同程度地出现结块和流动性变差等现象,尤其是高脂和芯材含液体油脂的制品。由于微胶囊化粉末油脂制品表面结构的特殊性,采用单一化合物不能有效改善其流动性,采用二氧化硅、硅酸盐和磷酸盐的复合物作为抗结剂应用在微胶囊化油脂制品中是一种可行的方法。

(3) 蔬菜水果提取物

利用超微粉碎技术对葡萄籽进行深加工,可以很好地保留原料的营养成分,但是葡萄籽超微粉易出现堆积结块现象,严重影响产品品质。研究发现葡萄籽水分含量和脂肪含量越高,越易堆积结块,随着葡萄籽粉碎时间的延长,葡萄籽超微粉结块增多。添加抗结剂可有效减少葡萄籽超微粉的结块,在微晶纤维素、硬脂酸钙、二氧化硅等几种抗结剂中,微晶纤维素的抗结块性能最好,以 30～35g/kg 微晶纤维素对结块抑制作用最为显著。

10.3.5 抗结剂使用注意事项

(1) 抗结剂的添加量

抗结剂添加量并不是越多越好,每种抗结剂都有其使用的最佳浓度范围。当用量大于此值时，非但不会改善流动性，反而适得其反。同一种抗结剂，对于不同的使用目的，也有各自适宜的添加量范围。

（2）加入方式

抗结剂加入食品中的方式各异，产生的效果也不尽相同。根据各种抗结剂的品质，有些抗结剂如二氧化硅、硅酸盐可以与食品颗粒干混合，直到均匀即可。而有些抗结剂如磷酸盐必须加入食品的水溶液中，经乳化、干燥脱水后而起抗结作用。

总之，需要根据抗结剂的作用机理及食品物料特性进行正确选择，才能达到有效抗结的目的。

10.3.6 常用的抗结剂特点及使用

（1）亚铁氰化钾（钠）（potassium ferrocyanide，CNS 号 02.001，INS 号 536；sodium ferrocyanide，CNS 号 02.008，INS 号 535）

① 性状 别名黄血盐、黄血盐钾（钠），分子式 $K_4Fe(CN)_6 \cdot 3H_2O$。为浅黄色单斜晶颗粒或结晶性粉末，无臭，味咸，在空气中稳定，加热至 70℃时失去结晶水并变成白色，100℃时生成白色粉状无水物，强烈灼烧时分解，放出氮并生成氰化钾和碳化铁。遇酸生成氢氰酸，遇碱生成氰化钠。因氢氰根与铁结合牢固，故属低毒性。可溶于水，水溶液遇光则分解为氢氧化铁。不溶于乙醇、乙醚。亚铁氰化钾具有抗结性能，可用于防止细粉、结晶性食品板结，如防止食盐因堆放日久的板结现象，其主要原因是亚铁氰化钾能使食盐的正六面体结晶转变为星状结晶，而不易发生结块。

② 毒性 FAO/WHO（2001）规定，亚铁氰化钾 ADI 值为 0～0.25mg/kg（以体重计）。

我国推荐的食盐每日摄入量为不超过 5g，考虑我国居民实际食盐摄入量普遍偏高，按每人每天摄入 15g 食盐计算，如果按照标准规定使用亚铁氰化钾，每天容许摄入量为 0.15mg。成人体重按 60kg 计，摄入量为 0.0025mg/kg（以体重计），远低于人类的每日容许摄入量，因此按照标准规定使用亚铁氰化钾本身不会对人体健康造成危害。

③ 应用 GB 2760—2024《食品安全国家标准 食品添加剂使用标准》规定，亚铁氰化钾（钠）可以用于盐及代盐制品中。

（2）磷酸三钙（tricalcium orthophosphate，CNS 号 02.003，INS 号 341iii）

① 性状 又名磷酸钙、沉淀磷酸钙，为不同磷酸钙组成的混合物，大约组成为 $10CaO \cdot 3P_2O_5 \cdot H_2O$。一般通式为 $Ca_3(PO_4)_2$，分子量 310.18，其钙磷比为 1.93。为白色粉末，无臭，无味，在空气中稳定，相对密度约 3.18，熔点 1670℃，不溶于乙醇和丙酮，易溶于稀盐酸和硝酸。难溶于水（100g 水中约可溶解 0.0025g，在含二氧化碳的水中溶解度稍高），不溶于乙醇，易溶于稀盐酸和硝酸。

② 毒性 ADI 为 0～70mg/kg（以磷计的磷酸盐总量，FAO/WHO，1994）。

③ 应用 抗结剂、酸度调节剂、稳定剂、膨松剂、凝固剂、水分保持剂。

GB 2760—2024《食品安全国家标准 食品添加剂使用标准》规定：磷酸三钙可用于固体饮料、小麦粉、复合调味料和油炸小食品等。除作抗结剂外，磷酸三钙还可作为酸度调节剂。

（3）二氧化硅（silicon dioxide，CNS 号 02.004，INS 号 551）

① 性状 别名无定形二氧化硅、合成无定形硅。分子式 SiO_2，供食品用的二氧化硅是无定形物质，依制法不同分胶体硅和湿法硅两种。胶体硅为白色、蓬松、无砂的精细粉末。湿法硅为白色、蓬松粉末或白色微孔珠或颗粒。吸湿或易从空气中吸收水分，无臭，无味，

不溶于水和有机溶剂，溶于氢氟酸和热的浓碱液。二氧化硅相对密度 2.2～2.6，熔点 1710℃。

② 毒性　ADI 无须规定（FAO/WHO，1994）。

③ 应用　《食品安全国家标准　食品添加剂使用标准》（GB 2760—2024）规定，二氧化硅可用于香辛料、固体复合调味料、乳粉、奶油粉及其调制品、可可制品、脱水蛋制品、固体饮料类产品。

（4）硬脂酸镁（magnesium stearate，CNS 号 02.006，INS 号 470iii）

① 性状　硬脂酸镁分子式为 Mg $[CH_3(CH_2)_{16}COO]_2$，为白色松散粉末，无臭，无味，细腻无砂粒感，有清淡的特征性香气。相对密度约 1.028，熔点 88.5℃（纯品）或 132℃（工业用品）。不溶于水、冷乙醇和乙醚，溶于热乙醇。遇强酸能分解成硬脂酸和相应的镁盐，有吸湿性，无毒。商品为硬脂酸镁和棕榈酸镁按一定比例组成的混合体，可能含有少量的油酸镁和氧化镁。

② 毒性　FDA 将硬脂酸镁列为 GRAS 物质，其 ADI 值不作限制性规定（FAO/WHO，1994）

③ 应用　可用作抗结剂、脱模剂、乳化剂。特别适用于油类、浸膏类药物的制粒，制成的颗粒具有很好的流动性和可压性。在直接压片中用作助流剂。还用作药片的脱模剂。

我国《食品安全国家标准　食品添加剂使用标准》（GB 2760—2024）规定：其可用于可可制品、巧克力和巧克力制品及糖果中。

（5）硅酸钙（calcium silicate，CNS 号 02.009，INS 号 552）

① 性状　硅酸钙为白色至灰白色易流动粉末，即使在吸收较多水分或其他液体后仍然如此。由新熟化的石灰与二氧化硅在高温下煅烧熔融而成，由不同比例的 CaO 和 SiO_2 组成，包括硅酸三钙（$3CaO \cdot SiO_2$）和硅酸二钙（$2CaO \cdot SiO_2$），并分为有水和无水两种。硅酸钙不溶于水，但可与无机酸混溶形成凝胶。混合液的 pH 值为 8.4～10.2，相对密度 2.9。

② 毒性　ADI 值不做特殊规定（FAO/WHO，2001）。加拿大食盐中硅酸钙的残留限量规定为 1.0% 以下。美国食品中硅酸钙的残留限量规定为食品量的 2% 以下。

③ 应用　硅酸钙属于 GRAS 添加剂（FDA，2000），其 ADI 值不做特殊规定（FAO/WHO，2001）。《食品安全国家标准　食品添加剂使用标准》（GB 2760—2024）规定，硅酸钙可在乳粉和奶油粉及其调制产品、干酪、可可制品、淀粉及淀粉类制品、食糖、餐桌甜味料、盐及代盐制品、香辛料及粉、复合调味料、固体饮料、酵母及酵母类制品中按生产需要适量使用。

10.3.7　抗结剂发展趋势

抗结剂在食品工业中的使用日益广泛，更多天然的环境友好型的新型抗结剂有待开发和应用。在天然高分子材料的基础上进行适当化学修饰是开发新型抗结剂的途径之一。研究者比较魔芋葡甘聚糖接枝丙烯酸共聚物（KAC）和通用的抗结剂微晶纤维素、二氧化硅在不同剂量和不同条件下的抗结性能，结果表明，在鸡精中添加 3% KAC 时，鸡精颗粒分散良好且流动性最好，KAC 抗结块效果达到最佳。KAC 吸湿能力较强，且强度高，为多网格微观结构，以天然多糖为原料的 KAC 有望成为环境友好型的新型抗结剂，可应用在食品、化工、医药等行业。此外，研究人员将一种由葡萄糖和甘露糖以 β-糖苷键连接而成的杂多糖与丙烯酸接枝改性合成魔芋吸水树脂，即魔芋超强吸水剂，用于奶茶粉的抗结，结果表明这种抗结剂由于分子结构中增加了大量羧基等亲水性基团，从而具有优良吸湿性和保水性。与二氧化硅相比，这种魔芋超强吸水剂的抗结性、吸湿性和保水性均具有明显优势。此外，在开发以天然高分子材料的化学改性为基础的新型抗结剂的同时，其具体的抗结机理及其毒理学评价也将是今后研究的主要方向之一。

10.4 水分保持剂

水分保持剂是指添加于食品中用来保持食品水分的食品添加剂。水分保持剂在稳定食品水分的同时，有效地保持了食品的新鲜程度，从而改善了食品的品质，并延长了货架期，主要用于肉类和水产品加工。水分保持剂可以改善食品形态、风味、色泽等，一般为磷酸盐类。水分保持剂广泛用于各种肉、禽、蛋、水产品、乳制品、谷物制品、饮料、果蔬、油脂及变性淀粉等。例如，磷酸盐可以减少肉、禽制品加工时的原汁流失，增加持水性，从而改善风味，提高出品率，并可延长贮藏期；防止鱼类冷藏过程中的蛋白质变质，保持嫩度，减少解冻损失，也可增加方便面的复水性。在肉制品罐头加工过程中，为了保持肉的持水性，防止肉失去应有的柔嫩口感，常需在罐头中加入水分保持剂。

水分保持剂在肉类食品中的持水作用主要表现在以下几个方面：①肉的持水性能在肉蛋白质的等电点时最低，而磷酸盐可提高肉的 pH，使其偏离肉蛋白质的等电点，从而使肉的持水性增大；②磷酸盐中的多价阴离子能与肌肉结构蛋白质中的二价金属离子（如 Mg^{2+} 和 Ca^{2+}）形成络合物，使蛋白质中的极性基团游离出来，由于极性基团间的斥力增大，蛋白质的网状结构膨胀，网眼增大，持水能力提高；③磷酸盐还能将肌动球蛋白解离为肌动蛋白和肌球蛋白，而肌球蛋白具有较强的持水性，故能提高肉的持水性；④磷酸盐的使用可使肉的离子强度增高，肉的肌球蛋白溶解增大而成为溶胶状态，持水能力增大。

10.4.1 磷酸盐类水分保持剂概述

我国允许使用的水分保持剂主要有磷酸盐类及乳酸盐类。磷酸盐类包括正磷酸盐、焦磷酸盐、聚磷酸盐和偏磷酸盐等。磷酸盐是一类具有多种功能的食品添加剂，添加到食品中后具有明显的品质改善作用。肉制品加工过程中添加磷酸盐可使肉的 pH 上升，高于肉蛋白质的等电点，从而使肉的持水能力得到提高，质量也相应提高。磷酸盐还能增加离子强度，有利于肌原纤维蛋白的溶出，并在有食盐存在时与肌浆蛋白形成一种特殊的三维格网状结构，使水聚集在网格状结构内部，也就提高了持水性。同时磷酸盐能螯合二价钙离子，使肉中肌纤维结构趋于松散，可溶入更多水分，减少肉、禽制品加工时的原汁流失，增加保水性，从而改善产品的品质，并延长货架期。

10.4.1.1 磷酸盐类的功能

磷酸盐在食品加工中主要是用作水分保持剂、品质改良剂、乳化分散剂、缓冲剂、螯合剂、营养增补剂、pH 调节剂、发酵膨松剂等。食品中加入磷酸盐后，可提高制品的保水性及成品率。

（1）磷酸盐在肉制品中的作用

复合磷酸盐一般能提高熟肉制品 10% 的出肉率。例如，在碎肉制品和香肠中添加氯化钠（2.5%～4.0%）和聚磷酸盐（0.35%～0.5%）能使胶体较为稳定，也使烹饪后的蛋白质凝结成紧密的网络；用聚磷酸盐（6%～12% 溶液）浸渍鱼片、贝类和禽类时，磷酸盐产生的增溶作用主要发生在组织的表面，烹饪时，在表面上形成一层凝结的蛋白质，从而增强了组织持水性。

（2）磷酸盐在乳制品中的应用

磷酸盐能够稳定乳酪蛋白使其保持均匀分散的状态，防止酪蛋白因钙离子等引起絮凝聚集作用，从而使乳脂肪和其他成分呈均匀分布状态，能够使饮料（特别是含乳饮料）胶体稳定。在可乐饮料、蛋白质饮料等饮料中也能起到防止浑浊的乳化稳定作用。在碳酸饮料中它与水中的金属离子作用形成可溶性的盐，封锁金属离子的活动，阻止饮料氧化、酸败、色调变化，使产品长期稳定。在维生素C强化饮料中，添加磷酸盐可有效地阻止维生素C氧化分解。在干酪制品加工过程中，磷酸盐能与酪蛋白复合物上的钙相结合，有助于脂肪的分散，使干酪制品具有均匀、光滑的质构，在淡炼乳中添加磷酸三钠，可防止乳脂与水相的分离；在贮藏过程中，磷酸盐与钙镁的络合，可使蛋白质变性和增溶，从而防止凝胶的形成。

（3）磷酸盐在粮油制品中的作用

复合磷酸盐在面制品中又称强力面筋，在水溶液中能与可溶性金属盐类生成复盐，能对葡萄糖基团起"架桥"作用，形成淀粉分子的交联作用。交联淀粉具有耐高温和耐高压蒸煮的优点，即使在方便面油炸时的温度下仍保持胶体的黏弹性，使复水后的成品保持良好的"咬劲"。复合磷酸盐还能使面筋蛋白与淀粉形成稳定的复合体，增强它们的结合力，减少淀粉的溶出，从而增强面粉的筋力。其添加量一般为0.1%～0.3%。

磷酸盐可增加面筋筋力，增强面条、馒头的黏弹性、韧性；减少淀粉溶出，提高面条、馒头表面光洁度，使面条久煮不混汤；减少馒头在成型、醒发和蒸制后冷却过程中的水分损失，增加馒头的膨松度，减少馒头解冻后的开裂。

（4）磷酸盐在水产品中的作用

在水产品中，磷酸盐不但能作为抗氧化剂，而且还有助于形成良好的色泽、减少解冻时的滴沥损失、减少煮制时的损失，使肉质更加柔嫩。

10.4.1.2　注意事项

当人摄入的磷酸盐达到最大允许值0.5%时，就可能危害身体健康。短时间内大量摄入可能会导致腹痛与腹泻，长期的影响主要在导致机体代谢异常，所以必须降低磷酸盐的使用量，进一步优化磷酸盐的化合类型，改进加工工艺，采用复配型磷酸盐，这样才能做到既符合国家标准又提高了产品的质量与出品率。

10.4.2　常见的磷酸盐特点及使用

食品工业中，磷酸盐是应用最为广泛的水分保持剂，包括正磷酸盐、聚磷酸盐和偏磷酸盐三大类。

10.4.2.1　正磷酸盐

（1）磷酸三钠（trisodium orthophosphate，CNS号15.001，INS号339iii）

① 性状　磷酸三钠又称磷酸钠、正磷酸钠，分子式$Na_3PO_4 \cdot 12H_2O$，分子量380.16。磷酸钠表现为无色至白色的六方晶系结晶或结晶性粉末，密度$2.53g/cm^3$，熔点73.3～76.7℃。在干燥空气中易风化，吸收空气中二氧化碳，生成磷酸二氢钠和碳酸氢钠。加热至55～65℃成十水合物，加热至60～100℃成六水合物，加热到100℃以上成一水合物，加热到212℃以上成为无水物。磷酸三钠易溶于水，不溶于乙醇，在水溶液中几乎完全分解为磷酸氢二钠和氢氧化钠，呈强碱性（10g/L的水溶液pH为11.5～12.1）。

② 毒性　FAO/WHO（2001）规定，磷酸三钠的 ADI 值为 0～70mg/kg（以体重计），美国 FDA 将其列为 GRAS 物质。

③ 应用　可用作品质改良剂、乳化剂和螯合剂。在食品中可用作水分保持剂，具有持水、缓冲、乳化、络合金属离子、改善色泽、调整 pH 和组织结构等作用。磷酸三钠用于肉、鱼等制品能使食品保持新鲜、富有弹性。

GB 2760—2024《食品安全国家标准　食品添加剂使用标准》规定：磷酸三钠可用于干酪、西式火腿、肉、鱼、虾和蟹、罐头、果汁及其他饮料和乳制品等食品中。

（2）磷酸三钾（tripotassium orthophosphate，CNS 号 01.308，INS 号 340iii）

① 性状　磷酸三钾（K_3PO_4）又称磷酸钾，为白色的斜方晶系结晶或粉末，分子量 212.28，密度 $2.564g/cm^3$，熔点 1340℃。在空气中易潮解，对热很稳定，可溶于水，不溶于乙醇，其水溶液呈强碱性（10g/L 水溶液 pH 约为 11.5），吸湿性较强。水合物有三水合物和八水合物两种。三水合物为六方晶系粒状粉末或结晶体，八水合物为直角小片状结晶体，45.1℃时自溶于结晶水中。

② 毒性　ADI 为每日最大容许摄入量（MTDI）70mg/kg（以体重计）（以各种来源的总磷计，FAO/WHO，1994）。

③ 应用　可用作酸度调节剂、稳定剂、水分保持剂、膨松剂、凝固剂、抗结剂。磷酸三钾是肉制品的品质改良剂，也作膨松剂的酸性盐使用。

（3）磷酸氢二钠（钾）（disodium hydrogen phosphate，CNS 号 15.006，INS 号 339ii；dipotassium hydrogen phosphate，CNS 号 15.009，INS 号 340ii）

① 性状　磷酸氢二钠又称磷酸二钠，其十二水合物分子，$Na_2HPO_4 \cdot 12H_2O$，为无色半透明结晶或白色结晶性粉末，分子量 385.7（十二水合物），密度 $1.52g/cm^3$，熔点 36.4℃。易溶于水，不溶于乙醇。水溶液呈碱性（35g/L 水溶液的 pH 为 9.0～9.4）。磷酸氢二钠在空气中迅速风化成七水盐，加热至 100℃失去全部结晶水成为白色粉末无水物，250℃则成为焦磷酸钠。

磷酸氢二钾的分子式为 K_2HPO_4，为无色或白色正方晶系粗颗粒，易潮解，易溶于水（1g 约溶于 3mL 水中），水溶液呈碱性（10g/L 的水溶液的 pH 约为 9.0）。不溶于乙醇。

无水磷酸氢二钠在空气中逐渐吸湿形成七水合物或者与二氧化碳和水反应，生成磷酸二氢钠和磷酸钠。由于其水溶液呈碱性，所以磷酸氢二钠可用于调节乳制品和肉制品的 pH 以及结着性能，提高乳制品热稳定性。

② 毒性　ADI 0～70mg/kg（以磷计的总磷酸盐量，FAO/WHO，1994）。

③ 应用　磷酸氢二钾可作为缓冲剂、螯合剂、水分保持剂。磷酸氢二钠可用作水分保持剂、膨松剂、酸度调节剂。

（4）磷酸二氢钠（钾）（sodium dihydrogen phosphate，CNS 号 15.005，INS 号 339i；potassium dihydrogen phosphate，CNS 号 15.010，INS 号 340i）

① 性状　磷酸二氢钠又称酸性磷酸钠和磷酸一钠，分子式 $NaH_2PO_4 \cdot 2H_2O$ 分子量 156.01，为无色至白色结晶或结晶性粉末，密度 $1.40g/cm^3$，熔点 60℃，无臭，稍有吸湿性。易溶于水，不溶于乙醇，25℃时在水中的溶解度 12.14%，水溶液呈酸性（10g/L 的水溶液 pH 为 4.1～4.7）。加热则逐渐失去结晶水，继续加热则分解成焦磷酸二氢二钠（$Na_2H_2P_2O_7$）。

磷酸二氢钾别名磷酸钾，分子式 KH_2PO_4，无色正方晶系结晶至白色颗粒或结晶性粉末，无臭，于空气中稳定，相对密度 2.338。熔点 96～253℃，熔融成玻璃状焦磷酸钾。不溶于乙醇，易溶于水，水溶液呈酸性（27g/L 的水溶液的 pH 为 4.2～4.7）。

② 毒性　ADI 为 0~70mg/kg（以磷计的总磷酸盐量；FAO/WHO，1994）。

③ 应用　磷酸二氢钠具有络合金属离子、提高离子强度等的作用，由此改善食品的结着力和持水性。磷酸二氢钾可作为缓冲剂、螯合剂、发酵助剂。

GB 2760—2024《食品安全国家标准　食品添加剂使用标准》规定：磷酸二氢钠可用于婴儿配方食品、较大婴儿和幼儿配方食品、婴幼儿断奶期食品。

（5）磷酸二氢钙（calcium dihydrogen phosphate，CNS 号 15.007，INS 号 34li）

① 性状　磷酸二氢钙别名磷酸钙，分子式 $Ca(H_2PO_4)_2$ 或 $Ca(H_2PO_4)_2 \cdot H_2O$，无水物或一水合物，但由于其有吸潮性，可能存在比计算量多的水。为无色至白色晶体或白色粗粉。一水合物的相对密度 2.22。加热至 109℃失去结晶水，于 203℃分解成偏磷酸盐。微溶于水（1.8%，30℃），水解产生磷酸呈酸性（pH 为 3）。不溶于乙醇。纯品无潮解性，一般含游离磷酸有吸湿性。溶于盐酸及硝酸。

② 毒性　ADI 为 70mg/kg（以各种来源的总磷计，FAO/WHO，1994）。

③ 应用　磷酸二氢钙可作为水分保持剂、缓冲剂、面团调节剂、固化剂、膨松剂、营养增补剂、螯合剂、抗氧化增效剂、组织改进剂。

GB 2760—2024《食品安全国家标准　食品添加剂使用标准》规定：磷酸二氢钙可作为水分保持剂和酸度调节剂应用于干酪、小麦粉及其制品、焙烤食品、非碳酸饮料、固体饮料等。

10.4.2.2　聚磷酸盐

（1）三聚磷酸钠（sodium tripolyphosphate，CNS 号 15.003，INS 号 45li）

① 性状　别名三磷酸五钠、三磷酸钠。分子式 $Na_5P_3O_{10}$ 或 $Na_5P_3O_{10} \cdot 6H_2O$ 为无水盐或含六水合物的物质，白色玻璃状结晶块、片状或结晶性粉末，有潮解性。易溶于水，25℃在水中溶解度为 13%，水溶液 pH 约 9.5。吸湿性，在水溶液中水解成焦磷酸盐和正磷酸盐，能与铁、铜、镍离子及碱金属形成稳定的水溶性络合物，无水盐熔点 622℃。

② 毒性　ADI 为 70mg/kg（以磷计的总磷酸盐量，FAO/WHO，1994）。

③ 应用　可作组织改进剂、乳化剂、缓冲剂、螯合剂、稳定剂。主要供火腿罐头嫩化；蚕豆罐头中使豆皮软化；亦可用作软水剂、pH 调节剂和增稠剂。但聚合磷酸盐的分子聚合越大，对食品越有收敛味。

GB 2760—2024《食品安全国家标准　食品添加剂使用标准》规定：三聚磷酸钠可应用于乳及乳制品、冰淇淋、方便米面制品、预制肉制品、熟肉制品、鱼制品、禽肉制品、罐头、果蔬汁（肉）饮料、蛋白饮料和茶饮料等产品中。

实践证明，多种磷酸盐的混合使用比单一使用效果好，所以通常使用混合磷酸盐来增加效果。但不同品种的肉制品对混合磷酸盐要求的最佳配比不同。一般复合磷酸盐的最佳配比大部分为 2:2:1（三聚磷酸钠:焦磷酸钠:六偏磷酸钠），但最佳添加量对不同的产品来说不同。因磷酸盐溶解性较差，在使用时需将磷酸盐先溶解再加入其他腌制料。

三聚磷酸钠实际使用参考如下。

a. 在日本，三聚磷酸钠广泛用于各种食品，与其他磷酸盐复配使用较单独使用机会更多。复配配方如下，三聚磷酸钠 29%，偏磷酸钠 55%，焦磷酸钠 3%，磷酸二氢钠（无水）13%。

b. 用于火腿原料肉的腌制，每 100kg 肉加混合盐（精盐 91.65%，砂糖 8%，亚硝酸钠 0.35%）2.2kg、三聚磷酸钠 85g，充分搅拌均匀，在 0~4℃冷库中腌制 48~72h，效果良好。

c. 用于蚕豆罐头生产，可使豆皮软化。许多果蔬具有坚韧的外皮，随着果蔬的成熟，外皮愈坚韧，在果蔬加工烫漂或浸泡时，加入聚磷酸盐，可络合钙，从而降低外皮的坚韧度。如在蚕豆预煮时，按 150kg 水加三聚磷酸钠 50g、六偏磷酸钠 150g（或只加三聚磷酸钠 100g），煮沸 10～20min，可使豆皮软化。

（2）焦磷酸钠（tetrasodium pyrophosphate，CNS 号 15.004，INS 号 450iii）

① 性状　别名二磷酸四钠。分子式 $Na_4P_2O_7 \cdot 10H_2O$，有无水物与十水物之分。十水物为无色或白色结晶或结晶性粉末，无水物为白色粉末。熔点 988℃，溶于水，水溶液呈碱性（1％水溶液 pH 为 10.0～10.2），不溶于乙醇及其他有机溶剂。磷酸钠易风化，加热至 100℃时就失去结晶水，与 Cu^{2+}、Fe^{2+}、Mn^{2+} 等金属离子络合能力强，有吸湿性。水溶液在 70℃以下尚稳定，煮沸则水解成磷酸氢二钠。

② 毒性　ADI 为 0～70mg/kg（以磷计的总磷酸盐量，FAO/WHO，1994）。

③ 应用　焦磷酸钠可作为水分保持剂、品质改良剂、pH 调节剂、金属螯合剂等。GB 2760—2024《食品安全国家标准　食品添加剂使用标准》规定：焦磷酸钠可应用于乳及乳制品、冰淇淋、方便米面制品、预制肉制品、熟肉制品、八宝粥、预制水产品、水产品罐头、果蔬汁（肉）饮料、植物蛋白饮料、风味饮料及食用淀粉中。

焦磷酸钠实际使用参考如下。

a. 鸭四宝、香菇鸭翅及香菇炖鸭等食品类罐头，在加热过程中易释放出硫化氢，硫化氢与罐内铁离子反应生成黑色的硫化铁，影响成品品质。添加复合磷酸盐具有很好的螯合金属离子的作用，可以改善成品品质。用于香菇鸭翅罐头时，在预煮时添加的预煮液配方为：10％复合磷酸盐溶液（三聚磷酸钠 85g、六偏磷酸钠 12g、焦磷酸钠 9g、水 900g 配成约 1000g 的浴液）1.02kg、乙二胺四乙酸二钠 0.042kg，加沸水至总量为 100kg，待溶化过滤后备用。用于鸭四宝罐头时，在装罐汤汁中，复合磷酸盐用量为 1g/kg，而香菇炖鸭罐头为 0.5g/kg。

b. 猪肉香肠罐头，在斩拌肉时添加复合磷酸盐（焦磷酸钠 60％，三聚磷酸钠 40％）2g/kg。

c. 国外用于鱼肉糜制品，以复合磷酸盐（焦磷酸钠 60％，三聚磷酸钠 40％大用量为 0.5，以 P_2O_5 计）的形式添加到制品中。

（3）焦磷酸二氢二钠（disodium dihydrogen pyrophosphate，CNS 号 15.008，INS 号 450i）

① 性状　焦磷酸二氢二钠别名焦磷酸二钠、酸性焦磷酸钠，分子式为 $Na_2H_2P_2O_7$。为白色单斜晶系结晶性粉末或熔融体。有吸湿性。220℃以上分解生成偏磷酸钠。可与 Mg^{2+}、Fe^{2+} 形成螯合物。溶于水，1％水溶液的 pH 为 4～4.5。水溶液与稀无机酸加热则水解成磷酸。不溶于乙醇。用作膨松剂时可含有适量的铝盐和/或钙盐以控制反应速率。

② 毒性　ADI 为 0～70mg/kg（以磷计的总磷酸盐量，FAO/WHO，1994）。

③ 应用　焦磷酸二氢二钠为酸性盐，一般不单独使用；而焦磷酸钠是碱性盐，与肉中蛋白质有特异作用，可显著增加持水性，故常与本品或其他 pH 低的磷酸盐混合使用。焦磷酸二氢二钠可与碳酸氢钠反应生成二氧化碳，所以可用作快速发酵粉的原料。

焦磷酸二氢二钠还可以作为膨松剂和酸度调节剂。GB 2760—2024《食品安全国家标准　食品添加剂使用标准》规定：焦磷酸二氢二钠可在面包和饼干中使用。与其他磷酸盐复配可用于干酪、午餐肉、火腿、肉制品和水产品加工的保水剂，方便面的复水剂等。在食品加工中一般添加 0.5％～3％，在水产品加工中最大添加量为 1％。

10.4.2.3　偏磷酸盐

偏磷酸盐为环状或长链网状。偏磷酸盐大体可分为：环状偏磷酸盐、不溶性偏磷酸盐和偏磷酸钠玻璃体。后两类主要是链状聚磷酸盐，因链较长，即通式中 n 较大，组成近似于 $(MPO_3)_{n+2}$，也就是组成近似于 $(MPO_3)_n$，而被称为偏磷酸盐。已生产的有 $n=3$、4、5、6 等几种。

（1）六偏磷酸钠（sodium hexametaphosphate，CNS 号 15.002，INS 号 452i）

① 性状　六偏磷酸钠别名偏磷酸钠玻璃体、四聚磷酸钠、格兰汉姆盐，分子式 $Na_6P_6O_{18}$，为一类由几种无定形水溶性线状偏磷酸单位所组成的聚磷酸盐。为无色透明的玻璃片状或粒状或者粉末。潮解性强，能溶于水，不溶于乙醇及乙醚等有机溶剂。水溶液可与金属离子形成络合物。二价金属离子络合物较一价金属离子络合物稳定，在温水、酸或碱溶液中易水解为正磷酸盐。

② 毒性　ADI 0～70mg/kg（以磷计的总磷盐量，FAO/WHO，1994）。

③ 应用　六偏磷酸钠可作为水分保持剂、品质改良剂、pH 调节剂、金属螯合剂等，可单独使用，也可与其他磷酸盐配制成复合磷酸盐使用，但总磷酸盐不能超过国家规定。

GB 2760—2024《食品安全国家标准　食品添加剂使用标准》规定：六偏磷酸钠可应用于乳及乳制品、冰淇淋、植脂末、方便米面制品、预制肉制品、熟肉制品、八宝粥罐头、水产品罐头、肉罐头类、果蔬汁（肉）饮料、植物蛋白饮料、茶饮料和风味饮料中。

六偏磷酸钠实际使用参考如下。

a. 美国规定六偏磷酸钠用于早餐谷物食品，最大使用量为 0.27%～0.3%；白蛋糕，1.0%；鱼片，0.5%；冰淇淋、冰乳，0.05%；加工干酪、人工甜胶冻，0.5%；贮藏火腿及其他肉制品等的腌制，0.5%（对最终制品）。

b. 用于蟹、鲑、鳟、金枪鱼等水产品罐头，可防止产生鸟粪石。用量为 0.05%～0.11%；白鲑罐头中添加由六偏磷酸钠 72 份、三聚磷酸钠 26 份、焦磷酸钠 2 份组成的复合磷酸盐 0.05%，几乎完全可以防止产生鸟粪石。

c. 国外广泛用六偏磷酸钠作为鱼、肉制品的品质改良剂，以提高肉制品的持水性。由于 1% 偏磷酸钠水溶液的 pH 值为 6.3 左右，所以在成品 pH 值为 5.8～6.5 左右的火腿、灌肠、鱼肉香肠中，添加六偏磷酸钠较添加其他 pH 高的磷酸盐要好，使用量为 0.05%～3%。

10.4.2.4　其他

近年来，随着食品行业的迅猛发展，乳酸类水分保持剂价格大幅度降低，其应用程度得到了大幅度提高。乳酸类水分保持剂在保持水分的同时，能有效地抑杀引起食品腐败的许多革兰氏细菌，如李斯特菌、金黄色葡萄球菌、肉毒梭菌及其他腐败微生物等，它的防腐效果很明显。

（1）乳酸钾（potassium lactate，CNS 号 15.011，INS 号 326）

① 性状　乳酸钾分子式 $C_3H_5KO_3$，透明无色或基本无色的黏稠液体，无臭或略有不愉快的气味，混溶于水为透明无色或基本无色的黏稠液体，无臭或略有不愉快的气味，具有柔和的口感。

② 毒性　ADI 不作限制性规定（FAO/WHO，1994）。可引起敏感人群眼部刺激，患乳糖不耐症婴儿不宜用。

③ 应用　吸湿性好，用作保湿剂，可作为甘油替代品。我国 GB 2760—2024《食品安全国家标准　食品添加剂使用标准》规定的使用范围和最大使用量为，可按生产需要适量用

于各类食品中。

（2）乳酸钠（sodium lactate，CNS 号 15.012，INS 号 325）

① 性状　乳酸钠分子式 $C_3H_5NaO_3$，为无色或微黄色透明糖浆状液体，有很强的吸水能力。无臭或略有特殊气味，略有咸苦味。混溶于水、乙醇和甘油。一般浓度为 60%～80%（以质量计）。

② 毒性　ADI 不作限制性规定（FAO/WHO，1994）患乳糖不耐症婴儿不宜用。

③ 应用　有增加食品保水性、增强风味的作用。乳酸钠是一种有机弱酸盐，可以减少氯化钠的用量。这样也为生产低脂肪、低钠盐的低温肉制品提供了可能。

我国 GB 2760—2024《食品安全国家标准　食品添加剂使用标准》规定的使用范围和最大使用量为：用于生湿面制品中 2.4g/kg，其他类食品按生产需要适量使用。

（3）甘油

① 性状　别名丙三醇，其他名称三羟基丙烷。为色泽透明糖浆状液体，有甜味，甜度约为蔗糖的 50%，无臭或略有特征性气体。沸点 290℃（分解）。纯品凝固点 17℃，熔点 17.8℃。有强吸湿性，水溶性呈中性。混溶于水和乙醇，不溶于三氯甲烷、乙醚和挥发性油或非挥发性油。有吸收 H_2S、HCN 和 SO_2 的能力。

② 毒性　ADI 不做特殊规定（FAO/WHO，1994）。在人体内可水解、氧化成营养物质，即使以稀溶液方式服入 100g 亦无害，但极大量时有类似乙醇的麻醉作用，并导致高血糖。

③ 应用　可作保水剂用于面包、蛋糕类；载体溶剂用于香料、色素、非水溶性防腐剂等；稠化剂用于饮料、配制酒等；增塑剂用于糖果、甜点、肉类制品；还可用为甜味剂。

我国 GB 2760—2024《食品安全国家标准　食品添加剂使用标准》规定可按生产需要适量用于各类食品中。

10.4.3　水分保持剂在食品工业中的应用

水分保持剂可以通过保水、保湿、黏结、填充、增塑、稠化、增溶、改善流变性能和螯合金属离子等改善食品品质，即改进感官质量和理化性质。如肉类制品通过保水、吸湿等作用可以提高其弹性和嫩度；面包、糕点等经保水、吸湿可避免表层干燥，经黏结作用可避免破碎成屑；果酱类和涂抹食品可通过增稠和改善流变性提高口感。

研究人员通过对不同肉及肉制品中磷酸盐的分析研究，发现原料肉中的磷酸盐≥0.5%，卤肉制品磷酸盐超标问题与生产厂家的添加剂量呈正相关。所以，建立符合国家标准的卤肉制品生产工艺，并科学添加，显得十分重要。

此外，以通过复合食品添加剂来提高鸡胸肉的保水性，改善油炸鸡胸肉的品质为目标，研究人员采用了多种具有保水性的食品添加剂进行复配研究，通过对产品的出品率、失水率和样品感官评定进行综合评价分析，结果确定最佳的复合食品添加剂及添加量，即复合磷酸盐 0.3%，氯化钙 0.4%，卡拉胶 0.90%，山梨糖醇 0.52%。但是这种复合食品添加剂并不是油炸鸡胸肉最完美的组合，仍需要进一步研究和提高样品的保水性和品质。

研究者还发现，不同的磷酸盐对肉品保水性的不同指标影响不同，其中以焦磷酸盐对肉品的保水性能较好。含量为 0.2%及 0.3%的焦磷酸盐可降低滴水损失、减少蒸煮损失和提高灌肠成品率，差异显著；含量为 0.2%的聚磷酸盐可显著减少滴水损失；0.3%的六偏磷酸盐却显著增大了离心损失，保水效果不明显。

通过对肉制品保水性能进行研究，蒸煮损失最小时复合磷酸盐（六偏磷酸钠：多聚磷酸钠：焦磷酸钠）的最佳配比为 20：28：13，灌肠成品率最大但不考虑其感官指标时三者比例为 10：30：19；灌肠感官评定最好的多聚磷酸钠：焦磷酸钠为 1：1；灌肠成品率最大且其感官评定最好时三者比例为 10：30：11；蒸煮损失最小，灌肠成品率最大且其感官评定最好的三者比例为 10：30：17。

10.4.4 新型水分保持剂及应用

目前，国内外报道的新型无磷保水剂主要集中在蛋白质酶解产物、变性淀粉、酰胺化低甲氧基果胶、海藻糖、多聚糖等物质。

（1）聚谷氨酸

γ-聚谷氨酸是由 L-谷氨酸和 D-谷氨酸通过 γ-酰胺键结合形成的一种多肽分子。微生物合成的 γ-聚谷氨酸是一种水溶性可降解的生物高分子，分子量通常为 10 万～100 万。不同的生物合成方法将会得到不同交联度的聚谷氨酸分子。由于聚谷氨酸分子链上有大量游离羧基，从而具有一般聚羧酸的性质，如强吸水、能与金属螯合等特点，此外，大量的活性位点便于材料的功能化，因此用途十分广泛。聚谷氨酸最大特点之一是保湿性极强。

（2）壳聚糖

壳聚糖是一种由甲壳素脱乙酰基后的产物，壳聚糖因其独特的分子结构，是天然多糖中唯一大量存在的碱性氨基多糖，因而具有一系列特殊功能性质。壳聚糖有 α、β、γ 三种构象，其分子链以螺旋形式存在，其中研究 α 型的较多，因为这种构象的壳聚糖存在最多也最易制备，β 型则关注得相对较少，然而这种构象的特征是具有很弱的分子间作用力，并且证实了在不同的调节反应中会显示出比 α 型更高的反应活性和对溶剂有更高的亲和力。壳聚糖特别是分子量很低的甲壳低聚糖，由于极性基团的存在，对水有很高的亲和力和持水性，所以对食品的保湿有重要作用。

研究者在一定相对湿度下考察了壳聚糖（CS）、壳聚糖与甲基丙烯酸（MAA）接枝共聚物（Cs-g-MAA）的保湿吸湿性能。结果表明：接枝共聚物钠盐的吸湿保湿性能最优，且接枝率越高吸湿保湿性能越好，完全可以替代透明质酸，作为食品的保湿剂。

（3）氨基酸保湿剂

三甲基甘氨酸（甜菜碱）是一种完全天然的、可食用的氨基酸，存在于甜菜根、菠菜、椰菜及甲壳类生物中。为白色结晶状粉末或微球体，容易与水分子结合，但有别于其他多元醇保湿剂，物理条件改变时，它很容易把水分子释放，便于活细胞利用。水分保持剂由原来单一的磷酸盐类向多品种发展，常见的有多羟基醇类、碳水化合物、蛋白质衍生物等。现在不断开发高分子类化合物，聚氨基酸类已经显现出很强的保水效果，应用于保健食品的生产，相信随着技术的发展，将会有更多的品种应用到食品中。

（4）褐藻提取物

近年来，国内已有研究褐藻酸钠裂解产物对凡纳滨对虾及罗非鱼保水效果的报道，但目前该裂解产物尚无商业化产品。褐藻胶低聚糖在 2004 年研发成功，现已规模化生产，因此，褐藻胶低聚糖作为新型保水剂具有更广泛的现实意义。褐藻胶低聚糖是线性长链聚合物，基本单元由糖醛酸构成，有专利报道其是一种新型的益生元，也是一种新的药品、保健品、食品添加剂或饲料添加剂。另据文献报道褐藻胶低聚糖具有较好的抑菌和吸湿特性，而食品添加剂中常用的褐藻酸钠也具有吸湿性。

研究人员发现黏度为 55mPa·s 的褐藻胶低聚糖对中国对虾有较好的保水效果，且冻藏 20d 内虾仁品质较好，可以作为复合磷酸盐的替代品。此外，有研究表明无论高湿度环境还是低湿度环境，低分子质量的褐藻胶低聚糖的保湿性优良；保湿度与聚合度密切相关，随着分子质量的降低，褐藻胶低聚糖的保湿性能提高。褐藻胶低聚糖分子质量降低，其自由基的清除能力提高，褐藻胶低聚糖对脂溶性和水溶性自由基均具有清除能力，而且更适合于清除水溶性自由基。

思考题

1. 什么是食品膨松剂？膨松剂一般可分为哪几类？
2. 简述复合膨松剂的基本组成及其优点。
3. 简述豆腐凝固的机理。
4. 食品凝固剂稳定和凝固食品的方式有哪些？
5. 什么是抗结剂？抗结剂有哪些特点？
6. 简述磷酸盐类水分保持剂在食品中的功能。

第 10 章　思考题答案

第 11 章

其他食品添加剂

导言

本章简要介绍一下常用的食品用消泡剂、酸度调节剂、被膜剂和食品工业用加工助剂。食品工业用加工助剂（简称"食品加工助剂"）是指在加工食品原料、食品或其配料时，因加工工艺需要，为了保证加工过程顺利进行而使用的物质，一般应在食品终产品中除去，但可能会带来非有意但又无法避免的残留物或衍生物。

食品工业用加工助剂就是有助于食品加工顺利进行的各种物质。这些物质与食品本身无关，如助滤、澄清、吸附、润滑、脱模、脱色、脱皮、提取溶剂、发酵用营养物质等。食品加工助剂是一把双刃剑，究竟是利还是弊，主要取决于如何使用。通过辩证学习，明白食品工业的发展离不开食品加工助剂合理使用，而培养具有良好的职业素养、职业道德和正确的价值观的食品行业未来接班人，是保障食品安全的重要途径。

11.1 食品用消泡剂

11.1.1 消泡剂概念

泡沫是由液体薄膜或固体薄膜隔离开的气泡聚集体。啤酒、香槟、果汁、冷饮等产品需要泡沫的存在以保证其特殊的风味和质感。但在食品的加工中，并非所有的起泡作用都是受欢迎的，一些泡沫的产生往往会造成危害。如在加工植物性原料时，一般先要洗涤根、茎、叶等；蔬菜在去皮、烹煮或煎炸前也要清洗，在此过程中会产生大量的泡沫（尤其是加工高淀粉、高糖分的食品原料时），物料会随泡沫溢出，造成浪费，同时也使加工车间和设备的卫生质量下降，因此必须设法抑制泡沫的产生。此外，煎炸用油很容易起泡，泡沫的溢出会造成经济损失和操作工人受伤，在明火加热时还易引起火灾。在罐头、饮料加工（特别是生产蛋白质含量高的产品），调味品、啤酒、味精等发酵食品的生产过程中也会产生大量有害的泡沫。为了消除这些有害泡沫的不良影响，应当使用消泡剂。

依照 GB 2760—2024《食品安全国家标准　食品添加剂使用标准》，消泡剂（antifoaming agent）是在食品加工过程中降低表面张力、消除泡沫的物质。食品消泡剂可运用在加热杀菌的发酵过程中或高温状态下的各种发泡液中，它的特点是一次加入、快速消泡、超长抑泡、用量极少、安全无毒、无腐蚀性、稳定、耐高温。

11.1.2　消泡剂分类

消泡剂大致可分两类：一类能消除已产生的气泡，如乙醇等；另一类则能抑制气泡的形成，如乳化硅油等。我国规定允许使用的消泡剂有：乳化硅油、高碳醇脂肪酸酯复合物（DSA-5）、聚氧乙烯聚氧丙烯季戊四醇醚（PPE）、聚氧乙烯聚氧丙烯胺醚（BAPE）、聚氧丙烯甘油醚、聚氧丙烯氧化乙烯甘油醚、聚二甲基硅氧烷，共7种。

（1）乳化硅油

① 概述　乳化硅油是硅油（甲基聚硅氧烷）经乳化而成的，为白色黏稠液体，几乎无臭，不溶于水（可分散于水中）、乙醇、甲醇，溶于苯、甲苯等芳香族碳氢化合物、脂肪族碳氢化合物和氯代碳氢化合物（如苯、四氯化碳等）。化学性质稳定，不挥发，不易燃烧，对金属无腐蚀性，久置于空气中也不易胶化。

② 作用　消泡剂。乳化硅油为亲油性表面活性剂，表面张力小，消泡能力很强，是良好的食品消泡剂。

③ 安全性　用含0.3%硅油的饲料喂养大鼠2年，未发现异常，即在生长、死亡、全身状态、行动、血液、器官等方面未发现值得注意的变化，主要内脏器官也无变化。

④ 使用范围　可用于发酵工艺、饮料。

（2）高碳醇脂肪酸酯复合物

① 概述　简称DSA-5，化学结构为十八碳醇的硬脂酸酯、液状石蜡、硬脂酸三乙醇胺组成的混合物。为白色或淡黄色黏稠液体，无腐蚀性，不易燃，不易爆，不挥发，性质稳定。黏度高，流动性差。室温下及加热时易流动。1% DSA-5消泡剂水溶液的pH为8～9。

② 作用　消泡剂。DSA-5的主要成分为表面活性剂，能显著地降低泡沫液壁的局部表面张力，加速排液过程使泡沫破裂。DSA-5消泡效果好，在标准范围内使用，消泡率达96%～98%。

③ 安全性　用含8% DSA-5的饲料喂养大鼠3个月，未发现异常。经污染物致突变性检测（鼠伤寒沙门氏菌/哺乳动物微粒体酶试验）、大鼠骨髓细胞染色体畸变试验和显性致突变试验检测均为阴性。致畸试验和胚胎毒性试验均未发现有毒性作用。

④ 使用范围　可用于酿造工艺、豆制品工艺、制糖工艺、发酵工艺。

（3）聚氧乙烯聚氧丙烯季戊四醇醚

① 概述　简称PPE，平均分子量4000～5000。为无色透明油状液体，难溶于水，能与低级脂肪醇、乙醚、丙酮、苯、甲苯等有机溶剂混溶，不溶于煤油等矿物油，与酸、碱不发生化学反应，热稳定性良好。

② 作用　消泡剂。

③ 安全性　LD_{50}，大鼠经口为10.8g/kg（雌性），14.7g/kg（雄性）；小鼠经口12.6g/kg（雌性），17.1g/kg（雄性）。致突变试验，Ames试验及骨髓细胞微核试验无致突变作用。90天喂养试验，无作用剂量为4000mg/kg。

④ 使用范围　可按生产需要适量用于发酵工艺。

（4）聚氧乙烯聚氧丙烯胺醚

① 概述　又称含氮聚醚、BAPE，分子量3000～4200。为无色或微黄色的非挥发性油状液体，溶于苯及其他芳香族溶剂，也溶于乙醚、乙醇、丙酮、四氯化碳等溶剂。在冷水中溶解度比在热水中大。

② 作用　消泡剂。在味精生产中应用具有产酸高、生物素产生少、转化率高等优点。

③ 安全性　Ames试验、小鼠骨髓细胞微核试验、小鼠睾丸染色体畸变试验，均无致突

变作用。

④ 使用范围　可按生产需要适量用于发酵工艺。

（5）聚氧丙烯甘油醚

① 概述　又称 GP 型消泡剂，为无色或黄色非挥发性油状液体，有苦味。溶于苯及其他芳烃溶剂，也溶于乙醚、乙醇、丙酮、四氯化碳等溶剂，难溶于水，热稳定性好。

② 作用　消泡剂。聚氧丙烯甘油醚消泡能力强，是良好的食品消泡剂。用于酵母、味精等生产，消泡效率为食用油的数倍至数十倍。

③ 安全性　Ames 试验、小鼠骨髓细胞微核试验和小鼠精子畸变试验，均无致突变作用。

④ 使用范围　严格遵循 GB 2760—2024《食品安全国家标准　食品添加剂使用标准》。

如在味精生产时采用在基础料中一次加入的方法，加入量为 0.02％～0.03％。对制糖业浓缩工序，在泵口处预先加入，加入量为 0.03％～0.05％，勿过量，以免影响氧的传递。

（6）聚氧丙烯氧化乙烯甘油醚

① 概述　又称 GPE 消泡剂，平均分子量约 3500。为无色或黄色非挥发性油状液体。溶于苯及其他芳烃溶剂，也溶于乙醚、乙醇、丙酮、四氯化碳等溶剂。相比热水，在冷水中更容易溶解。

② 作用　消泡剂。

③ 安全性　Ames 试验、小鼠骨髓细胞微核试验和小鼠精子畸变试验，均无致突变作用。

④ 使用范围　可按生产需要适量用于发酵工艺。

（7）聚二甲基硅氧烷

① 概述　聚二甲基硅醚（PDMS）又称二甲基聚硅氧烷或二甲硅油，平均分子量 13500～30000。为无色透明黏稠状液体，无臭，无味，相对密度 0.964～0.977。不溶于水和乙醇，溶于苯、乙醚、甲苯、氯仿、四氯化碳及其他有机溶剂。

② 作用　消泡剂。

③ 安全性　聚二甲基硅氧烷对人及其他哺乳动物均无明显的急性及慢性中毒反应，也无致突变及致癌作用。

④ 使用范围　可用于豆制品、肉制品、啤酒、果汁及其他饮料、速溶食品、冰淇淋、调味品、果酱和蔬菜等产品的加工。

11.2　食品酸度调节剂

酸味和甜味一样，也是各类食品风味的基础，是由具有酸味的成分赋予的。人类食物中的酸味成分，如醋酸、乳酸、苹果酸等，在食品风味构建中发挥了关键性作用。《食品安全国家标准　食品添加剂使用标准》（GB 2760—2024）规定：用以维持或改变食品酸碱度的物质称为酸度调节剂（acidity regulator）。人们习惯上把此类物质称为食品酸味剂。

11.2.1　盐酸

盐酸又名氢氯酸，分子式为 HCl，分子量为 36.46。

① 性状　盐酸为无色或微黄色发烟的澄清液体，有强烈的刺激性气味，易溶于水、乙醇等。浓盐酸一般为氯化氢含量为 38％的水溶液，3.6％的盐酸，pH 为 0.1。

② 性能　盐酸具有调节 pH 和改善淀粉性能的作用；能与多种金属、金属氧化物作用，生成盐；能中和碱，生成盐。对植物纤维、皮肤有强腐蚀作用。

③ 毒性　ADI 不作限制性规定。一般公认安全。盐酸为机体正常成分，其浓度接近消

化液中的盐酸浓度时是无毒的。服用浓溶液会出现胃痛、口渴、灼热等症状。

④ 应用 依照 GB 2760—2024《食品安全国家标准 食品添加剂使用标准》，盐酸作为酸度调节剂用于蛋黄酱、沙拉酱，按生产需要适量使用。

此外，盐酸还可以作为食品工业加工助剂；如在制造柑橘罐头时，盐酸用于脱去橘子囊衣。还可用盐酸与水解淀粉制造淀粉糖浆。

11.2.2　氢氧化钠

氢氧化钠亦称苛性钠、烧碱，分子式 NaOH，分子量 40.00。

① 性状 纯品为无色透明结晶，无臭；工业品为白色不透明固体，有块状、片状、棒状和粉末状等；易吸湿而潮解，暴露于空气中吸收二氧化碳和水分逐渐转变为碳酸钠；易溶于水且放出强热，水溶液呈强碱性；可溶于甘油、乙醇。

② 性能 氢氧化钠呈强碱性，对有机物有腐蚀作用，能使大多数金属盐形成氢氧化物或氧化物而沉淀。

③ 毒性 ADI 不作限制性规定。一般公认安全。但是氢氧化钠对皮肤有强腐蚀性。

④ 应用 依照《食品安全国家标准 食品添加剂使用标准》(GB 2760—2024)，氢氧化钠作为食品加工助剂。可用于中和、去皮、脱色、脱臭和洗涤等工序中；还可用于柑橘、桃去皮工序中。

11.3　被膜剂

11.3.1　被膜剂概述

被膜剂（coating agent）是指用于食品外表涂抹，起保质、保鲜、上光、防止水分蒸发等作用的物质。被膜剂是一种覆盖在食物表面而后能形成薄膜的物质，其目的是抑制水分蒸发，调节呼吸作用，减少营养物质消耗，防止细菌侵袭，改善外观，从而保持其新鲜度，提高商品价值。

现允许使用的被膜剂有紫胶（又名虫胶）、硬脂酸（又名十八烷酸）、脱乙酰甲壳素（又名壳聚糖）、松香季戊四醇酯、普鲁兰多糖、吗啉脂肪酸盐（果蜡）、可溶性大豆多糖、聚乙烯醇、聚乙二醇、聚二甲基硅氧烷及其乳液、蜂蜡、单，双甘油脂肪酸酯、白油（液体石蜡）、巴西棕榈蜡等，主要应用于水果、蔬菜、软糖、鸡蛋等食品的保鲜。

11.3.2　被膜剂在食品保鲜和加工中的用途

(1) 保水

涂布于果蔬表面，形成具有某种通透和阻隔特性的薄膜，可减少水分蒸发，调节呼吸作用，防止微生物侵袭，从而保持果蔬的新鲜品质。例如，常用液体石蜡、矿物油等被膜剂与一定量的乳化剂配制成乳浊液对蛋类进行涂膜，可阻止微生物入侵，同时可以减少蛋内水分的蒸发，从而可大大减少腐败变质和干耗损失，获得很好的防腐效果和经济效益；聚甘油脂肪酸酯和蒸馏饱和脂肪酸单甘酯的混合物，用于水果和冻肉的涂膜保鲜，可防止干耗，保证产品质量；用蔗糖酯、甘油一酸酯、油酸钠等作为乳化剂，制得的蜂蜡乳状液、巴西棕榈蜡乳状液、氧化聚乙烯蜡乳状液、石蜡乳状液，均是优良的涂膜保鲜剂，特别适用于柑橘的涂膜保鲜。

(2) 防腐、抗氧化

被膜剂中添加防腐剂、抗氧化剂等成分，制成复配型被膜剂，还有抑制或杀灭微生物、抗氧化等保鲜效果。例如，用脂肪醇聚氧乙烯醚、油酸钠及少量防腐剂和水配成的乳浊液喷洒果蔬表面，可形成透氧、透二氧化碳、阻止水分蒸发但不影响果实呼吸作用的薄膜，延长果蔬保鲜期。

（3）上光、防潮

巧克力、糖果等产品中使用被膜剂，不仅使产品光洁美观，而且还可防潮、防粘、保持质量稳定。

（4）脱模

需脱模的食品在加工中使用被膜剂，例如，在饼干、面包等糕点生产中，事先对烘焙模具涂膜可以方便制品脱模，不仅可保持产品完整的形状、花纹等，还可保证生产的正常进行，提高生产效率。

11.3.3 常用被膜剂

11.3.3.1 紫胶

紫胶又名虫胶，属于寄生于豆科或桑科植物上的紫胶虫所分泌的树脂状物质（称为紫梗）；将紫梗破碎、筛分、洗净、干燥后，用酒精溶解并过滤、真空浓缩制得。制品有含蜡品和脱蜡品两种。其主要成分为油桐酸（约 40%）、虫胶酸（约 40%）和虫胶蜡酸（约 20%）等。

① 性状　紫胶为暗褐色透明薄片或粉末，脆而坚，无味，稍带有特殊气味。溶于乙醇，不溶于水，但溶于碱性水溶液。在 125℃加热 3h 变为不溶于乙醇的物质，有一定的防潮能力。

② 性能　紫胶涂于水果表面有抑制水分蒸发、调节果实呼吸的作用，还能防止细菌入侵，起保鲜作用。涂于要求防潮的食品如糖果的表面，可形成光亮膜，起到隔离水分、保持食品质量稳定和使产品美观的作用。但是虫胶使用具有一定局限性，如在湿度较高的季节就不能使用虫胶涂膜。虫胶片的储存期较短，一般有效期为半年。虫胶片在储运过程中易结块，应在干燥处储存，将水分控制在 4%以下，避免结块。

③ 毒性　紫胶是我国传统中药。

④ 应用　依照《食品安全国家标准　食品添加剂使用标准》（GB 2760—2024），紫胶的使用范围和最大使用量为：可可制品、巧克力和巧克力制品（包括代可可脂巧克力及制品）、威化饼干 0.2g/kg；经表面处理的鲜水果（仅限苹果）0.4g/kg；经表面处理的鲜水果（仅限柑橘类）0.5g/kg；紫胶除可用作被膜剂外，还可作胶姆糖基础剂，胶基糖果的最大使用量 3.0g/kg。

11.3.3.2 白油

白油又名液体石蜡、石蜡油，由饱和烷烃组成，通式为 C_nH_{2n+2}。石油润滑油馏分经脱蜡、精制，或加氢精制而得。

① 性状　白油为无色半透明黏稠状液体，无臭，无味，加热时有轻微的石油气味。不溶于水和乙醇，溶于乙醚、石油醚及挥发油中。对光、热、酸等均稳定，但长时间光照或加热，能缓慢氧化生成过氧化物。

② 性能　白油具有良好的脱模性能，还有消泡、润滑和抑菌作用。不被细菌污染，易乳化，有渗透性、软化性和可塑性，在肠内不易吸收。

③ 毒性　ADI 不作特殊规定。一般公认安全。

④ 应用　依照 GB 2760—2024《食品安全国家标准　食品添加剂使用标准》，白油的使用范围和最大使用量为，除胶基糖果以外的其他糖果、鲜蛋 5.0g/kg。

11.3.3.3　吗啉脂肪酸盐

吗啉脂肪酸盐又名果蜡，其主要成分为天然棕榈蜡（10%～12%）、吗啉脂肪酸盐（2.5%～3%）、水（85%～87%）等。

① 性状　吗啉脂肪酸盐为半透明乳状液，溶于水，pH 为 7～8。在 −5～ 42℃下稳定。

② 性能　吗啉脂肪酸盐具有优良的成膜性。涂布于果蔬表面，可形成薄膜，抑制果蔬呼吸，防止内部水分散失，同时可抑制微生物入侵，并能改善外观。

③ 毒性　较安全。

④ 应用　依照 GB 2760—2024《食品安全国家标准　食品添加剂使用标准》，吗啉脂肪酸盐主要应用于经表面处理的鲜水果，按正常生产需要适量使用。

使用时先配制成一定浓度的水溶液，然后采用浸果或喷雾的方法，晾干后可在水果表面形成一层薄膜。实际使用时往往在水溶液中添加适量的防霉剂，可获得更好的贮藏效果。

11.3.3.4　巴西棕榈蜡

巴西棕榈蜡的主要成分由 C_{24}～C_{34} 的直链脂肪酸酯、C_{24}～C_{34} 的直链羟基脂肪酸酯、C_{24}～C_{34} 的桂酸脂肪酸酯等组成。由巴西蜡棕的叶和叶芽（存在于表面）提取精制而成。

① 性状　巴西棕榈蜡为棕至浅黄色硬质脆性蜡，具有树脂状断面。微有气味。微溶于热乙醇，溶于 40℃以上的脂肪，不溶于水，但溶于碱液。

② 性能　巴西棕榈蜡配制成乙醇溶液后用于果蔬涂膜，可形成一层保鲜膜。

③ 毒性　ADI 为 0～7g/kg（以体重计）。由于其熔点高于口腔温度，且不易被肠道吸收，一般公认安全。

④ 应用　依照 GB 2760—2024《食品安全国家标准　食品添加剂使用标准》，巴西棕榈蜡的使用范围和最大使用量为，可可制品、巧克力和巧克力制品（包括代可可脂巧克力及制品）以及糖果 0.6g/kg；新鲜水果（以残留量计）0.0004g/kg。

11.4　食品工业用加工助剂

11.4.1　助滤剂

过滤是食品工业中常用的物理处理方法，用以除去液体中的不溶性物质。由于液体中的固体物质经常是一些微细粒子和容易堵塞滤布孔眼的物质，如单独进行过滤，常会出现过滤困难、滤液不清、不能形成滤渣层等问题。助滤剂的使用能够显著改善这种状况，使得过滤速度加快、滤液清亮、滤渣紧密和能够从滤布上脱落。

过滤生产时添加助滤剂的作用在于：通过助滤剂形成的滤饼，能够有效地捕捉和拦截滤液中的杂质，从而提高滤液的澄清度，提高过滤质量；避免滤液中的杂质堵塞滤布及滤饼的过滤通道，使通道保持畅通，从而达到提高滤速、延长过滤周期的目的；使滤饼变得蓬松，从而提高滤饼的吹干率，提高收率。

助滤剂（filter aid）是一种多孔的刚性物质，不易被过滤过程压缩，从而增加过滤速度。形成滤饼时有 80%～90% 的孔隙率，各颗粒有许多毛细孔相通，因此，可以快速过滤且能捕捉到 1mm 以下的超微小颗粒。助滤剂的使用方式有两种：一是和待滤食品溶液混合后，按照正常方法过滤即可；二是在滤布上预涂一层助滤剂。食品级助滤剂化学稳定性极好且不存在潜在污染物，其重金属离子的含量一般在 0.005%，因此，符合食品添加剂的安全需求。常用的食品助滤剂包括植物活性炭、硅藻土、珍珠岩、膨润土、高岭土、硅酸钙、聚苯乙烯等。

11.4.1.1 硅藻土

① 组成　据统计，世界上使用的助滤剂中，硅藻土助滤剂占 75%。硅藻土是天然形成的矿物质，它主要是由古代的硅藻及其他单细胞微小生物遗骸沉积物的硅质部分组成的，经过加工成为产品。主要成分为 $SiO_2 \cdot nH_2O$，颜色呈白色、灰白、黄色、灰色等。它的内部有很多孔隙，质轻而软，硬度 $1\sim1.5$，密度 $1.9\sim2.3g/cm^3$，干燥后密度 $0.4\sim0.7g/cm^3$，孔隙度可达 90%左右，易研成粉末。

② 性状　硅藻土具有很强的吸附能力，有良好的过滤性和化学稳定性。硅藻土内部有很多微孔，显微镜可见。原土的孔体积为 $0.4\sim0.9cm^3/g$，精制品的孔体积为 $1.0\sim1.4cm^3/g$，比表面积达 $20\sim70m^2/g$。因此，它有良好的吸附性能，特别是善于吸附截留溶液中的悬浮微粒。在溶液中加入硅藻土过滤能得到清亮的滤液。

③ 应用与限量　硅藻土作为助滤剂在食品工业中有着广泛的应用，主要包括调味品，味精、酱油、醋；酒类、啤酒、白酒、黄酒、果酒、葡萄酒及其他各种饮料；食品用油类、菜油、豆油、花生油、茶籽油、麻油、棕油、米糠油、生猪肉油；制糖业类，果葡萄浆、高果糖浆、葡萄糖浆、甘蔗糖、甜菜糖、甜葡糖、蜂蜜；其他类，酶制剂、植物油、海藻胶、乳制品、柠檬酸、明胶、骨胶等过滤用的各种原料。硅藻土在国外的糖厂用得相当普遍，特别是糖浆等高黏度物料的过滤。将它加入糖液中，或使过滤机在过滤糖液前先通过硅藻土与水的混合物，在滤布上形成硅藻土的"预涂层"，再过滤糖液，将溶液中的悬浮物阻留在硅藻土层之上。这些糖液的过滤如果不加硅藻土，常难以在过滤机中形成滤泥层。

硅藻土的用量视生产需要而定，食品中的残留量应≤0.5%，按 FAO/WHO（1977 年）规定，ADI 值暂缓决定。

11.4.1.2 珍珠岩（perlite）

① 组成　珍珠岩是一种由惰性非晶玻璃体粒子组成的白色固体粉末，其主要成分为钾、钠和铝硅酸盐，无任何异味，本身不含有机物。生产过程中，珍珠岩经过高温处理，达到灭菌和消除有机物的效果，因此，珍珠岩助滤剂在无机酸和有机酸中的溶解度极低，化学稳定性强，不会影响被过滤液体的色、香、味。其使用方法和硅藻土完全相同。珍珠岩颗粒是非常不规则的曲卷片状，形成滤饼时有 $80\%\sim90\%$ 的孔隙率，各颗粒有许多毛细孔相通，因此可以快速过滤，而且能捕捉 $0.1\mu m$ 大小的粒子。

② 性状　珍珠岩助滤剂与硅藻土相比其使用上有以下特点：能吸附滤液（如酒类、高营养饮料类）中的部分高分子蛋白质，更有利于提高滤液的非生物稳定性；可提高过滤速度以及过滤总量；节约 20%使用量。

③ 使用　珍珠岩助滤剂已被国家规定为食品加工助剂，在国内外被广泛采用。食品加工过程中珍珠岩助滤剂添加量因处理对象不同而有异，啤酒麦芽汁用量为 $0.5\sim1.0kg/1000L$；啤酒用量为 $0.5\sim1.0kg/1000L$；经预处理的新葡萄酒用量为 $0.5\sim2.0kg/1000L$；经预处理的压榨葡萄汁用量为 $1.5\sim2.5kg/1000L$；未经预处理的新葡萄酒用量为 $2\sim4kg/1000L$。

11.4.2　澄清剂

澄清剂主要通过吸附澄清的原理工作，即在悬浮液中加入无机电解质澄清剂，通过电性中和作用来解除微粒的布朗运动，使微粒能够靠近、接触进而聚集在一起形成絮团；或者通过高分子絮凝剂的絮凝作用，使体系中粒度较大的颗粒及具有斯托克沉淀趋势的悬浮颗粒絮凝沉淀，而保留绝大多数有效的高分子物质（如多糖等），并利用高分子天然亲水胶体对疏水胶体的保护作用，提高制剂的稳定性及澄清度。

澄清剂的种类很多，其中有机物质包括明胶、鱼胶、单宁、纤维素等，矿物质有高岭土、膨润土、皂土、活性炭、硅藻土等。另外，还有某些合成树脂，如聚酰胺、聚乙烯吡咯烷酮（PVP）、聚乙烯聚吡咯烷酮（PVPP）；多糖类，如琼脂、阿拉伯胶、硅胶、脱乙酰甲壳素等都可用作澄清剂。

澄清剂的作用是澄清与去除饮料等液体食品中引起混浊及颜色和风味改变的物质。许多液体食品在长期贮存后易发生混浊沉淀，并可发生氧化变质，而被误认为是产品变质的表现。因此，需要加入澄清剂，以除去一部分或大部分上述易形成沉淀的成分，使液体食品获得好的风味及保持长期的稳定性。混浊形成的原因有很多，主要是与带负电荷的果胶、纤维素、鞣质和多聚戊糖等物质有关。当蛋白质与果胶物质、多酚类物质长时间共存时，就会产生混浊的胶体，乃至发生沉淀。

膨润土（bentonite）或皂土，膨润土是澄清剂的典型材料，皂土是葡萄酒行业惯用的商业名称，它是天然膨润土精制而成的无机矿物凝胶。

① 组成　膨润土是以蒙脱石为主要矿物成分的黏土矿，其蒙脱石含量为 40%～90%，还含有少量高岭石、水铝英石、绿泥石、蛋白石、云母等矿物。膨润土是一种复杂的水合硅酸铝，含有可以交换的阳离子，通常是钠离子。膨润土由不溶性带负电荷的硅酸盐小片组成，当以水悬浮体的形式存在时具有很大的比表面积，可达 $750m^2/g$。它选择性地优先吸附蛋白质，这种吸附作用是蛋白质的正电荷与硅酸盐负电荷之间的吸引引起的。同时被吸附蛋白质覆盖的膨润土颗粒又可吸附一些酚和单宁，当然也不排除它们和蛋白质一起被膨润土颗粒吸附。

② 性状　膨润土因具有多方面的特性功能被用作澄清和稳定果汁果酒的首选澄清剂。膨润土在葡萄酒酿造中的主要作用是澄清、稳定酒体，防止葡萄酒内蛋白质引起的浑浊、沉淀；显著提高葡萄酒对蛋白质、铁、铜的稳定性，有效提高抗葡萄酒"铁破败病""铜破败病"的能力；提高出酒率，并部分改善酒的口感、减少农药残留。膨润土用在果汁的澄清处理中，既可以吸附单宁等多酚类物质，又可以吸附蛋白质等大分子胶体粒子，还可与金属离子络合，从而消除引起果汁非生物混浊的多种因素。

③ 应用与限量　经提纯或改性后的膨润土还可广泛用于油脂和调味品（酱油、陈醋、味精）等的脱色澄清处理。膨润土在使用前，必须在 5～7 倍水中充分浸泡膨胀至少 4～6h，只有这样膨润土才能充分发挥作用。

大鼠对膨润土的最大耐受量为 8g/kg，相当于人用量的 2666 倍，毒性很小。膨润土对神经、呼吸及心血管系统没有影响。

11.4.3　脱色剂

脱色是油脂、果汁、糖品加工的重要工序之一，脱色效果的好坏，直接影响到产品质量和成本消耗，脱色分为吸附脱色和化学反应脱色。在食品工业中通常采用吸附脱色，通过脱色剂选择吸附食品中对食品品质不利的色素成分如叶绿素、微量皂苷等。

根据物理化学表面科学的相关理论，吸附过程是一个自发降低表面能的过程。吸附会使脱色剂表面的不饱和力场趋于平衡，表面自由能下降，结果脱色剂表面吸附的色素分子浓度大大高于食品溶液主体的浓度，达到脱色的目的。吸附可分为物理吸附和化学吸附，前者靠的是分子间的范德瓦耳斯力，速度快，无选择性，可形成单分子层或多分子吸附层，如活性炭吸附；后者的作用力是剩余价键力，速度较慢，且需活化能，有选择性，只能形成单分子吸附层，如交换树脂吸附。无论怎样，吸附是一种表面现象，它取决于溶质与吸附剂之间特殊的亲和力。

常用的吸附脱色剂有活性炭、活性白土、凹凸棒黏土等。下面以活性炭为例进行介绍。

① 组成 活性炭是主要由少量的氢、氧、氮、硫等与碳原子化合而成的络合物。通常由能炭化和活化的有机质原料包括木屑、泥炭、褐煤、木炭纤维残渣、兽骨、果壳、石油焦炭等，在活化气体如水蒸气、二氧化碳中加或不加无机盐后在高温下被炭化或活化而成。也可用化学活性剂如磷酸或氯化锌在高温下炭化后，再水洗以除去化学活性剂制得。

② 性状 活性炭为黑色多孔性无味物质，粒形呈圆柱形、粗颗粒或细粉末粒子，颗粒直径一般为 1～6mm，长度为直径的 0.7～4 倍，或具有 6～120 目粒度的不规则颗粒。无臭、无味，不溶于水或有机溶剂。对有机高分子等表面活性物质有很强的吸附力，其吸附作用的最适宜 pH 为 4.0～4.8，最佳温度为 60～70℃。

③ 应用与限量 由于活性炭对有机高分子物质有很强的吸附力，故对液相中色素、臭气物质等有很高的吸附能力，为常用的一种加工助剂。在食品生产中常用作脱色剂、脱臭剂、除味剂和净化剂。广泛用于蔗糖、葡萄糖、饴糖、油脂、果汁和葡萄酒等饮料的脱色净化，以及胶体物质的去除和水质处理等。

FAO/WHO 对活性炭的 ADI 值不作限制性规定；FDA 规定的参考用量如下：葡萄酒 0.9％，雪梨酒 0.25％，葡萄汁 0.4％。我国 GB 2760—2024《食品安全国家标准　食品添加剂使用标准》规定活性炭用作助滤剂可根据生产需要适量使用。

11.4.4　溶剂

丙二醇（propylene glycol）

① 组成 分子式 $C_3H_8O_2$，分子量 76.10。由 1,2-环氧丙烷经水合制得。

② 性状 为无色透明、无臭的黏稠液体；有极微量的辛辣味。沸点 188.2℃，闪点 104℃，相对密度 1.038。具有可燃性。能与水、醇及多数有机溶剂任意混合。有吸湿性，对光、热稳定。

③ 应用与限量 对难溶于水的防腐剂、色素等食品添加剂可用少量丙二醇充分溶解后再添加到食品中，有利于提高有效成分的分散性和添加效果。在食用香精的稀释和调配过程中，除使用乙醇作溶剂外，可与丙二醇结合使用也会得到满意的结果。

11.4.5　食品工业用加工助剂的使用规定

11.4.5.1　食品加工助剂的使用原则

① 食品加工过程中加工助剂的使用量应限制在能达到预期效果的最低量。

② 加工助剂一般应在制成最终成品之前除去，无法完全除去的，应尽可能降低其残留量，不会对食品本身产生任何物理的或其他作用。

③ 食品加工助剂应符合相应的质量规格要求，在工艺需要的同时应强调安全性，追求低用量、低残留。其在食品终产品中的残留量不能对健康造成任何危害，不对食品终产品有功能作用。

11.4.5.2 可在各类食品加工过程中使用，残留量不受限定的加工助剂

可在各类食品加工过程中使用，残留量不受限定的加工助剂有：植物活性炭、冰乙酸（又名冰醋酸）、乙醇、氧化钙、氧化镁（包括重质和轻质）、盐酸、纤维素、碳酸氢钠、碳酸氢钾、碳酸钠、碳酸钾、碳酸镁（包括轻质和重质）、碳酸钙（包括轻质和重质）、乳酸、硅酸镁、氢氧化钠、氢氧化钾、氢气、氢氧化钙、柠檬酸、氯化钾、氯化钙、硫酸钠、氯化铵、硫酸镁、磷脂、硫酸钙、活性炭、硅藻土、过氧化氢、二氧化硅、二氧化碳、氮气、丙烷、单，双甘油脂肪酸酯、丙酮、氨水（包括液氨）、甘油（又名丙三醇）。

11.4.5.3 需要规定功能和使用范围的加工助剂

需要规定功能和使用范围的加工助剂如：阿拉伯胶为葡萄酒加工工艺用的澄清剂；凹凸棒黏土为油脂加工工艺用的脱色剂；巴西棕榈蜡为焙烤食品加工工艺、膨化食品加工工艺、蜜饯果糕加工工艺用的脱模剂；白油（液体石蜡）为薯片的加工工艺、油脂加工工艺、糖果的加工工艺、胶原蛋白肠衣的加工工艺、膨化食品加工工艺、粮食加工工艺（用于防尘）用的消泡剂、脱模剂、被膜剂；不溶性聚乙烯聚吡咯烷酮（PVPP）为啤酒、葡萄酒、果酒、黄酒、配制酒的加工工艺和发酵工艺用的吸附剂；丁烷为提取工艺用的提取溶剂和焙烤食品用喷雾脱模油的加工工艺用的推进剂；高岭土为葡萄酒、果酒、黄酒、配制酒的加工工艺和发酵工艺用的澄清剂、助滤剂；植物活性炭（稻壳活性炭）为油脂加工工艺用的助滤剂；丙二醇为啤酒加工工艺、提取工艺用的冷却剂、提取溶剂。

📖 思考题

1. 什么是食品加工助剂？它与传统的食品添加剂有什么区别？
2. 食品工业用加工助剂的使用原则有哪些？
3. 什么是被膜剂？其用于果蔬保鲜的原理是什么？

第 11 章 思考题答案

第12章

食品添加剂其他知识点

导言

要学会正确使用食品添加剂，还必须掌握食品添加剂的带入原则、食品标签的正确标识、复配食品添加剂使用量的计算等一系列知识点。在实际生产中，相关人员常因为不能牢固掌握以上知识点而不能正确使用食品添加剂。本章将详细介绍以上几方面知识点，为培养能正确使用食品添加剂知识解决食品产业中的问题，富有社会责任感、正义感的食品工程师打下坚实的基础。

12.1 食品添加剂的带入原则

12.1.1 带入原则概述

《食品安全国家标准 食品添加剂使用标准》（GB 2760—2024）规定了食品添加剂的带入原则3.4。其具体解读如下。

3.4.1 在下列情况下食品添加剂可以通过食品配料（含食品添加剂）带入食品中（同时满足）：

a. 根据本标准，食品配料中允许使用该食品添加剂；

b. 食品配料中该添加剂的用量不应超过允许的最大使用量；

c. 应在正常生产工艺条件下使用这些配料，并且食品中该添加剂的含量不应超过由配料而带入的水平；

d. 由配料带入食品中该添加剂的含量应明显低于直接将其添加到该食品中通常所需要的水平。

例1：

酱卤肉的检验报告：苯甲酸钠 0.08g/kg。

因酱卤肉检测出苯甲酸钠，判为不合格，于是准备给以行政处罚。

在告知阶段，工厂带来了一份检验报告和几页配料记录表，并解释该苯甲酸钠系所用原料酱带来的。

酱的检验报告：苯甲酸钠 0.88g/kg。

出示配料记录表显示：每 100kg 肉中加入 10kg 酱、3.6kg 糖、2.6kg 食盐、0.6kg 辣椒、0.6kg 香辛料、1kg 白酒、160kg 水。

按最大量估算：100kg 肉含有苯甲酸钠 8.8g，每 1kg 肉粗略折合含有苯甲酸钠 0.088g/kg，与酱卤肉检验报告结果苯甲酸钠 0.08g/kg 相吻合，表明苯甲酸钠确系原料带入，所以该产品应判为合格（图 12-1）。

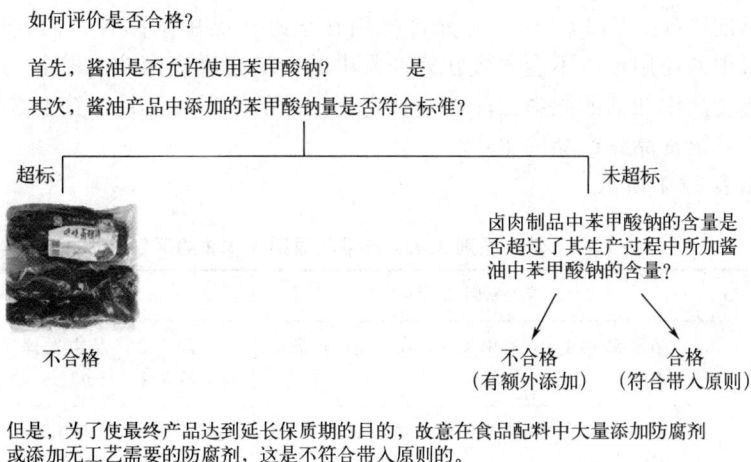

图 12-1　带入原则 3.4.1 实例

然而，食品加工过程中，因工艺需要，存在配料生产过程中直接添加成品所需的添加剂的情况。该行为有客观需求，这些添加剂在原料中并不发挥工艺作用，但由于配料也可作为前道工序的成品纳入监管，这些添加剂按照《食品安全国家标准　食品添加剂使用标准》（GB 2760—2024）版以前的规定是不能使用于原料这一"成品中"。在原料这一"成品"中超范围加入的添加剂视作违法。但如果使用带入原则 3.4.2，必须注意以下几点。

① 该配料必须是特定产品的原料；
② 配料中添加的这类添加剂必须是该特定产品中允许添加的；
③ 该添加剂在终产品中的量应符合本标准要求；
④ 在该配料的标签上必须明确该配料只能用于特定食品终产品的生产。

例 2：

一种植物油产品是某种蛋糕的配料，为了方便这种蛋糕的生产，这种植物油中添加了在蛋糕的生产过程中起着色作用的 β-胡萝卜素。《食品安全国家标准　食品添加剂使用标准》（GB 2760—2024）规定，β-胡萝卜素不能在植物油中使用，但可以作为着色剂在蛋糕中使用，最大使用量为 1.0g/kg。具体实例如图 12-2 所示。

① 那么，在这种用于蛋糕生产的植物油中可以添加 β-胡萝卜素吗？
② 这种植物油产品的包装应注意什么？
③ 蛋糕生产使用植物油应注意什么？

带入原则 3.4.2 条款针对的是为食品终

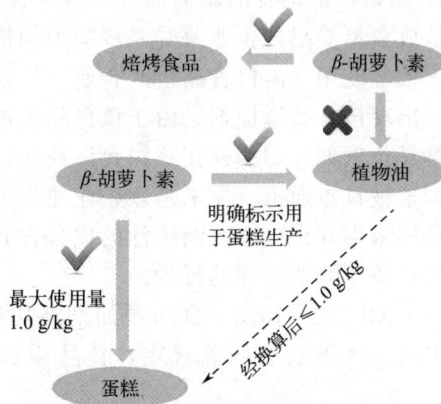

图 12-2　带入原则 3.4.2 实例

产品"量身定制"的食品配料中添加在终产品中使用的食品添加剂的做法，因食品工业发展的需要，食品加工行业上下游的专业性和匹配性越来越高，这样的做法在食品工业中非常普遍。

本条款所规定的在食品配料中添加的食品添加剂，是为了在特定终产品中发挥工艺作用，而不是在食品配料中发挥工艺作用；添加的食品添加剂必须是《食品安全国家标准　食品添加剂使用标准》（GB 2760—2024）允许使用在该终产品中的品种，而且应保证这种食品添加剂在配料中的使用量，不会导致在终产品中的含量超过该标准的规定。

添加了上述食品添加剂的配料仅能作为特定终产品的原料，而且标签上必须明确标识该食品配料是用于特定食品终产品的生产。

两者区别如表 12-1 所示。

表 12-1　带入原则 3.4.1 与带入原则 3.4.2 的区别

项目	带入原则 3.4.1	带入原则 3.4.2
发挥工艺作用	在食品原（配）料中发挥，在食品终产品中不发挥	在食品终产品中发挥，在食品原（配）料中不发挥
食品添加剂的批准使用	食品终产品中未批准使用，食品原（配）料中批准使用	食品原（配）料中未批准使用，食品终产品中批准使用
食品添加剂带入动机	随食品原（配）料不可避免地进入食品终产品，为被动带入	有目的地让食品添加剂以食品原（配）料为载体进入食品终产品
标签标示	可在食品终产品标签的配料表上标示原（配）料中所含的食品添加剂	应明确标示该食品原（配）料适用于某特定食品终产品及用法（量）

不能以带入原则解释的情况有如下几种。

① 使用复配食品添加剂导致最终产品的食品添加剂使用超过限制范围不符合带入原则。《食品安全国家标准　复配食品添加剂通则》（GB 26687—2011）的 4.1.3 明确规定"用于生产复配食品添加剂的各种食品添加剂和辅料，应符合 GB 2760 和卫生部（国家卫生健康委）公告的规定，具有共同的使用范围"。所谓"共同的使用范围"决定了不能因为使用复配食品添加剂造成添加剂超限制范围使用。故由复配食品添加剂使用造成的食品添加剂超限制范围使用属于违法行为。

② 出口产品的食品添加剂带入特殊性。我国出口产品也会出现由于食品添加剂带入问题而造成贸易受阻，企业蒙受经济损失的情况。由于在我国允许使用的某些食品添加剂在国外并未批准使用，出口食品生产企业一旦使用了含有该食品添加剂的原辅料，就会在食品终产品中出现该食品添加剂。由于该食品添加剂在进口国并未批准使用，当然也就无从以带入原则解释。例如，甜蜜素在我国允许使用，而在日本未批准使用。某企业因鱿鱼丝被检出含有甜蜜素被日本通报。原来是该企业使用了一家调味品厂生产的含有甜蜜素的调味汁，而该调味品厂未告知出口企业调味汁的成分含有甜蜜素。对日本来说该企业使用了日本未批准的添加剂，属于非法添加的行为。

③ CXS 192—1995《食品添加剂通用法典标准》（2019 版）明确了除非本标准表 1 和表 2 中对这些类别有明确规定，食品添加剂由原料或配料带入食品的情况不适用于两类食品：

a. 婴儿配方，较大婴儿配方以及特殊医用婴儿配方；

b. 婴幼儿辅助食品。但我国尚无类似的规定。

在检验和判定食品中食品添加剂时应考虑带入原则，结合配料表中各成分允许使用的食品添加剂使用范围和使用量进行综合判定。

12.1.2 带入原则使用应注意的问题

带入原则使用时应注意的问题如表 12-2 所示。

表 12-2 带入原则使用应注意的问题

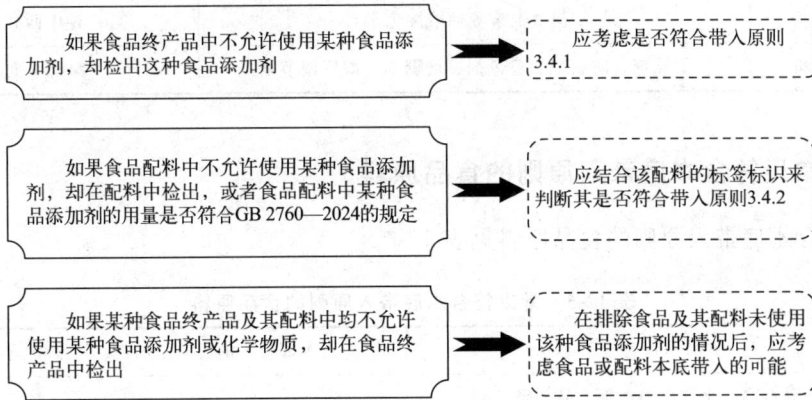

如果食品终产品中不允许使用某种食品添加剂，却检出这种食品添加剂	→	应考虑是否符合带入原则3.4.1
如果食品配料中不允许使用某种食品添加剂，却在配料中检出，或者食品配料中某种食品添加剂的用量是否符合GB 2760—2024的规定	→	应结合该配料的标签标识来判断其是否符合带入原则3.4.2
如果某种食品终产品及其配料中均不允许使用某种食品添加剂或化学物质，却在食品终产品中检出	→	在排除食品及其配料未使用该种食品添加剂的情况后，应考虑食品或配料本底带入的可能

12.1.3 常见符合带入原则 3.4.1 的食品品种

常见的符合带入原则 3.4.1 的食品品种见表 12-3。

表 12-3 常见符合带入原则 3.4.1 的食品品种

食品种类	添加剂的食品配料	易带入的食品添加剂
熟肉制品 豆干再制品	酱油、醋、蚝油等调味料	防腐剂：苯甲酸、脱氢乙酸
熟肉制品	鸡精、姜黄粉等调味料	着色剂：柠檬黄、日落黄
香辛料油（如辣椒油、芥辣油等） 油炸食品	食用植物油	抗氧化剂：BHA、BHT、TBHQ
饼干	人造奶油、干酪、氢化植物油等	防腐剂：山梨酸
煲汤料	蜜饯产品	抗氧化剂、漂白剂：二氧化硫、硫磺、亚硫酸盐类物质
糕点、面包	吉士粉、果酱、装饰性果蔬、蛋黄酱	着色剂：柠檬黄、日落黄、胭脂红、苋菜红、诱惑红（部分添加剂作为馅料允许使用）
腊肠、香肠类	胶原蛋白肠衣、可食用动物肠衣	着色剂：胭脂红、诱惑红

12.1.4 常见符合带入原则 3.4.2 的食品品种

常见符合带入原则 3.4.2 的食品品种见表 12-4。

表 12-4　常见符合带入原则 3.4.2 的食品品种

食品配料	易带入的食品添加剂	终产品
冰淇淋预拌粉	甜味剂、着色剂、增稠剂等	冰淇淋
碳酸饮料用糖浆	防腐剂、甜味剂、着色剂、香精香料等	可乐、果味汽水等碳酸饮料
蛋糕预拌粉	膨松剂、乳化剂、增稠剂、水分保持剂、酸度调节剂等	蛋糕
面包专用小麦粉	防腐剂、膨松剂、酶制剂等	面包
糕点专用油脂	β-胡萝卜素等油溶性色素	各种中西式糕点
果冻、布丁粉	甜味剂、防腐剂、着色剂、增稠剂、酸度调节剂	果冻、布丁

12.1.5　常见符合本底带入原则的食品原料

常见符合本底带入原则的食品原料见表 12-5。

表 12-5　常见符合本底带入原则的食品原料

食品原料	可本底带入的食品添加剂、污染物/禁用物质
乳制品及含乳制品、干红枣等水果干品、蜂产品、发酵食品（如葡萄酒、酸奶）等	苯甲酸
葱蒜等香辛料、高蛋白质食品	二氧化硫残留
水产品、食用菌类（如香菇）	甲醛
水产品干制品	铝
肉及肉制品、水产品	磷酸盐、硝酸盐
乳及乳制品	硫氰酸钠
豆类及豆类制品（如各种豆干、腐竹、豆皮等）	硼、硼砂、硼酸、铜

12.2　食品添加剂在食品标签中的标示

12.2.1　食品添加剂名称的标示方法

（1）应标示其在 GB 2760—2024《食品安全国家标准　食品添加剂使用标准》中的通用名称的标示形式

食品添加剂具体名称：丙二醇，其标示形式如下。

丙二醇　　　　　　　**propylene glycol**

CNS 号　18.004　　　　　INS 号　1520

功能　稳定剂和凝固剂、抗结剂、乳化剂、水分保持剂、增稠剂

（2）各配料按加入量递减顺序标示

配料：水，全脂奶粉，稀奶油，植物油，巧克力（可可液块，白砂糖，可可脂，磷脂，聚甘油蓖麻醇酸酯，食用香精，柠檬黄），葡萄糖浆，丙二醇脂肪酸酯，卡拉胶，瓜尔胶，胭脂树橙，麦芽糊精，食用香料。

（3）列项标示

配料：水，全脂奶粉，稀奶油，植物油，巧克力（可可液块，白砂糖，可可脂，磷脂，聚甘油蓖麻醇酸酯，食用香精，柠檬黄），葡萄糖浆，食品添加剂（丙二醇脂肪酸酯，卡拉胶，瓜尔胶，胭脂树橙），麦芽糊精，食用香料。

12.2.2 食品标签注意事项

① 食品添加剂的名称不包括其制法。如加氨生产、普通法、亚硫酸铵法生产的焦糖色，在标签上可统一标示为"焦糖色"。

② 符合带入原则的，且在终产品中不起工艺作用的不需要标示。如由酱油带入酱肉制品中的苯甲酸。

③ 在终产品起工艺作用的应当标示，例如"酱油（含焦糖色）"。

④ 加工助剂不需要标示，在终产品中失去酶活力的酶制剂不需要标示。

⑤《食品安全国家标准　食品添加剂使用标准》（GB 2760—2024）有特殊规定的，按要求标示。

⑥ 阿斯巴甜应标示为"阿斯巴甜（含苯丙氨酸）"。

12.3 复配食品添加剂

12.3.1 食品添加剂复配的意义

① 使各种单一食品添加剂的作用得以互补，从而使复配产品更经济、更有效。

② 使各种食品添加剂的效力得以协同增效，从而降低其用量和成本，也减少了它的副作用，使产品的安全性得以提高。

③ 使食品添加剂的风味得以互相掩蔽、优化和加强，改善食品的味感。

④ 使食品添加剂的性能得以改善，从而可以满足食品各方面加工工艺性能，使之能在更广泛的范围内使用。

12.3.2 复配食品添加剂的定义

除食品用香精和胶基糖果基础剂以外，复配食品添加剂是为了改善食品品质、便于食品加工，将两种或两种以上单一品种的食品添加剂添加或不添加辅料，经物理方法混匀而成的食品添加剂。主要包括复配增稠剂、复配乳化剂、复配甜味剂、复配酸味剂、复配膨松剂、复配凝固剂、复配护色剂及复配消泡剂等。

12.3.3 复配食品添加剂基本要求

复配食品添加剂不应对人体产生任何健康危害。

复配食品添加剂在达到预期的效果下，应尽可能降低在食品中的用量。

用于生产复配食品添加剂的各种食品添加剂，应符合《食品安全国家标准　食品添加剂使用标准》（GB 2760—2024）和国家卫生健康委公告的规定，具有共同的使用范围。

用于生产复配食品添加剂的各种食品添加剂和辅料，其质量规格应符合相应的食品安全国家标准或相关标准。

复配食品添加剂在生产过程中不应发生化学反应，不应产生新的化合物。

复配食品添加剂的生产企业应按照国家标准和相关标准组织生产，制定复配食品添加剂的生产管理制度，明确规定各种食品添加剂的含量和检验方法。

12.3.4 食品添加剂复配标准

《食品安全国家标准 食品添加剂使用标准》（GB 2760—2024）规定，表 A.1 列出的同一功能且具有数值型最大使用量的食品添加剂（仅限相同色泽着色剂、防腐剂、抗氧化剂）在混合使用时，各自用量占其最大使用量的比例之和不应超过 1。

该条款针对的是食品加工中实际使用的食品添加剂。如果产品中检出的某种食品添加剂确系原料带入，而非在食品加工过程中使用，那么在计算各自用量占其最大使用量的比例之和时，该种食品添加剂便无须计算在内。

理解要点：

① 具有同种功能（同色泽的着色剂、防腐剂、抗氧化剂）的食品添加剂，如 BHA 与 BHT，苯甲酸钠与山梨酸钾，在同一食品中混合使用时，各自的实际使用量占其最大使用量的比例之和不能超过 1。

② 具有相同色泽的着色剂，如柠檬黄与日落黄，亮蓝与靛蓝，胭脂红与诱惑红，在同一食品中混合使用时应受本条约束。

③ 不同色泽的着色剂，如柠檬黄与亮蓝，赤藓红与日落黄，在同一食品中混合使用时不受本条约束。

④ 相同色泽的着色剂、防腐剂、抗氧化剂以外的其他功能的食品添加剂，如甜味剂麦芽糖醇与阿斯巴甜在碳酸饮料中，具有增稠和稳定功能的果胶与黄原胶在生湿面制品（如面条、饺子皮、馄饨皮、烧麦皮）中混合使用时不受本条约束。

⑤ 不同功能的食品添加剂，如抗氧化剂二丁基羟基甲苯（BHT）与着色剂栀子黄在饼干中，防腐剂苯甲酸与乳化剂丙二醇脂肪酸酯在复合调味料中，起水分保持作用的山梨糖醇与丙二醇在生湿面制品（如面条、饺子皮、馄饨皮、烧麦皮）中混合使用时不受本条约束。

⑥ 具有多种功能的食品添加剂在不使用其着色剂、防腐剂和抗氧化剂功能时不受本条约束。GB 2760—2024《食品安全国家标准 食品添加剂使用标准》附录 A 中所列的除具有着色剂、防腐剂和抗氧化剂功能外还有其他功能的食品添加剂有：二氧化硫，焦亚硫酸钾，焦亚硫酸钠，亚硫酸钠，亚硫酸氢钠，低亚硫酸钠（漂白剂、防腐剂、抗氧化剂），抗坏血酸（面粉处理剂、抗氧化剂），磷脂（乳化剂、抗氧化剂），硫磺（漂白剂、防腐剂），乳酸钙（酸度调节剂、抗氧化剂、乳化剂、稳定剂和凝固剂、增稠剂），乳酸钠（水分保持剂、酸度调节剂、抗氧化剂、膨松剂、增稠剂、稳定剂），山梨酸及其钾盐（防腐剂、抗氧化剂、稳定剂），硝酸钠，硝酸钾（护色剂、防腐剂），亚硝酸钠，亚硝酸钾（护色剂、防腐剂），乙二胺四乙酸二钠（稳定剂、凝固剂、抗氧化剂、防腐剂），乙酸钠（酸度调节剂、防腐剂），D-异抗坏血酸及其钠盐（抗氧化剂、护色剂）。

12.3.5 复配食品添加剂添加量的计算

根据复配的食品添加剂单一品种和辅料的食品安全国家标准或相关标准中对铅、砷等有害物质的要求，按照加权计算的方法由生产企业制定有害物质的限量并进行控制。终产品中相应有害物质不得超过限量。

例如：某复配食品添加剂由 A、B 和 C 三种食品添加剂单一品种复配而成，若该复配食品添加剂的铅限量值为 d，数值以毫克每千克（mg/kg）表示，按式（12-1）计算。

$$d = a \times a_1 + b \times b_1 + c \times c_1 \tag{12-1}$$

式中 a——A 的食品安全国家标准中铅限量，mg/kg；

b——B 的食品安全国家标准中铅限量，mg/kg；

c——C 的食品安全国家标准中铅限量，mg/kg；

a_1——A 在复配产品所占比例，%；

b_1——B 在复配产品所占比例，%；

c_1——C 在复配产品所占比例，%。

其中，$a_1 + b_1 + c_1 = 100\%$。

若参与复配的各单一品种标准中铅、砷等指标不统一。无法采用加权计算的方法制定有害物质限量值，则应采用表 12-6 中安全限量值控制产品中的有害物质。

表 12-6　有害物质限量要求

项目	指标/(mg/kg)	检测方法
砷（以 As 计）	≤2.0	GB 5009.76—2014
铅（Pb）	≤2.0	GB 5009.75—2014

① 单体复配防腐剂（表 12-7）

表 12-7　单体复配防腐剂

名称	标准限量/(g/kg)	食品 A 中使用量/(g/kg)	食品 B 中使用量/(g/kg)	食品 C 中使用量/(g/kg)
乙酸钠	1.0	0.3	0.6	1.0
双乙酸钠	1.0	0.2	0.6	1.0

计算如下：

食品 A：0.3/1.0+0.2/1.0=0.5<1.0，复配防腐剂使用符合标准要求。食品 B：0.6/1.0+0.6/1.0=1.2>1.0，复配防腐剂使用不符合标准要求。食品 C：1.0/1.0+1.0/1.0=2.0>1.0，复配防腐剂使用不符合标准要求。

② 复配食品添加剂混合使用（表 12-8）

表 12-8　复配食品添加剂混合使用

名称	标准限量/(g/kg)	复配食品添加剂标签上建议使用量/(g/kg)	食品 A 中使用量/(g/kg)	食品 B 中使用量/(g/kg)	食品 C 中使用量/(g/kg)
乙酸钠	1.0		0.3	0.6	1.0
双乙酸钠	1.0		0.2	0.6	1.0
复配添加剂（含防腐剂）		2.6	1.0	1.6	2.6

计算如下：

A：0.3/1.0+0.2/1.0+1.0/2.6=0.9<1.0，复配防腐剂使用符合标准要求。B：0.6/1.0+0.6/1.0+1.6/2.6=1.8>1.0，复配防腐剂使用不符合标准要求。C：1.0/1.0+1.0/1.0+2.6/2.6=3.0>1.0，复配防腐剂使用不符合标准要求。

综合分析案例：《食品安全国家标准　食品添加剂使用标准》（GB 2760—2024）规定，山梨酸钾在糕点中的最大使用量是 1.0g/kg（以山梨酸计），乳酸链球菌素在糕点中的最大使用量是 0.3g/kg，纳他霉素在糕点中的最大使用量是 0.3g/kg（表面使用，混悬液喷雾或浸泡，残留量＜10mg/kg），胭脂红在糕点中的最大使用量是 0.05g/kg（以胭脂红计），苋菜红在糕点中的最大使用量是 0.05g/kg（以苋菜红计），日落黄在糕点中的最大使用量是 0.1g/kg（以日落黄计），柠檬黄在糕点中的最大使用量是 0.1g/kg（以柠檬黄计），阿斯巴甜在糕点中的最大使用量是 1.7g/kg，环己基氨基磺酸钠（又名甜蜜素）在糕点中的最大使用量是 1.6g/kg（以环己基氨基磺酸计），甜菊糖苷在糕点中的最大使用量是 0.33g/kg（以甜菊醇计）。

某无蔗糖白芸酥是以小麦粉、白芸豆、红小豆、绿豆、黑芝麻、莲子、草莓、水蜜桃、猕猴桃、麦芽糖醇、大豆油、菜籽油、白芝麻为主要原料，添加适量的山梨酸钾（已知山梨酸添加量为 0.3g/kg）、脱氢乙酸钠、纳他霉素（已知纳他霉素添加量为 0.09g/kg）、胭脂红（已知胭脂红添加量为 10mg/kg）、苋菜红、日落黄（已知日落黄添加量为 20mg/kg）、柠檬黄（已知柠檬黄添加量为 20mg/kg）、阿斯巴甜、甜蜜素（已知环己基氨基磺酸添加量为 160mg/kg）、甜菊糖苷（已知甜菊醇添加量为 33mg/kg），经配料、制皮、包馅、烘烤冷却、包装工序加工制作而成的，请计算，在该产品中，乳酸链球菌素、苋菜红、阿斯巴甜的最大使用量是多少？

解答：GB 2760—2024《食品安全国家标准　食品添加剂使用标准》规定，进行如下计算。

① 山梨酸钾、乳酸链球菌素、纳他霉素属于同一功能的防腐剂，具有相加效应限制，因此，乳酸链球菌素的最大使用量：$0.3 \times (1 - 0.3/1.0 - 0.09/0.3) = 0.12$g/kg。

② 胭脂红、苋菜红属于同一功能的相同色泽着色剂，具有相加效应限制，因此，苋菜红的最大使用量：$0.05 \times (1 - 10/50) = 0.04$g/kg。

③ 阿斯巴甜不属于相同色泽着色剂、防腐剂、抗氧化剂的范围，不受其他甜味剂相加效应限制，因此，阿斯巴甜的最大使用量：1.7g/kg。

12.3.6　食品添加剂复配需要注意的其他问题

在《食品安全国家标准　食品添加剂使用标准》（GB 2760—2024）的限量规定中，对于苯甲酸及其钠盐、丙酸及其钠盐钙盐、对羟基苯甲酸酯类及其钠盐、山梨酸及其钾盐、脱氢乙酸及其钠盐、硝酸盐等均规定了以特定的形式来计。而我们常使用的一般为盐类，这就使得计算值与实际值会产生一定的偏差。举例如表 12-9 所示。

表 12-9　某食品中防腐剂添加量

名称	标准限量/(g/kg)	酱油配方中使用量/(g/kg)
苯甲酸钠	1.0	0.5
乳酸链球菌素	0.2	0.11

以配方使用量计算：$0.5/1.0 + 0.11/0.2 = 1.05 > 1$，不符合标准要求。而实际的值可能为：$0.5 \times 0.8479/1.0 + 0.11/0.2 = 0.97 < 1$，符合标准要求。

苯甲酸及其钠盐之间的换算：1g 苯甲酸相当于 1.18g 苯甲酸钠；1g 苯甲酸钠相当于 0.8479g 苯甲酸。在 GB 2760—2024 里面是以苯甲酸计，单位为 g/kg。

如果一个产品配料中带入防腐剂，但是不在终产品中起工艺作用。比如一款产品中添加山梨酸和脱氢乙酸，配料酱油中合理地带入了苯甲酸，而检测终产品发现防腐剂（苯甲酸、山梨酸、脱氢乙酸），那么终产品在计算防腐剂之和的时候，则不需要把这部分苯甲酸计算在内。

12.3.7 常见食品添加剂复配应用技术

12.3.7.1 食品乳化剂的复配使用

（1）HLB 值高低搭配

HLB 值反映出乳化剂分子中亲水和亲油的这两个相反的基团的结构和性质的平衡，利用这个值可以确定乳化剂分子的平衡极性。这种平衡极性和乳化剂的各种性能及应用范围有着较大的关系。当在水-油体系中加入一种乳化剂时，它就在两种物质的界面发生吸附，形成界面膜，在这种界面膜中，乳化剂的亲油部分伸向油，亲水部分朝向水，呈定向排列。结果是使界面张力发生变化，使一种液体以液滴形式分散于另一种液体中。界面膜具有一定的强度，对分散相液滴起保护作用。当把低和高 HLB 值的乳化剂混合使用时，它们在界面上吸附形成复合物，定向排列紧密，具有较高的强度，从而能很好地防止聚结，增加乳状液的稳定性。例如，在 HLB 值较高、亲水性较好的阴离子型乳化剂十二烷基硫酸钠中加入少量 HLB 值较低、亲油性较好的十二醇酯，就可以得到很稳定的 O/W 型乳状液。用低 HLB 值、亲油性乳化剂分子蒸馏单甘酯与高 HLB 值的亲水性乳化剂蔗糖酯复配，复配后 HLB 值为 8～10 之间，其乳化能力提高 20% 以上，而且还能提高冰淇淋的抗融性，改善组织结构。将亲油性的司盘 60 与亲水性的聚甘油酯合理复配，可将其 HLB 值调到 8～10 之间，进而提高其分散和乳化能力，减少乳化剂用量 20%～40%，还能改善其发泡和稳泡性能，提高搅打气泡率，改善冰淇淋组织结构，提高冰淇淋的膨胀率和抗融性。

（2）分子结构相似者搭配

分子结构相似食品乳化剂种类繁多，怎样才能够得到乳化活性更高的复合配方，是在选择乳化剂时应该重点考虑的问题。目前，对于各种乳化剂之间的相互作用及协同效应，还只能做些定性的解释，不能从理论上加以定量的讨论。结构相似的乳化剂混合使用时，其协同效应比较明显；尤其当一种乳化剂是另一种乳化剂的衍生物时，将这两种乳化剂混合使用，往往能取得令人满意的效果。原因是分子结构相似、亲油基相同的复合乳化剂在界面吸附后形成的界面膜为一混合膜，乳化剂分子的定向排列紧密，所以强度也较大。例如，吐温和司盘的结构非常相似，若把它们按一定比例混合，就可以得到优良的复配乳化剂。

（3）离子型互补

非离子型乳化剂乳化能力较强，是一类乳化效果好的乳化剂，在生产实践中，离子型乳化剂有其独特的优点。将离子型乳化剂和非离子型乳化剂混合使用，比只用非离子型乳化剂效果要好，乳化活性和表面活性会得到长时间的稳定。磷脂是食品添加剂中唯一被确认和许可的两性乳化剂。一般来说，非离子型乳化剂乳化能力较强，是一类相当好的乳化剂。在生产实践中，阴离子型乳化剂仍有其独特的优点。将阴离子型乳化剂和非离子型乳化剂混合使用，比只用非离子型乳化剂效果要佳，乳化活性和表面活性会得到长时间的稳定。另外，阴离子型乳化剂价格比较便宜，可以降低成本。

（4）亲水基团构象互补

食品乳化剂的亲油部分一般都是脂肪酸基或脂肪醇基，其差别主要表现在碳氢链的长短变化或饱和与否上。乳化剂性质差异主要与亲水基团不同有关，亲水基团的结构变化较亲油基团大，从"构象"这个角度考虑，可以把食品乳化剂的亲水基团的结构分为线性和环状两大类。"亲水基团构象互补"这个概念指的是在设计复合乳化剂配方时把亲水基团构象不同的乳化剂搭配使用，以便产生优势互补。如单甘酯的亲水基团是线性的，而蔗糖酯的亲水基团是环状的。将这两种乳化剂混合使用，可能取得较好的效果。研究表明，单一的乳化剂、酶制剂和亲水胶体对米发糕品质都有改善作用，而复合使用改善效果更为明显。此复合是利用了离子型和非离子型乳化剂，大分子和小分子乳化剂复配的原理。

12.3.7.2　防腐剂的复配使用

各种防腐剂都有各自的作用范围，复合使用有协同效应，可达到扩大抑菌范围和提高抑菌效果的目的。具体可分为以下几种情况。

① 拓宽抗菌谱　某种防腐剂对一些微生物效果好而对另一些微生物效果差，而另一种防腐剂刚好相反。两者合用，就能达到广谱抗菌的防治目的。

② 提高功效　两种杀菌作用机制不同的防腐剂共用，其效果往往不是简单的叠加作用，而是相乘作用，通常在降低使用量的情况下，仍保持足够的杀菌效力。

③ 抗二次污染　有些防腐剂对霉腐微生物的杀灭效果较好，但残效期有限，而另一类防腐剂的杀灭效果不大，但抑制作用显著，两者混用，既能保证贮存和货架质量，又可防止使用过程中的重复污染。

防腐剂复配的另一种方式是和增效剂一起使用，如与柠檬酸、EDTA、抗坏血酸等的复配使用，也具有良好的防腐性能。

酸型防腐剂可与其盐、同种酸的酯类配合使用，也可以将作用长的防腐剂（如山梨酸及其盐类）与作用迅速但耐久性差的防腐剂配合使用，这两种方式均能增强防腐剂的作用效果。

乳酸链球菌素对革兰氏阳性细菌有效，但对革兰氏阴性细菌、酵母、霉菌的效果不好；脱氢乙酸钠对细菌及酵母、霉菌均有一定的抑制能力，但对革兰氏阴性细菌能力较差；乙二胺四乙酸二钠作为一种金属离子螯合剂，对微生物防腐有增效作用。可见，以上一些防腐剂在食品中的应用均有一定效果，但单独使用其抗菌谱较窄，针对性较强，因而防腐期限相对较短。复合防腐剂是将以上几种防腐剂经一定配比组合而成的，拓宽了抗菌谱，无论是对革兰氏阴性菌和革兰氏阳性菌及霉菌、酵母均有较强的抑制能力，较单一防腐剂延长产品保质期 3～6 个月。

(1) 壳聚糖与茶多酚的复合应用

在西式火腿中，当壳聚糖添加量≥0.1%时，能够产生较好的抑制微生物的效果。虽然壳聚糖具有广谱抗菌的特性，对于常见的病原菌、腐败菌、食物中毒菌等细菌、霉菌及酵母菌具有较强的抑制和杀灭作用；但是壳聚糖对于大肠埃希菌、福氏痢疾杆菌、炭疽杆菌和白色念珠菌等微生物只有抑制作用，而没有杀灭作用。食品用一定浓度的壳聚糖处理后，残存的杂菌主要是好氧和兼性厌氧的芽孢杆菌。而研究表明，在西式火腿的生产过程中，同时添加 0.1%用量的壳聚糖、0.1%用量的茶多酚，则可以较好地抑制火腿中的杂菌，体现出明显的增效作用。

(2) 乳酸钠与乳酸链球菌素（nisin）的复合应用

研究表明，在 4℃时贮藏，单独添加用量为 300IU/g nisin 的切片乡村火腿，其货架寿命可达 28 天，单独添加 1.6%的乳酸钠，可以将切片乡村火腿的货架寿命期延长到 36 天，而将乳酸钠与 nisin 复合应用，则可以将切片乡村火腿的货架寿命期延长到 70 天，可以较好地解决目前切片产品非无菌化包装货架寿命期较短的问题。在 10℃时贮藏，单独添加用量为 300IU/g 的 nisin 或单独添加 1.6% 的乳酸钠的切片乡村火腿，其货架寿命均可达到 21 天，而将两种保鲜剂复合使用，则可以将产品的货架期延长到 66 天，表明两者共同使用可起到协同防腐的效果。此外，将乳酸钠与 nisin 共同添加到真空包装切片的西式乡村火腿之中，还可以将亚硝酸钠的添加量由 160mg/kg 降为 80mg/kg，这为在肉制品中减少亚硝酸钠的使用量找到了一种有效的方法。

12.3.7.3 增稠剂的复配使用

利用各种食品胶体之间的协同效应，采用复合配制的方法，可以产生多种复合胶，以满足食品产生的不同要求。

（1）卡拉胶与其他胶体的复配效应

κ-卡拉胶形成的凝胶具有所需浓度低、透明度高等优点，但存在凝胶脆性大、弹性小、易脱液收缩等问题，这种问题可以通过复配其他胶体解决。

在卡拉胶中添加其他多糖后，甚至是不胶凝的多糖，其胶凝性质会得到改善。例如，加入半乳甘露聚糖后，即使卡拉胶含量低于正常胶凝浓度时，也能形成凝胶，另外，不能胶凝的低分子质量卡拉胶在添加了半乳甘露聚糖之后，也能形成凝胶或沉淀。例如，卡拉胶在与槐豆胶（LBG）混合后，形成的凝胶弹性、强度和稳定性有明显提高。这种复配胶可以应用于肉冻、调味料、果汁和糖果的加工中，目前在点心、低热量果冻、饼馅、肉制品及宠物食品中得到了广泛使用。

魔芋胶主要化学组成为葡萄甘露聚糖，其水溶液不能形成凝胶，但在稀碱性溶液中水解去掉乙酰基后则可形成有弹性的凝胶。魔芋胶和 κ-卡拉胶都是食品工业常用的胶凝剂，但前者必须在 2% 以上的浓度、pH>9 即强碱性条件下才能形成凝胶。除了用量大之外，应用于碱性食品中常有咸味和涩味，口感欠佳，不受欢迎；后者在有钾或钙等离子存在时，具有形成凝胶所需浓度低、透明度高等优点，但其凝胶脆性大，弹性小，易出现收缩脱液现象。这些缺陷，在很大程度上影响二者作为胶凝剂在食品工业上应用。将卡拉胶与魔芋胶进行适当复合，在中性偏酸性的条件下，可以形成对热可逆的弹性凝胶，且所形成的凝胶还具有所需胶凝剂用量少、凝胶强度高、析水率低等特点。如图 12-3 所示为 κ-卡拉胶与魔芋胶的配比对复合凝胶硬度、弹性、黏聚性的影响规律，可以看出适当的配比可以将复合胶的以上指标提高至最大值。

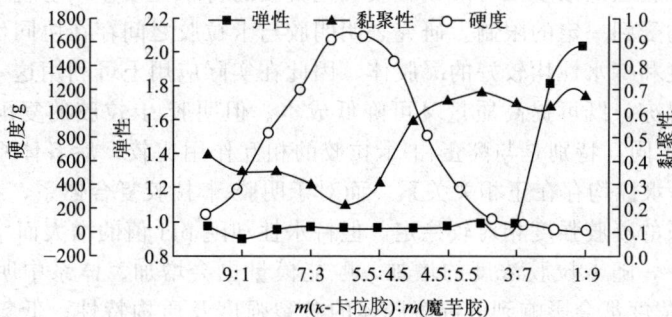

图 12-3　κ-卡拉胶与魔芋胶的配比对复合凝胶硬度、弹性及黏聚性的影响

（2）黄原胶与魔芋胶的复配效应

黄原胶与魔芋胶在溶液中有明显的协同增效作用，共混合胶黏度比同浓度单一胶的黏度有数倍增加或呈胶冻状，这种现象称为黄原胶与魔芋胶分子的协同增稠性和协同凝胶性。这

主要是黄原胶分子的双螺旋结构易和含 β-1,4-糖苷键的多糖分子发生嵌合作用所致。黄原胶和魔芋胶均为非凝胶多糖，但是它们在一定的条件下共混可以得到凝胶和明显的协同增效作用，这就是多糖之间相互作用的结果。利用这种相互作用，使得凝胶强度达到最大值。随着两种多糖共混比例继续增大，凝胶强度又呈下降趋势。这说明了两种多糖共混要有一个合适的比例，才能达到两种多糖分子间协同作用的最大可能，凝胶能力最强，表现为凝胶强度最大。

　　黄原胶与魔芋胶共混所生成的凝胶是一种热可逆凝胶，即加热凝胶可变成溶胶，溶胶室温放置冷却又能恢复凝胶。黄原胶无论在什么浓度下都不凝胶，当与魔芋胶混溶，在共混胶浓度为1％时形成坚实的凝胶。还有研究表明，当黄原胶魔芋精粉的共混比例为70：30，多糖总浓度为1％时，可达到协同相互作用的最大值。这种性能既增加了增黏的效果，又降低了胶的使用量。所以魔芋胶与黄原胶两者的复配胶，可以作为增稠剂和凝胶剂，广泛应用于食品和非食品工业。图12-4所示为两者复配对混合胶体黏度的影响。

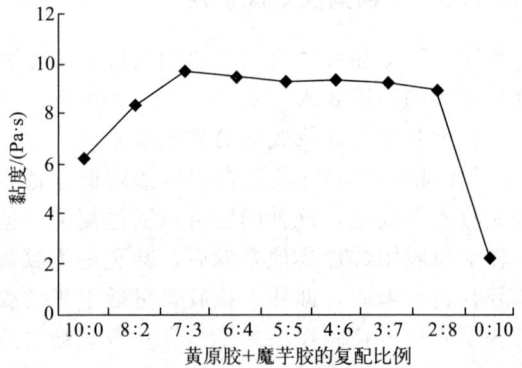

图12-4　魔芋胶与黄原胶复配对混合胶体黏度的影响

（3）阿拉伯胶与黄蓍胶的复配效应

　　对于阿拉伯胶与黄蓍胶复合作为增稠剂而言，还有一种叠加减效的效应，如阿拉伯胶可降低黄蓍胶的黏度，前者和后者按4：1比例复合的混合物溶液比任意一种单体胶体的黏度低，但这并不影响其应用，相反这种复合胶溶液具有均匀和流畅的优点，在制备低糖度稳定乳液方面有良好的应用，这是由于阿拉伯胶的结构和黄蓍胶中的阿拉伯半乳糖的结构相似，由于黏度的变化增强了其水溶性，阿拉伯胶结合更多的水，因而制约了黄蓍胶在水中的溶胀，其结果就降低了黄蓍胶单体或复合胶的黏度。

（4）明胶与卡拉胶的复配效应

　　明胶是一种常用的蛋白质胶凝剂，溶解性好，价格低，但一般质量的明胶形成凝胶时所需浓度较高；卡拉胶在低浓度虽可形成凝胶，但凝胶的持水性较差，易脱水收缩。因此，这两种胶在应用上均受到一定的限制。研究表明明胶与卡拉胶之间存在协同作用。在合适条件下可得到凝胶强度和持水性均较好的凝胶体，因此在实际应用上可利用这一协同作用生产优质的凝胶食品如果冻，既可提高质量又可降低成本。但明胶-卡拉胶的复配作用与其他蛋白质-多糖体系有所不同，特别是与酪蛋白-卡拉胶的相互作用比较，后者体系的凝胶强度在不同pH条件下与持水性均存在正相关关系。而对于明胶-卡拉胶复合体系，在pH6～11之间，明胶与卡拉胶体系的凝胶强度相对较稳定。但持水性却随pH值的增大而增加。明胶与卡拉胶共混凝胶体系中，随卡拉胶浓度的增加，贮能模量也会增加。体系中明胶与卡拉胶的配比、pH、氯化钠浓度都会影响到共混凝胶体的破裂强度及质构特性。低氯化钠浓度有利于改善共凝胶体的质构。明胶与卡拉胶形成凝胶体的力学特性是较为复杂的，两种分子在水相体系中表现出的宏观特性是由其微观的网络结构所决定的。

（5）瓜尔胶与其他胶体的复配效应

　　瓜尔胶和黄原胶复配使用时，其黏度远高于两者黏度之和，这说明两者具有良好的增效作用。当两者比例变化时，其增效作用效果也发生变化。研究表明，当瓜尔胶：黄原胶配比为 3∶2 时，增效作用最好。其增效机理可能是瓜尔胶分子平滑，没有支链部分与黄原胶分子的双螺旋结构以次级键形式相互结合形成三维网状结构，而使胶液亲水性更好。瓜尔胶与魔芋胶复配能提高水溶液的黏稠度，二者之间具有良好的增效作用，且在 6∶4 比例时协同增效作用最显著，这与魔芋葡甘聚糖与瓜尔胶的分子结构具有相似性有关。瓜尔胶价格便宜，而魔芋精粉价格较高，两者复配具有很好的应用前景。瓜尔胶与黄原胶也有良好的协同效果，复配虽然不能形成凝胶，但可以显著增加黏度和耐盐稳定性，而且彼此之间存在合适的配比。而瓜尔胶与卡拉胶复配时，几乎无增效作用，其原因可能是瓜尔胶分子结构的主链和支链上基团主要是羟基，而卡拉胶几乎为直链大分子，且主要基团也是羟基，同时都含有大量的半乳糖，作用较弱，从而增效作用不明显。

（6）复配增稠剂的典型应用

目前，复配增稠剂在液态奶中越来越发挥着积极的作用，如果没有复配增稠剂，目前市场上很多花色的液态奶是很难生产出来的。例如，可可奶、果汁奶、杀菌酸奶、各种搅拌型酸奶和调配型酸乳应用的一般都是复配增稠剂。所以在目前食品添加剂市场上，针对不同乳制品的产品特点和工艺要求开发出了一系列乳品生产专用复配增稠剂，如普通型奶类饮料乳化稳定剂、酸性奶专用型乳化稳定剂（适用于乳酸奶、果汁奶、酸豆奶等各种酸性蛋白饮料）、高脂奶专用型乳化稳定剂（适用于花生奶、椰子奶、核桃奶、杏仁奶、芝麻奶、甜牛奶等各种高脂肪含量的中性或酸性蛋白饮料）、低脂奶专用型乳化稳定剂（适用于豆奶、咖啡奶、巧克力奶等各种中性蛋白饮料）、发酵奶专用型乳化稳定剂、强化乳高脂奶（植脂奶）专用稳定剂（适用于植脂乳、植脂末、杏仁奶、芝麻奶、核桃奶等含油脂和蛋白质特别高的蛋白饮料）。

悬浮饮料是我国市场新近兴起的一种新型天然饮料，由于其直观、真实、配以透明包装，能给人以明快的感觉，深受消费者的喜爱。一般认为，悬浮饮料的悬浮并不是靠食品胶的黏度，而是依靠食品胶所形成的凝胶网络来实现的。由胶凝作用而实现的悬浮，关键是胶凝能力所形成的凝胶三维网络是否有足够的承托力把食物颗粒"固定"在相应的网内，并经常利用食品胶在某些介质离子存在时具有凝胶能力的特点来实现真正的、长时间的悬浮。琼脂的悬浮能力很强，但获得的悬浮饮料的流动性和透明度却不太理想，有时还会出现凝胶析出现象；添加低酯果胶获得的悬浮饮料透明度好，但悬浮能力却较差；卡拉胶的悬浮能力和饮料透明度都较好，但主要缺点是它不太耐酸和耐高温，也就在一定程度上影响了饮料的悬浮稳定性；结冷胶悬浮效果很理想，并且其耐酸性耐高温能力都较强，悬浮饮料在贮藏过程中也就能表现出很好的稳定性，但目前其市场价格偏高。而目前市场上使用复配了上述多种食品胶体的复合食品添加剂制作成的悬浮饮料悬浮性能好、透明度高、耐酸、耐高温，稳定性好、口感舒适滑爽。

在软糖领域应用，添加琼脂的软糖胶凝性很强，但透明度和弹性却不太理想；使用明胶的缺点是凝固点和熔化点低，制作和储存需要低温冷冻；而果胶的缺点是要加高浓度糖和较低的 pH 值才能凝固；添加卡拉胶的软糖弹性和透明度都较好，但胶凝性不高，也不耐咀嚼，软糖品质不理想；而单独添加魔芋胶、槐豆胶或黄原胶的含糖胶液都无法形成软糖凝胶。复合了琼脂、卡拉胶、魔芋胶、槐豆胶或黄原胶等配料的复合食品胶就完全可能制作出强凝胶性、高透明度、晶莹剔透、弹性强和口感细腻的软糖。

12.3.7.4 甜味剂的复配使用

单一的甜味剂各有所长短，如甜蜜素价格相对较低但口味微苦，耐酸性稍差；安赛蜜价格相对较贵，虽甜味爽快，持续时间长，没有异味，对酸、热较稳定，且甜度高，为蔗糖的

200 倍，但它限制添加量；阿斯巴甜甜度为蔗糖的 160～200 倍，具有清爽、类似蔗糖一样的甜感，但对热稳定性稍差；甜菊糖苷为一种比较好的天然甜味剂，甜度为蔗糖的 200 倍，但价格稍贵，后味稍带苦味。复配甜味料则是利用多种甜味剂科学复配而成的食品甜味剂，它们取长补短，使口味更接近蔗糖，性能更稳定，并且相互间往往有增效作用，它们复合使用，可增强甜度、改善后味，在降低成本的同时使产品口感更好。具体而言，复配甜味剂具有以下优点。

（1）协同增效，降低成本

由于甜味剂之间的协同增效作用，甜度超过两种甜味剂的总和而成倍地增加。以自身甜度大、具有很好的甜味协同作用的果糖为例，10％的果糖（F）和蔗糖（S）的混合液（F：S＝60：40）比 10％的蔗糖水溶液甜度提高 30％。研究认为，结晶果糖与阿斯巴甜（APM）混合比为 1：1 时，协同增效值为 83.6％。而安赛蜜（AK 糖）和其他甜味剂混合使用有明显的增效作用，不仅其甜度明显超过两种甜味剂甜度的相加总和，节省用量，而且其甜味更佳。AK 糖与 APM 按 1：1 配制时，最大增效系数达 30％；而 AK 糖与甜菊糖苷也有一定的协同效应，当它们 1：1 混合时，增效系数为 6％～7％。甜菊糖苷与蔗糖、甜蜜素和蔗糖都有很好的协同作用，两者合用可显著提高甜度。另一方面，由于甜味剂之间呈味的相乘作用，使用量可进一步减少，因而成本更低。例如，软饮料中同时使用几种甜味剂时，成本最多可降低 40％。据报道，糖精、蔗糖和菊苣混合使用，可以使软饮料中的蔗糖用量减少，可减少标准配方用量的 12％以上。而用 98％的结晶果糖、1％糖精加上 1％二氧化硅用于配制低能量饮料时，只需要按原来加糖量的 1/6 数量即可。索马甜作为最甜的甜味剂之一（甜度相当于蔗糖的 2000～2600 倍），同其他的甜味剂也有协同作用，如添加 10mg/kg 的沙马汀时，它与 APM 之间呈极大的协同作用，要达到原来的甜度，APM 可减少 30％以上；在碳酸饮料中，沙马汀添加量低于 1mg/kg 时，可极大减少蔗糖和甜味剂的使用量。

（2）消除单一甜味剂的不良作用，改善口感

复合甜味剂可将各种甜味剂的特性综合利用，以取得最佳口感的效果。复合甜味剂不仅能提高甜度，还能赋予食品好的质地、口感，并赋予一定的"体积感"。单一甜味剂使用时都有一定程度的缺陷，如糖精有一定的苦后味；甜菊糖苷有一定的草腥味；AK 糖的甜味感觉快，味觉不延留，高浓度单独使用有苦后味；而对于 APM 和甘草甜素，则甜味释放得慢，保留时间长。通过对甜味剂的复配，就可消除单一甜味剂的副作用，如 AK 糖与甜蜜素复合使用时，在口感上有很大的改善，既可以消除 AK 糖在高浓度时的苦后味，也可以消除甜蜜素在高浓度时的不愉快感，因而具有明快、清爽的甜味。有些甜味剂（如 APM 和索马甜）有增味、矫味和掩盖苦味的作用，APM 与索马甜同时用于果汁饮料中，可以获得很好的滋味和令人愉快的口感。另有报道称乳糖醇与高浓度的甜味剂（如 AK 糖）配合使用，其味感、甜味强度和其他风味方面非常接近于蔗糖。在食品加工中，用 1：1 的乳糖醇代替蔗糖，除了甜度较小外，食品的结构和组织状态与单独使用蔗糖很相似。添加 6％的蔗糖和 2％的异麦芽糖及适量甜味剂，可获得口感良好的碳酸饮料，在不改变口感特性的情况下，热量降低 60％。以异麦芽糖-APM 或异麦芽糖-甜菊糖苷复合甜味剂制作出的碳酸饮料，品尝不出后苦味，并且具有"体积"感。掌握好各种甜味剂所独具的特性加以综合利用，适当的配比，就可得出调和与平衡的效果。如 AK 糖甜味虽与蔗糖近似，但单独使用，当达到 6％蔗糖的相对甜度时，就会表现出不愉快的后味，甚至后苦味，但与某些天然糖苷或一些氨基酸、有机酸等增味剂混合使用，既可克服 AK 糖的不良后味，而且甜度还可增加 30％～60％。用索马甜能够掩蔽糖精的后苦味，甘草甜素和甜菊糖苷、柠檬酸钠复合在一起使用能使后苦味得到相当的改良。

（3）提高甜味剂的甜味稳定性

我们可以配制不同配比、不同组分的复合甜味剂来满足生产工艺对甜味的需要，但是另有一些因素却影响了甜味剂甜味的稳定性，如热处理（巴氏消毒、高压灭菌、超高温处理等）。高温对甜味剂的热解和水解稳定性有极大影响，甚至会使不稳定的甜味剂受损失导致产品甜味降低。另外，pH 也会影响甜味剂的稳定性。所以要选择不同的甜味剂加以配合，提高其稳定性。例如，APM 在酸性饮料中的稳定性较差，在酸度 pH3.4 的碳酸饮料中存放五个月后甜度损失 30%，而 AK 糖对酸和热都较稳定，能耐 226℃ 的高温，在酸性饮料中，AK 糖处于极限条件下（40℃、pH3）也未发现甜味损失现象。也有报道糖精和 APM 混合使用于可乐饮料中，不仅能改善口感，还能提高 APM 的稳定性。对于保质期长的食品，甜味剂的保质稳定性也显得十分重要，例如，可乐饮料的感官测试，单独用 APM 作为甜味剂于饮料中，室温存放三至四个月，发现只剩下 70%～80% 的 APM，饮料的甜味也因此降低。相反，在饮料中同时使用 AK 糖和 APM，则能保证饮料在保质期内甜味持久不变。

（4）开发功能性甜味剂

天门冬酰苯丙氨酸甲酯（阿斯巴甜）本身热量不低，与蔗糖相同，但它的甜度为蔗糖的 200 倍，用量仅为蔗糖的 1/200，因此使用时加入食品中的热量也就是蔗糖的 1/200。其他许多高甜度甜味剂如甜蜜素、糖精钠，本身就是低热量甜味剂。采用高甜度低热值的甜味剂配合增体性甜味剂（包括山梨醇、木糖醇、麦芽糖醇等多元糖醇和各种低聚糖），可取代蔗糖等营养型甜味剂，因其产生热量很低，又不被消化吸收，可复合成功能性甜味剂并可获得与等量蔗糖相同的甜度，特别适合糖尿病患者、高血压患者食用，同时也可预防肥胖症等疾病。

思考题

1. 什么是食品添加剂的带入原则？
2. 带入原则 3.4.1 与带入原则 3.4.2 有什么区别？
3. 食品添加剂在食品标签上标识有什么原则？

第 12 章　思考题答案

第13章

各类食品中使用的食品添加剂

导言

各类食品中所用食品添加剂种类相差较大，本章依据 GB 2760—2024《食品安全国家标准　食品添加剂使用标准》中所列的食品分类系统，针对具体食品中所用食品添加剂的种类，在食品中所起到的作用进行详细的介绍，对前十二章内容进行详细的补充。为培养基础知识扎实、能根据食品添加剂知识解决食品复杂工程问题的现代食品工程从业人员打下坚实的基础。

13.1 饮料中的食品添加剂

根据《食品安全国家标准　食品添加剂使用标准》（GB 2760—2024）以及《饮料通则》（GB/T 10789—2015）规定：饮料类食品是指经过定量包装的，供直接饮用或按一定比例用水冲调或冲泡饮用的，乙醇含量（质量分数）不超过 0.5% 的制品。根据饮料类产品所用的原辅料或产品形式，饮料类食品可分为：包装饮用水类，果蔬汁类及其饮料，蛋白饮料，茶、咖啡类饮料，固体饮料以及其他种类饮料等。

13.1.1 食品添加剂在饮料中的作用

（1）提高饮料的稳定性

饮料中的主要成分包括水、碳水化合物、蛋白质、脂肪等，含高碳水化合物的饮料在贮藏过程中容易出现分层现象，含高脂肪的饮料在贮藏过程中容易发生脂肪悬浮、氧化等现象，含色素较高的饮料在贮藏中容易发生变色、褪色等现象，所以在饮料加工中需要添加一定的稳定剂和乳化剂以避免这些现象的发生。在饮料中常用的稳定剂包括果胶、黄原胶、卡拉胶、羧甲基纤维素钠、碳酸氢钠等，常用的乳化剂包括单甘油脂肪酸酯、双甘油脂肪酸酯、丙二醇脂肪酸酯等。如在冰淇淋中加入海藻酸丙二醇酯，以改善制品的结着性和稳定性；在植物蛋白饮料中加入卡拉胶、羧甲基纤维素钠，以保持蛋白饮料的稳定性，延长饮料的货架期。

（2）提高饮料的感官质量

饮料的感官质量影响消费者的购买欲望，感官质量包括色、香、味、形，在饮料生产中加入一定的食品添加剂，可以改善饮料的感官质量。例如，在果汁加工过程中，经过热处理后，果汁的营养、色泽、风味都会降低，加入一定的酸味调节剂，可以抑制果汁营养价值的破坏；加入和果汁颜色相近的色素，可以改善果汁的色泽，以维持果汁原有的色泽；加入与果汁相似风味的香精，可以使果汁的风味更加突出。

（3）延长饮料的货架期

有些饮料的营养价值丰富，如植物蛋白饮料、浓缩果蔬汁饮料等，在贮藏过程中很容易出现腐败变质问题。所以饮料在加工中需要添加一定的防腐剂以抑制微生物的繁殖生长。饮料中常用的防腐剂有苯甲酸及其钠盐、山梨酸及其钾盐等。同时，饮料中也常加入抗氧化剂以延长饮料的货架期，抗氧化剂具有推迟或阻止饮料氧化变质，提高饮料稳定性和耐贮藏性的作用。同时可以防止油脂氧化而导致的有害物质形成，以及减少酶促褐变和非酶褐变引起产品质量下降的现象，从而有利于饮料的保藏。

（4）满足特殊人群对饮料的需求

饮料由于原料、加工、贮藏等，会使制得的成品某些营养成分过高或不足，需要添加适量的食品添加剂以代替或补充饮料中的营养成分，以满足人们对饮料的不同需求。如饮料在加工过程中一般都会加入大量的蔗糖等以调节甜度，但高糖高热量的饮料不能满足糖尿病患者的需求，通过添加一定无热能或无营养的甜味剂以代替蔗糖等，可以制成糖尿病患者专用的饮料。

饮料中常使用的食品添加剂有如下几种。

（1）甜味剂

甜味剂在饮料中应用最广泛，大部分饮料中都加有甜味剂，甜味剂是以赋予食品甜味为主要目的的食品添加剂。甜味剂在饮料中的使用，可以起到调整风味、保持香气、调节口感等作用。饮料风味调整的重要部分为饮料的糖酸比，甜味、酸味相互适宜，可以使饮料口感柔和、清香。同时，甜味剂还有掩蔽某些不良风味的作用，如保健饮料中添加了一些具有药食两用的物质，从而使饮料的风味、口味变差，通过添加一定的甜味剂，可以掩盖饮料的异味，使饮料风味可口。目前甜味剂分为天然甜味剂和人工合成甜味剂。饮料中常用的甜味剂有麦芽糖醇、三氯蔗糖、山梨糖醇、糖精钠等。

（2）酸味剂

酸味剂是饮料生产中仅次于甜味剂的一种食品添加剂。酸味剂不仅可以赋予食品以酸味，调节食品体系的酸碱性，还具有防腐、阻止氧化的作用，饮料中常用的酸味剂有苹果酸、柠檬酸、酒石酸、乳酸、磷酸、葡萄糖酸等。

（3）着色剂

在饮料的加工中，受到加热、酸碱度、光、氧等的影响，天然色素会发生褪色或脱色或变色的现象，所以饮料在加工中需要添加一定的着色剂以使饮料着色或改善饮料的色泽。用于饮料中的着色剂按来源可分为天然着色剂和合成着色剂。天然着色剂包括叶绿素、胡萝卜素、红色素、类胡萝卜素、红曲霉素等。常用的合成着色剂有柠檬黄、苋菜红、日落黄、诱惑红、亮蓝等。

（4）香精香料

食品饮料在生产过程中，由于加热、抽真空、脱气等工艺，会使饮料中的风味成分挥发，从而导致饮料香味减弱，加入一定的香味剂可以恢复饮料原有的香味。香味剂的赋香作用可以赋予饮料特殊风味，弥补香味的不足，可以使饮料产生诱人的香味和香气，改善和增强饮料的风味，促进消费者的食欲，并且具有掩盖饮料不良气味的作用。香料分为天然香料和合成香料，按其性能可分为水溶性香精、油溶性香精、乳化香精、粉末香精、半成品的果香基香精等，饮料中常用的香精是水溶性香精、乳化香精和粉末香精。

（5）防腐剂

饮料是一种营养丰富的液体食品，适宜于微生物的生长繁殖，在饮料生产中加入一定量的防腐剂，可以起到延长饮料货架期的作用。一些酸性饮料在添加防腐剂后，可以适当降低杀菌条件，同样可得到品质较高的制品。饮料中常使用的防腐剂有苯甲酸及其钠盐、山梨酸及其钾盐、对羟基苯甲酸酯类、乳酸链球菌素、亚硫酸盐类等。

（6）乳化剂

乳化剂是生产浑浊型饮料必不可少的食品添加剂，乳化剂起到乳化、分散、消泡、湿润、增溶的作用，饮料中常用的乳化剂有琥珀酸单甘油酯、聚甘油脂肪酸酯、磷脂、蔗糖脂肪酸酯等。

（7）增稠剂

增稠剂是一类具有增加饮料黏度、保持体系相对稳定的亲水性物质，在食品加工中广泛应用，如用于冰淇淋和啤酒中，可以起到稳定泡沫、增加黏度的作用；在冷饮食品中，可以起到增稠、改善质地和结构、提高组织滑腻度、阻止脱水收缩、促进空气混合的作用；在悬浮饮料中，可以起到保持饮料悬浮状态、增进风味的作用。饮料中常用的增稠剂有黄原胶、卡拉胶、琼脂、果胶、环状糊精、阿拉伯胶、明胶、羧甲基纤维素钠、海藻酸钠等。

（8）抗氧化剂

抗氧化剂有油溶性和水溶性之分，在饮料中常用水溶性抗氧化剂，如抗坏血酸、抗坏血酸钠等。抗氧化剂在使用时，如果与有机酸同时使用，可以起到增效的作用，常用的增效剂包括柠檬酸、聚磷酸盐、琥珀酸等。

（9）酶制剂

在饮料中常用的酶制剂包括果胶酶、木瓜蛋白酶、糖化酶、α-淀粉酶、β-葡聚糖酶。在果汁饮料生产过程中，加入果胶酶，有利于果汁的提取和果汁中悬浮物的分离，从而提高果汁出汁率，提高果汁过滤速率，降低果汁黏度，防止果泥和浓缩果汁的胶凝化。在啤酒生产中加入木瓜蛋白酶可以控制啤酒在贮存过程中出现的浑浊现象，使生产出的啤酒澄清，并能保留部分蛋白质以稳定啤酒的泡沫。随着生产技术的发展，酶制剂的应用越来越多，如柑橘汁的脱苦、葡萄糖氧化酶的脱氧等。

13.1.2　碳酸饮料中的食品添加剂

碳酸饮料的主要原料包括水、二氧化碳、酸味剂、甜味剂、着色剂和防腐剂等。碳酸饮料的风味取决于饮料本身所含的各种内含物，也取决于内含物的成分比例和饮料内含物各成分之间的相互作用。不同的成分和不同的配比可制得风味各异的碳酸饮料。

（1）二氧化碳

二氧化碳是碳酸饮料中不可缺少的成分。二氧化碳在碳酸饮料中的主要作用是碳酸在人体内吸热分解，把体内热量带出来起到清凉作用；二氧化碳还能抑制好氧微生物的生长繁殖；当二氧化碳从汽水中逸出时，能带出香味，增强风味；另外，一种使人舒服的刹口感，也是由二氧化碳形成的。

不同饮料对二氧化碳的含量要求不一样，一般汽水等清凉解渴的饮料或香槟类饮料，含二氧化碳量较高，否则会失去碳酸饮料的特色；以甜、酸为口感的碳酸饮料或含二氧化碳的蛋白饮料，含二氧化碳量较低。如果水质中含钙、镁离子时，会消耗饮料的二氧化碳量，通常是在水中加入一定量的聚磷酸钠盐、偏碳酸钠等盐类，使之与钙、镁离子结合生成可溶性的复合物，从而提高碳酸饮料中二氧化碳的溶解性能。

（2）甜味剂

碳酸饮料中常加入蔗糖、葡萄糖、淀粉糖浆、麦芽糖、果葡糖浆等糖类以增加饮料的甜度，但这一类糖的热量偏高，不满足现代人们对低糖健康饮料的需求。低能型甜味剂是碳酸饮料生产中常用的添加剂，包括天然甜味剂、人工合成甜味剂和天然衍生物甜味剂，如甜蜜素、阿斯巴甜、甜菊糖苷、三氯蔗糖等。

（3）酸味剂

在碳酸饮料中常用的酸味剂主要有柠檬酸、苹果酸/乳酸、酒石酸、醋酸和无机酸中的磷酸。

① 柠檬酸　柠檬酸是碳酸饮料中用量最大的有机酸。柠檬酸酸味纯正、温和，芳香可口，与各种食品原料和香料配合而产生清爽的酸味，特别适用于碳酸饮料的生产，与磷酸混合使用，可以使饮料的风味更好。

② 苹果酸　苹果酸的酸味比柠檬酸的酸味强，对味觉的作用和柠檬酸正好相反。柠檬酸的酸味可迅速达到最高点，然后迅速降低；而苹果酸酸味呈味缓慢，并能维持较长时间。在饮料中，两者共用可以使饮料酸味更加和谐。

③ 乳酸　在碳酸饮料中，乳酸主要用于含乳碳酸饮料和香槟酒等产品的制造，在饮料中的添加量按生产需要适当添加，一般与柠檬酸等其他酸味剂并用。

④ 酒石酸　酒石酸是透明粒状晶体或白色粉末，无臭，酸感是柠檬酸的 1.2 倍左右，口感稍有涩味。在碳酸饮料中，酒石酸常和柠檬酸、苹果酸一起使用调节饮料的酸度。

⑤ 醋酸　醋酸是我国应用最早、使用最多的酸味剂。在碳酸饮料中，醋酸常与其他酸味剂混合使用。

⑥ 磷酸　磷酸是一种常见的无机酸、中强酸，在非水果碳酸饮料中，磷酸可以使饮料的香味更加协调。特别是在可乐型饮料中磷酸提供一种特殊的酸味，并和可乐香精很好地混合，赋予可乐饮料独特的风味。

（4）着色剂

碳酸饮料中使用的着色剂以红、橙、黄、紫色调为主，有天然着色剂和人工着色剂。可用于碳酸饮料的着色剂主要包括苋菜红、胭脂红、柠檬黄、日落黄。碳酸饮料由于呈酸性并含有二氧化碳气体，所以应注意饮料的特点而选择合适的着色剂，如天然着色剂的着色力一般比较差，且稳定性不强，某些着色剂溶于水会产生沉淀，耐热性和耐氧化性不强。同时，着色剂溶于不同溶剂会产生不同色调和强度，尤其是在使用两种以上着色剂拼色时，情况更为显著。还需注意的是，用水溶解着色剂时，水必须是经过脱氧或去离子处理之后的水，因为一定硬度的水会影响着色剂的溶解度。

（5）食用香精

碳酸饮料成分通常比较简单，香精香料是其生产中应用较广泛的食品添加剂之一，可以赋予、改善或增强饮料的香气或香味。除柠檬油、橙油、乙基麦芽酚和香兰素可以直接使用外，大多数香精都是由几种或数十种香料调配而成的混合物。碳酸饮料中几种常用香精的配方如表 13-1 所示。

表 13-1　碳酸饮料中几种常用香精的配方

香精名称	配方（质量分数）/%
柠檬香精	柠檬油 4.4、甜橙油 0.6、水 35、乙醇 60
苹果香精	苹果香基 10、苹果回收香味料 30、乙醇 54、丙二醇 6
菠萝香精	菠萝香基 7、柠檬香精 10、柑橘香精 10、水 25、乙醇 48
葡萄香精	葡萄香基 6、葡萄回收香味料 30、乙醇 58、丙二醇 6
香草香精	香兰素 3、乙基香兰素 0.6、香荚兰酊剂 90、麦芽酚 0.2、丙二醇 6.2
香蕉香精	香蕉香精 20、水 24、乙醇 56

食用香精由香基、合香剂、修饰剂、定香剂和稀释剂组成。香基是香型特征的主体，合香剂是以调和各种香气为目的的成分，定香剂是用来抑制其他易挥发香料挥发度的物质。但总的来说，香精是一种易挥发的物质，所以在碳酸饮料生产中要选择合适的添加时机，如尽可能在加工后期或加热后冷却时添加，添加时应搅拌均匀，使香味成分均匀地渗透到食品中去，并且尽量减少香精在空气中的暴露时间。

（6）防腐剂

碳酸饮料生产过程，基本是在低温或常温下进行的，成品有的经过巴氏杀菌，有的并不经过杀菌处理。为了保证饮料的贮存期，通常需要在饮料中加入防腐剂以延长饮料的保质期。碳酸饮料中常加入的防腐剂主要有山梨酸及其钾盐、苯甲酸及其钠盐、脱氢乙酸钠等。

① 山梨酸及其钾盐　山梨酸是酸性防腐剂，适用于 pH 值 6.6 以下的酸性饮料，pH 值越低，其抑菌效果越好。我国《食品安全国家标准　食品添加剂使用标准》规定，山梨酸可用于碳酸饮料等食品中。

② 苯甲酸及其钠盐　苯甲酸钠也是酸性防腐剂，我国《食品安全国家标准　食品添加剂使用标准》规定，苯甲酸可用于碳酸饮料等食品中。

13.1.3　果蔬汁饮料中的食品添加剂

果蔬汁是以天然的水果和蔬菜加工制得的，营养丰富，含人体必需的多种维生素、氨基酸、微量元素等，是人类理想的天然饮料。果蔬汁由于原料特点，富含碳水化合物、含氮物质、有机酸、鞣质、维生素、矿物质、色素、芳香物质等。果蔬汁中的碳水化合物是主要成分，包括单糖、双糖、淀粉、纤维素和果胶等，糖容易与含氮物质发生美拉德反应，从而造成饮料褐变，在饮料加工中应严格控制褐变的发生。果蔬中的纤维素会影响压榨、过滤等工艺，所以在果蔬汁加工中应注意将纤维素进行分解处理。

果蔬汁饮料中的添加剂以甜味剂、酸度调节剂、稳定剂和防腐剂为主，此外也会使用香精、着色剂，在生产过程中还可能会使用护色剂、以酶制剂为主的澄清剂等。

（1）甜味剂

果蔬汁饮料中常用的甜味剂有环己基氨基磺酸钠、天门冬酰苯丙氨酸甲酯、糖精钠、甜菊糖苷、甘草等，用以调整果蔬汁的甜酸比。果蔬汁中还常使用糖醇类甜味剂，如麦芽糖醇、甘露糖醇、木糖醇等，糖醇类甜味剂是功能性甜味剂，能量值低、热稳定性好、不引起龋齿、不参与美拉德反应。

（2）酸味剂

果蔬汁中应用较多的酸味剂是柠檬酸，而苹果酸、乳酸、酒石酸、醋酸等应用较少。柠檬酸的酸味纯正、清爽、温和，与甜味剂共同构成果汁饮料可口的甜酸味。

（3）防腐剂

果蔬汁饮料中除常用的化学防腐剂如苯甲酸及其钠盐、山梨酸及其钾盐外，也常使用一些天然防腐剂，如溶菌酶、乳酸链球菌素、壳聚糖、纳他霉素等。

乳酸链球菌素亦称乳酸链球菌肽，作为防腐剂，可抑制大多数革兰氏阳性细菌，并对芽孢杆菌的孢子有强烈的抑制作用，常在部分饮料中添加乳酸链球菌素以抑制高温杀菌未能杀灭的芽孢，进而延长饮料的货架期。

（4）着色剂

果蔬汁饮料中常使用的着色剂主要有辣椒红色素、红曲色素、β-胡萝卜素、玫瑰茄色素等。

① 辣椒红色素　辣椒红色素又名辣椒红、辣椒油树脂，是从辣椒中提取的天然着色剂，

属类胡萝卜素。由于辣椒红色素油溶性好，乳化分散性、耐热性及耐酸性均好，常使用在需高温加热的橙汁等果汁饮料中。

② 红曲色素　红曲色素又叫红曲红，对热、酸、光稳定，可用于食品饮料的着色。

③ β-胡萝卜素　β-胡萝卜素作为一种食用油溶性色素，其本身的颜色因浓度的差异，可涵盖由红色至黄色的所有色系，在低浓度时，呈橙黄色，高浓度时，呈橙红色。但由于其油溶性特点，不能直接用于饮料着色，常需经过微胶囊处理，使其转化为水溶性色素进而用于饮料着色。

④ 玫瑰茄色素　玫瑰茄色素又名斑瑰茄，为暗红色粉末、糊状物或液体，易溶于水，水溶液呈酸性时，呈鲜红色。适用于 pH 在 4 以下，不用加热的果汁饮料。

（5）抗氧化剂

果蔬汁饮料中含多种维生素、酚类物质等活性物质，为防止这类活性物质的氧化变质，常使用抗氧化剂异抗坏血酸及其钠盐、茶多酚、植酸、L-抗坏血酸及其钠盐。

① 异抗坏血酸及其钠盐　异抗坏血酸钠作为食品行业中重要的抗氧保鲜剂，可保持食品的色泽和自然风味、延长保质期，且无任何毒副作用。

② 茶多酚　茶多酚为淡黄至茶褐色略带茶香的粉状固体或结晶，具涩味，易溶于水。耐热性及耐酸性好，在 pH2～7 范围内均十分稳定。茶多酚具有较强的抗氧化作用，且抗氧化性能随温度的升高而增强。

③ 植酸　植酸又称肌酸、环己六醇六全-二氢磷酸盐，植酸对金属离子有螯合作用，即可与钙、铁、镁、锌等金属离子产生不溶性化合物。植酸是一种重要的有机磷系添加剂，具有独特的生理功能和化学性质，在食品中可作为抗氧化剂、护色稳定剂、酒类降固剂和稳定剂。

（6）增稠剂和稳定剂

① 琼脂　琼脂学名琼胶，琼脂作为增稠剂和稳定剂，可用于悬浮果粒果汁饮料的悬浮稳定。

② 果胶　果胶在果蔬汁饮料中可作为增稠剂和稳定剂，并可提高果蔬汁饮料的口感，通常在浓缩果蔬汁中添加 0.1％～0.2％，果蔬汁中添加 0.06％～0.1％。

（7）酶制剂

酶制剂是从生物体中提取的具有催化活性的高度专一的特殊蛋白质，具有反应条件温和、催化效率高、安全性能好等优点。果蔬汁中常使用的酶制剂主要有淀粉酶、纤维素酶、果胶酶、蛋白酶等。

① 淀粉酶　淀粉酶是用途最广、消费量最大的酶制剂。分为 α-淀粉酶、β-淀粉酶、葡萄糖淀粉酶等。在果蔬汁加工中应用最多的是淀粉酶，主要用于分解果蔬中的淀粉，以改善果蔬汁的过滤效果，防止由淀粉引起的果蔬汁浑浊和沉淀。

② 纤维素酶　纤维素酶是降解纤维素生成葡萄糖的一组酶的总称，它不是单体酶，而是起协同作用的多组分酶系，是一种复合酶。纤维素酶在果蔬汁加工中可分解纤维素，促进果汁的提取和澄清，提高可溶性固形物含量，提高出汁率，改善过滤，消除由纤维素引起的果汁沉淀现象，并可综合利用果皮渣，将果皮渣分解为可溶性糖和短链低聚糖，构成果肉饮料中的膳食纤维。

③ 果胶酶　果胶酶是指能分解植物中的主要成分果胶质的酶类。主要用于果汁澄清、提高果汁得率、降低果泥和浓缩果汁的凝胶化程度、提高果汁过滤速率、降低果汁黏度，以及对果蔬汁下脚料的综合利用等。

13.1.4 植物蛋白饮料中的食品添加剂

植物蛋白饮料含有丰富的蛋白质、碳水化合物、脂肪、维生素和矿物质等,在饮料中应用较广的食品添加剂除甜味剂、抗氧化剂、分散剂、香味剂外,还要添加增稠剂和乳化剂,使饮料形成稳定的乳化体系,延长饮料的货架期。

(1) 甜味剂

植物蛋白饮料中使用的甜味剂主要是甜蜜素、安赛蜜、甜菊糖苷等。

(2) 酸度调节剂

蛋白质溶液在等电点时最不稳定,容易析出沉淀。为了维持植物蛋白饮料的稳定性,防止沉淀的析出,必须通过添加酸度调节剂调节饮料的 pH 值,避开其等电点。在植物蛋白饮料中应用的酸度调节剂有柠檬酸、乳酸,以及碳酸钠和碳酸氢钠。

(3) 乳化剂

植物蛋白饮料中使用的乳化剂主要包括单硬脂酸甘油酯、蔗糖脂肪酸酯、大豆磷脂和酪蛋白酸钠等。

① 单硬脂酸甘油酯　是乳化剂中应用最广、用量最大的品种。

② 蔗糖脂肪酸酯　蔗糖脂肪酸酯在饮料中的最大使用量为 1.5g/kg。

③ 大豆磷脂　大豆磷脂是两性离子型表面活性剂,具有较强的乳化、分散、润湿作用。作为乳化剂,适用于豆乳等植物蛋白饮料。

13.1.5 茶饮料中的食品添加剂

茶叶中含有茶多酚、茶多糖、生物碱、维生素、氨基酸等成分,具有增加营养、增强机体免疫力、杀菌、抗衰老、抗辐射、助消化等功效。茶叶分为不发酵茶、半发酵茶、全发酵茶和花茶等。茶饮料中常用的添加剂有甜味剂、酸味剂、抗氧化剂、酶制剂、着色剂、抗结剂等。

(1) 甜味剂

茶汤由于具有苦味和涩味,所以需要加入甜味剂以缓和或掩盖这些滋味,同时,甜味剂还具有调节饮料口感和风味、保持饮料香气和改善溶解性能的作用。茶饮料中常使用的甜味剂有天门冬酰苯丙氨酸甲酯、糖精钠、乙酰磺胺酸酸钾和环己基氨基磺酸钠等。

(2) 酸味剂

酸味剂在茶饮料中的作用主要是改善口感、调节酸度。茶饮料中常用的酸味剂有柠檬酸、苹果酸、酒石酸、琥珀酸和延胡索酸等,几种酸味剂配合使用,可以使茶饮料的口感更好。同时,柠檬酸等酸味剂具有与金属离子螯合的作用,可防止由金属离子引起的沉淀和褐变作用。

(3) 抗氧化剂

茶饮料是一个很不稳定的带负电荷的胶体体系,所含的茶多酚在有氧存在情况下容易氧化,从而改变茶饮料的色泽和风味。茶饮料中常使用的抗氧化剂是维生素 C、异抗坏血酸钠等。

(4) 酶制剂

茶饮料加工中常加入酶制剂以提高茶汤的提取率,分解茶汤中的单宁物质,防止茶饮料沉淀的产生。茶饮料中常添加的酶制剂有单宁酶、果胶酶、木瓜蛋白酶、纤维素酶、多酚氧化酶和葡萄糖氧化酶等。

① 单宁酶　单宁酶又称鞣酸酶，广泛存在于微生物中。在茶饮料的生产中，茶叶的高温提取液冷却后会变浑浊，并产生茶乳酪。茶叶提取液中固形物浓度越高，这种沉淀现象越严重。此外，茶饮料在冷藏中也会变得浑浊，对滋味和香气都会产生很大的影响。单宁酶是将茶乳酪转溶的专一酶，它能断裂儿茶酚与没食子酸间的酯键，使苦涩味的酯型儿茶素水解，释放出的没食子酸阴离子又能与茶黄素、茶红素竞争咖啡碱，形成分子量较小的水溶性短链物质，从而降低茶汤的浑浊度。

② 果胶酶　果胶酶可在较低温度下分解茶叶的细胞壁，促进内容物的溶出，从而提高茶叶的萃取率。

③ 木瓜蛋白酶　又称木瓜酶，是一种蛋白水解酶，具有酶活性高、热稳定性好、天然卫生安全等特点。在茶汤中加入木瓜蛋白酶，可分解茶汤中的蛋白质，形成蛋白质-单宁复合物，从而使茶汤在低温下沉淀更完全，过滤后可提高茶汤的澄清度。

（5）香精

由于茶叶中的芳香成分对热很不稳定，易受热氧化，因此常加入香精以提高茶饮料的香气。茶饮料中常加入的香精有麦芽酚、乙基麦芽酚、红茶香精、绿茶香精等。

13.1.6　固体饮料中的食品添加剂

固体饮料中使用的添加剂主要有甜味剂、酸味剂、抗结剂、着色剂和香精等。

（1）甜味剂

固体饮料大部分有甜味，常使用的甜味剂有甜菊糖苷、糖精钠、麦芽糖醇、天门冬酰苯丙氨酸甲酯、山梨糖醇等。

（2）酸味剂

固体饮料中常使用的酸味剂有柠檬酸、乳酸、苹果酸、抗坏血酸、酒石酸等，其中以柠檬酸和乳酸最为常用。

（3）抗结剂

抗结剂主要用于防止固体饮料出现板结的现象，常使用的抗结剂有微晶纤维素、二氧化硅、磷酸三钙和硅铝酸钠等。

13.2　冷冻饮品中的食品添加剂

冷冻饮品是以饮用水、乳和（或）乳制品、蛋制品、果蔬制品、豆制品、食糖、可可制品、食用植物油等的一种或多种为主要原辅料，添加或不添加食品添加剂等，经混合、灭菌、凝冻或冻结等工艺制成的固态或半固态制品。

在我国，根据冷冻饮品的原料、工艺等，其可分为冰淇淋、雪糕、雪泥、冰棍、甜味冰、食用冰等。为了保持冷冻饮品在冷冻和冻藏过程中的色香味，在冷冻饮品的制造过程中主要使用的食品添加剂有乳化剂、增稠剂、酸度调节剂、甜味剂、着色剂、抗氧化剂、水分保持剂、消泡剂等。冷冻饮品中所使用的食品添加剂种类总体上与上述饮料中所使用的食品添加剂种类相同，各种食品添加剂所发挥的作用也基本相似。

总体而言，乳化剂可以使冷冻饮品制备过程中所用的油脂与水形成稳定均匀体系，此外还可使组织细腻、避免大冰晶的形成，使产品结构疏松、细腻柔软，入口松软又柔润；增稠剂作为稳定剂，可以提高混合料的黏度和冰淇淋膨胀率，防止或抑制冰晶的生长，提高抗融化性和保藏稳定性，改善软冰淇淋的形体和组织结构；酸度调节剂、甜味剂、着色剂能改善冷冻饮品的色泽和风味。

冰淇淋是以饮用水、乳和（或）乳制品、蛋制品、水果制品、豆制品、食糖、食用植物油等的一种或多种为原辅料，添加或不添加食品添加剂和（或）食品营养强化剂，经混合、灭菌、均质、冷却、老化、冻结、硬化等工艺制成的体积膨胀的冷冻饮品。冰淇淋中常使用的食品添加剂主要有乳化剂如单，双甘油脂肪酸酯、吐温 80；增稠剂如瓜尔胶、卡拉胶、海藻酸钠、槐豆胶、羧甲基纤维素钠等；以及食用香精；等等。

雪糕是以饮用水、乳和（或）乳制品、蛋制品、水果制品、豆制品、食糖、食用植物油等一种或多种为原辅料，添加或不添加食品添加剂和（或）食品营养强化剂，经混合、灭菌、均质、冷却及冻结等工艺制成的冷冻饮品。雪糕中常使用的食品添加剂有增稠剂如瓜尔胶、羧甲基纤维素钠、槐豆胶、卡拉胶等，常使用的乳化剂有单，双甘油脂肪酸酯、丙二醇脂肪酸酯，另外还使用各种食用色素如焦糖色、食用香精香料等改善雪糕的色香味。

雪泥是以饮用水、食糖、果汁等为主要原料，配以相关辅料，含或不含食品添加剂和食品营养强化剂，经混合、灭菌、凝冻或低风炒制等工艺制成的松软的冰雪状冷冻饮品。雪泥中所用到的食品添加剂主要有增稠剂如黄原胶、槐豆胶、羧甲基纤维素钠等以改善雪泥的稳定性等品质，甜味剂如阿斯巴甜（含苯丙氨酸）、甜蜜素等，柠檬酸、DL-苹果酸等酸度调节剂，诱惑红等食品着色剂，食用香精等各种类型食品添加剂以改善雪泥的色香味等品质。

冰棍是以饮用水、食糖和（或）甜味剂等为主要原料，配以豆类或果品等相关辅料（含或不含食品添加剂和食品营养强化剂），经混合、灭菌、冷却、注模、插或不插杆、冻结、脱模等工艺制成的带或不带棒的冷冻饮品。常使用的食品添加剂有增稠剂如槐豆胶、明胶、结冷胶，以改善体系的稳定性；阿斯巴甜（含苯丙氨酸）、甜蜜素、六偏磷酸钠、食用香精等各种调味剂，以改善冰棍的风味。

甜味冰是以饮用水、食糖等为主要原料，添加或不添加食品添加剂，经混合、灭菌、罐装、硬化等工艺制成的冷冻饮品，如橙味甜味冰、菠萝味甜味冰等。主要用到的食品添加剂有增稠剂如羧甲基纤维素纳，酸度调节剂柠檬酸，甜味剂如甜蜜素、蔗糖、葡萄糖、糖精钠、安赛蜜、阿斯巴甜（含苯丙氨酸）、纽甜等，在这类产品中常使用各种复合甜味剂以更好调节冷冻饮品的风味。

13.3 肉及肉制品中的食品添加剂

我国是肉类消费总量最大的国家，肉类消费在国人食品消费中占有极其重要的位置，是必需的营养源和生活质量的象征。肉类食物经过不同程度及方法的加工而成肉制品，肉制品加工过程中，为了延长它的保质期、口感、色泽等，通常会加入一些食品添加剂。食品添加剂既能改善肉类食品的色、香、味、形，提升肉类食品档次、质量和营养价值等，又能降低产品成本。加入肉制品的食品添加剂按照功能可分为三类，分别是防腐保鲜功能的食品添加剂、改善色泽的食品添加剂、改良品质的食品添加剂。

13.3.1 用于肉及肉制品防腐保鲜的食品添加剂

肉及肉制品中蛋白质、脂类含量高，在加工、运输、贮藏及销售过程中，容易因为微生物浸染、发生氧化反应导致腐败变质，失去其食用价值。通过添加抗氧化剂和防腐剂对肉及肉制品进行防腐保鲜，是一种经济、有效且便捷的方法。

（1）抗氧化剂

肉及肉制品中含有高浓度可氧化的脂质、金属离子、血红素及氧化酶，因此对氧化非常敏感。脂类和蛋白质的氧化是引起肉及肉制品品质劣变的主要原因之一。脂类的部分氧化产物会诱导蛋白质的氧化。一般情况下，肌红蛋白与脂肪的氧化同时发生，而且两者可以相互加速各自的氧化进程，引起肉及肉制品色泽的改变，并产生酸败等不良风味。蛋白质氧化导致氨基酸被氧化修饰、肽链断裂、蛋白质分子之间交联，蛋白质变性，这使得肉及肉制品营养价值下降，蛋白质的功能性如凝胶性、乳化性和持水能力发生显著变化，口感劣化。

我国允许在肉制品中使用的人工合成的抗氧化剂包括丁基羟基茴香醚（BHA）、二丁基羟基甲苯（BHT）、没食子酸丙酯（PG）及特丁基对苯二酚（TBHQ），它们只允许添加于腌腊肉制品类，且最大使用量均不能超过 0.2g/kg（没食子酸丙酯的最大使用量为 0.1g/kg）。天然抗氧化剂包括茶多酚、甘草抗氧化物、迷迭香提取物、植酸、植酸钠和竹叶抗氧化物，它们安全性高，而且许多品种具有一定的保健功能，应用范围相对较广，不但可以应用于预制肉制品中，还可以应用在一些熟肉制品中。这些天然来源的抗氧化剂，除了植酸和植酸钠外，它们的有效成分均是一些多酚化合物。

抗氧化剂的作用机理比较复杂，酚类抗氧化剂可以提供质子氢，将自由基转化为结构稳定的分子，从而阻断氧化的自由基连锁反应，防止食品氧化变质；植酸、植酸钠通过螯合金属离子，降低金属离子对氧化反应的催化活性。

（2）防腐剂

肉制品中的各种细菌都可以导致其腐败和变质，防腐剂具有杀死微生物或抑制其生长繁殖的作用，从而起到延长肉类食品保质期的作用。在肉制品加工中普遍以苯甲酸及其钠盐、山梨酸及其钾盐、乳酸钠等作为防腐剂。

根据苯甲酸和苯甲酸钠的抑菌机理，苯甲酸及苯甲酸钠的杀菌、抑菌效力随介质酸度的增高而增强，在碱性介质中则失去杀菌、抑菌作用，其防腐最适 pH 值介于 2.5～4.0。而由于肉制品的 pH 值一般为 5.3～6.5，即使是发酵肉制品，如意大利色拉米肠和德式色拉米肠，pH 值也只在 4.7～5.3，苯甲酸的防腐效果也受到限制。因此，除了在发酵肉制品中有部分效果，苯甲酸在一般肉制品中很难起防腐作用。

山梨酸钾的主要目标菌是霉菌、酵母菌及其他好氧菌，但不能抑制厌氧菌、嗜酸乳杆菌和细菌芽孢的形成。用适量山梨酸钾溶液短暂性浸泡肉松、肉干、干香肠等速食肉制品，可以实现这些食品的防腐保鲜。

乳酸钠是一种天然、无毒、稳定的食品防腐剂，乳酸钠 pH 呈中性，适合添加到大部分肉制品中，其在减少胴体污染、降低细菌总数方面具有明显的效果。大量研究表明乳酸钠作为防腐剂可延迟肉及肉制品中腐败微生物和食源性致病菌的生长。

因不同的防腐剂抑菌机理不同，作用的对象也不同，将几种防腐剂复配使用，可以扩大抑菌范围，增强抑菌效果，同时可以降低防腐剂的使用量，因此通常将几种防腐剂复配使用。

13.3.2 用于改善肉及肉制品色泽的食品添加剂

人们在选择肉制品时首先映入眼帘的就是颜色，色泽是肉及肉制品重要的感官性状，也是消费者判断肉及肉制品好坏的一个直观指标，而且在一定程度上影响着肉类产品的销量。因此，在肉制品中添加色泽改善类食品添加剂必不可少。

（1）着色剂

着色剂按来源和性质分为食品合成着色剂和食品天然着色剂。由于合成着色剂的安全性问题，我国对其在品种、质量、用途和用量上有严格的限制。目前，在肉及肉制品中允许使用的合成着色剂只有赤藓红、胭脂红和诱惑红以及它们各自的铝色淀 3 类。相较于天然着色剂，合成着色剂具有着色力强、色泽鲜艳、稳定性好、成本低等优点。在肉及肉制品中允许使用的天然着色剂种类较多，包括红花黄、红曲黄色素、红曲米和红曲红、β-胡萝卜素、花生衣红、焦糖色（普通法）、辣椒橙、辣椒红、胭脂虫红、胭脂树橙及栀子黄。天然着色剂不仅安全性高，而且某些种类还有一定的生理功能。

（2）护色剂

肉的红色主要是由肌红蛋白（Mb）和血红蛋白（Hb）呈现的。动物屠宰时血液被放出，因此肌红蛋白是表现肉颜色的主要成分。而肌红蛋白在加工、保藏的过程中不稳定，使肉从鲜红色变成暗红色甚至棕褐色，影响其感官品质，为了改善肉及肉制品的色泽，通常加入食品护色剂。根据《食品安全国家标准　食品添加剂使用标准》（GB 2760—2024）的规定，硝酸盐（钠和钾）和亚硝酸盐（钠和钾）可用于肉制品中作为护色剂使用，并规定了最大使用量分别为 0.5g/kg 和 0.15g/kg；D-异抗坏血酸及其钠盐可按生产需要适当添加在预制肉制品、熟肉制品、肉制品可食用的动物肠衣类中。

13.3.3　用于改善肉及肉制品质构的食品添加剂

肉制品的加工过程中，除了要保证成品一定的色、香、味以外，还要保证产品要具有一定的外形，也就是质构。质构是食品的物理性质，是食品重要的品质特性之一，是评价食品的重要依据，也是评价肉制品的重要依据，因此，在肉制品中添加一些具有稳定、乳化、保水、提高出品率等功能的食品添加剂，具有十分重要的意义。

（1）增稠剂

增稠剂主要用于改善和稳定肉制品物理性质或组织状态。在肉制品应用较多的增稠剂有植物性增稠剂（淀粉、琼脂和大豆蛋白）、动物性增稠剂（明胶和禽蛋蛋白）和微生物性增稠剂（黄原胶）。增稠剂在肉制品中有以下几个方面作用：①提高保水性，使肉制品有弹性且柔嫩多汁；②乳化作用，使分散的脂肪颗粒不容易聚集，肉制品质地细腻均匀；③抑制肉制品中淀粉的老化；④提高保藏性，增稠剂可以在肉制品表面形成一层保护性薄膜，保护其不受氧气、微生物的作用；⑤改善肉制品的切片性，增加肉制品的弹性。

（2）乳化剂

乳化剂是一类表面活性剂，使得多相体系中各组分相互融合，形成稳定、均匀的体系。在肉制品应用较多的乳化剂有乙酰化单，双甘油脂肪酸酯、羟丙基淀粉、甘油、改性大豆磷脂、蔗糖脂肪酸酯、双乙酰酒石酸单双甘油酯、乳酸脂肪酸甘油酯和磷脂。乳化剂在肉制品中有以下几个方面作用：①在重组肉制品的生产中作为黏结剂；②保水作用；③在肉糜类制品中防止脂肪离析；④乳化剂可以防止肉制品中淀粉的老化；⑤润滑作用，乳化剂可以降低肠制品对包装物的黏结力，有利于肠衣的剥离。

（3）水分保持剂

可以应用在肉制品中的水分保持剂包括磷酸盐类，如正磷酸盐、焦磷酸盐和多聚磷酸盐等；非磷酸盐类的水分保持剂有甘油、聚葡萄糖及乳酸钠（钾）等。磷酸盐改善肉制品品质的作用机理有以下几个方面：①螯合金属离子，对金属离子起到封闭作用，防止金属离子对肉制品色泽、氧化作用的影响；②调节 pH，不同磷酸盐的 pH 不同，通过调节肉制品的pH，使肉中蛋白质偏离其等电点，从而提高蛋白质的持水性；③磷酸盐能增强食盐的作用进而降低食盐用量。非磷酸盐类的水分保持剂中，聚葡萄糖属于一种功能性膳食纤维，对酸、热稳定性好，食用安全且具有一定的生理功能，如低血糖反应和低胰岛素需求、促进肠道益生菌增殖等。

13.4 水产品及其制品中的食品添加剂

水产品及其制品是一类具有可食用价值的水生动植物及以其为原料经腌制或者干制的各种加工品。为提高水产品的口感、色香味，预防腐败、延长储存期，在其加工储藏过程中会添加一些食品添加剂。应用于水产品及其制品的食品添加剂按照功能分为四类，分别是防腐功能食品添加剂、品质改良功能食品添加剂、调味功能食品添加剂、着色功能食品添加剂。

13.4.1 防腐功能食品添加剂

鲜鱼等水产品的水分高、营养成分高、结缔组织弱、具有中性酸碱度，从而容易变质发生腐败。除了传统的保鲜方法，如冷藏、冷冻、腌制、干燥等，具有防腐功能的食品添加剂的使用也延长了产品的保质期。食品添加剂的应用，是为了避免在贮存和运输中，出现有害的变化，主要应用的是防腐剂和抗氧化剂。

（1）防腐剂

《食品安全国家标准　食品添加剂使用标准》（GB 2760—2024）中规定，可对水产品及其制品使用的抗菌剂主要有乳酸链球菌素、双乙酸钠、稳定态二氧化氯、山梨酸钾。乳酸链球菌素是一种较为普遍的乳酸菌素，其能有效地抑制革兰氏阳性细菌尤其是细菌芽孢，例如李斯特菌、嗜热芽孢杆菌、葡萄球菌等。稳定态二氧化氯的安全性较高，杀菌能力强，低浓度下能杀灭诸多致病菌，在水产制品保鲜领域有很好的应用。很多水产品采取干制保存，水分含量一般低于30%，不会产生细菌腐败现象，但易染霉菌。双乙酸钠主要是通过有效渗透入霉菌的细胞壁进而干扰酶的相互作用，抑制霉菌的产生，从而达到高效防霉、防腐等效果。山梨酸钾对霉菌也有一定抑制效果，但不如双乙酸钠。

（2）抗氧化剂

抗氧化剂添加到水产品制品中，可以有效防止水产品的脂质氧化，利于保持新鲜度，有效延长水产品的货架期。GB 2760—2024 中规定，可对水产品及其制品使用的抗氧化剂主要有茶多酚、竹叶抗氧化物、抗坏血酸及其盐类等。

目前水产品及其制品中抗氧化剂使用较多的为茶多酚，其是茶叶中多酚类物质的总称，是一种天然的食品抗氧化剂，具有较高的安全性，茶多酚具有清除自由基的作用。除茶多酚之外，更多的抗氧化剂是竹叶抗氧化物和抗坏血酸及其盐类。竹叶抗氧化物是从竹叶当中提取的抗氧化性成分，有效成分包括黄酮类、内酯类和酚酸类化合物，是一组复杂而又相互协同增效的混合物。既能阻断脂肪链自动氧化的链式反应，又能螯合过渡态金属离子，此外还有较强的抑菌作用，是一种天然、营养、多功能的食品添加剂。抗坏血酸及其盐类有良好的还原能力，是一种优良的抗氧化剂。

13.4.2 品质改良功能食品添加剂

大部分水产品制品会经过加工处理、冷冻保存和烹饪食用等过程。为保证水产肉制品的口感和风味，需要添加食品添加剂。具有水产品制品品质改良功能的食品添加剂主要包括增稠剂、乳化剂、水分保持剂。

（1）增稠剂

增稠剂是一种可以增加食物黏稠程度的物质，从而改变食物的特性，达到乳化、稳定的效果。增稠剂在特定的环境下，具有很强的亲水性，可以使食品形成黏稠的胶状液体。其中多数为天然多糖、蛋白质及其衍生物，应用在水产品制品中，能改善鱼糜制品的质地。增稠剂能够促进蛋白质网状组织的形成，保持水分，改善水产品制品的口感、品质，因此在水产品及其加工品中具有重要作用。

（2）乳化剂

在水产品制品中使用乳化剂能使配料充分乳化均匀混合，防止脂肪离析，而且还能提高制品的保水性，防止制品析水，避免硬化，改善水产品的组织状态，使产品更具弹性，提高嫩度，改善制品的风味，提高产品质量。

（3）水分保持剂

水分保持剂可以改善产品的稳定性，维持其内在的持水性，从而改善产品的质量。磷酸盐目前是国内外应用最多的水分保持剂，在水产品制品中有广泛应用。水分保持剂可以增加水产品肉质 pH，提高蛋白质的等电点，提高水产品制品保水性、避免汁液流失，并延长货架期。除此之外，磷酸及磷酸盐在水产品及其制品中还具有一些其他的品质改良功能，例如有抗结剂、稳定剂和凝固剂等功能。在水产品罐制品中，使用多聚磷酸盐可防止结晶的产生，提高罐头质量。

13.4.3 调味功能食品添加剂

（1）增味剂

增味剂是一种能补充或提高食物原有味道的物质。增味剂对水产品制品起着重要作用，它可以改善风味，调节营养成分，从而提高质量，使加工的水产品丰富多彩，满足消费者的各种需求。水产品制品使用的增味剂有 5′-呈味核苷酸二钠、5′-鸟苷酸二钠、5′-肌苷酸二钠、谷氨酸钠。罗非鱼鱼肉汉堡制作过程中，用谷氨酸钠代替 50％氯化钠，不仅减盐而且风味更好。香酥小黄鱼添加谷氨酸钠和呈味核苷酸二钠，鱼豆腐中添加谷氨酸钠，均能有效增加产品风味，提升感官质量。

（2）甜味剂

甜味剂是增加食品甜味的物质。糖醇作为一种新型的功能性甜味剂，具有低热量、低甜度和吸湿性的特点，被广泛地用于水产品制品加工。干鱿鱼丝加入麦芽糖醇和木糖醇，其鲜味浓郁，口味更好、感官品质更佳。木糖醇、甘露糖醇和异麦芽糖醇可以改善南美白对虾解冻后的口味、咀嚼性、弹性，组织结构和色泽。这几种糖醇不仅具有调味剂功能，还都具有不同程度的抑菌、水分保持、抗冻性质，能够抑制产品中微生物的生长、保水维持质地、提高组织韧性，从而改善产品贮藏品质。

13.4.4 着色功能食品添加剂

色泽是影响水产品及其制品价值的重要因素，而水产动物自身往往不能合成人们所需色泽，因此需要添加着色剂。着色剂是指赋予食品颜色，提高食欲的食品添加剂。根据《食品安全国家标准　食品添加剂使用标准》（GB 2760—2024），能在水产品及其制品中添加的着色剂有 β-胡萝卜素、辣椒橙、辣椒红、柑橘黄、高粱红、甜菜红。部分天然着色剂不仅能有效增强鱼糜的色泽感官特性，还可抑制食源性的细菌，提升鱼糜的品质。

13.5 巧克力及糖果制品中的食品添加剂

13.5.1 巧克力、糖果制品中的主要食品添加剂

色、香、味是糖果、巧克力最重要的感官指标，是消费者选择产品的重要依据。为了得到色香味俱佳的产品，往往需要使用着色剂、乳化剂、香精香料、酸味剂等进行调配。用量虽少，但对产品质量产生重要影响，可使糖果、巧克力具有各自的特点。

13.5.1.1 巧克力制品中的主要食品添加剂

（1）防止油水分离的乳化剂

大豆磷脂由大豆榨油后的副产品提取，是一种天然的乳化剂。还有一部分化学合成乳化剂可用于巧克力生产，如辛酸甘油酯、癸酸甘油酯、聚甘油蓖麻醇酸酯、聚甘油脂肪酸酯、山梨醇酐单月桂酸酯、大豆磷脂等。虽为化学合成，但他们的急性中毒试验均在基本无毒范围，所以很安全。

（2）使巧克力漂亮的着色剂

一般巧克力中多用焦糖色和可可壳色着色剂，另一半来源于化学合成，如亮蓝、诱惑红等，这些着色剂使用量少而且毒性低，正常食用也不会对健康造成影响。

（3）让巧克力润滑的增稠剂

国家标准中允许使用的增稠剂有葫芦巴酊、聚葡萄糖、辛烯基琥珀酸淀粉钠、海藻酸丙二醇酯、聚甘油脂肪酸酯等。

（4）让巧克力变甜的调味剂

国家规定的用于巧克力中的甜味剂只有一种，叫赤藓糖醇。而一般在巧克力中加入白砂糖，就可以起到增甜作用。

13.5.1.2 糖果生产过程中的主要食品添加剂

（1）着色剂

赏心悦目的食品色泽给人以美的感受，激发消费者的购买欲和食欲，提高食品的商品性能。除了一部分糖果、巧克力利用其原有的色泽外，相当一部分糖果、巧克力通过添加着色剂来呈现各种鲜艳的色彩或花纹。

（2）香精香料

糖果加工中，为了改善其香气和香味或显示其特点，有时需要添加少量的香精香料，这些香精香料也被称为增香剂或赋香剂。

（3）酸味剂

酸味剂是指能赋予产品酸的物质，主要应用于水果型糖果。其可以降低与平衡糖果中过多的甜味，获得适宜的糖酸比，改善糖果的口感，并且还有助于增进糖果的香味，如柠檬酸可强化柑橘的味道，酒石酸可增加葡萄的风味。另外，酸味剂具有防腐的作用，可抑制微生物的生长；产生螯合作用，抑制化学褐变。此外，在凝胶型糖果中，酸味剂起辅助凝固的作用；在高粱饴即牛皮糖的生产中，酸味剂起转化作用；在转化糖浆的制备中，酸味剂也起转化作用。

13.5.2 巧克力和糖果制品中的其他食品添加剂

（1）防腐剂

软糖中加入了胶体，所以其含水量大，微生物容易生长繁殖。为了延长软糖的货架寿命，可添加防腐剂杀死微生物或抑制其增殖。根据《食品安全国家标准　食品添加剂使用标准》（GB 2760—2024），软糖中允许使用的防腐剂有苯甲酸、苯甲酸钠、山梨酸、山梨酸钾。

（2）抗氧化剂

抗氧化剂可延缓糖果因含油量过多而产生的氧化酸败，通常用于含有油脂和果仁的糖果中。按照《食品安全国家标准　食品添加剂使用标准》（GB 2760—2024），在糖果中允许使用的抗氧化剂为磷脂。同时磷脂也是乳化剂，其作为抗氧化剂，在糖果中的最大使用量可按生产需要适量添加，一般用量为 $0.06\%\sim0.25\%$。

（3）缓冲剂

为了使糖果的加工过程保持在较小的 pH 范围内进行，可在其加热过程中加入缓冲剂。常见的缓冲剂有：酒石酸氢钾，用量 $0.05\%\sim0.25\%$；柠檬酸钠与柠檬酸钾，用量一般不超过 1.0%；柠檬酸钙，用量一般不超过 2.0%；葡萄糖酸钙与乳酸钙，用量一般不超过 2.0%；乙酸钠与亚硫酸钠，用量一般不超过 0.02%。

（4）保湿剂

糖果中加入保湿剂可使其在加工过程及后期保藏中保持应有的湿润，避免干燥、硬结或脆裂。常用的保湿剂有甘油，用量不超过 1.0%；山梨醇，软糖中用量一般为 $2.5\%\sim15\%$。

（5）营养强化剂

为增强补充糖果的营养，可在糖果中添加一定量的营养强化剂。营养强化剂的用量可按《食品安全国家标准　食品营养强化剂使用标准》（GB 14880—2012）添加。糖果中常用的营养强化剂有维生素和无机盐，添加量为 $2.5\%\sim8.5\%$；甘露醇，用量不超过 1.0%；丙二醇，巧克力制品中用量一般不超过 1.4%。

13.6　焙烤食品中的食品添加剂

13.6.1　焙烤食品定义

根据 NY/T 1046—2016《绿色食品　焙烤食品》，焙烤食品（baked food）是以粮、油、糖、蛋、乳等为主料，添加适量辅料，并经调制、成型、焙烤、包装等工序制成的食品，包括面包、饼干、烘烤类月饼、烘烤类糕点。

13.6.2　焙烤食品中添加剂的应用要点

一般情况下焙烤食品都是以面粉、鸡蛋和马铃薯淀粉等为原料，加入一定量的食品添加剂焙烤而成的食品。随着城市生活节奏的不断加快，焙烤食品在人们的日常生活当中逐渐占据了越来越重要的地位。但是人们对焙烤食品中食品添加剂的使用具有一定的忧虑，这对焙烤食品销售存在着一定程度的不利影响。

现阶段焙烤食品当中较为常见的食品添加剂主要有以下几种类型。

（1）膨松剂

主要用于以面粉为主要原料的焙烤食品当中，使食品变得更加松软可口，食品体积变得更大。目前阶段较为常见的膨松剂有碳酸氢铵、碳酸氢钠和碳酸氢钙等。

（2）甜味剂

甜味剂被分为营养型甜味剂与非营养型甜味剂，木糖醇与麦芽糖是最为常见的营养型甜味剂，甘草、罗汉果的提取物等是较为常见的非营养型甜味剂。

（3）增稠剂

增稠剂的主要作用是使食品的黏稠度增加，改善食品的口感使其更加润滑。目前阶段增稠剂是焙烤食品当中最为常见的食品添加剂。

（4）着色剂

着色剂的主要作用是为食品着色，着色剂分为天然着色剂与人工着色剂两种，天然着色剂一般无害，但是人工着色剂可能会对人体造成潜在的危害。

（5）防腐剂

防腐剂的主要作用在于限制焙烤食品中微生物的生长，避免食物腐败，目前阶段焙烤食品加工中常用的食品添加剂有苯甲酸、苯甲酸钠和山梨酸等。

13.6.3　焙烤食品中功能性添加剂的使用

我国已批准列入 GB 2760—2024《食品安全国家标准　食品添加剂使用标准》的几百种食品添加剂中，虽然分类中并没有功能性添加剂这一标注，但确实有不少兼具生理活性的功能性食品添加剂，它们已经分别被列入了保健食品和药物的名单中。例如，着色剂红曲（降血脂）、甜味剂甘草甜（改善肝功）和木糖醇（防龋齿，糖尿病辅助治疗）、低分子海藻酸盐（降血压），均为具有功能性的食品添加剂。

根据不同人群的需要，可以在面食中添加相应的功能性添加剂，制作以主食为载体的功能食品，特别在北方面食消费较多的地区。例如肝炎患者可用甘草甜或木糖醇制作甜味面食；高血脂患者可用红曲米粉和面粉制作糕点；等等。

糖尿病患者必须控制饮食，且要少食多餐，因此在每天上午 10 点多和下午 4 点多，要有一些小吃加餐，防止血糖过低，因而曾在北京复兴医院进行了用木糖醇做的甜点心供糖尿病患者食用的临床试验。试验证明，用木糖醇甜点作为加餐，能解除患者因低血糖头脑嗡嗡发响的症状，对恢复体力有一定功效。

13.7　粮食及粮食制品中的食品添加剂

粮油食品一般是指以小麦面粉为基本原料，加水与油、糖等其他原辅料经过混合、成形和蒸、煎、炸、煮、烤等工序，制成熟的和具有固定形态的食品，如馒头、油条、包子、面包、面条、饼干、蛋糕、月饼、烧饼等，也应包括除小麦以外的其他谷物食品，如年糕、米饭等。

随着我国经济的发展、人民生活水平的日益提高，对作主食的粮油食品提出了更多的要求，即不但要造型和结构好、风味美，还要有保健功能。为了适应当前形势的需要，各粮食加工厂、油厂除了改进生产工艺和设备之外，还使用食品添加剂以提高食品的品质，增加花色品种，延长保存期，增加食品营养成分和便于加工操作等，以提高市场竞争能力。

面粉是人类最主要的食物之一，又是制粉加工的最重要原料，其品质的好坏直接影响到面制品的质量。面粉品质改良剂专用于改善小麦面粉及其制品品质。延长食品保质期、改善食品加工性能、增强食品营养价值是食品添加剂的重要任务。目前，国内外已经开发了许多品种的面粉品质改良剂并投入应用。此外，其他一些种类的食品添加剂如抗氧化剂、防腐剂和香精香料等在粮油食品中的应用也十分常见。

13.7.1 面粉增筋剂

面粉增筋剂是指一类与面筋蛋白质联结以改进面粉制品品质的氧化剂。小麦蛋白质分子中具有很多二硫键，面粉增筋剂能够氧化面粉蛋白质分子中的巯基为二硫键，从而使许多蛋白质分子互相结合起来，形成大分子面筋网络结构，增强面团筋力，提高面团弹韧性和持气性，增大产品体积，从而能够满足粮油食品加工企业的各类生产加工需求，比如可以用于提高制作面包、部分面条的面粉筋力。目前已开发应用的增筋剂如下。

增筋剂的品种很多，一般含有硬脂酰乳酸钙（CSL）、硬脂酰乳酸钠（SSL）、蔗糖脂肪酸酯等乳化剂；海藻酸钠、卡拉胶、羧甲基纤维素钠等增稠剂；酶活性大豆粉、脂肪酶、葡糖氧化酶等酶制剂；还有谷朊粉、L-抗坏血酸、偶氮甲酰胺（ADA）等。一般来说现在所使用的面粉增筋剂多为复合型，其主要成分为氧化剂，并配以活性面筋、乳化剂等其他成分。目前国内主要复合型面粉增筋剂有两种：一种是以 L-抗坏血酸为活性基料，其中维生素 C 含量为 20%～25%，其余为载体；另一种是以偶氮甲酰胺（ADA）为活性基料，含量为 20%左右，其余为载体。这两种增筋剂的性质各有不同，在应用中要根据面粉的固有品质和用途进行选择。

13.7.2 面粉降筋剂

降筋剂主要有还原剂和蛋白酶，用于降低或减弱面粉筋力。还原剂是通过将面筋蛋白质中的二硫键还原为巯基；蛋白酶是通过切断面筋蛋白质的肽链。二者都是使互相交联在一起的大分子面筋网络转变为小分子的面筋，从而达到减弱面团筋力的作用。它们主要用于糕点和饼干面粉的品质改良。目前，我国国产小麦粉质以中筋和低筋为主，故不能盲目地使用降筋剂，应以配麦或配粉作为主要技术措施来解决面粉筋力过强的问题。已开发应用的有 L-半胱氨酸盐酸盐、山梨酸、焦亚硫酸钠、亚硫酸氢钠、抗坏血酸、蛋白酶（木瓜蛋白酶、细菌蛋白酶、霉菌蛋白酶、胃蛋白酶、胰蛋白酶）等。

蛋白酶主要应用于韧性饼干和发酵饼干中。通过水解蛋白质切断肽链，将面筋蛋白质分子切断成较小的蛋白质分子，达到减弱面筋筋力，降低面团弹性和韧性，提高面团的伸展性和延伸性的目的，以利于饼干的生产和加工。同时，改善饼干的食用品质，使饼干口感酥松，入口即化，风味佳，不粘牙，不糊口。目前市售的"饼干松化剂"，就是用木瓜蛋白酶，再加入活化剂、淀粉充填剂一起混合复配而成的。它一般与焦亚硫酸钠或亚硫酸氢钠同时使用，可以减少焦亚硫酸钠或亚硫酸氢钠的使用量，也可以单独使用。

13.7.3 乳化剂

应用于粮食及粮食制品中的乳化剂有 SSL（硬脂酰乳酸钠）、CSL（硬脂酰乳酸钙）、双乙酰酒石酸单/双甘油酯、海藻酸丙二醇酯、单/双甘油脂肪酸酯、改性大豆磷脂、酶解大豆蛋白、可溶性大豆多糖等。利用微胶囊技术将乳化剂制成细粉状，可使乳化剂作为品质改良剂广泛应用于面粉中。常将乳化剂制备成复合型乳化剂使用，以 SSL、CSL 为例，这种乳化剂的优点是使用方便，不易吸潮结块，如果与其他乳化剂如蔗糖脂肪酸酯混合使用，更能延缓面包的老化速度，延长货架寿命。硬脂酰乳酸钠是经过干燥粉碎制成的一种具有活性晶形的粉末，根据需要在调制面团或制粉时加入，以提高产品质量，使不同品种小麦制成的面粉质量稳定。

13.7.4　发酵促进剂

发酵促进剂是保证面团正常、连续发酵，或加快面团发酵速度的一类食品添加剂。具体包括以下几种。

（1）真菌α-淀粉酶

主要用途：补充面包粉中α-淀粉酶活性的不足，提供面团发酵过程中酵母生长繁殖时所需要的能量来源。α-淀粉酶能将面粉中的淀粉连续不断地水解成小分子糊精和可溶性淀粉，再继续水解成麦芽糖、葡萄糖，提供给酵母生长繁殖的能量来源，保证面团的正常、连续发酵，使面包体积和比容达到正常标准，并使内部质构和组织均匀细腻。不添加真菌α-淀粉酶的面粉，由于α-淀粉酶活性过低，面团发酵速度很慢，发酵时间长，面包质量较差。

（2）铵盐类

硫酸铵、磷酸二氢铵、磷酸氢二铵和氯化铵等，提供酵母细胞合成所需的氮源，加快细胞合成，促进酵母生长繁殖。

（3）磷酸盐

磷酸二氢钙等，提供酵母生长繁殖所需的钙源。

13.7.5　营养强化剂

常用的有维生素 B_1、维生素 B_2、烟酸、铁、钙、小麦胚芽粉、膳食纤维及其他复合型添加剂。粮油食品中使用营养强化剂时，可考虑加铁、锌、硒、碘等无机盐类，由于在安全方面有争议，影响食品的原味，目前只有补充钙质的添加剂被较多地用于粮油制品。含钙的添加剂品种较多，其中碳酸钙的价格低廉，含钙质约 40%，应用最多，其次为骨粉、磷酸钙、生物制品及乳酸钙等。

13.7.6　膨松剂

膨松剂又叫疏松剂或发粉，主要用于面包、蛋糕、饼干和发面制品中，一般分为生物和化学膨松剂两类。前者种类有液体酵母、鲜酵母（浓缩酵母、压榨酵母）、干酵母（活性酵母）、速效干酵母（即发干酵母）等；后者有碳酸盐如碳酸氢钠、碳酸钙、碳酸铵和碳酸氢铵等，磷酸盐如磷酸氢二钾、磷酸氢钙和焦磷酸钠等，硫酸盐如硫酸铝钾、硫酸铝铵等，以及酒石酸氢钾、乳酸钙和羟丙基淀粉等。近年来，植物蛋白膨松剂应用越来越多，这种产品溶解性好，起泡性也十分理想，泡沫持久，无色无味，膨松效果良好，在粮油食品中应用逐渐趋于广泛。

13.8　果蔬及其制品中的食品添加剂

我国果蔬品种繁多，种植面积大，年产量位列世界前茅。以果蔬为原料制成的食品种类较多，可分为糖制品、腌制品、脱水干制品、果蔬罐头、果蔬汁饮料等。通过各种加工工艺处理的果蔬制品可长期保存、随时取用。在果蔬的加工处理过程中，要最大限度地保存其营养成分，改进食品价值，使加工制品的色、香、味俱佳，组织形态更趋完美，以提高果蔬加工制品的商品化水平。食品添加剂在果蔬制品加工中起着以下几个作用。

① 保持或改善果蔬的食用价值　在保证制品安全的前提下，为保持或提高制品的色、香、味，在果蔬加工生产中可使用食用色素、香精或香料、调味剂等。

② 稳定食品质量　比如使用硬化剂、增稠剂等保持果蔬制品的组织状态，使果蔬制品具有一定的硬度、黏稠度和特殊的质构特点，并使这些质量在加工后得以长期保存。

③ 抗氧化作用　果蔬类制品含有多酚氧化酶，会促使果蔬中多酚物质的氧化而发生褐变，果蔬中的某些天然色素在组织细胞遭到破坏后也会被空气中的氧气氧化变色。这些都影响制品的色、香、味。使用抗氧化剂，可以保持制品的色、香、味。

④ 提高加工效率　如使用低浓度焦亚硫酸钠作为蘑菇护色剂，既能达到护色目的又省去了原料的漂洗工序，提高了生产效率。

⑤ 延长制品的储藏期　为保证制品的食用安全，延长制品的储藏期，在生产加工时可适量使用防腐剂或杀菌剂（糖制品、腌制品等高渗透压产品除外）。常用于果蔬加工的食品添加剂有护色剂、硬化保脆剂、防腐剂、增稠剂、着色剂、甜味剂、酸度调节剂、抗氧化剂和加工助剂等。

13.8.1　护色剂

果蔬在加工过程中颜色发生变化，主要是由于其中化学成分的变化。这个变化分为两类：酶促褐变和非酶褐变。酶促褐变是指参加褐变反应的酶属于氧化酶类。因果实中含有单宁物质、绿原酸、酪氨酸等，它们是氧化酶起作用的基质，氧化后生成有色物质，即形成褐变，影响加工品的外观和风味，并破坏维生素 C 和胡萝卜素等营养物质。在果蔬加工过程中主要依据酶褐变对其进行护色。护色剂在果蔬加工中除抑制果蔬的褐变外，还可起到抑菌杀菌、提高维生素 C 的存量、延长贮存期等作用。

根据《食品安全国家标准　食品添加剂使用标准》（GB 2760—2024）的规定，在果蔬及其制品中允许使用的护色剂有葡萄糖酸亚铁（适用于腌渍的蔬菜，仅限橄榄，最大使用量为 0.15g/kg，以铁计）、D-异抗坏血酸及其钠盐（适用于浓缩果蔬汁，按生产需要适量使用）、焦亚硫酸钠（适用于蔬菜罐头，最大使用量为 0.05g/kg，以二氧化硫残留量计）和亚硫酸钠（适用于果酱，最大使用量为 0.1g/kg，以二氧化硫残留量计）等。

13.8.2　保脆剂

果蔬原料在加工前变软、过熟或机械伤害可使制品失去脆性，加工时微生物活动分泌果胶酶类水解果胶物质使果蔬组织失去脆性，或组织失水使细胞膨压减小，也会使脆性下降。为了使果蔬产品有硬脆口感，或某些本来结构较为软烂或成熟度太高、质地过软经不起糖煮的果蔬都需要采取硬化、保脆措施。硬化保脆处理使用硫酸钙、氯化钙、明矾等作为保脆剂，配成一定浓度的溶液，将果蔬原料放入溶液中浸渍一定时间，达到保脆目的。这些物质之所以能起到硬化保脆的效果，是相互接触时，钙、铝等阳离子能够与果蔬中的果胶物质生成不溶性的果胶酸盐，从而使果蔬组织坚硬、耐煮性增强。

果蔬原料在糖制时，常将果蔬原料浸于氯化钙溶液中以提高其脆性；而果蔬原料在腌坯时或腌坯脱盐时，加少量明矾等硬化保脆剂，可以使蜜饯制品的耐煮性提高。一些罐头制品加工过程中，在糖水中加入适量的氯化钙，以增加这些果蔬罐头产品的硬度，防止软烂。硬化保脆剂用量要适宜，罐头类氯化钙的用量应控制在 1.0g/kg。这些硬化物质用量过多会导致果胶物质钙盐生成过多或部分纤维的钙化，反而影响果蔬对食糖或食盐的吸收，给加工带来不利影响；而且还会使果蔬制品质地粗糙，质量下降。经过硬化保脆处理的原料在进一步加工时，应用清水漂洗干净，除去残余的硬化剂。

13.8.3 防腐剂

水果和蔬菜原料都带有微生物，在其加工、储藏和运输过程中，也会被微生物再次污染。因此，在果蔬制品中添加防腐剂，可抑制其中微生物的生长繁殖，防止由微生物的作用引起的果蔬制品腐败变质，从而延长其保存期。

（1）苯甲酸及其钠盐

详细使用见二维码13-1。

（2）山梨酸与山梨酸钾

详细使用见二维码13-2。

（3）对羟基苯甲酸酯类及其钠盐

详细使用见二维码13-3。

二维码13-1　　　　二维码13-2　　　　二维码13-3

（4）二氧化硫及亚硫酸盐

亚硫酸类是一类很早即在世界范围内广泛使用的食品添加剂，可作为食品漂白剂、防腐剂；可抑制非酶褐变和酶促褐变，防止食品褐变，使水果不至黑变，还能防止鲜虾生成黑斑；在酸性介质中，是十分有效的抗菌剂。亚硫酸盐类包括焦亚硫酸钾、焦亚硫酸钠、亚硫酸钠、亚硫酸氢钠和低亚硫酸钠。使用范围和最大使用量：使用严格遵循《食品安全国家标准　食品添加剂使用标准》（GB 2760—2024），最大使用量以二氧化硫残留量计，浓缩果蔬汁（浆）按浓缩倍数折算，固体饮料按稀释倍数增加使用量。它们的使用方式有：①将亚硫酸盐直接加入食品中，例如可直接添加到果蔬罐头中；②用二氧化硫熏蒸，例如制造果干、果脯时的熏硫工序；③用亚硫酸盐溶液浸泡，例如某些果蔬原料的处理；④与其他防腐剂混合使用或制成二氧化硫缓释剂用于某些水果的保鲜。

（5）硫磺

硫磺为黄色或浅黄色晶粒、片状或粉末，用作防腐剂仅限于熏蒸。使用范围和最大使用量：水果干类，0.1g/kg；蜜饯，0.35g/kg；干制蔬菜，0.2g/kg；其他（仅限魔芋粉）0.9g/kg，最大使用量以二氧化硫残留量计。

果蔬及其制品中的其他防腐剂详见《食品安全国家标准　食品添加剂使用标准》（GB 2760—2024）。

13.8.4 抗氧化剂

果蔬原料中含有一些化学性质比较活泼的物质，在果蔬组织或细胞被破坏后，容易被空气中的氧气氧化成其他物质，发生非酶褐变和酶促褐变。抗氧化剂是可防止或延缓食品氧化，提高食品的稳定性和延长储存期的物质。抗氧化剂按其溶解性质分为油溶性抗氧化剂和水溶性抗氧化剂，果蔬组织含水丰富，在果蔬及其制品中使用的抗氧化剂主要是水溶性抗氧化剂。

（1）抗坏血酸（维生素C）、抗坏血酸钠和抗坏血酸钙

抗坏血酸有强还原性能，能防止果蔬食品因氧化引起的品质变劣现象，如变色、褪色、风味变劣等。此外，它还能抑制水果、蔬菜酶促褐变，有钝化金属离子的作用。L-抗坏血酸钠抗氧化性能与L-抗坏血酸相同，抗坏血酸钙性质不仅比维生素C稳定，且其抗氧化作用优于维生素C，而且由于钙的引入，也增强了它的营养强化作用。

其使用范围和最大使用量遵循《食品安全国家标准　食品添加剂使用标准》（GB 2760—2024）。

（2）D-异抗坏血酸及其钠盐

D-异抗坏血酸抗氧化性能优于抗坏血酸，并且价格便宜。D-异抗坏血酸钠盐是食品行业中重要的抗氧化保鲜剂，可保持食品的色泽及风味，延长食品保质期，且无任何毒副作用。其在果蔬及其制品中的使用范围和最大使用量遵循《食品安全国家标准　食品添加剂使用标准》（GB 2760—2024）。

（3）植酸

植酸有较强的抗氧化和金属螯合作用，可用于食用油脂、果蔬制品及肉制品的抗氧化，还可用作食品保鲜剂、螯合剂、水软化剂等。其在果蔬及其制品中的使用范围和最大使用量遵循《食品安全国家标准　食品添加剂使用标准》（GB 2760—2024）。

（4）生育酚及其混合物

生育酚抗氧化性能来自苯环上 6 位的羟基，其同分异构体的抗氧化性能以 α-生育酚最强，依次为 β-生育酚、γ-生育酚和 δ-生育酚。它是透明包装食品的理想抗氧化剂，也是目前国际上应用广泛的天然抗氧化剂。其在果蔬及其制品中的使用范围和最大使用量遵循《食品安全国家标准　食品添加剂使用标准》（GB 2760—2024）。

（5）硫代二丙酸二月桂酯

硫代二丙酸二月桂酯是一种油溶性抗氧化剂，不仅毒性小，而且具有很好的抗氧化性能和稳定性能，同时其价格较低，有很好的开发前景。它与 BHA 和 BHT 等酚类抗氧化剂有协同作用，在生产中加以利用既可提高抗氧化性能，又能降低毒性和成本。其在果蔬及其制品中的使用范围和最大使用量遵循《食品安全国家标准　食品添加剂使用标准》（GB 2760—2024）。

13.8.5　增稠剂

增稠剂可以改善食品的物理性质，增加食品的黏稠性，赋予食品以柔滑适口的舌感，还是一类具有乳化稳定和悬浮作用的物质。果蔬制品中的糖制品（果酱、果冻等）、果蔬汁饮料等需要用增稠剂赋予产品良好的形态、质构和口感，我国《食品安全国家标准　食品添加剂使用标准》规定的食品增稠剂几乎都可用于其中。允许使用的增稠剂及限量标准根据《食品安全国家标准　食品添加剂使用标准》（GB 2760—2024）确定。

13.8.6　被膜剂

食品工业被膜剂是一种覆盖在食物的表面后能形成薄膜的物质，可防止微生物入侵，抑制水分蒸发或吸收和调节食物呼吸作用。目前，我国允许在果蔬及其制品中使用的被膜剂有紫胶、吗啉脂肪酸盐（果蜡）、松香季戊四醇酯、聚二甲基聚硅氧烷及其乳液、巴西棕榈蜡硬脂酸等。在果蔬及其制品中允许使用的被膜剂及限量标准根据《食品安全国家标准　食品添加剂使用标准》（GB 2760—2024）确定。

13.8.7　调味剂

果蔬原料，特别是水果原料本身含有非常丰富的有机酸和糖类，这两类物质在原料的成熟过程中含量会变化，形成了不同阶段果蔬的特有风味。一般来说，酸味是氢离子的性质，但是酸的浓度与酸味强弱之间不是简单的相互关系。各种不同的酸有不同的酸味感。在口腔中造成的酸感与酸的基团、pH 值（可滴定酸度）、缓冲效应及其他物质特别是糖的存在有关。因此，对于果蔬制品来说，主要是糖和酸的种类、含量和比例决定它们的风味。

（1）酸味剂

在果蔬加工过程中，使用酸味剂不仅可以调整果蔬加工产品风味，而且在果蔬原料的预处理时，一定浓度的酸溶液处理还可达到护色效果。如梨在煮沸的柠檬酸溶液中热烫，有利于果肉色泽的保持。

在果蔬及其制品中允许使用的酸度调节剂，使用范围及最大使用量严格按照《食品安全国家标准　食品添加剂使用标准》（GB 2760—2024）规定。

（2）甜味剂

甜味剂是果蔬加工中使用最多的一种基本辅料，可以赋予产品甜味，尤其是可以通过调整"糖酸比"使产品获得更好的风味。果蔬及其制品中允许使用的甜味剂及限量标准根据《食品安全国家标准　食品添加剂使用标准》（GB 2760—2024）确定。

13.8.8　乳化剂

乳化剂是食品加工中常用的食品添加剂之一。类似表面活性剂，借裹住分散相小滴防止其聚结，使之成为存在于另一不溶混或部分溶混液体中的稳定的胶态分散体。部分乳化剂还可用作水果、蔬菜等的保鲜涂膜剂，在果蔬表面涂膜，可抑制水分蒸发、防止细菌侵袭和调节其呼吸作用。果蔬及其制品中允许使用的乳化剂及限量标准根据《食品安全国家标准　食品添加剂使用标准》（GB 2760—2024）确定。

13.8.9　着色剂

果蔬中含有的天然色素化学性质不稳定，在原料加工过程中容易发生变化，如草莓、猕猴桃的鲜艳颜色在加热后变得暗淡，在预处理时的护色工序并不适用于所有果蔬原料，因此，必要时可加入食用着色剂调整果蔬制成品的色泽，使之与鲜品相同或相似，提高成品的商品价值。

选择着色剂种类时，首先要了解要添加着色剂的制品的 pH 值，是强酸性、酸性还是弱酸性；其次，选择的着色剂在制品的 pH 值左右应该是稳定的，一般选择与鲜品同色系的着色剂，要达到的效果是添加后的制品能让人联想起鲜品，而且能勾起食欲。特别要注意的是着色剂不能超量使用，否则颜色太鲜艳，会给人一种不真实的感觉，另外国家标准中对合成着色剂的使用量都给出了最高限量，着色剂太多容易超标，导致产品质量问题。允许使用的着色剂及限量标准根据《食品安全国家标准　食品添加剂使用标准》（GB 2760—2024）确定。

13.8.10　香精和香料

进入成熟期的果蔬不仅色彩斑斓，还香味四溢。与色泽一样，经过加工后的制品香味下降甚至丧失。果蔬原料中的呈香物质多为小分子挥发性物质，在果蔬组织遭破坏后易逸出，降低产品香味。收集逸出的呈香物质于加工后期重新加入产品当中是一种能完美体现鲜品柔和馥郁芳香的好方法，缺点是工序烦琐且成本高。对于大部分科技含量不太高的果蔬制品，添加香精更简便易行。

在果蔬制品中使用的香精绝大部分为水溶性香精，如具鲜果香气的柑橘型香精和苹果香精、葡萄香精、菠萝香精等酯型水溶性香精（水果香精）。随着科学技术的发展，果蔬制品的种类日益增多，使用的香精品种也更加丰富，比如添加奶油香精的蜜饯、添加红茶香精的果汁饮料等，口味不再局限于鲜品的本来味道。粉末香精是将香精固定于载体上或制成微胶囊成为固体状态香精，主要用于粉末果汁粉、固体饮料等。

13.8.11　加工助剂

果蔬原料在预处理及其加工制品的生产过程中，需用到加工助剂，如吸附剂、絮凝剂、脱皮剂、澄清剂和助滤剂等。在果蔬加工过程中，吸附剂和絮凝剂可用于对水进行预处理以除去其中杂质或对果蔬汁脱色等，比如吸附剂活性炭、离子交换树脂、膨润土等可以用于饮料水处理工艺，亦可以作为吸附剂用于果酒、果蔬汁饮料脱色，不溶性聚乙烯聚吡咯烷酮用于葡萄酒、其他果酒加工工艺，絮凝剂有硫酸亚铁用于饮料加工工艺；脱皮剂或辅助脱皮的有盐酸、氢氧化钠和月桂酸等；澄清剂、助滤剂有高岭土、明胶、阿拉伯胶、硅胶、单宁、硫酸铜、膨润土、脱乙酰甲壳素和珍珠岩等可用于葡萄酒加工工艺或果酒、果蔬汁加工工艺中。

13.9　大豆及其制品中的食品添加剂

以大豆为主要原料经过加工制作而得到的产品称为大豆制品，也简称为豆制品。豆制品分为传统豆制品和新兴豆制品两种，传统豆制品又分为发酵大豆制品和非发酵大豆制品。发酵大豆制品是由一种或几种特殊的生物经过发酵过程而得到的产品，产品具有特定的形态和风味，主要有酱油、豆酱、腐乳和豆豉等。非发酵豆制品的生产基本上都经过筛选、清洗、浸泡、磨浆、除渣、煮浆及成型工序，产品的物态都属于蛋白质凝胶，主要有豆腐、腐竹和豆浆等。而新型大豆制品是采用现代科学技术和合理的生产工艺，在机械化自动化程度较高的基础上获得的产品，主要包括蛋白质类制品、全豆类制品及油脂类制品。蛋白质类制品包括脱脂大豆粉、功能性浓缩大豆蛋白、组织大豆蛋白、分离大豆蛋白、大豆蛋白纤维等，都是营养非常丰富的豆制品；全豆制品包括豆乳、豆乳粉、大豆冰淇淋等新型大豆制品，深受小孩子的喜爱，一些注意保健美容的女性也非常喜欢；油脂类制品包括大豆磷脂、色拉油、人造奶油、起酥油、大豆油等，这些豆制品在搭配菜肴方面具有广泛的运用。

随着豆制品花色品种的增加，在大豆制品中所使用的食品添加剂也越来越多，其作用各不相同，有起蛋白质凝固作用的凝固剂，有起消泡作用的消泡剂，有起增色作用的色素，还有酶制剂、营养强化剂、防腐剂、调味剂和增稠剂等。

13.9.1　凝固剂

在日常豆制品生产过程中，常常会出现制品持水性差、无光泽、无弹性、质地粗糙、口味不佳、出品率低、成本高等情况。除要求选择高质量的原材料外，其重要原因是对凝固剂的处理及使用不当。凝固剂是使呈溶胶状的蛋白质凝集成凝胶状的蛋白质物质，在生产中常用的为盐类和酸类两种。随着科学技术的进步和需求的不断提高，凝固剂的新品种也不断涌现。

（1）盐类凝固剂

离子桥认为凝固剂中钙镁阳离子与大豆蛋白羧基中氢离子发生交换缩合形成钙桥或镁桥。在我国使用最广的盐类凝固剂是石膏和盐卤。石膏化学名称为硫酸钙，根据其结晶水含量可分为生石膏、半熟石膏、熟石膏、过熟石膏四种。对豆浆的凝固作用以生石膏最快，熟石膏较慢，过熟石膏则几乎不起作用。但用生石膏制作豆腐，操作较难掌握，一般均采用熟石膏，而熟石膏粉直接撒在豆浆中难以起凝固作用，必须制成石膏浆方能使用。盐卤是海水制盐后的副产品，有固体和液体两种。固体是含氯化镁约 46% 的卤块。无论是液体还是固体，使用时均需调成浓度为 15%～20% 的溶液。用盐卤作凝固剂，蛋白质凝固速度快，蛋白质的网状结构容易收缩，制品持水性差，一般适合于制豆腐干、干豆腐等含水量比较低的产品。

使用盐类凝固剂可以使豆腐产品光滑、产率高，具有浓浓的豆香味，用盐卤制得的豆腐有大豆的香味，但是持水性较差且货架期短。而以石膏为凝固剂制作出来的豆腐持水性好且细腻，但因其中可能会残留硫酸钙，故味道会有些苦涩且长期食用可能引发胆结石，同时纯度不高的石膏中可能含有工业中的杂质，长久进食对人体有害。

（2）酸类凝固剂

酸类凝固剂在豆腐生产过程中，豆浆的 pH 性质对豆浆中的蛋白质分子结构有影响，大豆蛋白质的等电点约 4.9，豆浆溶液 pH 越接近等电点，蛋白质分子链扩张越大，蛋白质分子间静电作用越强，越易形成强的凝胶网络。酸类凝固剂可以降低豆浆的 pH 值，使豆浆溶液接近蛋白质等电点，形成豆腐凝胶。酸类凝固剂主要有柠檬酸、醋酸及乳酸等有机酸，其中常用的是葡萄糖酸内酯与酒石酸。葡萄糖酸内酯是近年来开始大量应用的新型凝固剂，为白色结晶体，易溶于水。葡萄糖酸内酯可使大豆蛋白质凝固，在 $80 \sim 90℃$ 时被凝固的大豆蛋白持水性好，制成的豆腐质地细腻、弹性足、有劲。葡萄糖酸内酯适合做原浆袋装豆腐，便于机械化生产。随着人们饮食需求的提高，更多的学者开始研究新型酸类凝固剂，如以泡菜汁作为豆腐凝固剂、中药豆制品凝固剂等，也有一些利用天然有机物的提取液作为酸类凝固剂，如五味子、玫瑰花萼、青梅、山楂、柠檬等。

使用酸类凝固剂制作出来的豆腐有质地细滑、持水性好和弹性大等的优点，但其制作出来的豆腐豆香味不够浓郁，而且偏软，不适合煎炒。因为结晶或粉末状的葡萄糖酸-δ-内酯味先甜后酸，豆腐会带有酸味。

（3）酶类凝固剂

酶类凝固剂是能够使大豆蛋白质得以凝固的酶，豆浆中加入酶类凝固剂，酶促进蛋白质分子共价键彼此连接，从而形成网络状聚集体，以此达到凝固剂的效果。酶类凝固剂大部分从动植物组织和微生物中获得，分别有中性蛋白酶、酸性蛋白酶与碱性蛋白酶。较为常见的有菠萝蛋白酶、木瓜蛋白酶和微生物谷氨酰胺转氨酶（TG 酶）等。

使用酶类凝固剂可以连续降解豆腐中的大豆蛋白，降低豆腐的硬度，改善质地和口感，这样制作出来的豆腐弹性好、口感细腻、无异味、硬度低，与传统的石膏豆腐、内酯豆腐相比，其在香味、黏弹性等方面均有所提高。但其硬度偏软，且成本也比其他两种凝固剂高。

（4）复合凝固剂

复合凝固剂是将单一的凝固剂进行复配使用，人为地用两种或两种以上的物质加工而成的凝固剂，它们和传统的凝固剂对比都有特别之处。复合凝固剂目前也有很多种类，比如盐类和酸类、酸和酶类、盐类和食品天然成分以及食用胶、盐类和酶类、酸类，还有利用W/O、W/O/W 型乳状液（如含牛血清白蛋白的多重乳状液）的缓释性制备的新型凝固剂等，经过复配制得的豆腐都优于单一种类的凝固剂。

用复合凝固剂制备出来的豆腐不仅基本上克服了传统豆腐的易碎、口感不好等缺点，且在得品率、水分含量、蛋白质含量、风味和内部结构等方面都优于单一种类的凝固剂，既保持了单一凝固剂制作的豆腐的优点，又增强了豆腐的硬度和口感，使豆腐的品质更佳。日本已成功研制出由硫酸钙与氯化钙、氯化镁与氯化钙、硫酸钙与 D-葡萄糖酸内酯等按适当比例混合的复合凝固剂，所制的豆腐的外形、风味、质量和保存的时间都优于由单一凝固剂所制得的豆腐。

（5）豆清发酵液

豆清发酵液因颜色、所含菌种被称为黄浆水、酸浆水，是以在制作豆腐过程中所产生的废液作为原料，再经过乳酸菌、醋酸菌等微生物自然发酵而形成的一种凝固剂，其中含有很多像蛋白质、还原糖、皂苷等的营养物质。

豆清发酵液有着复杂的成分，目前来说主要有盐凝机理、酸凝机理和酶凝机理，其酸凝机理与酸类凝固剂机理类似，就是将 pH 值调整到大豆蛋白等电点附近使蛋白质凝固。酶凝机理就是使豆清发酵液中的乳酸菌在发酵过程中产生凝固酶，从而使大豆蛋白产生凝胶，而且会产生一些物质使豆腐风味更好。盐凝机理则是豆清发酵液中的金属离子通过与大豆蛋白中的植酸（盐）、柠檬酸（盐）反应，降低 pH 值，另外，盐中的阳离子会将蛋白质中的一部分负电荷掩盖，从而促进大豆蛋白的凝固。

利用豆清发酵液制得的豆腐颜色泛黄，有着致密的结构，适于烘烤、pH 值低且安全，更能增加风味，同时资源也得到了利用。但是自然条件下发酵的豆清发酵液中还是会有一些使豆腐腐败变质的菌种，并且货架期较短。

（6）其他凝固剂

多糖类凝固剂是一种新型的豆腐凝固剂，主要包括壳聚糖、普鲁兰多糖和可得然胶等。普鲁兰多糖（pullulan）是出芽短梗霉 *Aureobasidium pullulans* 在发酵过程中所合成的一种细胞外水溶性大分子中性多糖。普鲁兰多糖对食品中的高分子蛋白质有特殊的絮凝作用，有研究表明，在豆浆中加入适量的普鲁兰多糖所制成的豆腐，其效果与用石膏或葡萄糖酸-δ-内酯作凝固剂的效果一样，短梗霉多糖生产的豆腐色泽好、有弹性、有原有的风味和芳香，还能有效地提高产量。

普鲁兰多糖也可以作为豆腐凝固剂使用。在豆浆加工时加入普鲁兰多糖，所制得的豆腐表面细腻，入口滑爽，风味良好，保水性能好，商品价值高。

另外，添加魔芋精粉的豆腐比普通豆腐韧性强，保水性好，不易破碎，口感细腻，外表白嫩，烹调时吸水性强。魔芋精粉制成的魔芋豆腐可炒、煮、拌、卤食用。用此种豆腐制作的豆干、豆丝、人造肉等食品更接近肉食品的风味，又增添了对人体有益的食物纤维，弥补了植物蛋白的不足。

13.9.2　消泡剂

蛋白质溶液如豆奶、豆浆煮沸时，很容易生成泡沫等。泡沫产生的原因主要有两个方面：一是内在因素，大豆蛋白质本身具有起泡沫和成膜性；二是外来因素，表现在操作过程中空气带入所产生。点浆凝固中不应有泡沫，否则豆浆凝固操作有困难，往往出现的"夹浆"影响蛋白质凝固。蛋白质生成的泡沫，本身就含有蛋白质，如以撇掉泡沫来消除，即浪费 7%～8% 的蛋白质，故这种消除办法是不经济的。蛋白质形成的泡沫表面张力较大，靠其自然消失需要很长时间，这在生产操作上是不现实的。改进生产设备在一定程度上能减少些泡沫的形成，但要彻底去除泡沫，必须借助消泡剂的作用来消除各个环节所产生的泡沫。目前用于豆制品生产中的消泡剂有高碳醇脂肪酸酯复合物、聚二甲基硅氧烷及其乳液、蔗糖脂肪酸酯、白蜡及山梨醇衍生物等。

高碳醇脂肪酸酯复合物能显著降低泡沫液壁局部表面张力，加速排液过程，使泡沫破裂、消除。在豆制品工艺制作中，最大使用量为 1.6g/kg。DSA-5 消泡效果好，消泡率可达96%～98%。

聚二甲基硅氧烷及其乳液具有耐热性、耐寒性、黏度随温度变化小、防水性、表面张力小等特点，可以用作消泡剂用于豆制品加工中。其最大使用量为 0.3g/kg（以每千克黄豆的使用量计，以聚二甲基硅氧烷计）。

蔗糖脂肪酸酯、蔗糖酯，由蔗糖和脂肪酸经酯化反应生成的混合物，是一种非离子表面活性剂，能降低表面张力，同时有良好的乳化、分散增溶作用，作为消泡剂可用于豆制品加工工艺中。白蜡（液体石蜡）亦可作为消泡剂用于豆制品加工中。

另外，山梨醇衍生物也具有良好的消泡能力，无毒性，对食品无影响。比如聚氧乙烯（20）山梨醇酐单月桂酸酯（又名吐温20）、聚氧乙烯（20）山梨醇酐单棕榈酸酯（又名吐温40）、聚氧乙烯（20）山梨醇酐单硬脂酸酯（又名吐温60）、聚氧乙烯（20）山梨醇酐单油酸酯（又名吐温80）等消泡剂，在豆类制品中的最大使用量为0.05g/kg（以每千克黄豆的使用量计）。山梨醇酐单月桂酸酯（又名司盘20）、山梨醇酐单棕榈酸酯（又名司盘40）、山梨醇酐单硬脂酸酯（又名司盘60）、山梨醇酐三硬脂酸酯（又名司盘65）和山梨醇酐单油酸酯（又名司盘80）在豆类制品中的最大使用量为1.6g/kg（以每千克黄豆的使用量计）。

13.9.3 防腐剂

用于豆类及其制品中的防腐剂有苯甲酸（钠）、山梨酸（钾）和丙酸钙（钠）、双乙酸钠、脱氢乙酸钠、ε-聚赖氨酸盐酸盐和乳酸链球菌素等。

苯甲酸（钠）是用于豆制品中的酸性防腐剂。当pH3.5以下时其作用效果较好；当pH5以上直到碱性时，其效果显著降低。一般对pH3.5～4的酸豆乳，起作用的浓度为0.1%苯甲酸。山梨酸及其钾盐用于豆干再制品、大豆蛋白及其膨化食品、大豆素肉中，最大允许添加量为1.0g/kg（以山梨酸计）。丙酸钙和丙酸钠作为防腐剂用于豆制品中，其最大允许添加量为2.5g/kg（以丙酸计）。双乙酸钠可被添加到豆干类和豆干再制品中用于防腐保鲜，最大允许添加量为1.0g/kg。脱氢乙酸钠是继苯甲酸钠、山梨酸钾之后又一代新的食品防腐保鲜剂，对霉菌、酵母菌、细菌具有很好的抑制作用，广泛应用于饮料、食品、饲料的加工业，可延长存放期，避免霉变损失。脱氢乙酸钠可以用于发酵豆制品中，其最大允许添加量为0.3g/kg（以脱氢乙酸计）。ε-聚赖氨酸盐酸盐也可作为防腐剂用于豆制品中，其最大允许添加量为0.3g/kg。二氧化硫及其亚硫酸盐除了用作漂白剂外，还可以作为防腐剂用于腐竹类加工过程中，其最大允许添加量为0.2g/kg。

13.9.4 着色剂

食品的色泽是消费者选择食品的第一感觉，也是判断食品质量优劣和是否新鲜的指标之一。但在加工过程中，食品中的天然色素会发生变色或褪色，因此在食品加工中着色剂的使用非常普遍。着色剂是改善食品色泽的食品添加剂。豆制品中常用的着色剂有以下几种：红曲米（红曲红）、叶绿素铜钠盐、日落黄、诱惑红、亮蓝、柠檬黄和辣椒油树脂等。红曲米（红曲红）可以作为大豆蛋白及其膨化食品、大豆素肉及腐乳的着色剂，可以按生产需要适量使用。叶绿素铜钠盐在熟制豆类中的添加限量为0.5g/kg。日落黄及其铝色淀在熟制豆类中的添加限量为0.1g/kg（以日落黄计）。诱惑红及其铝色淀在熟制豆类中的添加限量为0.1g/kg。亮蓝及其铝色淀在熟制豆类中最大添加量为0.025g/kg。柠檬黄及其铝色淀在熟制豆类中的最大添加量为0.1g/kg。辣椒油树脂，又称辣椒精，其有效成分为辣椒素、蛋白质、氨基酸和糖类，此外还含有少量辣椒红色素。它可以作为着色剂添加到豆干再制品、新型豆腐制品（大豆蛋白及其膨化食品、大豆素肉等），按生产需要适量使用。此外，天然胡萝卜素、甜菜红、高粱红和柑橘黄等亦可用作豆制品加工着色剂，均按生产需要量添加。

13.9.5 营养强化剂

营养强化剂是以增强和补充食品营养为目的而使用的添加剂。使用营养强化剂时，应意识到强化用的营养素应是人们膳食中或大众食品中含量低于需要量的营养素，而且容易被机体利用，在食品加工、贮存过程中不易分解破坏，不影响食品的色、香、味等感官性状，强化剂的使用量要适当，不致破坏机体营养平衡，更不致因摄食过量而中毒。同时强化剂的选用要考虑卫生安全、质量合格、经济合理等因素。

豆奶等豆制品中添加的营养强化剂主要有氨基酸类、维生素类及矿物质类。研究发现经铁和维生素C强化的豆制品能有效快速地提高生长发育期大鼠血红蛋白，保持血清铁在较高水平，同时水迷宫实验结果提示铁和维生素C强化的豆制品有提高学习、记忆能力的作用。强化铁、维生素C的豆奶等豆制品可以改善我国儿童缺铁性贫血及蛋白质营养不良的状况。实际上，应用于豆制品中的营养强化剂的种类还可以有很多，都有待开发。

牛磺酸是一种非常见蛋白质组成氨基酸，也可以作为强化剂加入豆制品中。对维护人体大脑的正常生理功能，促进婴幼儿的正常生长发育有重要作用。

13.9.6 酶制剂

从生物体中提取的具有酶活力的酶制品，称为酶制剂。酶制剂属于食品加工助剂类添加剂。食品加工中所用的酶制剂是直接添加到食品或食品原料中的，或者与它们直接接触。豆类及其制品中使用的酶制剂主要有蛋白酶、纤维素酶、淀粉酶和果胶酶。大豆蛋白经蛋白酶处理后，形成大豆多肽类和小分子物质的混合物。常用的蛋白酶有木瓜蛋白酶、碱性蛋白酶、酸性真菌蛋白酶、中性蛋白酶等。用木瓜蛋白酶对大豆分离蛋白进行水解，酶解液的溶解度、乳化能力、发泡能力都大大提高，但在黏度、乳化性、发泡稳定性等方面有所下降，同时，在感官特性上，酶解大豆分离蛋白，其豆腥味减弱而苦味增加。碱性蛋白酶主要断裂疏水氨基酸的C端，水解大豆蛋白的最适pH为8，温度范围一般在$50\sim55℃$。酸性真菌蛋白酶产自黑曲霉菌株，适宜pH2.5~6.0，温度为$45\sim55℃$，可应用于可溶性大豆蛋白和水解大豆蛋白的加工。中性蛋白酶分解蛋白质为多肽和游离氨基氮，特别对大麦、大豆等植物性蛋白作用效果明显。另外，将蛋白酶和果胶酶联用，可以提高豆乳中可溶性物质得率，并改善原有的苦腥味。豆乳类饮料作为开发最早也是市场接受度最广的饮料之一，在大豆植物蛋白饮料的生产体系当中，采用添加酶制剂对植物蛋白进行水解，可使用碱性蛋白酶、中性蛋白酶、纤维素酶、淀粉酶等进而生产大豆蛋白饮料。

13.9.7 调味剂

通常的豆腐类产品虽富含蛋白质，但维生素含量少，豆腥味较重，且不能直接进行调味，必须经过烹饪后才能食用。在豆制品中添加果蔬汁并进行调味，可提高其营养价值，改进产品的色、香、味等内在和外观质量。但在大豆豆浆中添加水果或蔬菜汁，并在凝固前用调味剂进行调味，有一定的难度。因为大豆豆浆中添加某些酸性的果蔬汁和用食盐等进行调味时，会引起豆浆蛋白质的凝聚沉淀，不能凝固成豆腐类产品。研究人员已研制筛选出可克服这一难题的促凝剂和复合凝固剂，制成可添加酸性果蔬汁且可用食盐等进行调味的新型豆制品。

试验表明，大多数蔬菜汁对豆浆蛋白质的影响不大，只有番茄等少数蔬菜汁会引起豆浆蛋白质凝聚沉淀，而芹菜汁等对豆浆凝固还有促进作用，这可能是这些菜汁中含有的钙离子浓度较高所致。与此相反，大多数水果汁会使豆浆蛋白质产生沉淀，只有西瓜、香蕉等少数果汁不影响豆浆蛋白质的正常凝固。

另外，豆制品不得不考虑豆腥味的去除，比如加入抗氧化剂BHA、BHT、抗坏血酸及其钠（钙）盐、柠檬酸、乳酸钠和磷脂等。另外，还可以在产品中加各种甜味剂（山梨糖醇、麦芽糖、赤藓糖醇、木糖醇和罗汉果甜苷等）、香味剂掩盖豆腥味。

13.10　坚果及其制品中的食品添加剂

坚果是植物的可食用果核，是植物的精华部分。营养丰富，蛋白质、油脂、矿物质、维生素含量较高，具有降低胆固醇、抗氧化、补充矿物质等功效。但坚果及其制品中的营养成分在加工过程中易被破坏，为了更好地保护营养成分不被破坏损失，提升坚果的口感色泽，往往在加工过程中适量、恰当使用一定的食品添加剂来达到上述目的。坚果中常用的食品添加剂类型主要有乳化剂、稳定剂、抗氧化剂、漂白剂、防腐剂、着色剂、甜味剂等类别。上述各类食品添加剂的味感特点、理化特性等在相应章节都有详细介绍。《食品安全国家标准　食品添加剂使用标准》（GB 2760—2024）中规定了坚果中食品添加剂使用的范围及限量标准。

13.11　食用菌及藻类食品中的食品添加剂

随着民众生活水平的提高，食用菌类及藻类食品在食材中所占的比重越来越大，其丰富的营养和鲜美的口味受到越来越多人的喜爱。

食用菌是可食用"蕈菌"类真菌的总称，其品种多样，营养丰富，蛋白质含量较高且是优质蛋白质；氨基酸含量丰富，含有人体必需的 8 种氨基酸，赖氨酸和亮氨酸含量尤为丰富。另外，食用菌还含有许多种生理活性物质，包括多糖类、萜类和多酚类等，具有特殊的保健功能。

藻类广泛分布于浩瀚的大海、内陆水域和其他环境中，是人类重要的食物资源之一。藻类种类繁多，藻类食品素有"海洋蔬菜"的美称，如海带、紫菜等蛋白质含量比一般蔬菜高。而且，藻类食品中矿物质、维生素、纤维素含量也相当丰富，尤其碘的含量比一般陆生植物性食品都高，是我国大部分地区补充碘的特殊食品。

但是食用菌和藻类食品采收后的保存不像植物的种子和果实那样易于保存，往往需要通过特殊的加工工艺来对食用菌和藻类食品进行加工后才能完好地保存其营养和口感。在现实生产中，通过使用适量的食品添加剂来保护食用菌和藻类食品中的营养成分、色泽、口感免受加工过程的破坏。食用菌和藻类中常用的食品添加剂类别主要有甜味剂、漂白剂、防腐剂、抗氧化剂、着色剂、乳化剂、稳定剂、增稠剂和凝固剂等。上述各个食品添加剂的味感特点、理化特性等在相应章节都有详细介绍。《食品安全国家标准　食品添加剂使用标准》（GB 2760—2024）中规定了食用菌和藻类中食品添加剂使用的范围及限量标准。

13.12　酒类中的食品添加剂

市面上的酒大致分为六大类：白酒、黄酒、果酒、啤酒、药酒、配制酒。按加工工艺分为三大类：酿造酒、蒸馏酒和调配酒。其中，白酒、黄酒、啤酒的主要原料是谷类；果酒的主要原料是果类；药酒的主要原料是药类。大多数酿造酒和蒸馏酒因其加工工艺特性，在加工过程中通常不使用食品添加剂，但调配酒和酿造酒中的部分果酒类因保藏和风味需求通常使用部分食品添加剂来提高产品品质。

13.12.1　酸度调节剂及其作用

调配酒通常添加酸度调节剂如：柠檬酸、苹果酸等，在调配酒、调配果酒中起赋予果酒清爽口感等酸度调节作用，同时兼具抑菌、抗氧化、护色等功效。

13.12.2　防腐剂及其作用

调配酒因为酒精度数较低且富含果汁等其他成分，需添加山梨酸钾、苯甲酸钠等防腐剂抑制微生物生长、延长产品保质期。通常情况下，复配使用山梨酸钾和苯甲酸钠。

13.12.3　食品着色剂及其作用

调配酒类常使用的食品着色剂包括柠檬黄、苋菜红、亮蓝、诱惑红等。

13.12.4　食用香料及其作用

食用香料多用于调配酒类，极少数酿造酒类也有添加，用以辅助产品风味。

13.13　脂肪、油及乳化脂肪中的食品添加剂

脂肪、油及乳化脂肪主要包括植物油、起酥油、氢化植物油、植脂末、黄油、奶油奶酪、动物奶油等产品。该类产品因脂肪含量高、风味独特，在生产加工中均需要食品添加剂赋予产品口感和风味等。

13.13.1　乳化剂及其作用

乳化脂肪产品如植物黄油类在生产加工过程中需添加乳化剂如单，双甘油脂肪酸酯、丙二醇脂肪酸酯、聚甘油脂肪酸酯、磷脂等起到稳定乳化脂肪体系、起泡、乳化、络合作用，使产品品质稳定。

13.13.2　抗氧化剂及其作用

脂肪类食品中的抗氧化剂以维生素 E、特丁基对苯二酚多见，起抗脂肪氧化、防止品质劣变、延长保质期等作用。

13.13.3　防腐剂及其作用

脂肪类食品主要是植物油脂制品中常添加山梨酸钾进行防腐抗菌。

13.13.4　增稠剂及其作用

奶油干酪、植脂奶油、稀奶油等产品中常使用槐豆胶、瓜尔胶、卡拉胶、黄原胶、海藻酸钠等起增稠、稳定、起泡、风味调节等作用。

13.13.5　食品着色剂及其作用

脂肪类食品中最常用 β-胡萝卜素进行着色。

13.13.6　食品香精及其作用

人造奶油类脂肪产品通常添加食品香精赋予产品风味。

13.14　调味料中的食品添加剂

饮食多样化促使市面上出现了众多除传统调味料如鸡精、生抽、老抽、五香粉以外的各式调味产品，如烧烤料、卤肉料、火锅底料、浓汤宝、甜面酱、炸鸡酱、沙拉酱、果酱等，能满足快速调味且保证美味的需求。这些调味料通常融合各种调味成分，在生产加工中食品添加剂的使用必不可少。

13.14.1　食品增味剂及其作用

市面上大部分调味料中均添加了食品增味剂用以增强产品风味，常见的有谷氨酸钠、5′-呈味核苷酸二钠、5′-肌苷酸二钠等。

13.14.2　食品防腐剂及其作用

调味料如生抽、老抽、酱类通常使用苯甲酸钠、山梨酸钾等，用来抑制微生物污染、延长产品保质期。

13.14.3　食品增稠剂及其作用

复合调味料如各种酱类常使用黄原胶起增稠、稳定食品体系、稳定产品风味等作用。

13.14.4　食品抗氧化剂及其作用

脂肪含量较高的酱类调味料中常使用丁基羟基茴香醚、二丁基羟基甲苯等防止脂肪氧化劣变影响产品风味和质量。

13.14.5　食品着色剂及其作用

调味料中常使用焦糖色、核黄素、柠檬黄、日落黄等进行着色或颜色修饰。

13.14.6　食品甜味剂及其作用

调味料如生抽、酱类等常使用三氯蔗糖、甜菊糖苷等食品甜味剂起丰富和增强甜味、修饰风味的作用。

13.15　蛋及蛋制品中的食品添加剂

蛋制品的种类很多，按企业食品生产许可（QS）发证分类，将蛋制品分为：再制蛋类，包括腌制、糟制、卤制，干蛋类，冰蛋类和其他类。蛋制品因蛋白质含量较高，在生产加工时常常需要借助食品添加剂提高产品品质、保持或提高产品营养价值。

13.15.1 水分保持剂及其作用

蛋制品在生产过程中常用的水分保持剂包括焦磷酸钠、三聚磷酸钠、六偏磷酸钠等磷酸盐类。水分保持剂在熟蛋制品中可提高蛋制品中蛋白质结合水的能力，增强蛋白质凝胶强度、弹性，提高蛋制品保水性和质地。除保水性外，磷酸盐还可用于鸡蛋外壳的清洗，防止鸡蛋因清洗而变质。

13.15.2 抗结剂及其作用

蛋制品主要是脱水蛋制品如蛋白粉、蛋黄粉和蛋白片等在生产加工过程中常需要抗结剂二氧化硅防止结块。

13.15.3 着色剂及其作用

蛋制品中的着色剂常用 β-胡萝卜素、红曲红和柠檬黄等，用以保持或提高蛋制品色泽。

13.16 乳及乳制品中的食品添加剂

在我国的乳制品生产过程中，食品添加剂的应用变得更加广泛。合理应用食品添加剂不仅能够使食品的营养价值得到提升，还能够在一定程度上使食品的色泽和外观更加符合人们的饮食需求，进而改善乳制品的整体质量。所以，近年来乳制品行业呈现飞速发展的趋势，与食品添加剂的作用有着极为密切的关联。

13.16.1 乳化剂

13.16.1.1 乳制品中常用的乳化剂

乳制品在生产过程中常用的乳化剂主要包括蔗糖脂肪酸酯、甘油单硬脂酸酯、丙二醇脂肪酸酯、山梨醇酐脂肪酸酯和硬脂酰乳酸钠等。乳化剂的应用较为广泛，在乳粉和液态奶中具有不同的作用。在液态奶中的作用：稳定乳体系、延长保质期。在牛奶中添加营养原料，如麦类、谷类、蛋类等物质时，添加复合乳化稳定剂，能够延缓乳脂肪的上浮和蛋白质的沉淀，达到乳状液的平衡，使产品不分层，结构不改变，保质期延长。

13.16.1.2 乳化剂的作用

乳品体系是一种复杂的胶体分散体系，分散介质是水，分散质有乳糖、无机盐类、蛋白质和脂肪等，是一种不稳定体系。乳制品既是高营养又是易腐败的极不稳定的物质。目前，食品添加剂主要用于八大类乳制品中，即奶粉、液态奶、酸牛奶、乳饮料、干酪（国外称cheese）、冰淇淋（国外将冰淇淋列为乳品类）、奶油和炼乳。乳化剂是一种具有亲水基和亲油基的表面活性剂，这种物质能够使互不相溶的两相混合溶解并形成均匀的分散体或者乳化体，达到改变原有物理状态的效果。除此之外，乳化剂应用于乳制品都能够起到乳化、分散和起酥等多方面的作用，通过这一方式能够改善乳制品的风味，并且在一定程度上延长货架期。在制奶中常用的乳化剂是单甘酯，其在牛奶中具有多重作用。例如，在牛奶处于均质状态时，单甘酯会参与到脂肪球膜的形成中，脂肪球颗粒的表面区域是牛奶均质过程中所增加的，这能够使牛奶蛋白质和单甘酯在水与油的界面上形成吸附，在一定程度上增加了牛奶的稳定性。单甘酯在牛奶表面会形成一种复合物，而复合物中包含单甘酯与原生质，单甘酯的存在使颗粒脂肪球表面电荷减少，进而促进了凝聚速度。此外，由于单甘酯的存在，颗粒的凝聚速度降低，这与单甘酯使脂肪球膜的抗破裂能力增加密切相关。因此，在制作奶制品时，加入单甘酯，整个牛奶系统能够产生较高的黏滞性和良好的乳浊液，进而使产品具有更加丰富的奶感。目前市场上的酸奶产品大都是搅拌型酸奶。因为搅拌型酸奶是在发酵后经搅拌形成新的网络结构才能制成的流动性好的酸奶，但这一工艺破坏了原有的组织结构，易造成出水（乳清）以及酪蛋白沉淀，这对产品的稳定性产生了很大的影响。因此，使用乳化剂等物质可调整组织结构和改善口感，增加持水性，以解决产品在放置、贮存或运输中的出水问题（乳清析出），从而延长产品的保质期。此外，乳化剂应用于冰淇淋中，提高了乳状液的稳定性，控制了粗大冰晶的产生，从而使产品口感更加细腻。

13.16.2　增稠剂

13.16.2.1　乳制品中常用的增稠剂

乳制品中常用的增稠剂包括海藻酸钠、卡拉胶、果胶、瓜尔胶及聚葡萄糖等。

13.16.2.2　增稠剂的作用

增稠剂又被称为胶凝剂，主要应用于酸奶中，能够增加酸奶的黏滑感，避免酸奶分离出乳层、液汁层。大多数增稠剂兼具乳化作用，是乳制品中应用最多的食品添加剂之一。食品增稠剂往往应用于乳化剂的生产中，主要起到增稠、稳定，以及乳化胶凝的作用，尤其是在酸性的乳制品生产中，食品增稠剂的作用十分显著，能够在宏观特性上使产品的黏稠度提升，沉淀率降低，而在微观的性质上可以使产品的粒径减小，水分的流动性改善。

13.16.3　抗氧化剂

13.16.3.1　乳制品中常用的抗氧化剂

乳制品中常用的抗氧化剂包括 D-异抗坏血酸钠和山梨酸钾。

13.16.3.2　抗氧化剂的作用

脂质氧化是食品尤其是乳制品化学变质的主要原因，会导致食品的营养价值、风味和质地变差。但是，乳中含有各种抗氧化物质，能清除自由基或阻止其形成、减少过氧化脂质的形成。因此，乳品中抗氧化物质在维持其稳定性及营养品质方面有重要作用。在食品生产过程中抗氧化剂的合理使用是必不可少的，但值得注意的是抗氧化剂使用不当或者过度使用会对人体造成一定程度的损伤，引发一系列的副作用。

13.16.4　着色剂

乳制品中常用的着色剂包括胭脂虫红、日落黄、柠檬黄和红曲红，用以赋予乳制品色泽。

13.16.5　甜味剂

乳制品中常用的甜味剂有安赛蜜、三氯蔗糖、蔗糖素、乳糖醇、赤藓糖醇等。三氯蔗糖是一种甜度高、甜味纯的甜味剂，其为蔗糖氯化产生的化合物，但甜度是蔗糖的 600 倍。在酸奶生产中，仅添加0.03％的三氯蔗糖即可改善发酵乳制品的酸甜可口性，且酸奶的理化性质和微生物指标也与《食品安全国家标准 乳制品良好生产规范》（GB 12693—2023）相符。甜菊糖苷的甜度是蔗糖的300倍左右，但热量仅为蔗糖的1/300，甜菊糖苷除了能增加乳的香味和甜味外，还能降低酸奶热量，因此拓宽了消费者人群，由于甜菊糖苷添加量少，其酸奶生产成本也会降低，是一种可替代蔗糖的发酵乳食品添加剂。

乳制品行业在生产过程中所应用的各种食品添加剂对乳制品的生产来说至关重要，能够提高乳制品的品质，改善食品风味，使食品的品种更加丰富，避免食品腐败变质，在一定程度上保障了我国市场的乳制品供应，对于保障食品安全来说至关重要。而在乳制品生产过程中，相关工作人员需要了解乳制品的生产特点，并建立对应的管理体系，使食品添加剂在乳制品的生产中能够得到有效的管理，使我国的乳制品生产与应用更加有效。

思考题

1. 饮料中常用的食品添加剂有哪些种类？
2. 肉及肉制品中的食品添加剂有哪些种类？
3. 焙烤食品中常用的食品添加剂种类有哪些？
4. 粮食及粮食制品中的食品添加剂种类有哪些？
5. 乳及乳制品中常用的食品添加剂有哪些种类？

第13章　思考题答案

参考文献

［1］凌关庭.食品添加剂手册［M］.3版.北京：化学工业出版社，2003.

［2］凌关庭.食品添加剂手册［M］.4版.北京：化学工业出版社，2013.

［3］阚建全.食品化学［M］.2版.北京：中国农业大学出版社，2008.

［4］郝利平，聂乾忠，陈永泉，等.食品添加剂［M］.2版.北京：中国农业大学出版社，2009.

［5］郝利平.食品添加剂［M］.2版.北京：中国农业出版社，2013.

［6］郝利平，聂乾忠，周爱梅，等.食品添加剂［M］.3版.北京：中国农业大学出版社，2016.

［7］郝利平，聂乾忠，周爱梅，等.食品添加剂［M］.4版.北京：中国农业大学出版社，2021.

［8］谭仁祥.植物成分功能［M］.北京：科学出版社，2003.

［9］孙宝国.食品添加剂［M］.3版.北京：化学工业出版社，2021.

［10］孙宝国.躲不开的食品添加剂——院士、教授告诉你食品添加剂背后的那些事［M］.北京：化学工业出版社，2012.

［11］孙宝国.食品添加剂［M］.2版.北京：化学工业出版社，2013.

［12］高彦祥.食品添加剂基础［M］.2版.北京：中国轻工业出版社，2012.

［13］高彦祥.食品添加剂［M］.北京：中国林业出版社，2013.

［14］高彦祥.食品添加剂［M］.2版.北京：中国轻工业出版社，2019.

［15］孙平，张津凤，姚秀玲.化工产品手册：食品添加剂［M］.6版.北京：化学工业出版社，2016.

［16］孙平.食品添加剂使用手册［M］.北京：化学工业出版社，2004.

［17］孙平.食品添加剂［M］.北京：中国轻工业出版社，2009.

［18］张志华，陈倩.绿色食品食品添加剂实用技术手册［M］.北京：中国农业出版社，2016.

［19］李宏梁.食品添加剂安全与应用［M］.2版.北京：化学工业出版社，2012.

［20］赵国刚，张俭波，胡国华.食品添加剂的管理与应用［M］.北京：法律出版社，2016.

［21］《食品添加剂生产监管工作指南》编写组.食品添加剂生产监管工作指南［M］.北京：中国标准出版社，2012.

［22］邹志飞.食品添加剂使用标准之解读［M］.2版.北京：中国质检出版社，2016.

［23］雷阳，汪琳.食品添加剂基础［M］.北京：化学工业出版社，2011.

［24］汤高奇，曹斌.食品添加剂［M］.北京：中国农业大学出版社，2010.

［25］迟玉杰.食品添加剂［M］.北京：中国轻工业出版社，2013.

［26］李凤林，黄聪亮，余蕾.食品添加剂［M］.北京：化学工业出版社，2008.

［27］宋小平.食品添加剂生产技术［M］.北京：科学出版社，2016.

［28］李凤林，黄聪亮，余蕾.食品添加剂［M］.北京：化学工业出版社，2008.

［29］何春毅.新编食品添加剂速查手册［M］.北京：化学工业出版社，2017.

［30］胡国华.食品添加剂在豆制品中的应用［M］.北京：化学工业出版社，2005.

［31］曹劲松，王晓琴.食品营养强化剂［M］.北京：中国轻工业出版社，2002.

［32］刘志皋.食品营养学［M］.2版.北京：中国轻工业出版社，2004.

［33］易康.食物营养与功效速查手册［M］.哈尔滨：黑龙江科学技术出版社，2014.

［34］李波.小麦胚芽脂质快速酸败机制及稳定化研究［D］.无锡：江南大学，2017.

［35］高雪丽.食品添加剂［M］.北京：中国科学技术出版社，2013.

［36］王金玲，赵鑫，杨成君.食品添加剂［M］.哈尔滨：东北林业大学出版社，2010.

［37］刘钟栋，刘学军.食品添加剂［M］.郑州：郑州大学出版社，2015.

［38］黄文，江美都，肖作兵，等.食品添加剂［M］.2版.北京：中国质检出版社，2013.

［39］杨玉红.食品添加剂应用技术［M］.北京：中国质检出版社，2013.

［40］齐艳玲，王凤梅.食品添加剂［M］.北京：海洋出版社，2014.

［41］曹雁平，肖俊松，王蓓.食品添加剂安全应用技术［M］.北京：化学工业出版社，2013.

［42］张守花．食品添加剂应用技术［M］.武汉：武汉理工大学出版社，2018.

［43］汤高奇，曹斌．食品添加剂［M］.北京：中国农业大学出版社，2010.

［44］李安平，郑仕宏．食品添加剂原理与安全使用［M］.长沙：国防科技大学出版社，2011.

［45］张华江．食品添加剂原理与应用［M］.北京：中国农业出版社，2014.

［46］梁璇．泛酸钙的固态化学研究［D］.南昌：南昌大学，2021.

［47］孙承锋，杨建荣，贺红军．苹果多酚对鲜肉色泽稳定性及脂肪氧化的影响［J］.食品科学，2005,26（9）：135-139.

［48］中华人民共和国国家卫生和计划生育委员会．食品安全国家标准　食品毒理学实验室操作规范：GB 15193. 2—2014［S］.北京：中国标准出版社，2014.

［49］中华人民共和国国家卫生和计划生育委员会．食品安全国家标准　食品安全性毒理学评价程序：GB 15193. 1—2014［S］.北京：中国标准出版社，2014.

［50］国家卫生健康委员会，国家市场监督管理总局．食品安全国家标准　食品添加剂使用标准：GB 2760—2024［S］.北京：中国标准出版社，2024.

［51］国家质量监督检验检疫总局，国家标准化管理委员会．巧克力及巧克力制品、代可可脂巧克力及代可可脂巧克力制品：GB/T 19343—2016［S］.北京：中国标准出版社，2016.

［52］中华人民共和国国家卫生和计划生育委员会．食品安全国家标准　巧克力、代可可脂巧克力及其制品：GB 9678. 2—2014［S］.北京：中国标准出版社，2014.

［53］国家质量监督检验检疫总局，国家标准化管理委员会．糖果和巧克力生产质量管理要求：GB/T 23822—2009［S］.北京：中国标准出版社，2009.

［54］中华人民共和国农业部．绿色食品　焙烤食品：NY/T 1046—2016［S］.北京：中国农业出版社．

［55］尤新．焙烤食品和食品添加剂［J］.粮食加工，2009, 34（6）：11-13.

［56］沈益民．添加剂在焙烤食品中的应用［J］.粮食加工，1991, 16（4）：23-26.

［57］徐芳，卢立新．油脂氧化机理及含油脂食品抗氧化包装研究进展［J］.包装工程，2008,29（6）：23-26.

［58］赵媛,黄浩河,苏红霞，等．食品包装用抗氧化材料的研究进展［J］.湖南包装，2021, 36（2）：22-25.

［59］梁俊英，朱文彬．浅谈维生素K［J］.医药前沿，2017, 7（9）：318-319.

［60］王佳，吴李瑞，史玉龙，等．烟酸合成及应用研究进展［J］.安徽化工，2019, 45（3）：13-15.

［61］郭莹，刘筠筠．食品添加剂法律规制的中美比较研究［J］.食品安全质量检测学报，2014（12）：4195-4202.

［62］康文怀，叶晓利，李慧，等．食品中叶酸分析方法及稳定性研究进展［J］.河北科技大学学报，2019, 40（5）：446-453.